现代城市规划丛书

城市规划导论

邹德慈　主编

中国建筑工业出版社

图书在版编目(CIP)数据

城市规划导论/邹德慈主编．—北京：中国建筑工业出版社，2002（2022.9 重印）
（现代城市规划丛书）
ISBN 978-7-112-05019-2

Ⅰ．城…　Ⅱ．邹…　Ⅲ．城市规划　Ⅳ．TU984

中国版本图书馆 CIP 数据核字(2002)第 009053 号

本书全面概括了城市规划学科的主要内容。全书共分 16 章，其内容包括：综论；城市化与城市发展战略；城市空间形态与布局结构；城市中心与中心区规划；城市住区规划；城市景观与绿地系统规划；城市生态与环境规划；城市历史环境保护规划；旧城更新改建规划；城市交通发展战略与综合交通规划；城市基础设施工程规划；此外，本书还阐述了大城市规划、小城镇规划、城市规划的新技术运用、城市规划的实施管理以及城市规划的发展趋势与展望等。

本书可供广大城市规划工作者学习参考。

现代城市规划丛书
城市规划导论
邹德慈　主编

*

中国建筑工业出版社出版、发行(北京海淀三里河路 9 号)
各地新华书店、建筑书店经销
北京圣夫亚美印刷有限公司印刷

*

开本：787×1092 毫米　1/16　印张：18½　字数：444 千字
2002 年 10 月第一版　2022 年 9 月第二十次印刷
定价：**68.00** 元
ISBN 978-7-112-05019-2
(32363)

审时度势统筹全局
图谋长远开拓进取

为城市规划导论题

吴良镛

目　录

第一章　综　　论

当今世界上人类聚居的形式可以大体上分为城市和乡村两大类,城市是非农业人口和非农产业集聚的地区,城市具有独特的居住和社会组织特征。

城市是人类有史以来最集约的土地使用形式。城市虽然只占据了地球表面很小的面积,但是,却高度集聚了大量的人口和社会经济活动,它是人类物质财富和精神财富生产、传播和扩散的中心。我国设市的城市建成区面积大约只占国土面积的0.2%,但是,却居住了36.09%的全国人口,70%左右的工业产值和80%左右的利税来源于城市,50%左右的运输和零售商业以及几乎100%的高等教育集中在城市市区。

城市具有严密的组织结构。如果把家庭——城市和社会的基本细胞,作为一个简单的系统,那么,一个城市就是一个复杂的巨系统。推动城市发展的因素很多,有来自自然界的,更有来自社会、政治、经济、文化、工程技术等方面的。城市是人类对于自然界干预最强烈的地方,它是一种不完全的、脆弱的生态环境,也是受自然环境的反馈作用最敏感的地方。因此,城市中的各个环节都需要协调发展。

城市是巨量物质财富和精神财富集聚之地,是历史发展的产物,它的发展具有很大的不确定性,但它又具有自身的客观规律。另一方面,人们对于城市发展的过程也并非无能为力,人类对于城市发展过程进行调控的重要手段之一就是城市规划。探索城市发展的客观规律,妥善运用城市规划等调控手段,引导城市合理发展,是城市政府的重要职责。

世界各国关于城市的定义有很多种描述,概括起来可以分为三大类:从人口规模入手,将达到某一特定人口规模或具有某一特定最小人口密度的地方界定为城市;就职能而言,一个地方从事经济活动的人口中,从事非农业活动的人数占到一定比例,就可以称为城市,或将具有行政管理职能的地方政府所在地作为城市;在地域特征方面,将具有某些城市特征(如建筑景观、市政设施、公用设施等)的地方称为城市。

在我国,城市一般是指按国家行政建制设立的直辖市、市和建制镇。2000年11月1日我国进行的第五次人口普查时,从地域角度对于城市提出了新的标准。将城市分为设区的市、不设区的市和建制镇。设区市的市区是指人口密度在1500人/km^2以上的区辖全部行政地域,或市辖区人口密度不足1500人/km^2的区政府驻地和区辖其他街道办事处地域,以及驻地的城市建设已延伸到的周边乡镇的全部行政地域。不设区市的市区是指市人民政府驻地和市辖其他街道办事处地域,或驻地的城市建设已延伸到的乡镇的全部行政地域。建制镇的镇区是指镇人民政府驻地和镇辖其他居委会地域,或镇政府驻地的城市建设已延伸到的周边村民委员会驻地的村委会的全部地域。同时规定,凡在城镇地区以外的常住人口3000人以上的工矿区、开发区、旅游区、科研单位、大专院校等特殊地区按镇划定,除此之外的地域为乡村。

在漫长的城市发展历史中,人类逐步认识到必须综合安排城市的各项功能与活动,必须妥善布置城市的各类用地与空间，改善自己的居住生活环境，满足生产、生活及安全的需要，因此，城市规划学科应运而生。

第一节　古代的城市与城市规划思想

人类历史上的第一次劳动大分工，使得农业从采集业中分离出来，同时孕育产生了固定的居民点。伴随着第二次劳动大分工，商业与手工业从农业中分离出来，诞生了城市这种特殊的居民点形式。城市的产生是人类与自然界相互作用的结果，是人类文明进步的标志，城市也是伴随着人类文明的演化而进步的。

我国最早的具有一定规划格局的城市雏形大约出现在4000多年前。进入夏代后，史料已有建城的记述。商代是我国古代城市规划体系的萌芽阶段，这一时期的城市建设和规划出现了一次空前的繁荣，从目前掌握的考古资料可以看出，商西亳的规划布局采取了以宫城为中心的分区布局模式，而殷则开创了开敞性布局的先河，并且强调了与周边区域的统一规划。周朝是我国奴隶社会的鼎盛时期，也是我国古代城市规划体系形成的时期。周人在总结前人建城经验的基础上，制定了一套营国制度，包括都邑建设理论、建设体制、礼制营建制度、都邑规划制度和井田方格网系统。秦始皇统一中国后，将全国划为四大经济区，强调了区域规划，而西汉则进一步强化了区域内城镇网络的作用。以北魏洛都、隋唐长安和洛阳城为代表，都城的规划强调了规模的宏大、城郭的方整、街道格局的严谨和坊里制度，严格的功能分区体制达到新的高度，这一时期城市数量也有很大的增长。北宋以东京汴梁为代表，城市建设中突破了旧的坊里体制约束，促进了商品经济的繁荣，这一探索在南宋临安得以充分实现，城市的功能从奴隶社会的政治职能为主走向了经济职能占主导地位。封建社会晚期，我国历代都城的规划从不同的侧面继承了业已形成的规划传统，结合当时的政治、经济形势加以变革和调整，城市化的进程加速，城市的防御功能提高到一个新的水平，皇家园林也得到了很大的发展，城市布局的整体性进一步突出。

从以上简单的回顾可以看出，我国早在大约3100年前就已经形成了一套较为完备的城市规划体系，其中包括城市规划的基本理论、建设体制、规划制度和规划方法。在漫长的封建社会，这一套体系得到不断的补充、变革和发展，由此而造就了中华大地上一批历史名城，如商都“殷”、西周洛邑、汉长安、隋唐长安、宋东京和临安、元大都、明北京等，这些都是当时闻名于世的大城市，它们宏大的规模、先进的规划、壮观的建筑都为世人称道。我国古代的城市规划体系在相当长的一段时期内都是走在世界前列，有些成就甚至领先于西方数百年的时间。概括起来，中国古代城市规划体系最核心的内容，就是“辨方正位”、“体国经野”和“天人合一”，亦即三个基本观念——整体观念、区域观念以及自然观念。

一、自然因素与城市发展

人类在城市建设过程中学会了与自然的协调，趋利避害。在影响城市产生与发展的诸多自然要素中，水或许最能说明问题。一方面水是农业生产的基本条件，也是人类生存的前提，另一方面又不能受洪涝灾害的侵袭，所以早期的城市大都是靠近河流、湖泊，而且大多位于向阳的河岸台地上。比如我国的黄河中下游、埃及的尼罗河流域、西亚的两河流域都是农业发达较早的地区，在这些地区的农业居民点以及在此基础上形成的城市也出现得最早。

《管子·乘马篇》中曾经这样描述居民点的选址基本要求:“高毋近阜而水用足,下毋近水而沟防省”。类似的朴素规划思想还出现在其他文献中。

地理位置是影响早期城市产生的最主要的因素之一,除去靠近水源等原则外,城市的发展还必须有广袤的腹地支持。因此,我国很早就有了区域观念,并总结出“体国经野”的概念,要将“国”(即城市)和“野”(即乡村)统筹规划。最早比较完整的论述城市不能独立存在的可能是《商君书》。《商君书·徕民篇》中说:“地方百里者,山陵处什一,薮泽处什一,溪谷流水处什一,都邑蹊道处什一,恶田处什二,良田处什四,以此食作夫五万,其山陵,薮泽,溪谷可以给其材,都邑蹊道足以处其民,先王制土分民之律也”。说明早在2500年前,我们的先民就已经考虑到了水源、能源、材料等因素,而且有了一定的用地比例关系和一个粗略的定额概念,并且将其称为“先王之制”。

除此之外,良好的气候条件、适宜建设的坚实土质等都是古代城市选址中考虑的因素。晁错所说选址“相其阴阳之和”,即考察城址的地形地貌,看其气候及环境是否宜人,“审其土地之宜”,即是审视地质、地貌。郭璞甚至还发明了用挖坑秤土的办法来衡量土质的密实程度,并以此确定是否适宜进行城市建设。

考虑自然因素,因地制宜,这是我国古代城市规划思想的重大贡献之一,其核心内容就是天人合一、道法自然。即使到了科学技术高度发达的今天,人类仍然必须遵循自然规律,自然因素依然是城市选址、布局、设计以及进行各项建设活动必须首先考虑的重要因素之一。

二、防御功能与城市发展

人类最初的固定居民点就具备防御功能。为了防御野兽的侵袭和其他部落的侵袭,往往在原始居民点外围挖筑壕沟,或用石、土、木等材料筑成墙及栅栏。这些沟、墙是一种防御性构筑物,也是城池的雏形。在后来形成的城市中,城址的选择一般都考虑防御功能,常常会选择一些易守难攻的地点筑城。城市周围往往有城墙护卫,有的城市由一套方城发展到两套方城,都城甚至有三套方城,每一层城墙外还有城壕环绕。宋代以后,火药已大量用于战争,直接影响到城市建设,使一些城墙加厚,到明代许多城墙从土墙改成了砖墙。

防御功能强弱直接影响到城市的生存。历史上由于诸侯各国的纷争,对于城市造成巨大的破坏,这反过来又进一步刺激人们加强城市的防御,从而促进了城市建设技术的进步。在我国历朝更迭之际,往往都会出现百废待兴的局面,进而迎来城市建设的兴旺。

从我国文字的字义来看,城是以武器守卫土地的意义,是一种防御性的构筑物。早在春秋战国时期,《墨子》中就记载了有关城市建设与攻防战术的内容,提出了城市规模大小要与城廓农田和粮食储备保持相应关系,利于城市的防守。此外,有关防御洪涝灾害、躲避地质灾害的观念也散见于众多历史文献之中。

从5000年前的陕西半坡原始居民点,到封建社会的明清北京城,无不渗透着浓郁的防御观念。从挖掘出来的半坡遗址平面中可以清楚地看出,不仅具有了原始的分区概念,而且表现出明显的防御意识,而北京城的层层城墙则将防御意识推到了巅峰。

三、经济发展与城市建设

城市是生产力发展的产物,商品交换的出现带来了城市。在我国,最早的城市是由“市”

发展而来的，市是一种交易的场所，也就是《易经》所说的“日中为市，致天下之民，聚天下之货，交易而退，各得其所”。随着交换量的增加及交换次数的频繁，就逐渐出现了专门从事交易的商人，交换的场所也由临时的改为固定的市。原来的居民点也发生了分化，其中以农业为主的就是农村，以商业及手工业职能为主的就是城市。

我国古代以农立国，农业的发达与否是城市生存与发展的基本前提条件。《管子·权修》中说：“地之守在城，城之守在兵，兵之守在粟”。正是基于这一思想，从周朝至秦汉乃至盛唐，一直把国都选在富庶的关中地区。

交通运输对于城市的存在和发展也有着重要的影响。在一些商路交通要地，由于商业发达、手工业集中，往往形成一些商业都会。这些都会很长时期内兴盛不衰，虽屡受战火毁坏，仍在原地恢复重建，如苏州、扬州、广州、成都等。隋代大运河修通后，在运河沿线，发展起繁荣的商业都会，如汴州（开封）、泗州、淮阴、扬州、苏州、杭州等。元代后，建都北京，南北大运河仍为经济命脉。天津、沧州、德州、临清、济宁等地也相继繁荣起来，与原来已有的一些商业城市形成一个沿运河的城市带，并与长江中下游的一些商业城市如汉口、九江、芜湖、安庆、南京、镇江联系起来，成为我国经济发达的地带。

由此可见，城市历来就是国家经济的中枢，城市的发展对于国民经济的繁荣具有举足轻重的作用，反过来经济的发展对于城市建设具有极大的推动和促进作用。

四、政治体制与城市发展

《说文》中提出的“筑城以卫君，造郭以守民”，是对我国古代城市规划与建设思想的高度概括，我国古代的城市不仅是经济生活的中心，而且一般都是一定地域的政治中心。自秦始皇统一全国，实行郡县制以后，直到清王朝，大多数朝代都是统一的中央集权的国家。郡县制的都、府、州县成为不同地域范围的政治军事中心。郡县制也形成一个完整的垂直管辖的城镇体系。各朝代的都城规模都很大。有几个朝代还在新王朝建立之际制定规划，并完全按照规划新建都城，如隋文帝命宇文恺制定长安城的规划，按规划建成面积达 80 多平方公里的都城。忽必烈命刘秉忠按汉制规划建设元大都。明初在元大都基础上，改建成为今日的北京古都。

社会的阶级分化与对立在城镇建设中也有明显的反映。在我国的古代都城中，统治阶级专用地区宫城居中心位置并占据很大的面积。商都“殷”城以宫廷区为中心，近宫外围是若干居住聚落（邑），居民多为奴隶主和部分自由民，各邑之间空隙地段大多为农业用地，外圈为散布的手工业作坊。曹魏邺城以一条东西干道将城市划为两部分：北半部为贵族专用，其西为铜雀园，正中为举行典礼的宫殿，其东为帝王居住和办公的宫廷，再向东为贵族专用居住地——戚里，南半部为一般居住区。隋唐长安城中间靠北为统治阶级专用的宫城，其南为集中设置中央办公机构及驻卫军的皇城，均有城墙与其他东南西三面的一般居住坊里严格分开。坊里有坊墙坊门，早启晚闭实行宵禁，以便于管制。

与封建礼制相适应，形成了一套城市规划思想，对于城市和建筑的形制作了严格的规定。正如《周礼·考工记》中所记载的：“匠人营国，方九里，旁三门，国中九经九纬，经涂九轨，左祖右社，前朝后市，市朝一夫”。《营造法式》中也对于建筑的等级、形制、乃至材料、色彩等都做出了明确的规定。这些都反映出强烈的皇权至上的理念，折射出封建社会的等级和宗教礼法。

综观中国城市发展和城市规划的历史,可以看出,城市的发展是政治、经济、自然因素综合作用的结果。在城市发展的过程中,影响城市发展的因素越来越多,城市的组成日趋复杂,因而更需要进行综合协调,需要城市规划的指导与控制。

第二节 现代城市规划的产生与发展

以近代资本主义产业革命为契机,开始了城市化浪潮。1900 年,全世界的城市人口只有 2.2 亿,占世界人口的 13%,而现在大约有一半左右的人口居住在城市,100 年间城市人口增长了约 20 倍,其中大部分出现在发展中国家。城市的高速增长带来了人类财富的急剧膨胀,同时也带来了一系列社会、经济和环境问题,现代城市规划就是在这样一种背景下诞生的。

我国的现代城市规划从理论、技术到方法、管理,在继承中国古代城市规划理念的基础上,借鉴了国外的城市规划经验。以前苏联为代表的计划经济体制下的城市规划和以英国、美国为代表的市场经济体制下的城市规划对于我国现代城市规划体系的建立与发展产生了深远的影响。一个具有中国特色的城市规划体系正在我国逐步形成与完善。

下面分别简要介绍一下英、美和前苏联现代城市规划的主要思潮和特点。

一、英美现代城市规划的发展

进入 19 世纪以后,欧洲一些发达国家相继出现了城市人口剧增,住房、市政设施、环境卫生状况恶化的局面,在空想社会主义思想影响下,人们建设了一些城乡结合的新型社区。当然,由于脱离当时的社会、经济等条件,这些尝试都以失败告终。20 世纪初,英国人 E. 霍华德出版了《明日的田园城市》,他提出建设一种集城市和乡村优点,而摒弃两者缺点的新型城市——田园城市,成为现代城市规划思想的重要渊源之一。

1915 年,P. 盖迪斯出版了《进化中的城市》一书,他认为要做好城市规划,必须认真研究城市与所在地区的关系,应把"自然地区"作为规划的基本框架。他把人文地理学与城市规划结合起来,直到今天仍然是西方城市规划的一个独特传统。在长期的探索中人们认识到,城市规划实际上应该成为城市和乡村结合在一起的"区域规划"。

从 19 世纪末到 20 世纪,西方发达国家对城市功能与空间结构进行了大量深入的研究。例如,在城市形态方面,19 世纪末西班牙人 S.Y. 马塔就提出"带形城市"理论,打破传统城市"块状"形态的固有模式。1922 年法国现代建筑大师勒·柯布西耶在他写的《明日的城市》和 1933 年写的《阳光城》中,主张用高层低密度的办法来解决城市中心区的拥挤问题。他还主张采用高架立体式的道路交通系统。20 世纪 30 年代美国建筑师 F.L. 赖特提出"广亩城市"设想,主张采用极低的居住密度来安排居住用地。在城市内部结构方面,法国人 T. 戛涅尔于 20 世纪初提出的"工业城市"设想,第一次把现代城市的功能在用地上作了明确的划分,并且使各种不同功能的用地通过道路交通网络有机地联系起来。这种"功能分区"的思想几十年来一直作为城市规划的基本原则和工作方法。

随着汽车在城市中的大量使用,如何避免汽车交通对居住环境的干扰成为一个重要问题。为此,20 世纪 20 年代末美国人 C. 佩里提出了"扩大居住街坊"的概念,即以小学、基层商店为基础来组织"社区"的"邻里单位"。20 世纪 30 年代美国人 C. 斯泰因在新泽西的雷德朋新城的邻里设计中,又采用了行人与汽车分离的道路系统。二次大战后,"邻里单位"的概念普遍运用于居住区规划设计中。前苏联的“居住小区”模式一定程度上也是借鉴于此。

自19世纪中期开始，美国一些大城市开始重视自然保护，并着手建设一些为居民大众使用的公园。1859年，美国人F.L. 奥姆斯特设计了纽约中央公园，后又为旧金山、芝加哥、波士顿等城市设计公园绿地。20世纪初，波士顿结合公园、水面、滨河绿带、林荫道等，规划了完整的公共绿地系统，对改善城市生态环境发挥了很大作用。在城市道路系统方面，随着汽车交通在城市中的高速增长，英国人H.A. 屈普于20世纪40年代较系统地提出城市道路按交通功能分级设置的理论，并建议把道路网规划与土地区划结合起来。20世纪60年代后的交通规划则更强调道路交通规划与土地利用规划的结合。另一方面的发展则是快速道路伸入市区，尤其是大城市，快速路形成构架，与平面的常规路网相结合，甚至成为一种“高架-地面-地下”相整合的空间道路交通系统。“步行化”是国外现代城市规划的另一特点。1930年德国埃森市出现第一条步行街，此后很多城市采用和发展了这种分离机动和人行交通的有效形式。

现代建筑国际会议1933年在希腊雅典通过的《雅典宪章》和1977年在秘鲁马丘比丘签署的《马丘比丘宪章》，是20世纪现代城市规划理论和方法的基本导则。《雅典宪章》系统阐述了城市和它周围区域之间的有机联系，指出城市和乡村都是构成一定区域的组成要素；创造性地把城市的基本功能概括为居住、工作、游憩和交通，并认为居住是城市的首要功能；同时指出了保存好具有历史意义的建筑和地区是十分重要的。《马丘比丘宪章》是在肯定《雅典宪章》的基础上，根据新情况作了修改和新的发展。例如，关于城市和区域的关系，《马丘比丘宪章》重申国家和区域的经济决策和计划应与城市发展规划相结合；关于“功能分区”，主张不要为了追求分区清晰而牺牲城市的有机构成，要创造一个综合的、多功能的空间环境；关于城市交通，认为应使私人汽车从属于公共运输系统的发展。《马丘比丘宪章》还对城市发展中防止环境恶化、保护历史遗产和文物、继承文化传统等作了阐述。《马丘比丘宪章》还明确指出：区域和城市规划是个动态过程，不仅包括规划的制定，也包括规划的实施。还指出：规划中要防止照搬照抄不同条件、不同文化背景的解决方案；城市的个性和特性取决于城市的体型结构和社会特征；宜人生活空间的创造重在内容而不是形式；不应着眼于孤立的建筑，而要追求建筑、城市、园林绿化的统一；技术是手段而不是目的，要正确应用材料和技术；要使公众参与设计的全过程等。特别值得强调的是，《雅典宪章》早就指出：人的需要和以人为出发点是一切建设工作成功的关键。又指出：应依人的尺度和需要来估量城市的各种构成。还强调人民的利益应优先于私人的利益。

20世纪60年代后，全球经济的复苏，城市的结构发生很大变化，第三产业的比重提高，郊区化现象日益加剧，西方大城市的中心区开始衰败，社会矛盾不断加剧。人口老龄化、就业不足、种族分居、贫富分离等矛盾日渐突出。这些都引起人们思考，以形体环境为主的现代城市规划仅从功能和空间入手，难以缓解现实的社会和经济问题。自此英、美等国的学者对城市的社会、经济、政治、环境、交通、文化、历史、艺术等多方面进行了大量研究。具有代表性的，如1961年出版的美国学者L. 芒福德所著《城市发展史》，系统阐述了城市发展与其政治、经济、文化等背景相联系的历史过程，对研究当今的城市提供了有力的思想武器，促使城市规划的理论和方法进行变革，使以物质形体和土地利用为主的城市规划更好地与社会经济发展相结合。注重区域和城市发展战略的研究。例如，英国战后曾着力推行在伦敦周围发展新城的政策。20 世纪 60 年代后对新城的利弊进行了总结，决定从 20 世纪 70 年代后期把政策重点转向内城，以解决旧城中心区的更新问题。提倡政府与公众的结合，出现一种自下而上的，以关心社区社会问题为主的“社区规划”或“倡导性规划”。总之，与过去的规划相比，这个时期的规划更多地研究社会、经济问题；更多地研究战略和政策；具有更灵活的方法和程序；规划也更贴近现实和切合实际。

20 世纪 70 年代后世界性人口爆炸、资源短缺、能源浪费、环境恶化等现象，非但在发展中国家日益突出，而且在发达国家也存在。1989 年正式提出的“可持续发展”思想，于 1992 年在巴西举行的全球环境与发展首脑会议上为世界多数国家所接受。1996 年联合国在伊斯坦布尔举行“人类住区第二次大会”，提出了“城市化进程中的可持续发展”的战略目标，如何建设“可持续发展城市”成为全球性的研究课题。一般认为，可持续发展的城市应尽可能地减少废物产量，降低资源的浪费使用和减少对机动车的依赖。这就需要建立可持续的城市生产和消费方式，需要实施严格的城市发展与管理战略。在社会方面，社会公平、公正、融合与稳定，是一个城市社会正常运行的关键，这些目标的实现需要适当的城市规划的积极参与。理论框架虽已构起，但实践经验还比较少，这个新的进程还在实践之中。

自从现代城市规划产生和发展以来，城市规模日益增大，功能日益复杂，城市问题的广度和深度是人类社会前所未遇的。城市规划学科向多学科渗透融合，规划内容不仅要注意环境、市容、交通等等，还要注意政策和管理。因此，20 世纪以来，尤其在 60 年代后，城市设计、城市规划和土地利用等有所分工，成为以创造城市空间环境为主要任务的综合性工作。近几十年，西方国家的城市设计比较活跃，主要背景是由于人们普遍感到工业化时期建设起来的现代城市，其空间环境从功能、结构、到美学、品位、性格等各个方面，都表现出很多缺点。现代城市充斥着高大的建筑、发达的交通、密集的人口、缺乏人情味的住区等，越来越被人们所厌恶。这段时期进行了大量的城市设计实践，设计思想的主流是人文主义的。例如重视人的需要、人的尺度，构建宜人的空间，重视步行环境，重视场所的创造，重视多样性和富有人情味等。另一方面也十分重视与自然的结合和历史建筑、街道、街区的保护，历史文脉的连续，以至文化品质的提高。

19 世纪末到 20 世纪初期，城市规划往往只是一幅描绘城市未来美好景象的、静态的图画。规划采取的是“扩大的建筑设计”的方法。二次大战后，系统论、控制论、信息论等新的理论方法以及网络技术出现后，开始运用到城市规划领域，在城市规划的信息收集、分析、建模、模拟、制图、传播等方面都实现了很大的飞跃。这个时期的规划方法，在理念上是把规划看作一个动态的连续过程，而不是“终极状态的理想蓝图”。在做法上，先列出广泛的目标，根据目标确定具体的任务，借助系统的模型求得若干可能的行动方向，通过评价选取最优方案。然后在行动(实施)过程中检查和修正系统，形成周期循环的过程。另一方面，在民主化潮流日益发展的情况下，公众参与城市规划的论证、咨询和决策，已经越来越广泛和深入，成为城市规划的一种重要方法。

早在 19 世纪后半期，一些欧洲国家就已经对城市公共卫生、街道、建筑红线等的建设和管理，分别制定法规。英国 1909 年制定通过的《住宅与城市规划法》被认为是第一部城市规划的立法，自此至 1990 年共制定或修订有关城市规划方面的立法约 14 次。

美国与欧洲国家不同，国家一级的立法较弱，而且起步较晚。美国的规划体系，由 1928 年制定的《标准城市规划实施法》规定的两个层次所组成：一是城市的“综合规划”，二是根据

“管辖权”理念制定的各城市的“用地分区法规”，具体管理市区内的土地使用。“用地分区法规”结合“土地细分”制度对市区每个地块允许的用途、建筑高度、容量、遮蔽率(建筑密度)以及外形等作出规定。20世纪60年代后，“用地分区法规”改变了过分“刚性”的缺点，增加了“开发权转移”及“容积率奖励”等政策，使其具有适度的弹性，以适应鼓励城市更新以至协调城市设计的需要。

二、前苏联的城市规划

前苏联的城市规划理论和方法有别于西方国家，其主要特点是：1. 重视编制长远规划和区域规划。按照计划经济的原则，国民经济计划是经济发展的总纲，依据计划所确定的发展方针和建设项目在地域的分布，构成了人口、城镇和交通运输系统的布局。2. 城市规划是国民经济计划的继续和具体化。国民经济计划和区域规划是每个城市发展的主要依据，从而决定了城市的人口规模、用地规模和公共设施的标准和水平，规划和计划都带有法定性质。但由于强调一切以计划为依据，城市规划成了一种被动式的规划，甚至被看作为一种设计性质的工作。3. 国家制定一套严格而具体的规划建设标准(定额指标)作为规划设计的依据，十分重视规划中的技术经济问题。4. 城市规划的指导思想强调对人的高度关怀。例如，表现在土地利用上，把居住区布置在城市环境最佳的地段，关心公共福利设施的配套和文化休闲地带的设置等。

前苏联的城市规划发挥了计划经济和土地国有两大优势，密切配合了当时的工业经济发展，建成了一大批具有统一的设施标准和形式上整体性很强的城市，如莫斯科、列宁格勒、诺夫哥罗德、辛比尔斯克等。这些城市在形态上仍然受欧洲古典主义思想影响。在大城市特别是莫斯科，为了显示社会主义的优越和强大，设计了一些超大尺度的空间和公共建筑，被西方一些学者称为“纪念碑式的城市”。在方法上存在过于简单化和形式主义等问题。但从城市发展历史角度看，仍不失为一次伟大的实践，有其特殊的参考意义。

三、我国现代的城市规划

受上述城市规划思潮的影响，我国社会主义的城市规划事业是在新中国成立以后全面开创建立起来的，50年来经历了创建、徘徊停滞、发展和改革的历程。

早在中国革命胜利在望的时候，城市工作已经引起了党中央的重视。新中国成立以后，中央不仅为城市规划制定方针，建立机构，发布指示，聘请苏联专家当顾问，而且在实际工作中确立了城市规划在实施有计划的国民经济建设和城市发展建设中的综合职能。“一五”时期，为了配合156项重点工程的建设，城市规划发挥了极其重要的作用。从重大工业项目的选址，到处理好工业项目与城市的关系、基础设施的配套建设，乃至于原有城市的改扩建、工厂生活区的建设标准等方面都起着重要的作用。国务院组成的由工业、铁道、卫生、水利、电力、公安、文化及城建等中央多部委领导、地方政府和专家组成的“联合选厂组”，在选择厂址的工作中城市规划在其中发挥了综合作用。这期间全国150多个城市先后编制了深度不同的城市规划。

“大跃进”时期和“文化大革命”十年是城市建设和城市规划工作陷入混乱、徘徊停滞的时期。为适应经济的“大跃进”，城市建设也出现“大跃进”，城市规划出现大大超越实际可能的人口规模和用地规模的估算。为了纠正“大跃进”造成的经济建设和城市建设的混乱局面，1961 年 1 月，中共中央提出了“调整、巩固、充实、提高”的方针。但在 1960 年 11 月的全国 计划工作会议上提出了“三年不搞城市规划”，导致各地城市规划机构被撤销，使城市建设失去规划的指导，造成了难以弥补的损失。1964 年，在大小“三线”建设中，先是实行“靠山、分散、隐蔽”的方针，后来又被改为“靠山、分散、进洞”，形成了“不建集中城市”的思想，其影响不仅在“三线”建设，而且波及到全国城市。1966 年开始的“文化大革命”十年，是城市规划和建设遭受破坏最严重的时期。各地城市规划机构被撤销，规划队伍被解散，全国城市规划工作被严重废弃，导致乱拆乱建成风，园林文物遭破坏，城市建设陷入混乱状态。

1976 年粉碎“四人帮”后，我国的城市和城市规划事业步入了发展和改革的新阶段。1978 年 3 月，国家召开第三次城市工作会议，强调了城市在国民经济发展中的重要作用，强调要“认真抓好城市规划工作”。要求全国各城市，包括新建的城镇都要根据国民经济发展计划和各地区具体条件，认真编制和修订城市总体规划、近期规划和详细规划。1980 年 10 月，国务院重申了城市规划的重要地位与作用，提出要建设好一个城市应当先有一个好的规划，“市长的主要职责，是把城市规划、建设和管理好”，还强调了城市规划的法制建设问题，并首次提出城市的综合开发和土地有偿使用。1984 年 1 月，我国第一部城市规划法规《城市规划条例》颁布实施，使城市规划和管理开始走向法制化的轨道，城市缺乏规划指导的局面得到根本改变，各项建设基本上是在城市规划的指导下进行的。1989 年末，全国人大常委会通过了《中华人民共和国城市规划法》，该法完整地提出了城市发展方针、城市规划的基本原则、城市规划制定和实施的体制，以及法律责任等。其中“城市规划区”、“两证一书”的法律规定，对城市的有序发展和建设起到了重要规范作用。《城市规划法》的颁布和实施，标志着中国城市规划正式步入了法制化的轨道。1992～1993 年间，由于全国经济建设的过热现象，出现了“房地产热”和“开发区热”，带来了城市发展宏观失控的现象，对城市规划工作造成了冲击。为了扭转这种局面，在全国推行了控制性详细规划的编制与实践，对城市房地产开发发挥了一定调控作用。1996 年 5 月，《国务院关于加强城市规划工作的通知》发布，《通知》总结了前一阶段的经验并指出“城市规划工作的基本任务，是统筹安排城市各类用地及空间资源，综合部署各项建设，实现经济和社会的可持续发展。”《通知》明确规定要“切实发挥城市规划对城市土地及空间资源的调控作用，促进城市经济和社会协调发展”。这是在社会主义市场经济条件下国家给城市规划的新的定位。应该说，城市规划为改革开放事业和经济的持续快速发展，为全国城市的大规模建设与发展做出了重大贡献。

50 年来，我国城市规划走过了一条不平凡的道路，大体上在前 20 年，我们借鉴前苏联经验，创建我国的城市规划体系，用比较经济合理的办法建设了一大批城市，取得了计划经济体制下的城市规划经验。在后 20 年，随着改革开放又在社会主义市场经济体制下探索适合我国实际的城市规划理论和方法，特别是随着经济增长和城市化的迅速发展，城市建设的规模和速度都是空前的，在建设新城市和改造老城市以至村镇建设都取得了很大的成绩，从实践中看，取得了规划设计的新经验。总体上讲，经过半个世纪，我们经历了两种体制下的城市规划，积累了正反两方面的经验和教训，这是十分宝贵的，在世界城市规划历史上也是未曾有过的。今天，城市规划已经成为政府对城市土地资源和空间资源进行宏观调控的重要手段，通过对一定时期内城市的经济和社会发展、土地利用、空间布局以及各项建设的综合部署，城市规划促进了城市经济、社会的健康发展，保障了城市土地合理、高效的利用，改善了人民群众生产、生活环境，推动城市走上可持续发展的道路。

(一) 城市规划既是一门科学，也是一项政府职能，又是一项社会活动。

自有城市以来，就产生了对城市规划科学的需要，由于当时生产力水平低下，城市较为简单，城市规划科学也较简单。近代资本主义发展，工业革命以后，生产力迅速发展，城市迅猛发展，尤其是大城市和特大城市发展中，经济社会与生态环境等众多问题的纷繁，使现代城市成为一个动态的巨系统，城市规划科学因此而发展成为一门跨越自然科学和社会科学的独立的科学。城市规划又具有国家管理城市的必不可少的综合性行政职能。在市场经济国家，城市政府不管企业，而着重管理城市公共事业、基础设施和投资环境，管理社会事业，城市规划成为政府管理城市的重要工具。在建设和完善社会主义市场经济的今天，我们应该不断增强城市规划的综合协调和调控职能，保障其体制、机构、人力、财力、手段与其任务相适应。城市规划又是一项社会活动，它涉及广大市民的切身利益和长远利益，在规划的制定与实施过程中，不能离开群众的参加、支持和监督，随着社会主义民主与法制建设的进展，公众参与城市规划的活动应加快步伐。

(二) 城市规划在城市建设和管理中的综合性"龙头"地位必须确立。

新中国成立 50 年的历史表明，城市规划是综合性、全局性和战略性的工作。在城市的建设发展过程中，城市规划是"龙头"时，城市建设和管理就走上健康有序的轨道，否则就会出现城市发展和建设的不协调。"一五"时期和改革开放后许多城市的实践，从正面说明了这一点；20 世纪 60～70 年代抛开城市规划造成城市建设的严重后果，则从反面证明了这一点。城市规划在社会市场经济中对城市土地和空间资源的调控是必不可少的，是必须大力强化的。我们必须进一步从规划机制、体制和法制上健全和强化这种调控职能。

(三) 城市规划管理必须法制化、民主化。

我国是社会主义法制国家，城市建设中的各种矛盾和利益冲突必须依靠法律和民主加以解决。城市规划作为一种政府行为，要有效发挥调控的职能，必须走法制化的道路。必须严格执行《城市规划法》和其他相关法规。在执法过程中，必须解决有法不依的问题，要依靠市民的参与、监督，真正做到人民城市人民建、人民管。

第三节　面向未来的城市和城市规划

世界已经跨入信息时代，面对 21 世纪的发展，往往有种种不同看法，但有两点是共同的，一是认为发展变化将更加迅速，二是很难准确预测发展的结果。如何在这种态势下正确处理发展问题，重要的一条是更加重视规划，事先做好规划、及时总结改进规划。我国业已进入高速城市化发展时期，城市的发展将蓬蓬勃勃、扑朔迷离，无疑会呈现出与以往任何时期都不同的特点，城市规划学科也面临着新的发展机遇和挑战。

具体分析城市的未来，离不开宏观背景的分析，更重要的是对影响城市发展因素的预测。当今世界的发展正进入一个合作与竞争的时代，一方面全球经济一体化的进程使得各国在经济、文化领域的交流日益频繁，另一方面，国际竞争正越来越表现为城市特别是若干国际性城市之间的竞争。在影响城市发展的诸多因素中，以下几个将具有特别的作用：

一、多元化的趋势

从世界政治格局的多极化，到人们生活方式的变化；从社会公共事务的管理到家庭构成的多样化，如今的世界正在步入一个多元化的时代。城市不仅要满足人们在居住、工作、游憩、交通等方面的基本需求，还要满足不同人群的不同层次的需求，特别是要满足普通百姓以及弱势人群的需求，更加体现对于人的关怀。如果说以往的城市是以政治、经济作为主要职能的话，未来城市将在教育、管理、休闲等领域发挥更大的作用。在这样一种形势下，城市的发展很难以一种或几种模式加以概括，而是呈现出丰富多彩的、更为个性化的发展势头，人们也将面对更多、更自由的选择。

二、技术的不断进步

信息技术的发展正在改变以往的时空概念，世界正在变得越来越小，区位因素在城市选址和布局中的地位受到挑战，而技术因素正越来越成为城市发展的主要推动力量。人们工作、居住、出行和各种活动的方式也都将因此发生变化，进而直接或间接地改变着城市的形态和空间结构。由于工程技术、材料和各种设施的进步，人们已经有能力建造比现在层数更高、容积更大、跨度更宽、形式更新颖的建筑物和构筑物，可以建设地下城市、海上城市、甚至"空中"城市。人们也完全有条件在小城市甚至乡村享受与大城市一样的生活便利。

三、环境意识的进一步增强

自然资源的约束迫使人们不得不重新思考城市发展问题，生态环境的恶化使得环境意识成为城市规划最主要的价值观。更节约资源、更"清洁"、更适宜居住的"绿色城市"或"可持续发展"城市将成为全球性的目标，"城市与大自然共存"，这将是 21 世纪城市发展的必然趋势，也是未来城市发展的共同归宿。

四、人文要素的重新认识

随着人们物质生活的不断丰富，要求人的精神生活也要相应发展，有些还要先期发展，否则社会不能稳定，更难言持续发展。因而，社会文化水平的提高、全面教育的普及、历史文化的保护，都将在城市中体现出来，城市规划就必须更加重视规划设计中的人文因素。

未来城市的图画，越往后越难以预见，也越难以制定实现的时间表，但不管怎样，城市总是要不断地发展变化。就未来一定时期而言，我国的城市将面临着实现现代化的艰巨任务。

一般认为，现代化城市是伴随国家工业化、现代化的过程而出现的。现阶段对我国现代化城市应具有的一般特征（或目标）的认识，大致如下：

1．现代化的城市产业；2．现代化的住房和市政公用设施；3．现代化的城市交通；4．现代化的城市生态绿化系统；5．现代化的商业服务和休闲娱乐设施；6．现代化的信息系统；7．现代化的城市文化；8．现代化的城市管理体系等。

面对城市现代化的进程，我们一方面要继承和吸取传统的城市规划的理论精华，另一方面必须进行探索和改革。我们的研究领域应该进一步拓宽，规划体制应该更加适应城市发展的需要，规划教育应该更加面向需求，更重要的是我们要从观念上进行新的探索，进一步确立系统的观念、人文的价值观、历史的观念、环境的观念、民主与法制的观念，只有用先进的规划理论和方法作为指导，才能正确地引导城市的发展和建设。

结合我国的国情，城市规划在未来会遇到不少老问题，又会面临许多新问题。但总的应当认识到，人类和科学总是在矛盾和问题中发展的，一切问题既是困难又是动力，正是因为有问题才推动人们去研究，去创新，去想出好的办法和新的办法来。我国的城市化已经具备了重大的基础和宝贵的经验，完全有条件在解决种种问题和复杂矛盾中发展，城市规划也定将因此而更上一个新台阶。一门广义的、综合的规划学科正在孕育中，让我们伸出双手，迎接和推进它的到来。

（周干峙　石　楠　邹德慈）

主要参考文献：

[1] Peter Hall. Cities of Tomorrow. Oxford: Basil Blackwell Ltd., 1988

[2] 周干峙(等).面向21世纪的中国城市规划.城市规划，1991(1)

[3] 贺业钜.中国古代城市规划史.北京：中国建筑工业出版社，1996

[4] 周干峙.城市及区域：一个开放的特殊复杂的巨系统.城市规划，1997(2)

[5] 周干峙.中国城市传统理念初探.城市规划，1997(6)

[6] 施鸿志.都市规划.新竹：建都文化事业股份有限公司，1997

[7] 王受之.世界现代建筑史.北京：中国建筑工业出版社，1999

[8] Molly O'Meara. Renoventing Cities for People and the Planet. Worldwatch Institute, 1999

[9] 全国城市规划职业制度管理委员会.城市规划原理.北京：中国建筑工业出版社，2000

[10] 吴庆洲.我国古城选址与建设的历史经验与借鉴.城市规划，2000(9)

第二章　城市化与城市发展战略

人类正大踏步地走入21世纪。回顾过去的两个世纪，我们可以发现，作为近200年来人类社会进步的最显著的特征和标志，城市和城市化的发展是一种世界性的潮流。

第一节　城市化的含义

问一问天天生活在城市中的人，城市是什么？也许很多人难以用简短准确的语言来概括。从字面上理解，"城市"一词是由我国古代"城"与"市"两个概念结合而成。"城"是指四面围以城墙、具有防卫作用的军事要塞。《管子·度地》中说："内之为城，城外之为郭。"《古今注》中说："城者，所以自守也"，"筑城以卫君，造郭以守民" 。"市"是指交易场所，《周礼·地官》中说："大市，日昃而市，百姓为主；朝市，朝时而市，商贾为主；夕市，夕时而市，贩夫贩妇为主"。随着社会发展，"城"与"市"逐渐合为一体，成为古代的城市。从人类发展史看，城市是人类在不断地改造和利用自然界的过程中逐步产生的，正如马克思和恩格斯所言，"物质劳动和精神劳动的最大的一次分工，就是城市和乡村的分离"[1]。因此，城市的产生和发展，是人类社会文明进步的象征。

19世纪以来，工业革命的强劲动力促使近代和现代城市迅速发展。近200年中，一次次的产业和技术革命推动了世界经济社会结构的极大变化，现代城市已不再是"城"与"市"的简单结合，城市数量和城市规模都空前的巨大，城市的功能和作用都已经大大复杂化、多样化。城市，这种作为先进生产力的组织形式逐渐成为社会生产和生活的主导力量。这种世界范围的城市发展浪潮被人们概括为"城市化"(urbanization)[2]。

对于城市化这一乡村发展为城市的复杂过程，不同的学科从不同的侧面和重点进行了定义。地理学家从人地关系的角度，认为城市化是第二产业和第三产业(即非农产业)部门的经济区位向城市集中、劳动力和消费区位向城市集中的过程；经济学家从经济结构变动的角度，认为城市化是产业结构由分散化的第一产业为主转向集中型的第二、第三产业为主的过程，是乡村劳动力转向集聚于城市的非农活动的过程；社会学家从社会结构变化的角度，认为城市化是人们被先进文明的城市型生活方式吸引并被纳入其中的过程；人口学家则从人口变迁的角度，认为城市化是人口向城市迁移和流动的过程。

概括而言，随着人类进入工业社会时代，社会经济的发展开始了农业活动的比重逐渐下降、非农活动的比重逐步上升的过程，与这种经济结构的变动相适应所产生的乡村人口比重逐渐降低、城市人口比重逐步上升的过程就是城市化[3]。城市化过程既包括人口和产业向

---

[1] "德意志意识形态"，《马克思恩格斯全集》第3卷，第56页，人民出版社，1960年第一版。

[2] 也有译为"城镇化"、"都市化"的，均出自此英文词。

[3] 周一星，《城市地理学》第63～64页，商务印书馆。

城市集中、强化、分异以及城市景观变化等物质性的发展，也包括城市的经济、社会、技术以及城市文明、生活方式、价值观念向其他城市和乡村地域扩散等精神性的变化。因此，可以说城市化是物质文明和精神文明相结合的发展过程。

由于城市化是一种深刻、复杂、广泛的社会现象，要完整准确地衡量其水平和程度并不简单，目前一般以主要指标法和复合指标法来进行确定。

主要指标法，顾名思义是选择对城市化表征意义最强的、简明而易于统计的若干指标来衡量城市化水平。这种主要指标一般有两个，一是人口比例，二是土地利用状况，其中最常用、资料最易获得的指标是城市人口占总人口的比重，这一指标通用且可比性强。目前，世界各国政府和学者们大都采用这个指标来度量城市化发展状况。

复合指标法，是选用与城市化有关的多种指标进行综合分析，以考察城市化发展水平。这种方法涉及指标多，针对性强，但资料收集困难，通用性和可比性差，多在进行个别案例研究时使用。

第二节　世界城市化发展概况

第一次工业革命从英国发源，迅速推动了欧美甚至世界的工业化浪潮。此后，人类社会开始从农业时代迈入工业时代，从乡村化时代迈入城市化时代，城市化成为一种广泛而影响深远的世界性潮流。

总的来看，世界城市化发展过程具有以下几个特点：

一、发展速度快且呈持续加速的趋势

从城市起源至第一次工业革命的几千年中，世界城市人口数量和城市人口比重增长缓慢，到1800年世界城市人口为5000万人，仅占总人口的5.1%。以19世纪工业化浪潮为发端，城市化发展呈现出世界性的趋势，发展速度不断加快(见表2-1)。

19世纪以来世界人口发展状况　　**表2-1**

年　份	总人口(100万人)	城市人口(100万人)	城市人口比重(%)
1800	978	50	5.1
1825	1100	60	5.4
1850	1262	80	6.3
1875	1420	125	8.8
1900	1650	220	13.3
1925	1950	400	20.5
1950	2501	724	29.0
1960	2986	1012	33.9
1970	3693	1371	37.1
1975	4076	1564	38.4
1980	4450	1764	39.0
1985	4837	1983	41.0
1990	5246	2234	42.6

资料来源：周一星，《城市地理学》，商务印书馆，1995年第一版。

整个19世纪中世界总人口增长了70%，而城市人口增长了340%，城市人口比重由1800年的5.1%提高到1900年的13.3%；20世纪的前50年世界总人口增长了52%，而城市人口增长了230%，城市人口比重提高到29%；从20世纪50～80年代，30年中世界总人口增长了75%，而城市人口增长了150%，到1980年城市人口比重达到近40%。从19世纪初到20世纪90年代末，世界总人口增长了3.5倍，城市人口却增长了35倍多，而且从发展速度看，呈现出不断加速的态势。

二、以20世纪中叶为界限，城市化发展的主流从发达国家向发展中国家转移

欧洲作为工业革命和城市化浪潮的发源地，最早发展为城市化水平较高的地区。以10万人口以上的城市而言，1800年世界有65个这样的城市，其中只有21个在欧洲，到1900年，世界10万人口以上的城市增加到301个，欧洲已占到148个，其中英国在1850年成为世界上第一个有一半以上的人口居住在城市(镇)的国家。随着世界经济增长中心的转移，20世纪初美洲的城市化发展到世界最高速度。到1925年前后，世界发达地区的城市化达到了高潮。从1800～1925年，世界发达地区的人口占世界总人口的比重由27.9%上升到36.7%，而城市人口占世界城市总人口的比重由40%上升到71.2%，城市化水平从7.3%上升到39.9%。从1925年开始，世界发达地区的乡村人口经历了100多年相对比重的不断下降以后，进入了绝对量也下降的过程，城市化水平迅速在1980年达到70%。但是，由于此后发达地区的总人口增长率趋于下降，它在世界人口和世界城市人口总量中所占比重也从顶点开始下降。

世界欠发达地区由于工业化和城市化起步晚，经济社会发展速度慢，到1925年时虽总人口占世界63.3%，但城市人口仅占28.8%，1800～1925年城市化水平仅从4.3%上升到9.3%。第二次世界大战之后，世界欠发达国家和地区的民族独立和解放运动获得了普遍的胜利，亚、非、拉国家的社会经济开始恢复、发展，其城市化发展势头逐渐成为世界城市化浪潮的主流。20世纪二三十年代特别是50年代以后，欠发达地区的城市人口突然快速增长，在1925～1980年间城市人口年均增长率达到甚至超过4%，1950～1960年间曾高达4.68%。这种速度不仅超过发达地区同时期的指标，而且比发达地区曾经有过的最高速度还要快。到1975年，欠发达地区的城市人口数超过发达地区，此后差距越拉越大，目前约集中了世界城市人口的60%。由于欠发达地区乡村人口基数大且增长速度也快，所以城市化发展水平还远远落后于发达地区，到1980年时只有30%左右，20世纪90年代中期方达到37%。

三、大城市迅速膨胀并且在现代社会中居于越来越重要的主导地位

据统计，20世纪特别是20世纪50年代以来，大城市人口在城市人口中所占比重在不断提高，而且随着城市规模级的提高，人口的发展速度也越来越快。以10万人以上城市在世界城市人口中所占比重来看，1950年为56.34%，1960年为59.01%，1970年为61.51%，1975年已达到62.25%，而10万人以下的小城市(镇)所占比重不断下降；以城市人口增长指数来看，1950～1975年间，10～20万人口的城市的人口增长指数为151.5，20～50万人口的城市为230.1，50～200万人口的城市为233.5，200～400万人口的城市为264，400万人以上的城市为340，各规模级城市的个数和在城市人口中的比重也有类似的发展趋势。

在世界上人口比较密集的地区，部分大城市经过地域空间的不断扩展，形成了以一个或若干个城市为中心，包括周围的城市化地区的大都市区(Metropolitan Area)，每个这样的大都市区的人口数一般都多达几百万甚至一千多万。在经济社会发展水平高的地区，许多大都市区还沿交通走廊相连，形成影响力巨大的总人口在几千万以上的大都市带(Megalipolis)。

第三节 城市化发展一般规律

尽管世界上各个国家和地区城市化发展水平差异较大，发展阶段不一致，但观察和分析各国、各地区的城市化发展过程，可以发现城市化过程具有一种普遍的规律性。

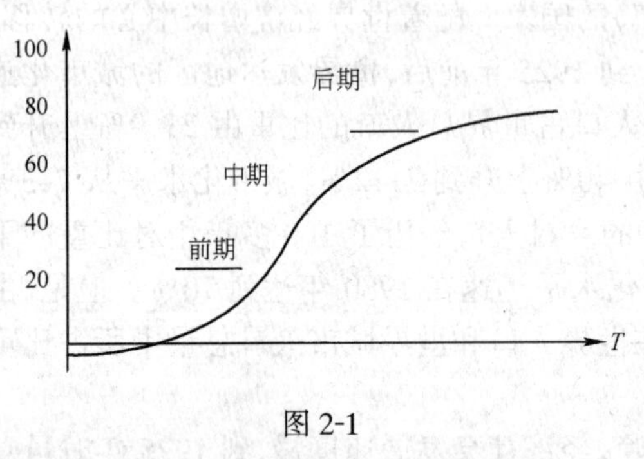

图 2-1

美国城市学者诺瑟姆(Ray M. Northam) 1975 年提出的“城市化过程曲线理论”得到了世界上城市研究学者的广泛认同。经过实证研究，他提出，就一国或一地区而言，城市化过程一般可以分成城市化水平较低、发展速度慢的初期阶段，城市化加速发展的中期阶段和高水平城市化基础上的缓慢发展甚至停滞的后期阶段。用曲线来描述，城市化过程呈现出一条“逻辑斯蒂”曲线(图 2-1)。

城市化初期阶段，第一产业和乡村人口在经济社会结构中占很大比重，人口增长模式处于“高出生率、高死亡率”的阶段，因此，城市化发展水平低，发展速度慢，城市人口比重需较长时期才能增长到 30%左右；进入中期阶段，工业化速度的加快推进人口向城市迅速集聚，第二产业成为国民经济的主导，第三产业比重上升，技术进步使人口增长模式转变为“高出生率、低死亡率”，城市人口比重可能在较短的时期就从 30%左右上升到 60%～70%；城市化进入到后期阶段，经济发展以第三产业和高技术产业为主导，人口增长模式向“低出生率、低死亡率”转变，城市人口比重增长趋缓甚至出现停滞，城乡差别越来越小，区域空间一体化，大城市走向郊区化甚至逆城市化。城市化发展过程是以前一阶段为基础，有序转入下一个发展阶段的。与经济社会发展过程一样，除非特殊的历史或经济因素的出现，否则城市化发展过程一般是不可逆转的，也不可跳跃的。

城市化是人类社会进入工业化社会后的必然趋势，城市化水平与经济发展水平相关。积极的城市化进程应与经济发展同步协调，互相促进，城市的数量和规模增长适度，城市化的速度和质量同步上升。如果城市化进程与经济发展脱节，出现过量的乡村人口盲目向城市、特别是大城市迁移，超过了国家经济发展所能够承受的能力，就会出现过渡城市化，导致城市失业，出现城市贫困、贫民窟、犯罪和社会动乱等问题。当城市人口的实际增长速度低于城市工业发展所需要的人口增长速度，就会出现城市化滞后，也称作低度城市化。有学者认为，城市化滞后主要是人为政策的结果：把资源最大限度集中到工业增长上，造成城市住房、基础设施、社会服务等投资不足，并从政策上控制人口向城市迁移。

第四节　中国城市化发展进程的若干特点及发展预测

我国是世界城市(镇)发展最悠久的国家之一,据历史文献和考古证实,我国城镇在距今3000～4000年时就已经产生了。近现代世界城市化发展进程开始以来,处于封建社会长期统治和遭受帝国主义列强侵略的中国被排除在世界工业化和城市化发展的浪潮之外,成为一个落后、贫困的农业国。至1949年中国共有城市136个,城市化水平仅10.6%,远低于当时世界的29%的水平。城市人口分布极不均衡,集中于东南沿海和长江沿江地区及辽中、辽南地区。

1949年中华人民共和国成立以来,工业化和城市化的发展取得了长足的进步。概括起来,这一时期中国城市化发展有以下特点:

一、城市数量和城市人口总规模有较大增加,城市化发展成就巨大

50年来,中国从薄弱的基础开始,有计划的开展了大规模的城市建设,城市化水平有了较快的提高(见表2-2)。

1949年以来中国城市发展状况　　**表2-2**

年　　份	1949	1960	1970	1975	1980	1985	1990	1995	1998
设市城市数(个)	136	199	176	184	223	324	467	640	668
城镇人口(万人)	5765	13073	14424	16030	19140	25094	30191	35174	36935
城市化水平(%)	10.6	19.8	17.4	17.3	19.4	23.7	26.4	29.1	30.4

资料来源:《中国统计年鉴1998》,国家统计局编,中国统计出版社出版;
《1998年全国设市城市及其人口统计资料》,建设部城乡规划司编。

二、城市化发展过程曲折,阶段性特征明显

与经济社会发展过程一样,1949年以来我国城市化发展进程波动起伏巨大,经历了以下四个主要阶段:

第一阶段:1949～1957年的正常发展时期。新中国成立后,中央政府正确地制定了恢复国民经济、扭转财政收入的方针,取得了显著的效果。从1952年开始实施了第一个五年计划,围绕694个重点建设项目,采取了"重点建设,稳步前进"的城市发展方针,大大推进了我国城市化进程。到1957年底,城镇人口达到9949万,年均增长率为7.06%,城市化水平上升到15.4%,设市城市由1949年的136个增加到178个。随着工业布局的调整,内地城市发展开始起步,工业和城市集中于沿海地区的畸形状态有所改变。

第二阶段:1958～1965年的大起大落时期。1958年开始,在"左"的思想影响下的"大跃进"使国家经济严重失衡,导致农村人口进入城镇的严重失控。1958～1960年中,从农村新进入城市的人口达3000万,到1961年,城镇人口达到12317万人,占当时总人口的18.4%,设市城市数量达到339个,呈现出超越经济社会发展的"虚假城市化"状态。违背经济发展规律的"跃进"造成了国民经济的大滑坡,从1960年开始国民经济进入困难时期。国

家在1961年开始对整个经济实行了“调整、巩固、充实、提高”的方针，要求优先发展农业和轻工业。采取了压缩基本建设规模、精简职工、压缩城镇人口等一系列措施。从1961年到1964年，共精简城镇职工2887万，返乡人口达2600万人，同时调整了市镇设置，使城镇总人口出现了负增长，到1964年城镇人口减少至9885万，城市化水平降至14%。

第三阶段：1966～1978年的停滞不前时期。1966年开始的“文化大革命”及国家在政治经济领域的一系列重大失误，使国民经济蒙受了巨大损失。“文化大革命”初期大批知识分子和干部被下放劳动，上千万名知识青年上山下乡；割“资本主义尾巴”使乡镇企业被扼杀，许多小城镇日益衰败；大小三线建设执行“山、散、洞”和“先生产、后生活”的方针，巨资投入的工业布局很少形成有规模的城镇；城镇建制工作基本停顿，新设市极少，建制镇减少；城市建设投资比例下降，城市各方面问题十分突出。此间的12年中，城镇人口长期在1～1.1亿之间徘徊，城镇非农业人口仅增加180万人，其中有几年还出现负净值的状况，城镇人口比重多年徘徊在12.2%左右。

第四阶段：1978年以来的迅速发展时期。党的十一届三中全会以来，国家工作的重点转移到现代化建设的轨道上，改革开放和充分发挥中心城市作用等方针的执行，极大地推进了城市化发展的进程，这个时期成为中国城市化与城市发展速度最快、规模最大的阶段。从1980年至今，城市化水平年均增长率由前30年的1.97%上升到2.74%。到2000年末，全国设市城市已达到663个，建制镇19000个，居住在城镇地区的人口达到4.56亿，城市化水平达到了36.09%。

三、改革开放以来，我国城市化与城镇发展基本上是积极、合理、有序的

改革开放20年来，在城市发展方针和各级城镇体系规划、城市总体规划的指导下，城镇人口增长基本平稳。从1978年到1998年，年平均增加城镇人口1035万，最高年份增长1829万人，大体上保持了稳定的增长态势；受经济社会发展的推动，城市化发展速度较快，但与经济社会发展基本协调。1978年到1998年，我国大城市由40个增加到85个，增长112.5%，中等城市由59个增加到205个，增长247.5%，小城市由92个增加到378个，增长310.9%，建制镇增加了16000多个。以深圳和上海浦东新区为代表的一批新城市在沿海、沿边和内陆地区迅速崛起，小城镇蓬勃发展。作为不同区域的中心，各级城市的功能不断完善，中心地位和辐射能力不断增强，带动和促进了各级区域的发展。

四、与世界其他国家相比较，中国城市化发展尚处在较低水平

改革开放以来，我国城市化与城市发展取得了长足进步，但与发达国家甚至发展中国家相比，仍处于较低的水平。到1998年底，我国城市化水平仅30.4%，而1990年世界平均城市化水平已达47%，发达国家平均水平已达到75%，发展中国家的平均水平也达到了37%（见表2-3）。

世界部分国家城市化水平比较（1993年） **表2-3**

国家或地区	总人口（万人）	城市化水平（%）	国家或地区	总人口（万人）	城市化水平（%）
全世界平均		47	日　本	12467	77

续表

国家或地区	总人口（万人）	城市化水平（%）	国家或地区	总人口（万人）	城市化水平（%）
发达国家平均		75	美　国	25814	76
发展中国家平均		37	波　兰	3846	64
英　国	5819	89	菲律宾	6565	52
德　国	8119	86	巴基斯坦	12276	34
澳大利亚	1766	85	中　国	121498	30
加拿大	2894	77	印　度	88391	26

资料来源：中国为1998年资料，其他国家资料来源于国家统计局《中国人口统计年鉴》(1996年)。

不仅如此，由于城乡壁垒、以重工业起步的产业结构以及长时期重农村、轻城市的观念影响等原因，我国城市化滞后于工业化和社会经济的发展。目前我国总体上说已处于工业化中期向后期过渡时期，而城市化水平尚处在世界低收入国家的水平，与工业化初期水平的国家相当(见表2-4)。

1996年世界各类型经济发展水平的城市化状况　　**表2-4**

类　型	平均人均收入(美元)	城市化水平(%)
低收入国家	490	29
中等收入国家	2590	61
中下等收入国家	1740	56
中上等收入国家	4600	73
低和中等收入国家合计	1190	40
高收入国家	25870	78
世界平均	5130	47

资料来源：《国际统计年鉴1997》，中国统计出版社。

五、城市化水平地域差异较为明显

受综合地理条件、经济社会发展水平、人口分布、交通条件等的影响，我国城市化水平的地域差异仍比较明显，沿海与内地，东部、中部与西部地区之间差别较大，各省区内部，城镇与城镇人口的分布也不平衡(见表2-5)。

东、中、西部地区城市分布情况　　**表2-5**

地　带	东部地区	中部地区	西部地区
面积(占全国比重%)	28	15	57
总人口(占全国比重%)	41	38	21
城镇数量(个数比重%)	45	31	24
设市城市密度(个/10万km^2)	22.4	7.4	2.7
城市化水平(%)	38.5	28.1	23.4

资料来源：《中国统计年鉴》(1998年)，国家统计局编。

从经济社会和城市化发展的现状看,我国城市化刚刚步入加速发展时期,未来50年左右是城市化大发展阶段。近年来,我国城市、经济、人口和社会学等研究领域的学者和有关政府部门,从影响城市化的主要因素入手,运用多种计量方法对我国未来几十年城市化发展趋势和水平进行了研究和预测,得出了近似的结论。我国政府1996年6月在世界"人类与居住环境"第二次大会上向联合国提交和向世界各国公布的《中华人民共和国人类住区发展报告》中提出,到2000年我国城市化水平将达到35%左右,2010年将达到45%左右。

第五节 实施积极的城市化政策,开拓有中国特色的社会主义城市化道路

城市发展战略涵盖城市经济、社会、文化、生态环境等诸多方面。国家"十五"计划纲要明确提出:提高城镇化水平,转移农村人口,有利于农民增收致富,可以为经济发展提供概括的市场和持久的动力,是优化城乡经济结构,促进国民经济良性循环和社会协调发展的重大措施。随着农业生产力水平的提高和工业化进程的加快,我国推进城市化的条件已渐成熟,要不失时机地实施城市化战略。

根据城市化发展的普遍规律,我国城市化正在步入加速发展时期。但是,从我国国情来看,城市化发展面临的形势是严峻的,完成城市化发展目标的任务是艰巨的。

我国人口众多,农业人口占大多数(按户口计有9.1亿),农村剩余劳动力数量巨大,农村剩余劳动力还形成了庞大的流动人口。与此同时,我国是一个人均资源紧缺的国家,人均土地、矿产、森林、水资源等贫乏,尤其是耕地资源,全国人均仅1.76亩,不及世界平均水平的一半。人口——资源是长期制约我国经济和社会发展的主要矛盾,巨大的人口负担和日益紧缺的资源将在很长的历史过程中成为我国经济社会和城市化发展的重大制约因素。因此,中国在下世纪一方面要实现国力的提升,跻身世界发达国家行列,另一方面要促进区域协调发展、城乡协调发展,实现全民共同富裕,城市化与城市发展战略必须立足于中国国情,因势利导的推动城市化,积极主动地引导城市发展,走出有中国特色的发展道路。

要按照与经济社会发展水平和市场发育程度相协调,与资源和环境条件相适应的原则,遵循市场经济的客观规律,因地制宜、循序渐进、积极引导,优化城镇布局,完善城镇功能,提高城镇对区域经济社会发展的辐射和带动作用,逐步形成多层次、开放式、高效能的城镇体系,促进城乡经济社会协调发展、共同繁荣。

要建设现代化综合快速交通运输网络和信息网络,促进城镇的区域联系;调整优化产业结构,大力发展城镇各项社会事业,全面提高城镇文明水平和整体素质,增强城镇经济辐射带动能力;健全生态环境保护和资源有效开发利用机制,促进城镇发展与资源和环境条件相适应;充分发挥城镇在区域经济和社会发展中的核心作用,实现全国城乡社会、经济、环境协调可持续发展。

一、进一步优化区域城镇空间布局

1. 东部地区:以扩散型城市化为主,采取"网络带动、整体推进"的区域空间开发模式,提高现代化建设水平,促进大中小城市全面发展。以国际经济一体化为方向,以高度集约化经济为特色,积极利用国际资源和市场,广泛参与国际经济竞争。

重点培育和发展长江三角洲城镇密集区、珠江三角洲城镇密集区、京津唐城镇密集区、辽中南城镇密集区、山东半岛城镇密集区和闽东南城镇密集区。加强各城镇密集区的横向关联，形成密集区之间的现代化、系统化通讯信息网络。各城镇密集区要加强向周围腹地的辐射与推进，促进这些区域进一步发挥在全国经济增长中的带动作用。

城镇密集区要划定必须严格保护的农田和各类生态环境保护区，防止城镇沿干线公路两侧无序发展。要从优化区域布局，提高整体竞争力出发，统筹布局大型港口、机场、干线公路和铁路等区域性基础设施，防止重复建设。大城市要合理调整用地结构，加快中心城区的环境整治和功能疏解，防止人口过度向中心区集中。

2．中部地区：走集中型城市化与扩散型城市化并进的道路，采取"轴向扩展，点面结合"的空间开发模式。进一步强化跨省区中心城市的辐射和带动作用，重点发展省域中心城市和地方中心城市，改善投资环境，完善城镇功能，增强城镇的辐射力。

以长江、陇海、京广、京九、京哈等沿线地区为重点，壮大和充实中心城市，培育发展江汉平原城镇密集区、中原地区城镇密集区、湘中地区城镇密集区、松嫩平原城镇密集区，积极发展长(春)吉(林)、石(家庄)保(定)、太(原)大(同)侯(马)、呼(和浩特)包(头)，合(肥)阜(阳)和南(昌)九(江)等省域城镇发展核心区和城镇发展轴带，提高基础设施建设水平，完善交通通讯网络，更好地发挥对中部地区城乡经济社会发展的带动作用。

3．西部地区：走以发展大、中城市为重点的集中型城市化道路，采取"以点为主，点轴结合"的空间开发模式，以改造现有中心城市和培育发展新的经济中心为重点，循序渐进地推进西部地区的城市化。

依托亚欧大陆桥、长江水道、西南出海通道等交通干线及重庆、西安、成都、昆明、兰州、乌鲁木齐等跨省区中心城市和贵阳、拉萨、银川、西宁等省域中心城市，以线串点，以点带面，重点培育发展四川盆地城镇密集区、关中地区城镇密集区，促进西陇海兰新经济带、长江上游经济带和南(宁)贵(阳)昆(明)经济区的形成。依托黄河中上游、新疆塔里木盆地、陕西榆林地区、贵州黔西-六盘水地区能源和矿产资源的开发，培育发展地方性中心城市。形成若干陆路开放城镇，带动西部地区经济发展。

要加强以中心城市为节点的区域交通设施建设，改变中心城市辐射带动能力较低的局面，满足西部地区经济社会发展的需要。要加快联系西部中心城市与中部和东部中心城市的快捷的公路、铁路和航空港建设。调整和完善区域和省域中心城市的功能，向综合性经济中心方向发展。

二、完善城镇功能，提高城镇辐射力和竞争力

1．支柱产业转换能力强，基础设施和社会服务设施功能比较完善的城市，要进一步强化城市的竞争力。上海、北京等具有国际意义的大城市，要以知识经济为导向，积极发展电子信息、生物技术、新材料等高新技术产业和出口创汇产业，重点发展金融保险、信息服务、物流配送、专业服务等现代服务业。逐步发展成为能够参与国际经济竞争的大城市和全国经济、文化、科技中心。深圳、广州、大连、天津、厦门、青岛、烟台、宁波、汕头、秦皇岛等沿海开放城市，要创造良好的投资环境，依托经济开发区，发展外向型经济，发展技术先导型的主导产业，推动中国产业的升级和产品的技术创新。这些城市大多处于人口稠密，土地资源紧张的地区，严格限制建设用水量大、污染严重和占地多的项目。

2. 长期发展形成的重要的产业基地，如哈尔滨、沈阳、长春、武汉、西安、兰州、重庆和成都等城市，要进一步健全城市功能。要充分发挥经济基础雄厚，人才集聚的优势，结合国有经济布局调整，优化产业结构。用高新技术改造传统产业，发展技术含量高的新产品。发挥科技人才优势，建立技术创新体系，发展高新技术产业、建立新兴主导产业。要依托区域资源优势和城市土地、劳动力成本比较优势，利用先进技术发展资源深加工。发展劳动密集型的中小型工业企业，吸纳富裕劳动力。要创造良好的发展环境，改造城市中心区，完善城市经济功能，大力发展第三产业，成为商品流通、科技文化和信息中心。要通过国家重点投资和多种投资方式，建设高水平、高效率的城市基础设施和社会服务设施，改善投资环境。

3. 产业结构单一，并因国家产业结构调整和市场变化，支柱产业衰退的城镇，要适时地调整城镇的产业结构。包括以纺织、普通机械等传统加工工业为主的城镇和以煤炭、石油、森工等资源加工业为主的城镇。要依据市场需求，发展资源深加工产业，延长产业链，提高产品附加值。要充分利用区域资源和区位优势，因地制宜地发展接续产业和替代产业，促进产业结构的多元化。要创造条件，鼓励企业、私人投资，发展新兴产业。要重视和加强环境保护，保持生态平衡。

4. 全面提高城镇对区域发展的辐射带动作用。要强化城市的中心功能，提高各级城镇对区域经济社会发展的服务、辐射和带动作用，促进城镇与区域经济、社会和环境的协调发展，密切城乡联系，促进城乡共同繁荣。

依据城镇的职能特点、辐射能力和区域发展条件，全国城镇可以分为全国性和具有国际意义的中心城市、跨省区的中心城市、省域中心城市、地方性中心城市、县域中心城镇和县内中心城镇等六个层次。其中，全国性和具有国际意义的中心城市包括北京、上海和香港，跨省区的中心城市包括沈阳、天津、武汉、广州、西安和重庆，以及大连、哈尔滨、济南、青岛、郑州、长沙、南京、杭州、深圳、厦门、兰州、乌鲁木齐、成都、昆明等。省域中心城市主要是各省省会城市，包括长春、呼和浩特、石家庄、太原、合肥、南昌、福州、海口、银川、西宁、南宁、贵阳等城镇。另外还包括对省内发展具有重要影响的大城市，如包头、唐山、宁波、柳州等城市。

全国性和具有国际意义的中心城市、跨省区的中心城市、省域中心城市对区域经济社会发展的辐射和带动作用较强，在全国城镇发展中具有重要的核心和骨干作用，是区域性的中心城市。要重点充实面向区域的贸易、信息、金融、教育、科技、文化等方面的服务功能，建立便捷的城际交通网络，使中心城市与周边地区联结为有机的整体，引导中心城市功能的合理疏解和调整，扭转人口过密和交通拥挤的状况，优化布局、改善环境，增强辐射和带动能力。

三、积极稳妥地推进小城镇健康发展

1. 主要任务和发展目标

发展小城镇是推进我国城市化的重要途径。要以促进国民经济和社会发展为目标，以提高水平和效益为中心，因地制宜，突出重点，以点带面，积极稳妥地发展小城镇。

要优化小城镇发展布局，完善小城镇功能。要加强对小城镇数量增长的调控。要以县城和部分基础条件好、发展潜力大的建制镇为发展重点，加强基础设施和公用设施建设。把全国 15% 的建制镇建设成为规模适度、规划合理、经济繁荣、功能完善、环境整洁、特色鲜明、具有较强凝聚力的农村区域经济文化中心。

2. 优化小城镇布局

(1) 经济发达地区:包括东部沿海地区主要交通干线沿线和大中城市周边地区。以内涵集约式发展为主,控制小城镇数量,引导过密过近的相邻镇区合并。提高基础设施建设水平和管理水平,完善区域内城镇网络,提高小城镇作为一定地域中心的凝聚力。要注意区域内城镇间的分工协作,加强地区性基础设施建设的规划与协调。

(2) 经济中等发达地区:包括中西部地区的平原地区,东部沿海地区内的边缘地区。以内涵集约式发展与适度外延扩张式发展相结合,加强对小城镇规划实施实行监督与指导,提高小城镇的建设质量。

(3) 经济欠发达地区:主要包括西部地区和中部地区的部分经济落后区域,以山地、丘陵、高原为主。这类地区经济基础薄弱,交通不便,人口流出相对较多,小城镇发展动力不足。在这些地区,要在扶持和巩固大、中城市的同时,积极培育条件较好的县域中心城镇作为带动区域发展的增长极。

3. 完善小城镇的功能

要注重为农业、农村和农民提供各种服务,吸引农业产业化的龙头企业和乡镇企业向镇区集中,发展农产品市场和农产品加工工业,形成本地的农产品加工基地和一定辐射范围的农产品集散中心和农业信息、技术服务中心。乡镇企业通过改组改制,发展规模经济,提高产品质量和档次。要面向国际和国内两个市场,发展有优势的劳动密集型工业。

(赵永革　张　勤)

主要参考文献:

[1] 顾朝林等. 经济全球化与中国城市发展. 商务印书馆,1999 年
[2] 胡序威等. 中国沿海城镇密集地区空间集聚与扩散研究. 科学出版社,2000 年
[3] 联合国人居中心. 城市化的世界. 中国建筑工业出版社,1999 年
[4] 周一星. 城市地理学. 商务印书馆,1995 年

第三章　城市空间形态与布局结构

第一节　城市发展与空间形态的形成

城市的出现是人类社会进化、经济发展、生产力劳动分工加深和生产关系改变的结果。从游牧到农业生产，出现了在广阔地域上相对分散又相对永久性聚集起来的农村居民点，到商业、手工业兴起，因政治、军事、经济、交通等功能的需要，一些乡村才进一步发展成为较大规模的城镇。一方面，城市的形成是人们居住形式由简单聚落向功能多样、形态及结构复杂的大型聚居地客观演化的过程。另一方面，城市发展的历程也是人们不断能动地改善自己的集居环境、进行城市营建的过程。虽然因世界各地自然条件、社会经济发展水平均有差异，城市出现的时期，城市的分布、规模和城市形态不可能相同，但是，一般城市的发展均先经历相当长时期的"静态城市"相对稳定阶段。通常的形态是自发向心集中形式和放射路网，而通过规划营建的城市则多是由城墙确定为矩形和方格路网结构。直到工业革命后，城市才进入较快的动态发展时期，城市数量逐步增加，功能进一步充实，人口持续集聚，城市建筑和各种基础设施日益完善，城市建设用地不断扩展(图 3-1)。因此，反映这种演化发展阶段的外部表现的城市空间形态必然随着时代也不断演化发展。同时，又由于城市本身多形成为相当巨大规模、相当复杂的综合性物质实体，在一定时期内和特定的各种影响因素作用下所基本形成的某种明确的空间形态和布局结构，是不会轻易快速改变的，这种渐变而相对固定的现象也有其必然的规律。因此一般城市的空间形态同时具有整体上绝对的动态性和阶段上相对的稳定性特征。

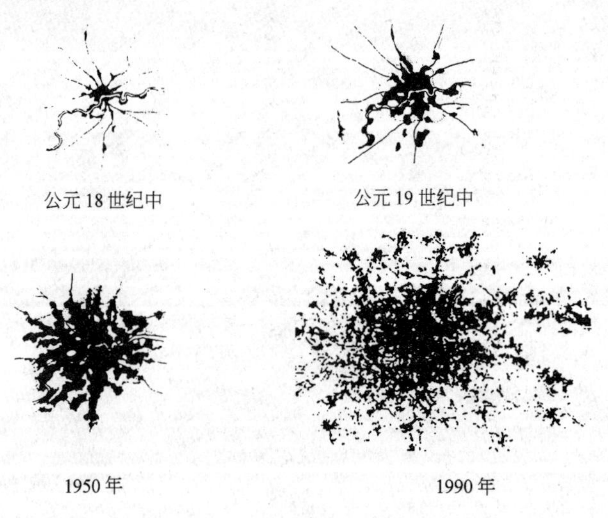

图 3-1　伦敦城市的发展

由于城市是人类社会的、经济的、文化的活动中心，是一个综合性有机统一体，城市也是能满足居民生产、生活各种需要的物质建设的空间实体。因此，影响城市空间形态形成的因素是多方面的，并且是综合起作用的。一般来说，其直接因素既包括城市本身所在的区位、地形、地质、水文、气象、景观、生态、农林矿业资源等等地理环境自然条件，也包括城市的人口规模、用地范围、城市性质、在国家和地区中的地位和作用、能源、水源和对外交通、大型工业企业配置、公共建筑和居住区组织形式等社会经济和城市建设条件。而其间接影响因素则是城市各历史时期的发展特征、国家政策和行政体制、规划设计理论和建筑法规、文化传统理念等等人为条件。如此众多的直接和间接因素在一定历史时限和一定空间范围内，综合地同时作用于一个城市实体，每个城市的空间形态必然千差万别，因此世界上各个国家或地区内，所有的城市就不可能出现完全相同的空间形态，正如同"世界上不存在完全相同的树叶或指纹"。但是，许多城市形态的形成又往往具有相同的主要影响因素和不少相似的发展阶段和环境空间，使其演化的规律大体一致，因而在城市整体上有类似总平面外形轮廓和布局结构特点。对于多种多样的城市仍然可以归纳概括为几种主要的空间形态类型。也就是说，城市空间形态同时具有必然的绝对的多样性和大体上相对的类似性，这是其另一主要特征。

关于城市形态分类，在国内外理论阐述方面也存在许多不同的归纳分析方法和意见。按照城市建成区主体平面形状或三维空间特征，按照城市扩展进程模式，按照城市活动中心和功能分区布局，按照城市道路网结构等等有多种多样分类方法，而实际上这些不同方法都是相互关联的。例如一般星座型总平面形态的大城市，三维空间呈中高外低单锥形或多锥形形态，多是以多向轴线式向外扩展形态，也多是具有主、副多中心模式形态和环形放射道路体系结构形态。而一般呈集中团块总平面形态的小城市则三维空间呈平缓板形，并且多是以同心圆层层向外扩展形态，单核心模式和简单格网道路系统形态。因此，在城市规划学术界较多采用的形态类型分析方法是比较直观的、简单易行的"图解式分类法"。这是以城市行政区划边界以内，主体建成区总平面外轮廓形状为差别标准。城市主体周围距离较远或面积规模较小的相对独立的分区或村镇不参与差别。这样，大体可以区分为集中团块型、带型、放射型、星座型、组团型和散点型六大主要类型(图 3-2)。现分别叙述其特点如下：

一、集中型形态(Focal Form)，即城市建成区主体轮廓长短轴之比小于 4:1，是长期集中紧凑全方位发展状态，其中包括若干子类型如方形、圆形、扇形等。这种类型城镇是最常见的基本形式，城市往往以同心圆式同时向四周扩延。人口和建成区用地规模在一定时期内比较稳定，主要城市活动中心多处于平面几何中心附近，属于一元化的城市规划格局，建筑高度变化不突出而比较平缓。市内道路网为较规整的格网状。这种空间形态便于集中设置市政基础设施，合理有效利用土地，也容易组织市内交通系统。在一些大中型城市中也有相当紧凑而集中发展的，形成此种大密集团块状态的城市人口密度与建筑高度不断增大，交通拥塞不畅，环境质量不佳。有些特大城市不断自城区向外连续分层扩展，俗称"摊大饼"式蔓延，反映了自发无序或规划管理失误状态，各项城市问题更难以解决。

二、带型形态(Linear Form)，建成区主体平面形状的长短轴之比大于 4:1，并明显呈单向或双向发展，其子型有 U 型、S 型等。这些城市往往受自然条件所限，或完全适应和依赖区域主要交通干线而形成，呈长条带状发展，有的沿着湖海水面的一侧或江河两岸延伸，有的因地处山谷狭长地形或不断沿铁路、公路干线一个轴向的长向扩展城市，也有的全然是按

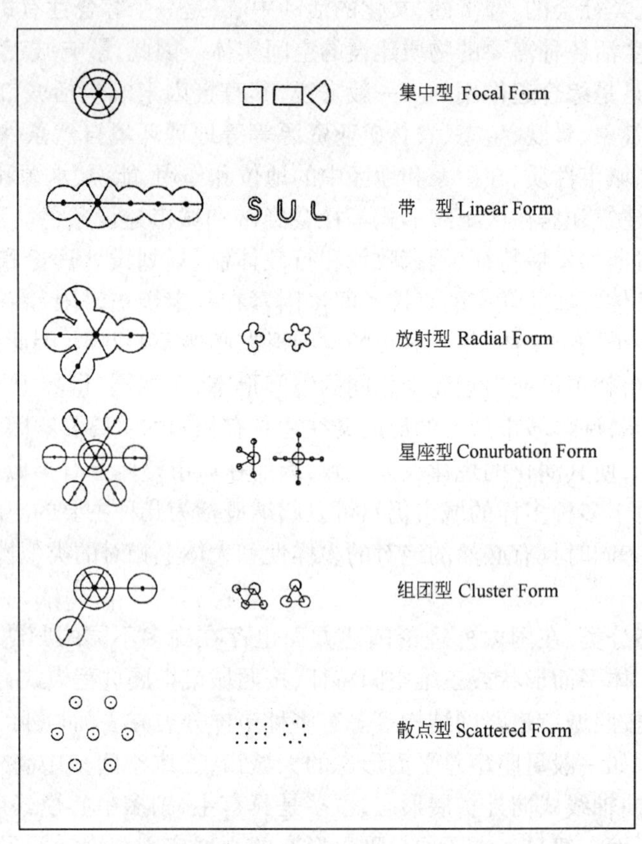

图 3-2　城市形态图解式分类示意

一种"带型城市"理论按既定规划实施而建造成的。这里城市规模不会很大,整体上使城市各部分均能接近周围自然生态环境,空间形态的平面布局和交通流向组织也较单一,但是除了一个全市主要活动中心以外,往往需要形成分区次一级的中心而呈多元化规划结构。

三、放射型形态(Radial Form),建成区总平面的主体团块有3个以上明确的发展方向,这包括指状、星状、花状等子型。这些形态的城市多是位于地形较平坦,而对外交通便利的平原地区。他们在迅速发展阶段很容易由原城市旧区,同时沿交通干线自发或按规划多向多轴地向外延展,形成放射性走廊,所以全城道路在中心地区为格网状而外围呈放射状的综合性体系。这种形态的城市在一定规模时多只有一个主要中心,属一元化结构,而形成大城市后又往往发展出多个次级副中心又属多元结构。这样易于组织多向交通流向及各种城市功能。由于各放射轴之间保留楔形绿地,使城市与郊外接触面相对较大,环境质量亦可能保持较好水平。有时为了减少过境交通穿入市中心部分,需在发展轴上的新城区之间或之外建设外围环形干道,这又很容易在经济压力下将楔形空地填充而变成同心圆式在更大范围内蔓延扩展。

四、星座型形态(Conurbation Form),城市总平面是由一个相当大规模的主体团块和三个以上较次一级的基本团块组成的复合式形态。最通常的是一些国家首都或特大型地区中心城市，在其周围一定距离内建设发展若干相对独立的新区或卫星城镇。这种城市整体空间结构形似大型星座，人口和建成区用地规模很大，除了具有非常集中的高楼群中心商务区(CBD)之外，往往为了扩散功能而设置若干副中心或分区中心。联系这些中心及对外交通的环形和放射干道网使之成为相当复杂而高度发展的综合式多元规划结构。有的特大城市在多个方向的对外交通干线上间隔地串联建设一系列相对独立且较大的新区或城镇，形成放射性走廊或更大型城市群体。

五、组团型形态(Cluster Form)，城市建成区是由两个以上相对独立的主体团块和若干个基本团块组成，这多是由于较大河流或其他地形等自然环境条件的影响，城市用地被分隔成几个有一定规模的分区团块，有各自的中心和道路系统，团块之间有一定的空间距离，但由较便捷的联系性通道使之组成一个城市实体。这种形态属于多元性复合结构。如布局合理，团组距离适当，这种城市既可有较高效率，亦可保持良好的自然生态环境。

六、散点型形态(Scattered Form)，城市没有明确的主体团块，各个基本团块在较大区域内呈散点状分布。这种形态往往是资源较分散的矿业城市。地形复杂的山地丘陵或广阔平原都可能有此种城市。也有的是由若干相距较远的独立发展的规模相近的城镇组合成为一个城市，这可能是因特殊的历史或行政体制原因而形成的。通常因交通联系不便，难于组织较合理的城市功能和生活服务设施，每一组团需分别进行因地制宜的规划布局。

当然，由于前述城市空间形态所具有的动态性和多样性特征，在一个阶段中属于任何类型的城市，均可能向其他类型发展转化。同时，除此六种主要的类型之外，还可以归纳为更多的其他别具特点的类型。

综上所述，总平面图解式形态分类法，只是一种比较简明和对于城市规划与设计工作上易于操作的办法之一；类型判别的标准也尚未能十分精确。实际上，国内外从事城市研究的学者尚有从各种不同角度，如社会学、经济学、地理学、军事学以及城乡关系、功能组织结构、系统工程、三维立体形状等等方面来对城市形态进行分类的，虽然都与规划有关，但由于篇幅所限，本文不在此介绍了。

第二节　城市布局结构理论与实践探索

城市发展历史综合体现了人类社会经济的进步过程，也反映了人们逐步自觉利用文化科技手段，根据变化中各方面需求不断探索城市空间形态布局结构理想，进行规划和建设实践的过程。

事实上，从城市开始出现到封建时代的数千年间，除了罗马、巴比仑、长安等几个特殊例子，古代一般城市规模都不大且长期发展缓慢。其扩展过程及影响城市空间形态形成的主要有两种方式，即有的城市相当时期内在一定自然地理条件和社会经济渐进阶段，自发地演化有机地成长。这种城市形态布局结构逐步地得到调整和改善，城市各种功能系统尚可比较协调地发挥作用。同时也有的城市建设是在一定程序上按照统治者意图和规划概念实现的，因此在一个地区一个时代内城市形态布局呈现相似现象。如在中国《诗经》、《周礼》、《管子》、《墨子》以至明清不少著作中均有对当时城市选址、形制、规模及理想形态布局的叙述和规定。按此形成的城市形态特征非常明显(详见本章第三节)。回顾外国城市建设史，早在4000 年前古埃及的城市遗址已体现出统治者建城的明显意图和概念，如著名的卡洪城，形态布局方整规则，神庙、市集、墓地、贵族庄园、市民及奴隶住所的阶级区分非常明确(图3-3)。其后两河流域的新巴比仑城的矩形平面城墙也很整齐，轮廓分明，宫城及山岳

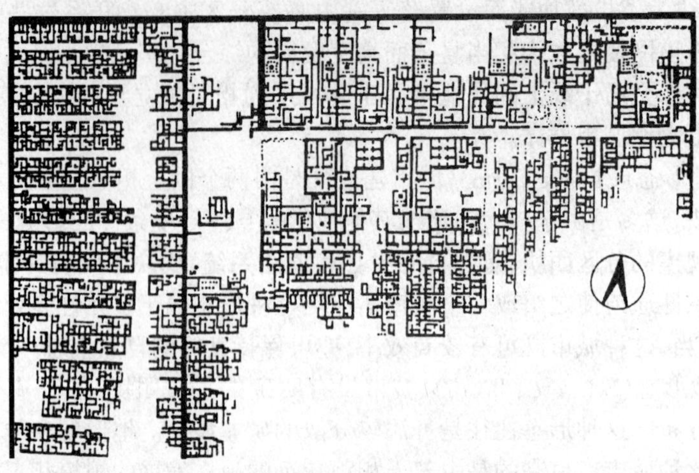

图 3-3　古埃及卡洪城

台、空中花园均在城市中部居高临下。城市干道方直正对各城门，而小巷曲折狭窄，总体形态布局颇具特色(图3-4)。体现欧洲文化传统古希腊的希波达摩斯(Hippodamus)“城市体

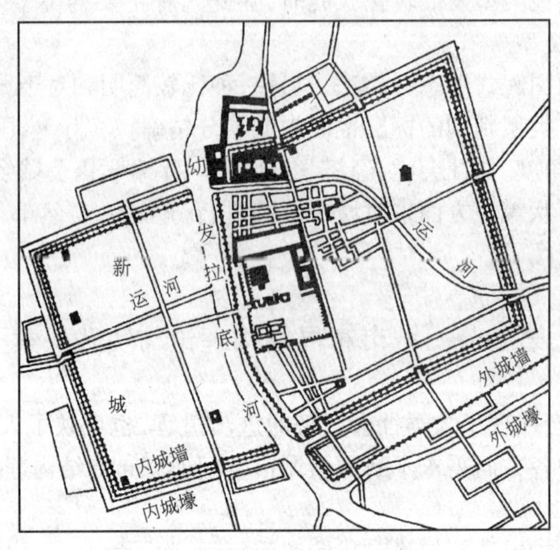

图 3-4　两河流域新巴比仑城

系”是针对当时自由发展的城市格局，首次从理论到规划实践上将城市进行有计划地功能分区和建设格网式道路体系(图 3-5)。罗马的维持鲁威(Vitruvius)“理想城市”对城市形态布局则有不同的设想。维氏的理想城市方案的八角形，以弓弩射距设计了城墙的间隔，由中心庙宇广场向外辐射的道路网为避风而不直对城门。可以看出这些设想是根据当时宗教、军事及社会生活功能需要而规划的。到文艺复兴时代阿尔伯蒂(Alberti)、达·芬奇(L.D.Vinci)等大师也都曾提出过有关城市营建的模式和最佳形态的设想。斯卡莫齐(Scamozzi)绘制的理想城市图总平面则呈圆形，突出 12 个尖堡组成全方向的防卫体系，东

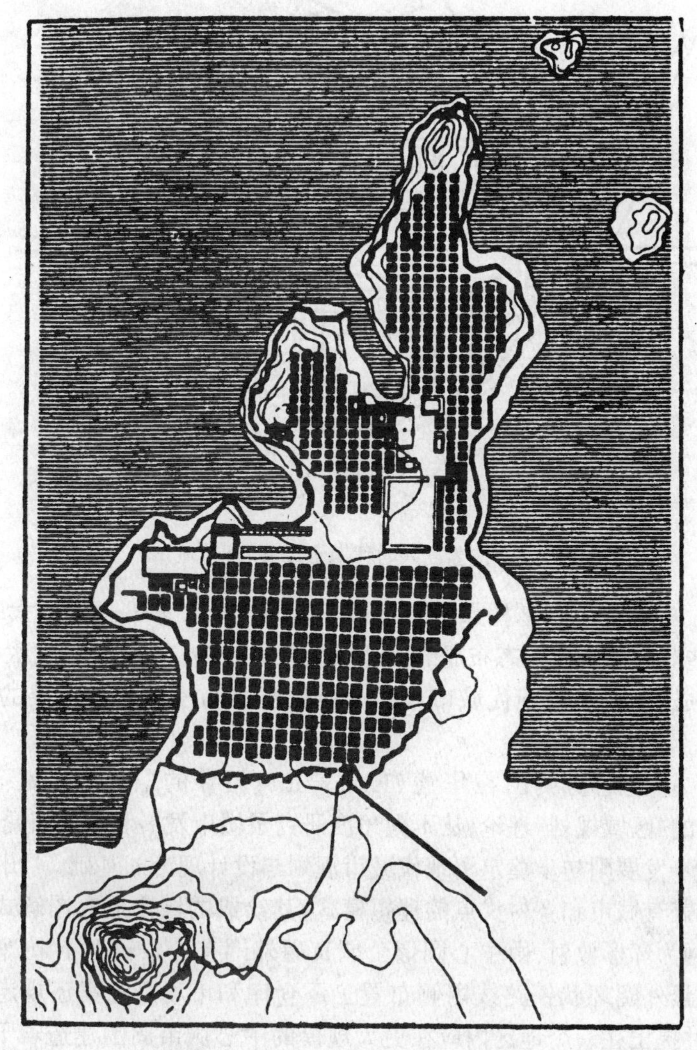

图 3-5　古希腊希波达摩斯规划的米利都城

西南北设 4 个城门,主次干道为正格网状。市中心建造宫殿和广场。由此向左右开辟直通城门的商业大街,并在适中地点配置各种交易市场。虽然实际上按这些理想方案建造的城市没有遗存,但它反映出当时商业已逐步兴盛,因之城市布局必然体现城市功能多样化的需求,这种趋势也在相当时期内影响着欧洲城市形态布局的发展(图 3-6)。

人们对于城市合理空间形态与布局结构研究探索思潮的活跃始于城市功能、规模的迅速变化和诸多问题的出现。公元 18 世纪欧洲工业革命迅速促进了社会经济发展,生产力空前提高,生产关系也引起巨大变革,这又大大推动着城市的快速发展,其扩展方式和空间形态冲破了旧有框框和尺度,由静态进入动态发展阶段。乡村人口大规模向城市集中,工业用地无序设置,一般市民居住环境恶化,城市规模急剧膨胀,这些不可避免地导致前所未见的"城市病"普遍出现。19 世纪初欧洲一些先导的思想家如法国的傅立叶(C.Fourier)和英国的欧文(R.Owen)等空想社会主义者先后从探索解决城市矛盾的愿望出发,继承了 15 世纪

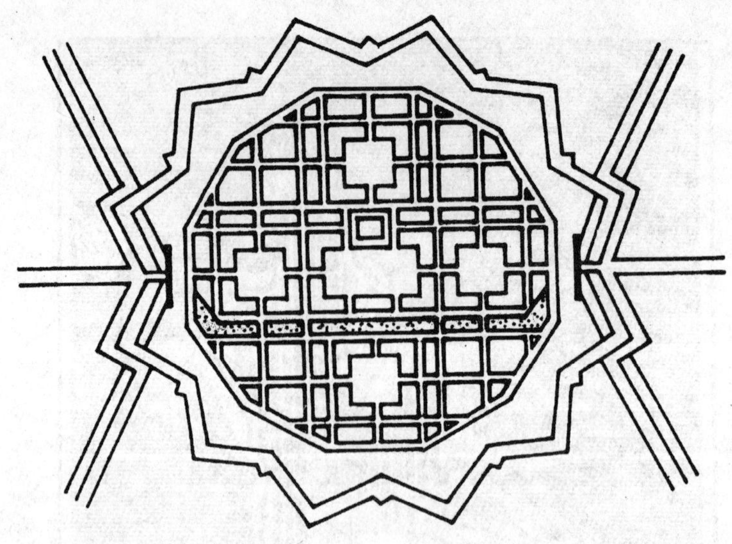

图 3-6　文艺复兴时代斯卡摩齐"理想城市"

托马斯·摩尔(Thomas More)《乌托邦》和 16 世纪康帕内拉(Campanella)《太阳城》的设想而加以发展,以这些对理想城市形态布局的描述而试探进行的"新协和村"、"大家庭"等个别营建实践虽不可能成功,但对近现代城市规划学科的建立与发展具有重要的意义和长远影响。

19 世纪末,20 世纪初英国霍华德(E.Howard)倡导的"田园城市"运动和盖迪斯(P.Geddes)提出的"区域规划"理论,从不同角度研究了城市发展和形态布局理想方式,而两者的融合和进一步发展则初步奠定了现代城市规划与设计理论的基础。"田园城市"的基本设想是建设一种兼有城市和乡村优点的理想模式,其绘成的城市形态图解式规划方案总平面为圆形,道路网为环形放射,由中心圆形公园直通外围有 6 条辐射干道,将城市划分为 6 个扇形地区。在最外圈环状铁路线内侧布置工厂仓库和市场。方案还规定了田园城市最"合理"的规模,并提出在一个地区内应在更大规模的中心城市周围建造若干田园城市的城市组群设想(图 3-7)。1909 年、1919 年英国先后营建了第一、二个田园城市来奇沃思(Letchworth)和威尔文(Welwyn),这是对城市形态布局研究探索的重要实践。1911 年美国建筑师格利芬(Griffin)在澳大利亚新首都堪培拉规划竞赛首选中奖,方案利用该地区自然山丘并筑造人工湖,使城市形态布局与山水地形密切融合,城市主体中心与次中心分工明确而联系便捷,各中心分区形成了几个同心多边形道路网,总平面图案组织严整而自然,也是体现并发展了田园城市形态布局的一个典型实例,经过数十年的建设使它成为最美的城市之一(图 3-8)。雷蒙·恩温(L.Enwin)1922 年在《卫星城市建设》中对田园城市设想作了进一步发展,在理论上正式提出卫星城市的概念。

同在 19 世纪末,1882 年西班牙索·伊·马塔(S.Y.Mata)提出"带形城市"设想,他认为城市应由一条大运量、高速、宽阔的大道或轨道交通干线作为脊椎,在其两侧布置营造城市。要限制城市宽度而能无限延长其长度。这可最好地组织安排城市各种不同功能分区,最方便而经济地铺设供电供水管线,使城市最有效率而居民最易接近自然。他甚至畅想可形成由西班牙到俄罗斯横跨全欧的巨型带状城市(图 3-9)。1901 年法国托·加涅(T.Garnier)展

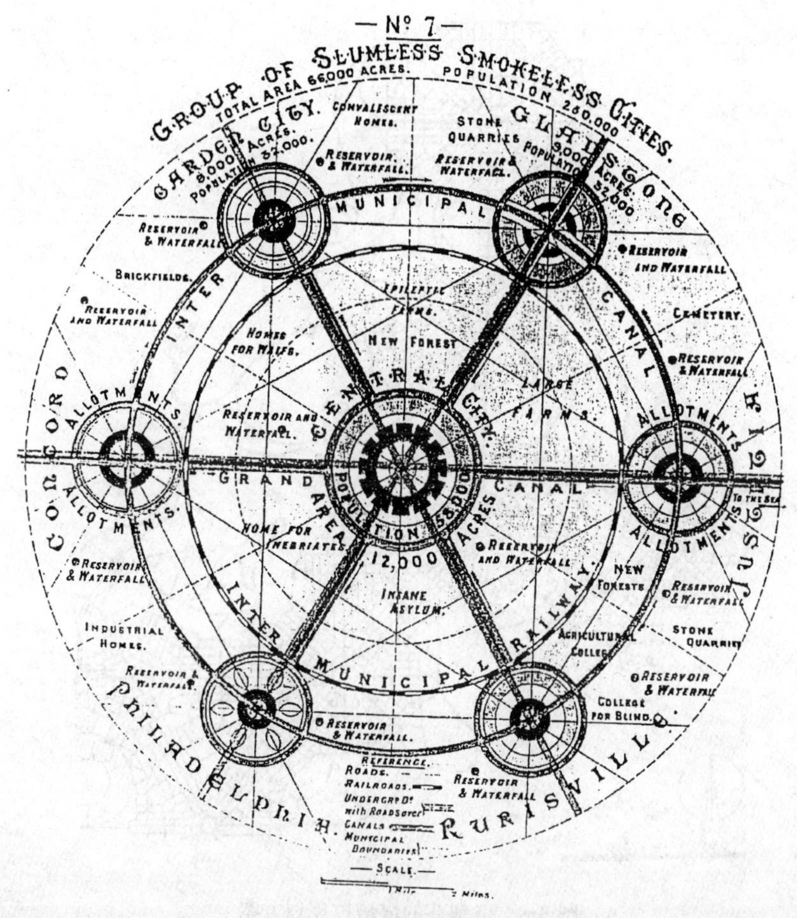

图 3-7 霍华德“田园城市”

出了“工业城市”设计图，他的方案是完全服务于大型工业发展的需要，在深入分析城市各种功能要素的基础上对之作了非常明确的划分，在工业区与居住区之间设置宽阔的绿化隔离防护带，并为各功能要素留有充分发展的余地。他建议采用当时最先进的技术设施组织城市内部和对外交通系统，将分散的各区有效地联系起来。这两种关于城市形态布局的探索性模式虽因是极端畅想而不可能实施，但可视为很有价值的城市形态模式研究，到 20 世纪为学术界更加重视，对于城市区域结构、城乡关系、城市与自然环境、城市功能分区、城市交通与市政系统等方面的探讨有着重要影响。

1918 年，芬兰沙里宁(E. Saarinen)提出“有机分散”理论，是为缓解由于功能过分集中所致的各种城市问题。他建议逐步改造旧有的大都市，使之恢复合理的形态布局秩序，认为城市可以按照生命有机体一样，将不同功能用地进行有组织的分别集中和分散安排。他按这些原则制定的大赫尔辛基规划，计划在首都附近开发建设一系列半独立城镇，成为有机组织的社区群体(图 3-10)。

1922～1933 年法国勒·柯布西埃(Le Corbucier)先后发表《明日之城市》、《光明城》和改造巴黎规划方案。指出新的城市生活与旧有城市形态之间的矛盾，他反对城市不断扩展而主张对旧城中心通过技术性的彻底改造以完善其聚集功能。在大片绿地上成组营造摩天大

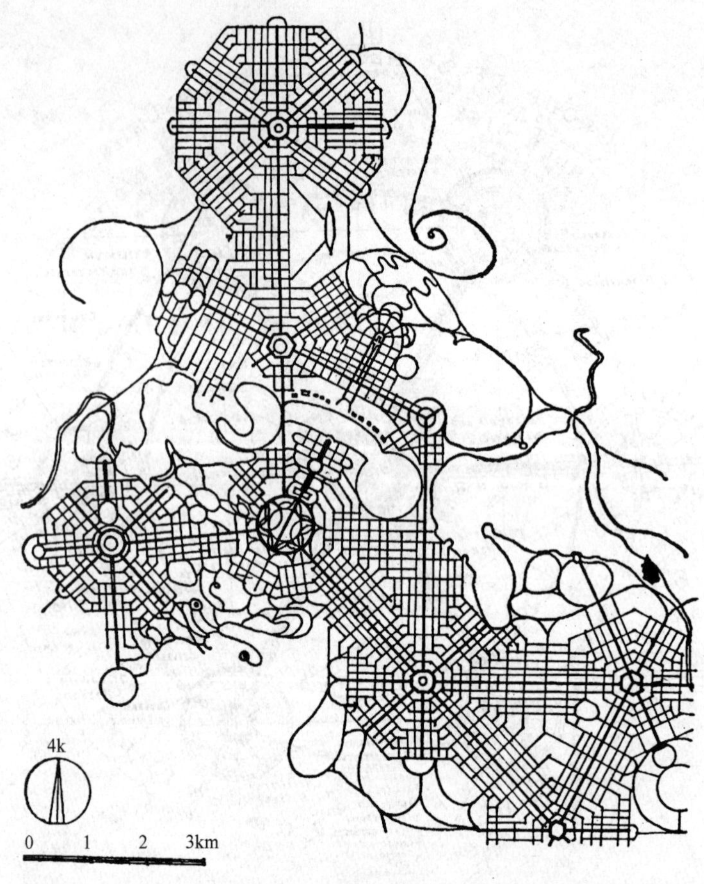

图 3-8 格利芬的堪培拉规划方案

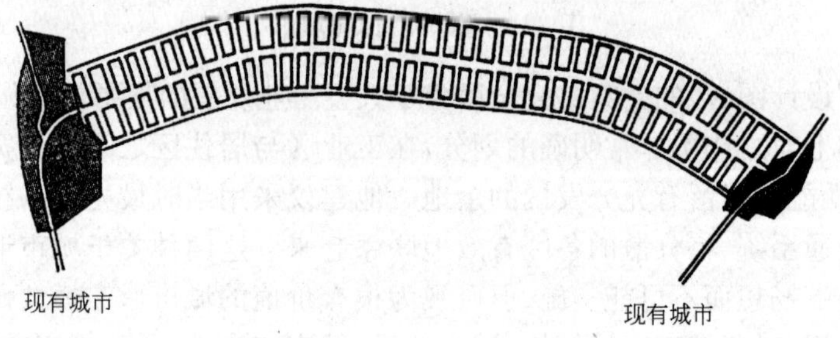

图 3-9 马塔"带形城市"

楼来提高城市人口密度而降低建筑密度,以分层分级组织交通人流车流来提高城市效率而保证居民环境质量(图 3-11)。几乎在同一时期,以美国赖特(F.L.Wright)为代表的"广亩城市"理论则是与之对立的城市分散主义观点。他认为由于电力、汽车、通讯等技术大发展,已经没有把一切活动集中在未来城市的必要性。居住和工作地点必将分散,每个住户可有一英亩自给自足的土地,在广大地区内只有小规模的商业中心和沿公路的公共设施,所以城市会逐渐"消失",这两种极端而对立的设想是对旧有城市形态布局非常有创造性的变革思想,对于后来的规划观念具有深远的影响。

1933 年国际建协(CIAM)通过著名的《雅典宪章》指出城市主要应按照居住、工作、休憩

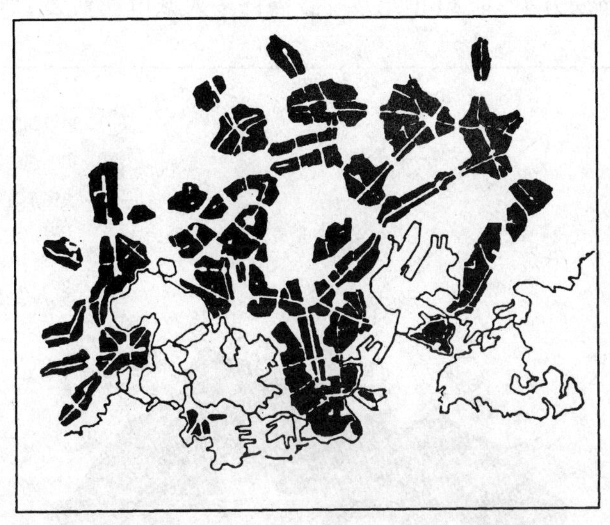

图 3-10 沙里宁的大赫尔辛基规划方案

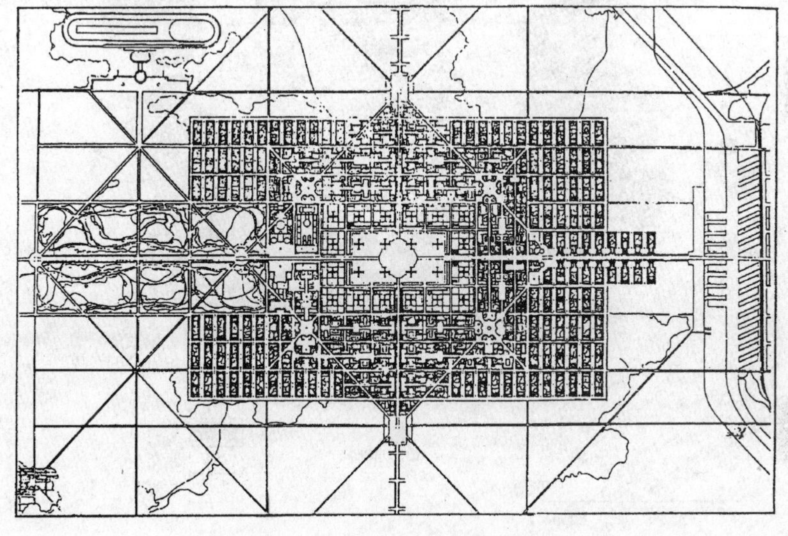

图 3-11 柯布西埃“明日之城市”

进行分区组织及平衡，并建立为三者联系服务的道路交通系统。强调城市规划是一种三度空间科学。宣言中指出一系列有关城市形态布局的新概念，是现代建筑学派对陈旧传统城市观念的挑战，为现代城市规划理论方法奠定了新的里程碑，直接影响了在二战之后的大规模城市建设实践。

欧洲各国战后重建城市任务繁重，英国于 1941 年即开始着手进行伦敦等城市规划工作，由艾伯克龙比爵士(P. Abercrombie)主持编制的大伦敦规划继承反映了霍华德“田园城市”和盖迪斯“组合城市”的概念，将伦敦周围地区距中心 48km 范围内，由内向外划分为内城、近郊、绿带、外围四个圈层，并对之制定不同改造开发对策。设计 8km 宽的绿色圈以制止城市继续向外蔓延。其后规划又根据 1946 年《新城法》在外围圈配置开发 8 座卫星城镇，采用多层环形放射网络将市中心与各交通枢纽、工业区便捷联系。这样一个综合辐射式星座型城市形态布局方案,对20世纪中叶各国许多大城市规划起了示范作用(图3-12)。

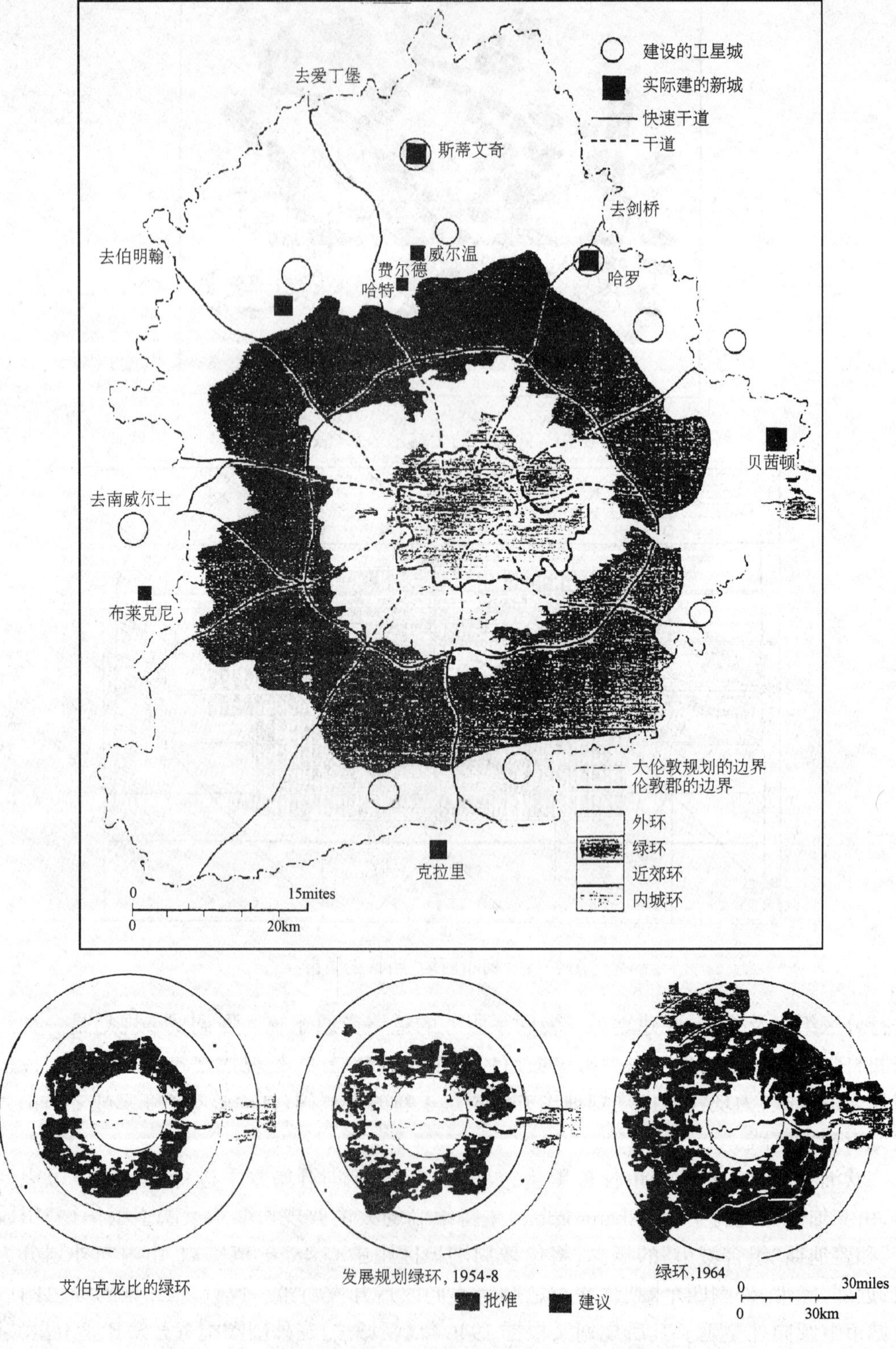

图3-12 艾伯克龙比的大伦敦规划四圈层方案

1943年开始规划的哈罗新卫星城，利用地形特色有序组织了居住、工作、休憩与交通功能，强调了具有步行系统的市中心的“城市性”，在几个邻里单位居住区环绕以广阔绿地而保持了田园村镇的静美。这种小城市全新的形态布局方式也成为风行一时的新城规划学习榜样。

1951年勒·柯布西耶修编的印度旁遮邦新首府昌迪加尔规划中将城市比喻人体。总平面有明显功能分区，城市以居住区为主体并由方格网道路系统划分为齐整的邻里单位。行政区、大学区、工业区分处其北、西、东三面。绿化与河流水系自由纵向贯穿全市，而商业服务性街道则横向穿过每个街坊。整体空间形态规则有序，布局结构清晰齐整。1956年巴西科斯塔(L.Costa)为新首都巴西利亚作的规划方案获奖，城市总平面是模仿飞机形象设计的。东向机头为三权广场及政府各部大厦，机体为文化经济主要公共建筑和交通主轴线，两翼展开宽大的横轴为居住区。道路网层次分工分级明确。在外围郊区有大片森林及湖面，小别墅住宅和游乐设施自由分布绿地之中，城市空间形态极富特色(图3-13)。这两个新的平地起家的城市规划建设均相当全面地体现了《雅典宪章》精神，反映了新的城市形态布局概念。

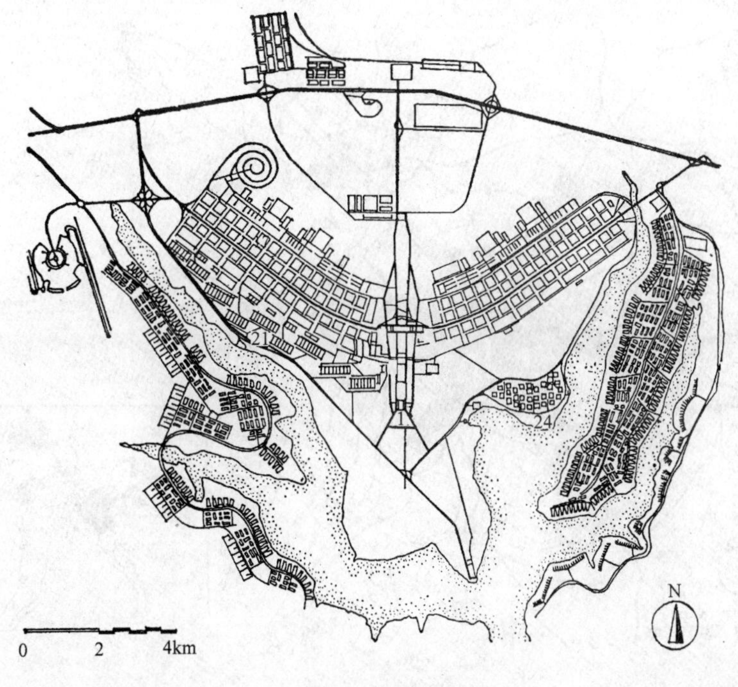

图3-13　科斯塔的巴西利亚规划方案

1961年前苏联公布了远景到2000年的莫斯科总体规划，确定城市空间结构由单中心向多中心发展。全城以克里姆林宫核心区为中心，其外圈划为7个规划片区，各片自成体系设有不同功能特点的市级公共中心，十多条放射路和四圈环形路组织成干道网。核心区外围在花园环路附近保留项链式系列绿带，各区片之间也由绿地相隔且与郊外森林相连。市区外50～100km森林作为控制保护带，在此外安排工业区及新居民点。也是一个典型的大星座型城市形态布局(参见图4-2)。1962年美国首都华盛顿地区规划也是到2000年的远景蓝图。经过多方案分析比较采用了“放射形走廊”态发展城市规划战略。它以现有城市为核心，在对外6条主要放射形交通干线上隔一定距离串连建造一系列相当规模的大型社区。在走廊之间地带留为楔形绿色空间。方案强调合理配置各项功能并保持主体中心与各新中心的便捷联系。规划还规定继续控制市中心建筑的高度和密度，以保持传统城市空间面貌(图3-14)。1965年，法国巴黎制定的“巴黎地区战略规划”同样是一个2000年远景设想，决定在更大范围内安排城市功能和人口分布，计划沿塞纳河下游分别形成巴黎、卢昂、勒哈特三个城市群。巴黎本体也按带形向西北延扩发展，增建3个城市副中心而在平行走向的两条轴线上配置开发5个新城，以改变向一点集中的城市结构。经数十年经营建好的第一个大型副中心“德方斯”承袭了勒柯西埃的思想，是大规模改变城市形态布局的重要尝试。同一年，在日本经济起飞的背景下首都修订的东京都规划也采取多心开敞式布局，此后相继营建了新宿、池袋、涩谷3个副都心及滨海开发区，在城郊外围建设了相当规模的多摩、筑波等新城，形成多级复合式结构。这四个发达国家几乎同在20世纪中叶所制定的首都远景规划方案，虽均是因地制宜各有特色，但基本上都是延续了《雅典宪章》原则和大伦敦规划的思路，作了进一步的完善和具体实践，将之引向更发育充分的星座型形态布局，在探索特大城市的合理形态战略方面各自做出了贡献。

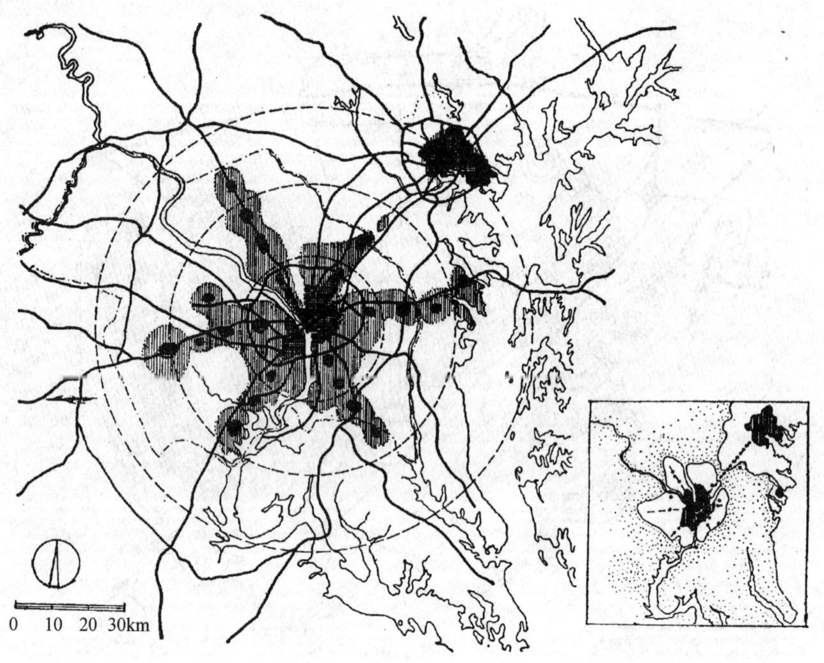

图3-14 华盛顿地区规划方案(1962)及哥伦比亚新城结构模式

20世纪60年代法国地理学家戈特曼(J Gottmann)在分析美国东北部大城市密集现象时援用希腊城邦名称，将之命名为“Megalopolis”，即大城市连绵区。他认为这种城市组合形态将成为“居住空间组织中新秩序的摇篮”。这一由波士顿、纽约、费城、巴尔的摩、华盛顿五大城市为核心组成拥有4000万人口的地带，各种规模城镇和居民点呈连绵状态分布。区域空间布局的特点是沿高速公路和铁路网形成密集的综合性城市群体，金融、工业、服务业、居住区以及农业用地配置专门化，整体经济实力强大，效益明显。现今世界上2500万人口以上的大城市连绵区已不乏其例，如美国的旧金山-洛杉矶-圣迭戈，日本的东京-名古屋-神户，中国的上海-杭州-苏州-无锡-常州-南京等等。这些特殊发展的城市组合形态布局已都成为各国或地区的最重要发展轴心。

同在20世纪60～70年代，希腊规划学者杜克塞迪斯(C.A.Doxiadis)发表一系列有关人类聚居学的研究成果。他阐述了动态城市形态概念，并提出了极富想象力预测未来城市形态发展的创见。他将人类聚居单位划分为15个级别层次结构。说明目前世界范围内已形成许多大城市群区，而且在继续发展，规模日益扩大，联系越为密切，还必然向“城市区域”、“城市洲”发展，直至建成为一个统一网络“全球城市”。他在1963年为巴基斯坦新首都伊斯兰堡制定的“双核动态轴”总体规划，全面体现了他的“动态城市结构、静态细胞”的设想。方案将城市选址在拉瓦尔品第附近，初始作为拉市扶植的动态城市，然后共同发展为双轴动态城市，再后两市合并为一个动态大都会，并沿主干交通线形成为大城市群区。城市内部的基本形式是正交路网，每个方块为一“城市细胞”，城市扩展靠增加细胞来实现。该市建设过程因地制宜，经济实惠，证明了规划的巨大成功(图3-15)。

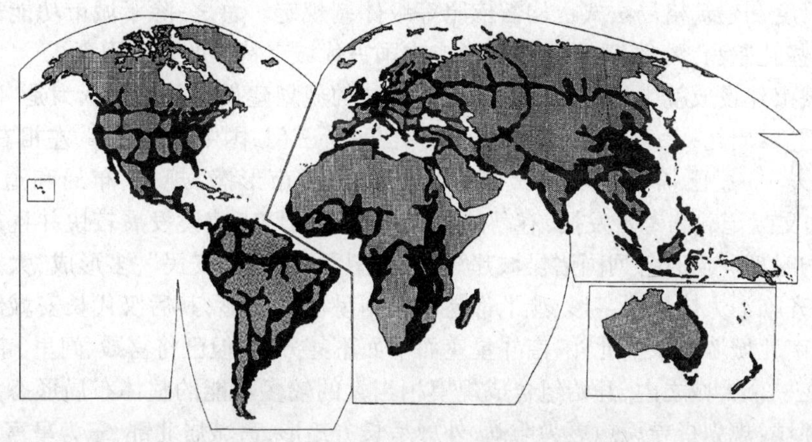

图3-15 杜克塞迪斯的“全球城市”网络

由于新兴微电子、信息、航天、生物工程等科学技术迅速发展及其相应工业生产的需求，欧美发达国家和不少新兴地区纷纷建设“科学工业园区”、“新技术开发区”、“研究园区”，初始于20世纪50年代而在20世纪70～80年代形成建设高潮。其中以旧金山的“硅谷”、波士顿的“128号硅路”为代表的这种具有相当规模的城市新型开发区大都是“混合型”功能结构，高科技研究院所、无污染工业、服务机构与居住区相结构，居住工作接近。高比例绿化覆盖率的规定，普遍园林化的追求，既节约土地及能源又有高质量的优美环境，有人概括这种建设新型“园区”的方式是“后工业化时代”城市发展的典型模式。其空间形象、景观、功能内容和生活方式均与一般传统城市不同，城市形态布局具有明显特色。

综上所述，随着时代和文明的进步，社会经济与科技的发展，工作与生活方式的变化，人们针对城市发展过程中出现新的矛盾，对于理想城市空间布局结构的探讨、理论研究和实践总结提出了各种各样规划方案和战略设想。这些可贵成果不断充实了城市规划学科的持续发展。

第三节　我国城市形态与布局特色

中国早期城市的形成发展可参考我国文字的含义解释，原初的“城”与“市”具有不同概念。即“城”为防御功能，“市”为商贸场所。实际上中国长期处于封建中央集权体制之下，城市是作为各级行政中心和军事据点，大多主要不是其他社会经济因素形成。因此其形态布局必然体现封建等级体制观念和礼法规定等原则。另一方面由传统文化哲学理念加上对自然环境条件的分析和建设实践经验总结而综合形成的“风水”学说，对营造城市的影响也是十分明显的，并且往往成为决定性的依据。古代规划建设城市既要“顺应山水形势”，还必须“遵从典礼制度”。在选址定位过程中十分重视对自然环境、区位、气象、山水地形以及土质的观察分析，注意“负阴抱阳，背山面水”，“山水交汇，动静相称”。确定城市形态布局时强调“象天法地”，营造中轴方位要符合子午，“以南为上”，宫殿衙署及道路格局必须方整规则。城市规模尺度和建筑格局法式也均需依照等级体制规定。总之，除了城市功能需求和自然条件外，这些礼制和“风水”观念是长期形成中国古代城市特征的重要因素。

我国城市建设成就中最突出的应是历代都城的规划建设。首都被认为是“四方之极”、“首善之区”。《周礼·考工记》：“匠人营国，方九里，旁三门，国中九经九纬，左祖右社，面朝后市，市朝一夫……”已描绘了当时最高级别的理想城市形态、规模、布局和道路结构(图3-16)。根据文献记载和考古发掘，春秋战国是我国早期城市建设发展较快并且规划意图已经很明确的时期。当时各列国诸侯城邦“筑城以卫君，造郭以安民”，多形成“大小城”模式。如鲁曲阜、齐临淄大体呈回字形，燕下都赵邯郸则呈横日字形，其后汉代长安城因先修宫殿后筑城墙，南北城墙各象征北斗、南斗星座而平面不甚方整，但已将宫殿、闾里、市肆、园林等集中圈围在一个大城之内，开始组合成规模相当大的较多功能的整体布局形态。三国曹魏营造新都邺城，规划指导思想更为明确，外廓呈长方矩形，宫城居北部，东为皇宫，西为禁苑，宫前中轴干道左右划分为齐整坊里。功能分区结构严谨的城市形态布局特征非常突出。

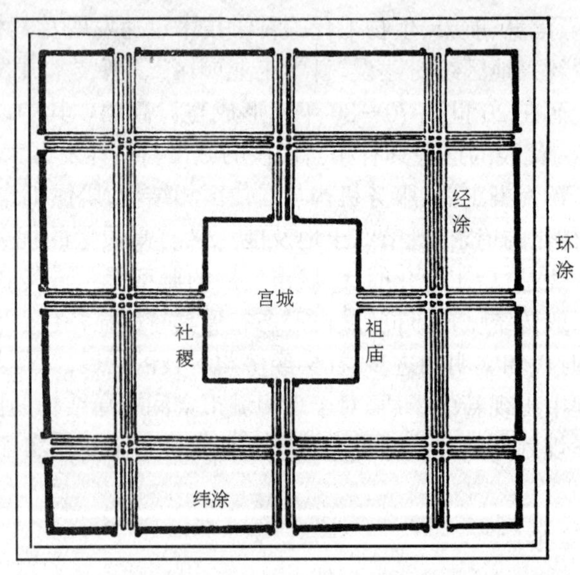

图 3-16　《周礼》:周王城示意图

隋(大兴)、唐长安城的总体布局继承发展了中国都城建设传统,采用更严整的中轴对称格局,皇城宫城偏北居中,东南西三面为居住坊里。城北为禁苑和大明宫。方格状道路网主次干道等级分明。城内东西设两“市肆”是为商业中心。全城面积达 $87km^2$,人口约有 100 万之众,成为当时东方最大的城市。而其形态布局对后世国内外都城建设均有很大影响。

后周开封,即宋东京汴梁城是在原为地区中心城市的基础上进行逐渐改建扩建的,总平面为三重城墙,形状均呈不十分方正规则的矩形,最中心为大内皇城,第二重为里城,最外层为罗城。主干道丁字形,街道呈方格网。城内河道较多,号称“四水贯都”,横穿全城成为漕运粮食及商业供应的主要交通线。由于当时商业、手工业发展迅速,已不能局限于“市”内而形成沿街沿河分布状况,市民住区也演变为坊巷,生活方式趋于多样化,反映了封建社会中城市经济的进一步发展,在城市形态布局和面貌上必然随之变化。

元大都及明清北京城的规划建设被誉为“都市计划的无比杰作”。这一集数千年华夏文化结晶及全国财富建造的大都市具有强烈的象征性、目标性以及整体性。它继承了历代都城建设传统而更进一步体现并发展了《周礼·考工记》的规划。气势宏伟的紫禁城和严格中轴对称格局,等级分明格网整齐的干道与胡同,适应地形自由穿插的水系和园林,以四合院为单元合理组织的居住街坊……,这一切城市空间形态布局结构的成就确是我国城市建设史上光辉的一面(图 3-17)。

在中央集权统治之下,历代州府郡县城镇均是各级地区性政治军事中心,所以大多也需依据一定体制进行规划建造。由城墙围起的城市总平面一般要争取建成方形、矩形和有中轴对称的格局。道路网也多呈方格形,官府署衙居中设置,占据主要区位,同时也都重视孔庙学宫和其他寺观的安排(如宋平江府)(图 3-18)。在一些边防海防要地设置的城市主要是防卫性的城堡,形态布局简单,规模也不大(如山海关、宣化、威海卫、蓬莱水城等)。

另一方面,中国古代城市建设非常重视环境分析选址定位,强调因地制宜。如强调城市实际生活意义及经济性的《管子》:“凡立国都,非于大山之下,必于广川之上,高毋近水而沟防省,因天时就地利,城郭不必中规矩,道路不必中准绳”。因此,在一些丘陵山谷或河湖水网地形复杂地区,不可能也不必要建造十分方整的城市。因此我国也有许多在形制上另辟蹊径的都城府县总平面形态和道路结构并不勉强求其规矩而相当自由,但是一些城中的子城宫城仍然相当严整方正(如南京、杭州、桂林、成都等)(图 3-19)。不少小县城的城墙围成平面虽更加自由或近似圆形,但其中衙署也仍很方正。

明清时代在我国城市内商业手工业有进一步发展,出现较大的丝绸、陶瓷等作坊工场,商业和交通设施也相应扩大建设规模,在一些交通要津(如汉口、扬州、重庆等)和商业手工业或矿业较发达(如景德镇、自贡等)地区出现的城镇,常常以工场码头为主体,有自发的扩展趋势,所以一般在形态布局上非常自由,并不规整而多种多样。

晚清鸦片战争后一些被“开放”、“通商”的城市出现了“租界”,加上“洋务”运动和开始兴建铁路,推动了许多沿海、沿江、沿路城市较快变化,开始进入相对动态发展时期。特别是在列强割据下的上海、天津、汉口等形成大型的工商业中心及交通枢纽,占有特殊优势的租界畸形发展,并与原有旧城形成强烈反差。各国租界之间界限分明,道路建筑自成系统,城市总体布局混乱无序。一些单独受控于德、俄、日的青岛、哈尔滨、旅大等城市形态布局更呈现殖民地色彩。在抗日战争前后战乱年代,我国城市除个别特殊原因(如重庆、长春)有一定发展,各地大中小城市多处于停滞衰落状态,形态布局无大变化。

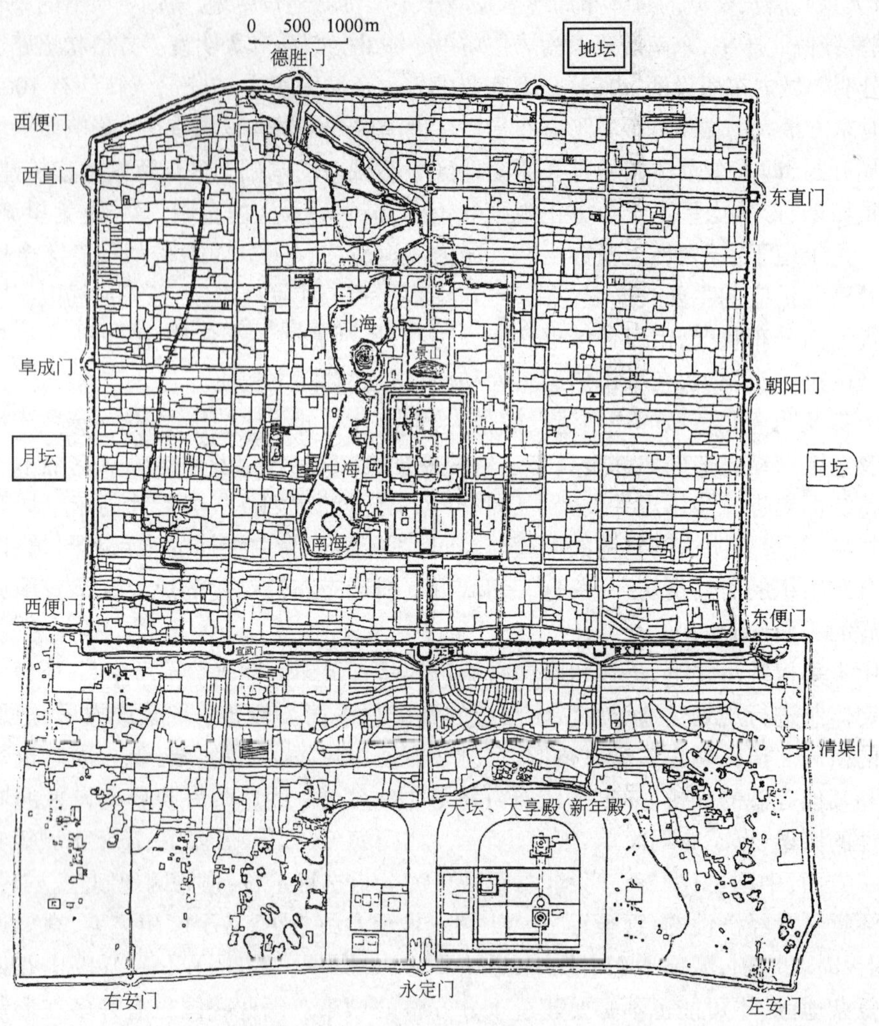

图 3-17　明清北京城

全国解放后,开展了大规模经济建设,许多城市在现代规划理论指导下,实现了有计划的扩建,新的城市不断涌现。特别是在改革开放政策向社会主义市场经济体制转变过程中,全国城市建设规模和发展速度都是史无前例的。包括首都北京、上海、天津、重庆等原有大型中心城市,深圳、青岛、大连、厦门等沿海开放城市,以及各地中小和新建制城市,其城市空间形态与布局结构均在发生着明显的变化,正面临最迅速大发展的历史阶段。1949～1998年全国行政设市的城市由69座增加到668座,其中特大和大城市85座,中等城市205座,小城市378座。如果按照本章第一节所述的城市形态分类办法划分统计,在213座地级以上的城市中,集中型形态城市有50座,多为中小规模新建制城市、主要分布在沿海各省;带型形态城市35座,多为地形所限,沿河湖或主要交通干线发展,也以中小城市为多;放射型形态城市40座,大中规模城市居多,呈沿交通干线多向发展模式;星座型形态城市15座,全是特大城市、直辖市及省会等综合性功能齐全的大都会;组团型形态城市62座,各种规模城市都有,多因跨河或地形等因素形成,近年发展较快;散点型形态城市11座,主要分布于内

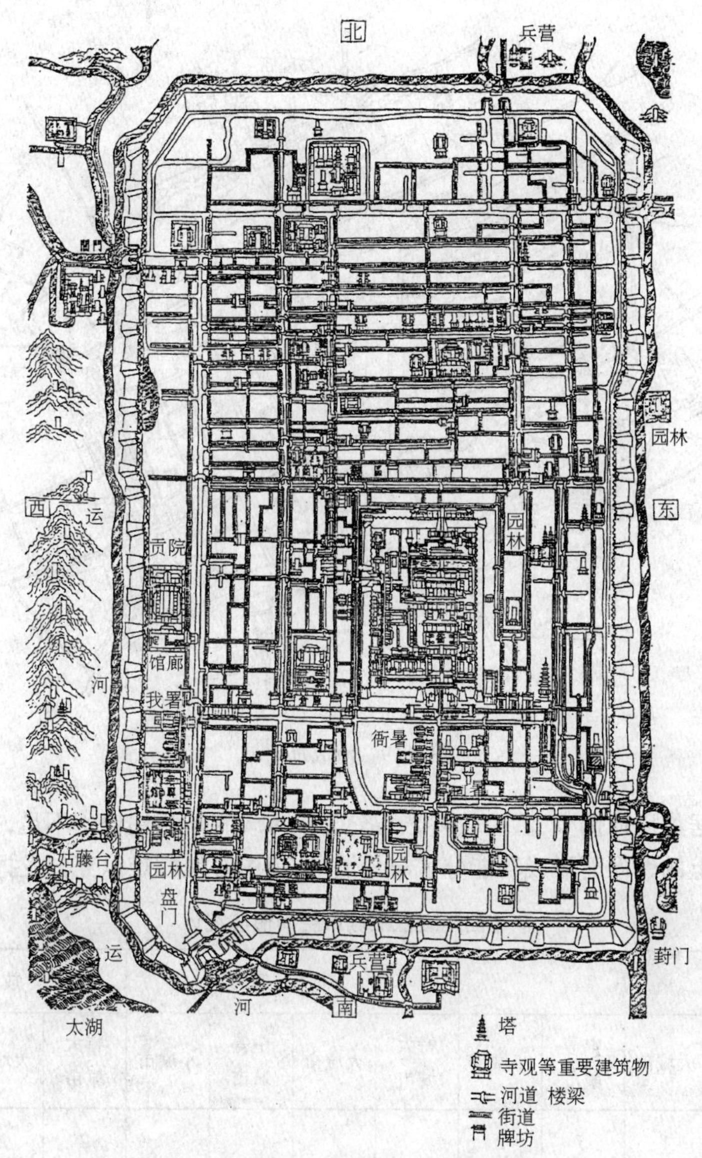

图 3-18　宋平江府(苏州)城

地矿业资源分散或由多个处于相当距离的城镇组合成的特殊形式。此外,我国的 427 座县级市绝大多数是 20 世纪 80 年代后发展较快新建制小城市,主要为集中型形态城市。

我国当前城市形态布局大体可概括有三个特点。一是向动态化多样化发展。由于国土幅员广阔,自然条件差异,地区社会经济发展不均衡,众多城市规模性质不同,即形成城市的各种因素不同而又正处于快速变化阶段,形态布局必然多种多样。二是我国一般城市建设用地总平面比较集中紧凑,人口密度、建筑密度较大,绿地空地较少。这是由于经济发展水平比较落后,而可用于城市建设的土地资源相对非常紧缺,城市规划建设政策必须强调节约利用土地,在城市形态上反映明显。三是许多城市用地结构和布局不尽合理。相对发达国家,我国城市一般工业用地偏大,在城市规划建设中,工矿企业必优先选址而多成为城市发

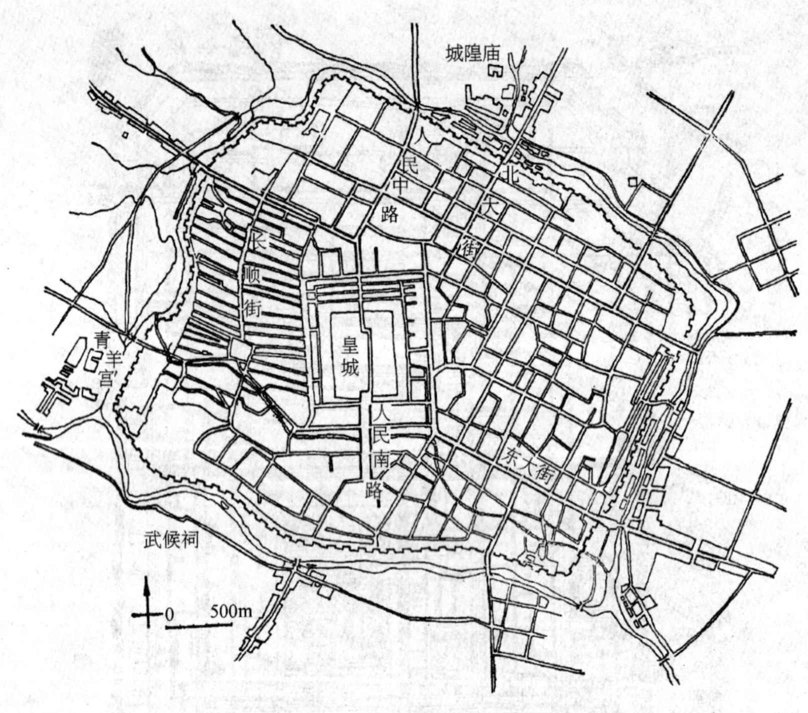

图 3-19　清成都府城

展主体。相反居住用地偏少,区位较差,道路交通、市政和体憩用地均不足,并且有的因政策上或规划管理上的失误而形成功能分区布局混杂,市中心地段难以充分发挥效益。

中国地级以上城市空间形态统计　　**表 3-1**

	集中型				带型				放射型			
	特大城市	大城市	中等城市	小城市	特大城市	大城市	中等城市	小城市	特大城市	大城市	中等城市	小城市
华北地区		1	5	2		1			2	2	2	
东北地区	1		5	1	1	2	2	.		1	1	
华东地区			11	6	1	1	5	3	2	4	6	2
中南地区		1	6	4	1	2	3	4	1	6	5	1
西南地区			1	1			3	2	1			
西北地区			3	2	1		3		2	1	1	
合计	1	2	31	16	4	6	16	9	8	14	15	3
	50				35				40			

续表

星座型				组合型				散点型				合　计				
特大城市	大城市	中等城市	小城市	特大城市	大城市	中等城市	小城市	特大城市	大城市	中等城市	小城市	特大城市	大城市	中等城市	小城市	累计
2				2	1	2						6	5	9	2	22
5	1			1	4	3			3	2		8	11	13	1	33
3				1	3	4	3	1		2		8	8	28	15	59
2				1		8						3	1	9	2	15
2				1		8						4		12	3	19
						2						3	1	9	2	15
14	1	0	0	6	13	36	7	1	3	6	1	34	39	104	36	213
15				62				11				213				

总体来看,我国属于发展中国家,城市化又开始处于加速阶段,城市建设面临空前机遇和巨大挑战,各个城市进一步研究探求更合理的城市形态布局的任务是非常有意义的。

第四节　研究形态布局战略,提高城市规划与设计水平

在城市总体规划设计工作过程中,对城市空间形态布局进行分析研究和定位具有明显的重要意义。可以说这是与确定城市性质、发展目标和规模、各项建设用地功能分区布局以及各项系统的综合与部署均有直接联系。首先,我们应研究探讨形成城市空间形态的历史发展动态过程及其主要的基本的影响因素作用,研究寻求其产生、发展、扩延或紧缩、迅速或缓慢等变化特征,研究分析其现状形态布局的利弊、优势与局限,以及对未来发展的几种预测性战略方案做出评价,从国情和城市本身实际出发,自觉地运用城市空间形态发展的一般规律做出科学决策,最后还应研究确定如何规划引导实现城市合理形态的对策和措施。这样才能充分发挥城市的功能和效益,才能使城市具有实现可持续发展的良性循环。

由于城市空间形态的形成和动态发展是有其客观规律可循的,研究其影响因素也是有主要的基本的方面的。如前所述,有的是因城市所处地理区位和地形环境等天然特性条件必然影响因素(如山区城市、水网城市、横跨河流、湖海港口等),有的则是因城市规划、性质或功能配置等非自然条件起决定作用(如各级中心城市、工矿城镇、交通枢纽、风景旅游城市等)。一般来说,前者在规划和建设上是不可能或甚难改变的,而后者有的因素是可能控制或引导其逐渐发生变化或改善的。因此在城市总体规划过程中对于城市形态与布局结构进行分析定位,既要依据客观条件符合规律,又应在一定程度上发挥主观能动作用,促使城市朝理想方向发展,认真深入地研究探讨是非常必要的。

在制定城市总体规划过程中,对于一般中小规模城市的空间形态与布局结构分析定位是比较简单容易的。但对于人口和建成区用地规模很大并处于动态发展阶段的城市来说,由于城市各方面问题相当突出,往往正面临人口仍在不断集中,功能日益复杂,居住拥挤,交通阻塞,环境恶化等等严峻形势,必须从根本上寻求缓解和逐步改善的对策,也就必须从分析研讨未来的城市空间形态几种可能发展模式入手。1990 年美国规划师凯文·林奇(Kevin Lynch)对大城市可能出现的形态研究中提出了“离散”、“星系”、“核心”、“星形”、“环形”及“多中心网络”等 6 种模式,并以城市各级活动中心的分布、居住单元的组织和交通可达性等

方面分析评价了这些城市形态的优劣。这是有关大城市及城市体系空间形态研究的重要成果之一(图 3-20)。

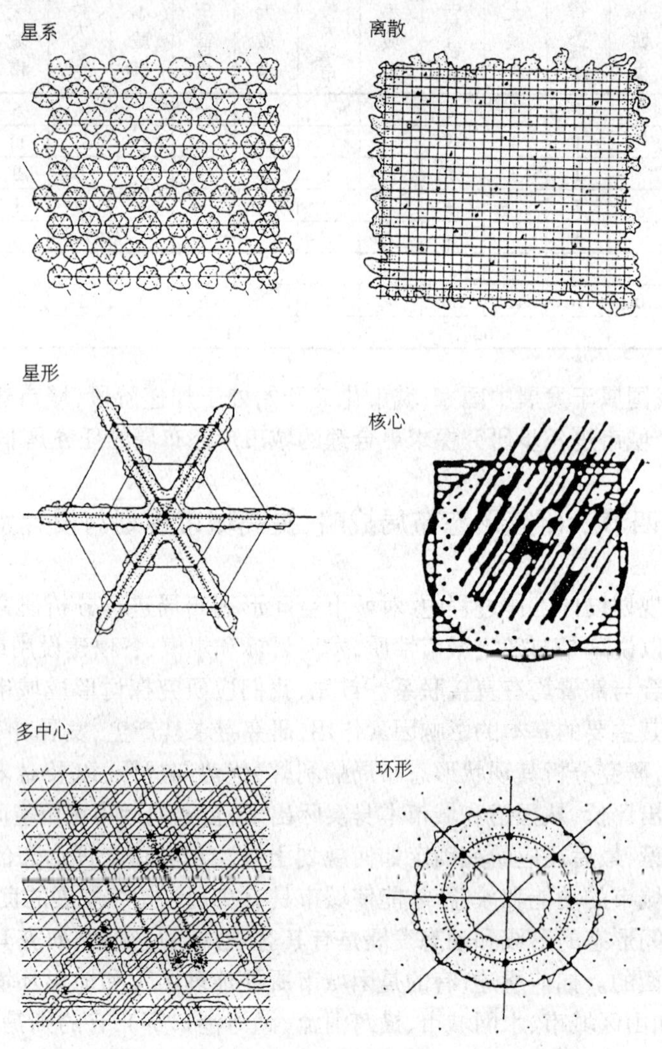

图 3-20　林奇的大城市发展模式分析—星系、离散、星形、核心、多中心、环形网络

相当一个时期以来,在城市规划理论方法上,有不少从经济、社会、文化、环境、交通等各种角度提出特大城市形态布局最佳方案的战略。其中主要可归纳以下几种设想方案:

一、合理规划大城市人口和用地规模,抑制其无序扩展方式,以郊区环状绿带限制蔓延,改造城市中心地区向高度和地下争取空间,为控制性方案。

二、保持强大的城市中心功能,按规划引导城市进一步沿主体轴线或多向扩展,形成更大的放射型形态,而且保留绿化间隔和楔形绿地。

三、适当分散城市功能,在大城市近郊外围培育建造一系列功能较单纯的新开发区或稍远的卫星城镇,形成更大规模的星座型形态。

四、在几座大城市之间,沿市际交通干线走廊重新配置城市功能,在特大城市周围形成多向串连的城镇系列。

五、在具有强大吸引力的大城市远郊范围，在一定距离的隔离绿色地带外，按环状配置新型的小城镇，保证其良好的生态环境。

六、在特大城市行政区外附近建设具有独立功能或特殊性质的新城市或城市群。

七、在城市行政区范围内，大面积分散城市功能，将大城市分解转化为城市共同体或社区共同体，为充分分散方案。

八、从根本上避免形成单核心形态的大城市，而在保留的大型绿色核心区外围安排组织环状城镇群。

九、在城市物质空间形态与布局结构上，重视根据城市历史和现状保持并发展原来所具有的特征，规划设计上强调继承历史、文化、人文传统内涵以及地方性景观和城市美学建设。

当然，为了解决存在的众多难题，一些大城市在采取上述几种方案同时，都配合实施下列一些措施，如限制人口增长，控制用地规模，调整城市中心功能，开发配置多元化副中心，规划建设新区新镇的同时治理改造旧区，调整城市经济和分散就业机构，改善城市道路网建设捷运系统，就近就业岗位营造居住区、提高居住水平，完善绿化体系建立现代化市政工程，治理城市公害进行环境保护等等，以求综合地更好发挥城市效益，全面实现可持续发展目标。

在大城市空间形态及布局结构研究方面，城市交通体系的建设和交通战略的确定是其重要的组成内容。英国规划师汤姆森(J.M.Thomson)在调查研究了各国30个大城市后，将各城市实行的交通战略归纳为5种基本类型。他认为几乎所有的大城市都面临同样的交通形势，今后将有更多的人口，更多的小汽车，更大的交通量，更长的上班路程，因此促使城市向两种极端方向发展。其一是充分发展小汽车战略，这必然使城市不断扩大蔓延而使市中心功能分散或抑制(如洛杉矶、底特律、丹佛等)。其二是大力发展公共交通，限制小汽车进入市中心以保持市中心的强大功能(如纽约、巴黎、东京等)。实际上这两种战略都需要强大的经济实力和有效的管理水平。在这两种极端政策之间，有一种寻求折衷的方式，即其三：既想保持市中心的吸引力和优势又能相当自由地使用私人小汽车，这就要建立完善的公交和小汽车两种交通体系。当然这需要更大规模投资(如墨尔本、芝加哥、旧金山、哥本哈根等)。第四种战略则是用各种方式限制小汽车的发展，即直接限制交通的方法(如伦敦、香港、新加坡、维也纳等)。对于发展中国家的大都市来说，在交通系统上花不起如此大量的金钱，一般只好采取第五种的省钱战略，即在放射形路网结构上，优先发展公共交通，使市中心规模保持在公交服务能力之内，实际也就限制了城市效益和效率的发挥(如加尔各答、伊斯坦布尔、拉各斯等)。简而言之，这些不同城市的战略均取得了相当效果，适应着城市发展的需求，但也都有其缺点。“显然，至今还没有一种办法能创造出一个完满的城市”(图3-21)。

当前，人类社会争取和平与共同发展已成为主流。世界总的形势向经济全球化与政治多极化方向发展，科技快速进步和对自然环境可持续发展的重视，促使未来人们生活、工作方式和社会经济结构均必然发生变革，城市的功能、性质、体制、规模以及城市的空间形态布局结构也一定相应不断随之变化。近年在一些发达国家现代化城市中，由于信息技术的进展，新型通讯网络的普及，有相当多的人们日常已可在家中“上班”工作，管理、就业、劳动、商业销售、服务业等等也已出现各种全新方式，城市住区、社区、建成区的概念均在更新。由此可见，未来城市必然会发生前所未有的重大变化。探索城市形态结构的发展规律与趋势，在理论上、实践上均是城市规划与设计专业的学术前沿课题。

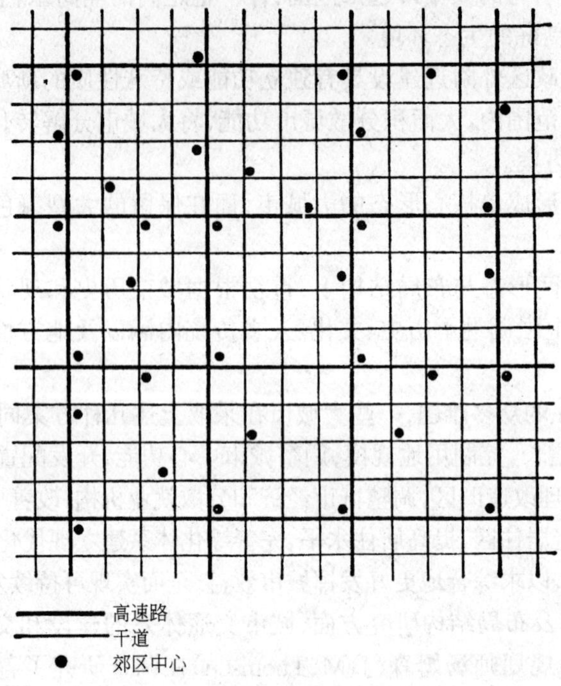

图 3-21　城市布局形式(一):充分发展小汽车

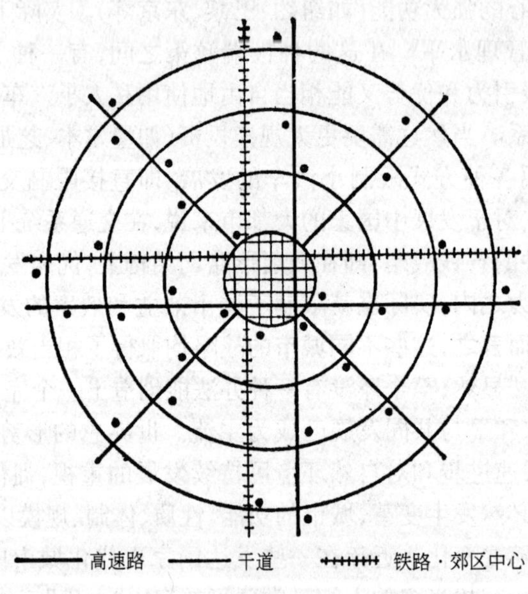

图 3-21　城市布局形式(二):限制市中心的战略

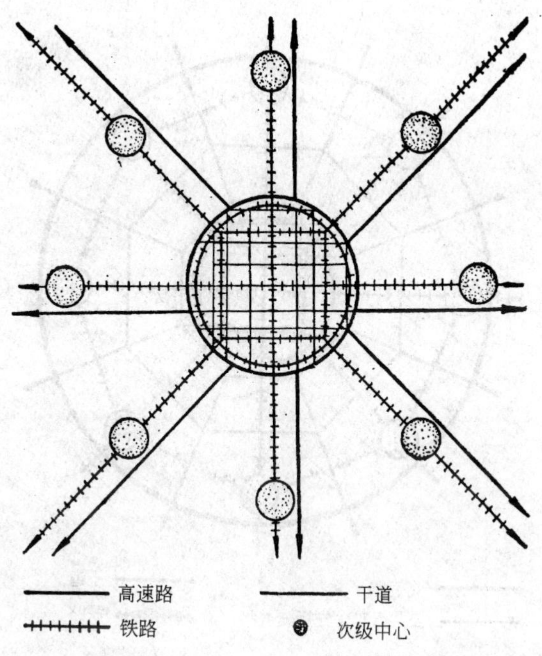

图 3-21　城市布局形式(三):保持市中心强大的战略

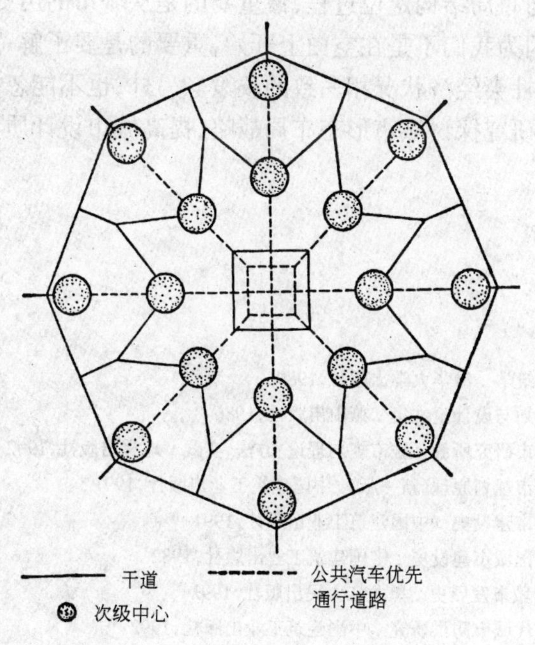

图 3-21　城市布局形式(四):少花钱的战略

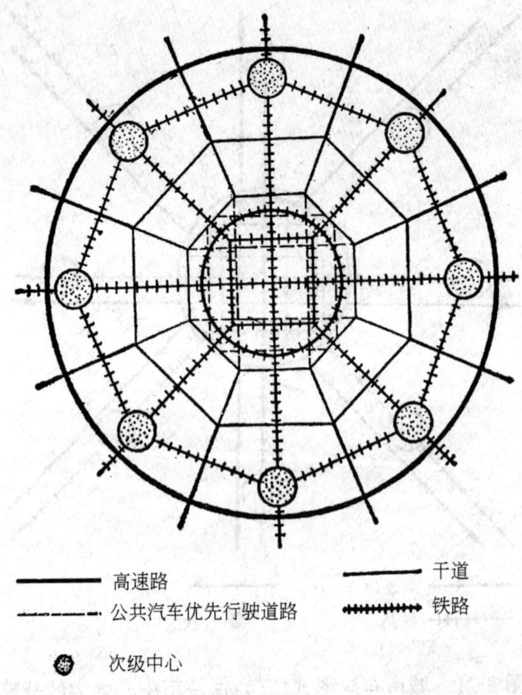

图 3-21　城市布局形式(五):限制交通的战略

总之,城市物质空间形态和布局结构是动态的、多样的,其形成的影响因素是多方面的,既有其共同客观发展规律,又具有每个城市本身特色。在制定城市总体规划工作中,包括分析探讨城市空间形态与布局结构定位过程,最重要的是从城市的历史和现状出发,实事求是地寻求可行的战略。因为我们不是在空白上开始,重要的是要了解一个城市真正的处境,并采取与其历史、环境和社会经济状况相一致的政策。另外,也不能忽视城市政治体制以及规划、管理水平的作用。研究探讨城市形态布局战略,提高城市设计质量正是城市规划工作者的重要职责和任务。

(赵炳时)

主要参考文献:

[1] 吴良镛著．广义建筑学．清华大学出版社,1989

[2] 吴良镛著．城市规划与设计论文集．燕山出版社,1986

[3] 清华大学建筑与城市研究所编．城市规划理论、方法、实践．地震出版社,1992

[4] 同济大学主编．城市规划原理(新一版)．中国建筑工业出版社,1991

[5] 沈玉麟编．外国城市建设史．中国建筑工业出版社,1991

[6] 同济大学主编．中国城市建设史．中国建筑工业出版社,1982

[7] 戴均良主编．中国城市发展史．黑龙江人民出版社,1992

[8] 吴庆洲著．中国古代城市防洪研究．中国建筑工业出版社,1992

[9] 齐康著．城市的形态．南京工学院学报,1982

[10] 中国大百科全书建筑、园林、城市规划卷．大百科全书出版社,1988

[11] 中国城市地图集编委会编．中国城市地图集．地图出版社,1994

［12］ Kevin Lynch: City Sense and City Design. MIT Press;
［13］ C.A.Doxiadis: Ecumonopolis, the Inovitable City of the Future. 1975
［14］ rthur B. Gallion and S Eisner: The Urban Pattern. 1980
［15］ L.Mumford 著．宋俊岑译．城市的形式与功能．贵州人民出版社，1984
［16］ M.Thomson 著．倪文彦等译．城市布局与交通规划．中国建筑工业出版社，1987
［17］ The Times Concise Atlas of The World，1987

第四章　城市中心与中心区规划

第一节　概　　述

一、城市中心与中心区

1. 城市中心

《中国大百科全书》对"城市中心"的定义是："城市中供市民集中进行公共活动的地方，可以是一个广场、一条街道或一片地区，……。功能主要有：政治、行政性的，商业、经济性的，文化娱乐性的等。"由此可见城市中心包括两方面的基本职能内容：一是包含着城市的商业活动，是商业服务业等第三产业的集聚之地；二是包含着城市的公共交往活动，大量的非商业类公共建筑集中于此。城市中心按其内容构成，可分为混合中心和专业中心两类。混合中心一般存在于中小城市，其中除了商业职能外，还有服务、行政、文化等职能，共同构成城市的主要中心。在一些大城市中还有一些职能构成比较单一的专业中心，如行政中心、文化中心、信息中心等。在一些大城市中，多个不同等级规模的城市中心往往形成城市中心体系，由一至两个或多个一级中心与若干个二级、三级中心及各种专业中心组成，分别服务于不同的城市和社区范围。

2. 城市中心区

城市中心区是涉及城市地域结构的概念，它是城市结构的核心地区和城市功能的重要组成部分，是城市公共建筑和第三产业的集中地域，为城市及城市所在区域集中提供经济、政治、文化、社会等活动设施和综合服务空间，并在空间特征上有别于城市其他地区。城市中心区是城市的社会、经济、文化、信息中心，是一个复杂的综合体。作为物质实体，他满足人们各种日常生活和消费需求；作为经济实体，他是城市生产——消费链中关键的一环；作为社会文化实体，他是人们社会交往的主要场所。他可能包括城市的主要零售中心、商务中心、服务中心、文化中心、行政中心、信息中心等各类型城市中心，集中体现城市的社会经济发展水平和发展形态，承担经济运作和管理功能。在一般情况下，中小城市只有城市中心（通常是商业中心），只有大城市和特大城市才有可能形成城市中心区(图 4-1)。

城市中心区作为服务于城市和区域的功能聚集区，其功能也必然要适应和受制于城市自身的要求和城市辐射地区的需要。不同功能的分区组合形成城市中心区不同的景观和活力。城市中心区的服务职能主要包括以下几个方面：商务职能、信息服务职能、生活服务职能、社会服务职能、行政管理职能和居住职能。全球性城市的城市中心区功能十分复杂，包罗万象，但以高级商务职能为主，有发展成熟的中心商务区(简称 CBD)或 CBD 网络，城市中心区功能是以 CBD 功能为主导功能，其辐射强度是全球性的，如纽约、伦敦、巴黎等城市的中心区。区域或国际间地缘中心城市的中心区除拥有大量的传统服务业和商业零售业外，高级商务办公职能占有相当的比例，城市中心区内已经出现新兴的CBD，如中国的上海、北京，欧洲的米兰、柏林，北美的多伦多、墨西哥城，非洲的约翰内斯堡等。地区性中心城市的中心区以商业零售功能为主，常常还包括行政中心，而商务办公功能不集中，这类城市主要包括像中国的省会城市那样的地区中心城市。而小城市结构比较单一，往往一条街或一个节点就集中了城市的商业服务职能，这些城市没有城市中心区。

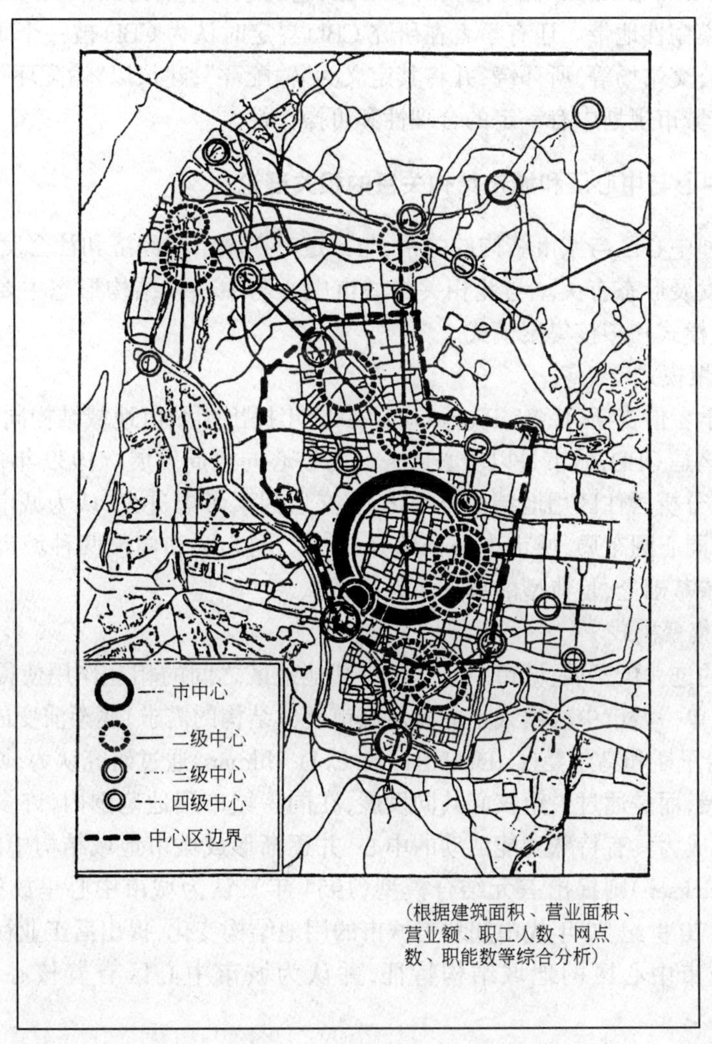

图4-1 南京城市中心与中心区关系示意图

3. 城市中心与中心区的范围界定

城市中心与中心区范围的界定与城市规模、城市中心与中心区构成及分布形态、城市总体功能结构等因素相关。城市总体规模决定了城市中心与中心区职能的总体容量；城市中心构成及分布形态决定了中心本身的空间形态及与城市空间之间的关系；而城市总体功能结构影响中心与中心区的空间特征和界定方法。在传统的界定城市中心的方法中，有以功能分布为基础的分析方法,如居住人口分析法和就业模式分析法等;有以交通流量为基础的分析方法,如车流量、步行人流量分析法和车、人流量相对指数分析法;有以地价、租金为基础的分析方法,如单位街面地价分析法和地价相对指数法等。而影响最大、应用最广泛的,则是墨菲指数法。

城市中心区的范围界定比较困难,一般以行政管理区划、天然界线或城市内环干道为界的方法界定中心区,如东京由中央、千代田和港区三个行政区组成城市中心区。而伦敦的“中心伦敦”(Central London)就是伦敦的中心区,它的边界主要是四个铁路终点站及一些主要干道围成的模糊性地带。还有学者在研究CBD界定时认为CBD被一个闭合环状交通系统(骨干道路、公交站场等)所环绕,并将其定义为“输配环”,建议以“输配环”来测定CBD地域,这种方法在城市规划中有一定的合理性和可操作性。

二、城市中心与中心区和城市结构关系的相关理论

城市中心和中心区与城市结构的关系,与一定时期城市的经济和社会发展水平有关,也与城市本身的发展形态有关。与此相关的城市中心与中心区结构形态主要有单核集聚模式、区域性集聚模式和多核集聚模式。

1. 单核集聚模式

美国社会学者伯吉斯(E. W. Burgess)于1923年提出了城市地域结构同心圆模式,认为城市的中心应该是CBD,城市是以中心商务区为核心向四周发展。1939年,霍伊特(Homer Hoyt)运用地租分析居住区用地结构及变化,将交通因素考虑进去,认为城市土地利用呈扇形格局,而不是同心圆布局,城市中心依然是CBD。同心圆和扇形两种城市地域结构模式都是建立在单核基础上,是典型的单核集聚模式。

2. 区域性集聚模式

随着城市的进一步发展,城市中心与城市其他地区之间的相互作用使得城市中心集聚范围越来越大,单一城市中心模式不能满足城市整体结构的需求,逐渐演变成区域性集聚模式。1945年,哈里斯和乌尔曼(C. D. Harris & E. L. Ullman)通过研究认为,城市并不是匀质地围绕单核发展,而是通过一组核心共同发展,在同一城市用地范围内,许多核心保持自身的性质,并分别成为具有特殊功能活动的中心,并逐渐形成城市地域结构中的城市中心区。而埃里克森(Ericksen)则提出三元结合模型(1954年),认为城市中心呈放射状向外伸展。D. 克拉克针对20世纪70年代中期北美城市的用地结构变化,提出后工业社会城市地域结构模型,明确城市中心区的地域结构特征,并认为城市中心区有着核心区与边缘区之分。

3. 多核集聚模式

随着城市规模的进一步扩大,大城市中出现了种种问题。特别是城市中心区,交通拥挤、噪声与污染严重、环境恶化,更是矛盾的焦点。在这种背景下,一些解决城市问题的设想和理论相继出现,并形成相应的城市中心与中心区结构模式。比较有代表性的有英国人霍华德(E. Howard)在20世纪初提出的“田园城市”理论、芬兰建筑师沙里宁(Eliel Sarrinen)的“有机疏散”理论以及反磁力吸引体系理论等。并在后来进一步发展成城市的多核集聚模式。多核集聚模式有带形模式和星形模式(如莫斯科)等类型(图4-2)。

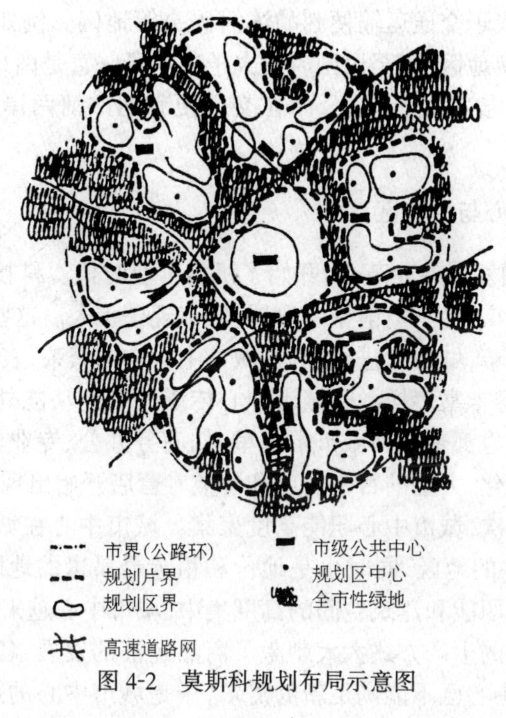

图 4-2　莫斯科规划布局示意图

第二节　城市中心与中心区的历史发展

一、古代城市的中心

远古时代的社会统治是以王权和神权为中心的,无论是原始时代具有城市雏形的村落,还是后来有成熟型制的都城,神庙和宫殿总是城市的主角。如古埃及新王国时期的一个首都阿玛纳(建立于公元前 1370 年)已经有了明确的分区,特别是已经有了明显的市中心区。

西方社会到了希腊化时期以后,早期民主制度的发展使城市广场取代卫城和庙宇成为城市的中心。广场的周围有商店、议事厅和杂耍场等。广场往往在两条主要道路的交叉点上。在海滨城市里,广场靠近船埠,以利贸易。城市广场普遍沿一面或几面设置敞廊,开间一致,形象完整。

中世纪欧洲有统一而强大的教权,教权常凌驾于政权之上,教堂常占据城市的中心位置。教堂广场是城市的主要中心,是市民集会、狂欢和从事各种文娱活动的中心场所。另外由于社会活动和商品贸易的需要,有的城市还有市政厅广场和市场广场(Market place)。广场上有市政厅和塔楼,作为城市中心和城市的标志。

中国的封建社会中,皇族的地位高高在上,有无限权威。反映在城市布局中,就是皇宫和官衙居于中心地位,作为商品交换场所的市场在城市中则偏于一隅。隋唐长安城的布局采取严格的坊里制,将商品交换集中设置在东市、西市中,居于中心地位的仍是皇宫和皇城(官衙)。

到了封建社会中后期,商品交换日益发展,各地的贸易日渐频繁,城市的布局形态也趋于多元化，市场往往形成于交通运输便利的滨河码头等地区。例如六朝以后南京秦淮河两岸发展成商品聚集、交换地区，直至民国时期夫子庙地区一直是南京的商业活动中心。北宋东京（开封）里城的中心被宫城所占据，而在交通便利的汴河两岸形成繁荣的商业活动场所。

二、近代城市的中心与中心区

18世纪下半叶英国发生产业革命，开始了机器工业时代。科技革命和产业革命使得大工业的生产方式得以推广，经济空前繁荣发展，城市规模扩大。这些都引起社会经济领域和城市规划结构的巨大变革，城市化进程加快，城市中心空前繁荣，表现出前所未有的特征。

首先，城市中心内容丰富多样。除城市中心传统的商业功能外，随着工业社会的到来，为工业生产服务的行业也都聚集到城市中心里，如商务办公、专业服务等行业；同时零售业的经营方式也发生了变化，大型的百货商店和各类专营店开始出现，城市中心真正成了城市服务功能的聚集地。其次，城市中心职能高度聚集。城市中心在城市结构中的地位使其成为城市中经济活动最多的地区，同时也是地价和租金最昂贵的地区，也是城市人流的汇集点。由此形成城市中心职能和建筑空间的高度集中，城市中心越来越拥挤。第三，城市中心规模发展巨大。大工业的生产方式大大刺激了商品经济的发展，各种商业金融机构在城市中心集聚，原有的城市中心已不能满足新的需求，于是城市中心的地域范围逐渐扩展，中心内建筑密度和容量不断加大，城市中心规模快速增大。最后，城市中心区开始形成。城市中心规模的扩大和职能的多样使城市中心布局形态突破传统的围绕广场或街道的模式，而转向跨街区、多轴向发展，城市中心区已经成为城市地域结构中最重要的组成部分。

城市规模的迅速膨胀、社会结构和经济结构的转变，使城市原有功能结构面对新的发展要求产生了尖锐矛盾，尤其是城市中心地区，高度集中的城市中心职能使城市中心拥挤不堪，交通工具的发展（如汽车）也给城市中心带来大量人流，城市中心环境日趋恶化。

中国在鸦片战争后，帝国主义势力不断侵入，使中国沦为半封建半殖民地社会，在中国的土地上出现了殖民地和半殖民地城市，其他一些封建城市也随着这种社会经济的改变，而发生不同程度的变化。

殖民城市中有些是受某个帝国主义国家的控制，其城市中心建设规划与其殖民帝国城市有类似的地方，如青岛（德国和日本）、哈尔滨（帝俄）、长春和沈阳（日本）等。有的城市处在几个帝国主义国家占据下，有特殊的租界地。这些城市大都是中国原来最大的工商业及交通中心，城市中租界与旧城区有强烈的对比。在城市中心建设上，表现为破败的传统商业中心和租界内兴起的西式城市中心。各个国家的租界之间各自为政，造成中心分散。例如上海在1845年划出英租界后，先后有美、法、日等国在上海占有租界区。随着租界区的建设，南京东路、外滩等地区逐渐繁荣，形成上海除老城区外新的城市中心。天津在被开为通商口岸后，先后共有八国的租界分布在城南海河东西两岸。随着这些租界的建设和扩张，天津商业中心也随之南移，由北大关三岔河口转向法租界的紫竹林一带。南市是中国地界内较繁华的商业地段，位于租界边缘，由此形成租界新中心与老城传统中心并存的局面。

除这些殖民城市外，原来的封建城市虽受到帝国主义的入侵及本国资本主义发展的影响，发生了局部的变化，但其城市中心总体仍停留在原有的基础上。发生变化较大的是处于交通枢纽区位的城市，如武汉、成都、重庆等。

三、现代城市的中心与中心区

近代西方城市的快速发展带来一系列问题，如人口迅速膨胀、城市环境日益恶化、土地和资源的不合理使用等。随着汽车逐渐成为西方国家私人主要交通工具，越来越多的中产阶级家庭远离拥挤不堪的城市中心，搬迁到城市的郊区，这就是二战以后西方城市发展中的郊区化现象。另外，为了疏散大城市过密的人口和产业，政府也在一些大城市的周围建设了许多卫星城。

郊区化的趋势使郊区购物中心悄然兴起，新城的建立也分散了城市中心的客流，城市中心遇到了强有力的竞争。早在 1920 年，全美国 90% 的零售活动发生在中心商业区（美国称 Down town）；而到了 1970 年，城市中心的零售总额不到全国的 50%。城市中心只保留那些高品位及稀有的、并且对整个城市甚至城市以外的顾客有吸引力的商品零售。城市中心更多的是办公设施，中心构成也发生了很大的变化。城市中心四周围绕着贫民窟，使城市中心的犯罪率上升。城市中心交通拥挤，汽车噪声和污染严重，城市中心空间环境日益恶化，城市中心区随着郊区化的进程和自身环境的恶化走向衰落。

为了解决城市中心区的衰落问题，西方城市在二战以后就开始着手城市中心区的更新工作。首先是“办公综合体”的大量兴建，这种综合体底部裙房是商业零售，塔楼部分是宾馆和办公用房，这种功能混合形式恰好满足了市中心职员和游客购物餐饮及住宿的需求。其次是交通方式的改进，如建立和恢复城市中心区的步行系统，建立公共交通系统，兴建快速轨道交通系统等。第三，历史地段的重建、综合文化场所的开发等也是复兴城市中心区的重要措施。另外，改善城市中心区的环境是中心区复兴的关键。城市中心区复兴的典型例子有美国费城的中心区改建等。费城中心区的改建规划基本上保留了原有的格局，主要对几条 18 世纪的街道进行了改建，并在这几条街上插进了几座摩天大楼。中心区有完善的交通服务系统，即环状高速道路、地下铁道和高架步行街。市中心地下有地下广场，地上有散步林荫道，其端部与地下电车停车场相连（图 4-3）。

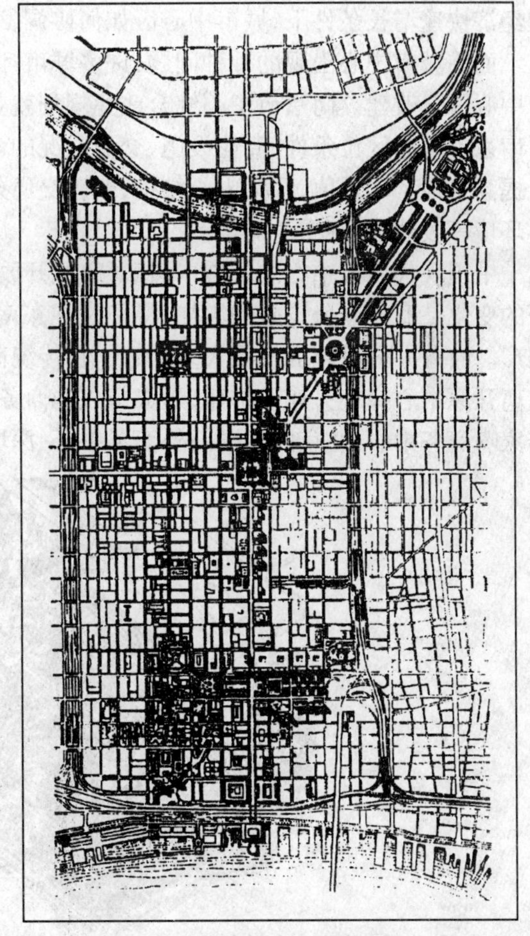

图 4-3　费城中心区改建平面图

在更新改造的同时，城市中心区的职能构成也在发生着变化，其中一个重要特点是商务办公职能的加强。这一特征在国际性大城市中表现得尤其明显。

国际性大城市的产生是世界经济全

球化趋势的必然结果，它的一个主要特征就是CBD(中心商务区)的出现和发展。在国际性大城市中，CBD已经成为城市中心区的主要组成部分。CBD不仅集中了大量的跨国公司的总部，还有高层次、专业化的商务服务，包括金融、法律、会计、管理及广告业等。这类公司聚集于国际性大城市的CBD中，为跨国公司在全球运转自如起了决定性作用。

中国在建国以后，社会制度发生改变，经济建设由于受到了所谓"先生产，后生活"，"重生产，轻消费"等左的思想影响，致使我国城市的产业结构和城市功能存在严重的不协调，城市第三产业比重很低，所有这些都导致了城市中心功能和规模的萎缩。

20世纪70年代末改革开放后，我国城市经济开始起飞，国家经济体制逐步从计划经济向社会主义市场经济转变，产业结构随之发生变化，第三产业的比重越来越大，这些都促进城市中心在职能和规模方面的巨大发展，同时也对城市中心原有的结构造成很大的冲击。中国城市普遍面临着在经济快速增长条件下，城市中心区如何协调发展的问题。

面临城市中心出现的种种问题，许多城市都积极进行城市中心综合改建。南京市中心综合改建规划就是一例，通过对南京市中心区位条件、商业设施、交通状况的调查分析，提出提高土地利用价值，调整中心结构，改善交通条件，改善中心环境等改建措施(图4-4)。

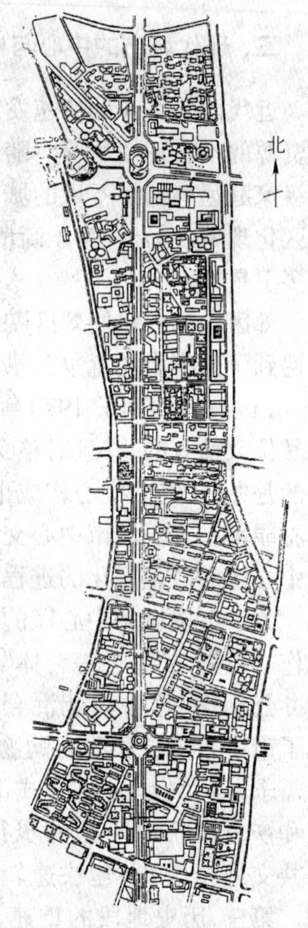

图4-4　南京市中心综合改建规划

中国现代城市中心的发展中，相对改革开放前的一个显著的变化是商务办公设施的增加，特别是在东南沿海大城市中，有些已经开始形成CBD的雏形。商务办公设施的发展大多是建立在传统商业中心的基础上，如武汉、重庆、沈阳等；也有离开原中心择址另建或扩建，形成新兴的商务中心，如上海作为外滩商务中心延伸的浦东陆家嘴商务中心、北京的建国门外商务中心、深圳的福田商务中心(图4-5)等。

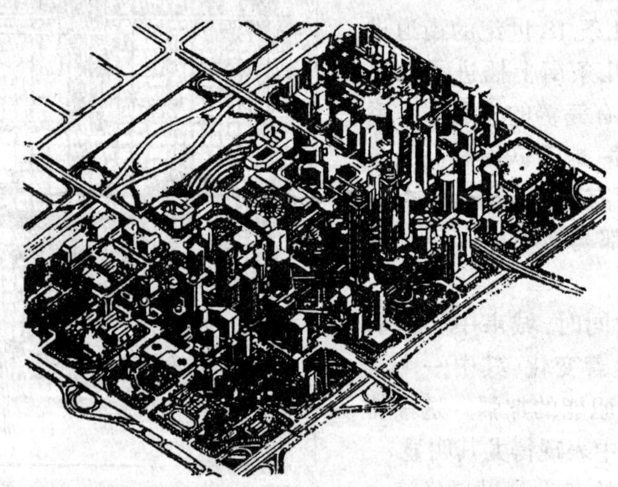
图4-5　深圳市中心区南片空间形体鸟瞰

第三节　不同性质规模城市的中心与中心区

一、中小城市的中心

不同规模城市，其辐射范围大小不同，城市中心的服务对象也有差异。中小城市规模较小，一般是特定行政区域(如市域或县域)的中心城市。它的服务范围常常是其管辖的广大农村地区，因此它只是一般的商品集散地。中小城市的中心职能比较简单，以商业服务为主。城市中心就是其商业中心，商业中心规模较小，主要内容是零售商业和饮食业，档次也不高。因外来人口较少(风景旅游城市除外)，旅馆服务业也不发达。文化娱乐设施和商务办公设施数量较少。城市普遍是以单核中心的形式出现。

中小城市的中心在形态上也比较简单，常常是一条或几条商业街便集中了商业中心的大部分职能设施。如小城镇的中心往往只是一个十字街道，结构形态都非常单纯。而规模较大的城市如扬州的城市中心职能主要集中在石塔路、三元路、琼花路等几条主要商业街上，其规模占城市总商务面积的一半以上。

除了作为地区中心的城市以外，还有一类中小城市即特大城市的卫星城镇。这些卫星城镇的主要作用是疏散大城市的人口和就业，在生产生活上形成有吸引力的“反磁力”城市。这种新城在 20 世纪 40 年代国外一度很流行，这些新城一般都位于大城市对外交通的干线上，新城建设一般都有规划，中心位置选择在联系母城的出入口处，城市中心内部以步行街为主，组织商业服务和公共活动建筑，环境怡人。例如英国的哈罗新城距伦敦 37km，1949 年开始建造，人口约 8 万。其城市中心主要服务于本城人口。中心布置在一个能控制全城的高地上，其核心部分设计成步行区。中心内容有市场、商场、电影院、行政建筑、旅馆、学校、广场、教堂、公园和停车场等(图 4-6)。类似的例子还有瑞典斯德哥尔摩的卫星城魏林比等。我国上海 20 世纪 50 年代曾建设闵行卫星城，与国外卫星城有类似的特点。

二、综合性强的、特大城市的中心与中心区

综合性的特大城市，一般是一个国家或地区的经济、文化、政治及交通中心，城市功能综合复杂，其辐射范围往往是国际或省际的。这种城市中心区的特点是规模巨大、功能复杂，其城市中心区内常常形成中心体系，除主中心外还有次一级的中心；它的另一显著特点是商务办公功能占有相当比例，有些特大城市常常形成 CBD。

综合性特大城市的一种类型是地区性的中心城市，如省会城市等。这类城市主要在一定区域内(如省域内、国家内部)发挥作用，是一个地区的经济、文化、交通中心。这类城市的城市中心是多功能性的，既有发达的商业购物中心，也有相对发展的商务办公功能。另外，除主中心外，它还有相对完善的城市中心体系。例如南京城市中心区自 20 世纪 80 年代以来发展很快，除了商业零售设施的大规模建设外，最引人注目的变化是大量商务办公空间的出现，城市主中心新街口地区已经成为综合性的商务中心。除新街口主中心外，还有二级中心 9 个，三级中心若干个，形成城市中心体系(参见图 4-1)。

综合性特大城市的另一种类型是具有国际辐射能力的城市。这类城市的中心区规模很大，其显著特点是中心区功能以商务办公、专业化服务等高级职能为主，一般都有发展成熟

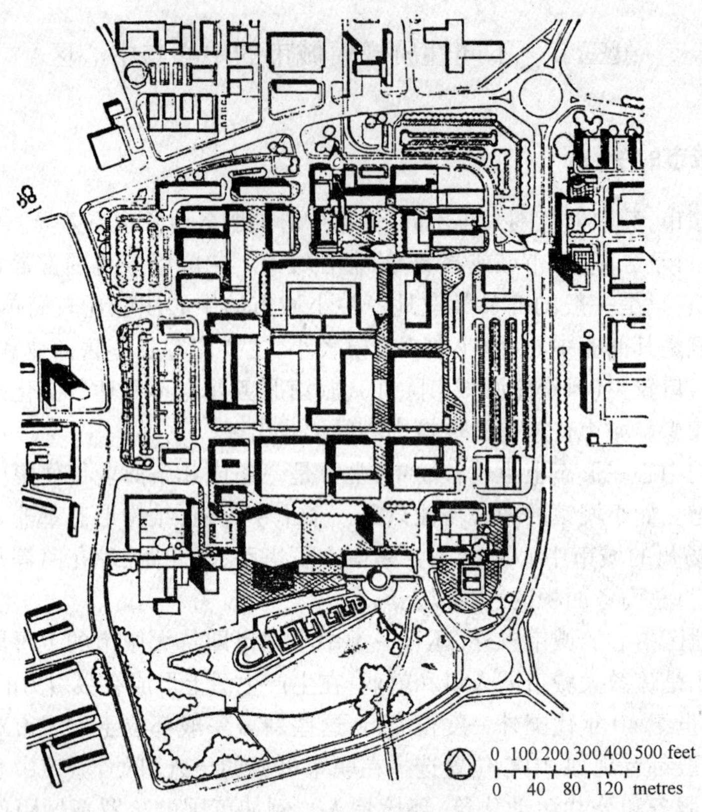

图 4-6　英国哈罗新城中心

的 CBD。CBD 在城市中心区的布局形态有两种主要形式，一种是 CBD 在原有中心区的基础上发展而来，城市中心区是一个包括 CBD 和其他中心职能的综合区域；另一种是 CBD 与城市原有中心分离，形成专业的商务中心区，这种情况一般是因为受传统中心区各种条件制约，或者因保护历史文化传统的需要而择址另建商务副中心。

综合式布局的例子有伦敦和纽约。伦敦城市中心区一般是指维多利亚、帕丁顿、金斯克劳斯和滑铁卢四个火车站所围合的地区即"中央伦敦"(Central London)(图 4-7)，"中央伦敦"内有国际金融中心(IFC)，维斯敏斯特部分地区(West End)已发展成总部办公和专业服务区，同时结合码头区更新，开发外伦敦道克兰(Dockland)为新的 CBD。纽约曼哈顿中心区主要的商务职能聚集区有两处：下曼哈顿(Lower Manhattan)和中城区(Midtown)部分地区。许多著名公司总部如西格拉姆、利华、百事可乐等分布在派克大街(Park Avenue)，今天中城区是公司总部和专业服务的聚集区。20 世纪 70 年代初开始在下曼哈顿西岸码头进行扩建，首先建成 110 层的世界贸易中心(World Trade Centre)，20 世纪 80 年代末建成巴特利花园城(Battrery Park City)，包括世界金融中心(World Financil Centre)，由此进一步加强了下曼哈顿作为金融和商务办公中心的地位。

分离式布局的例子有巴黎的德方斯。当巴黎原有的历史中心区达到饱和时，其扩展自然是选择原中心之外的地点，新建商务中心，德方斯就是这样发展起来的。德方斯曾是巴黎西郊的一个默默无闻、人口稀少的小村庄，但从 20 世纪 60 年代至今，规模巨大、30 余幢办

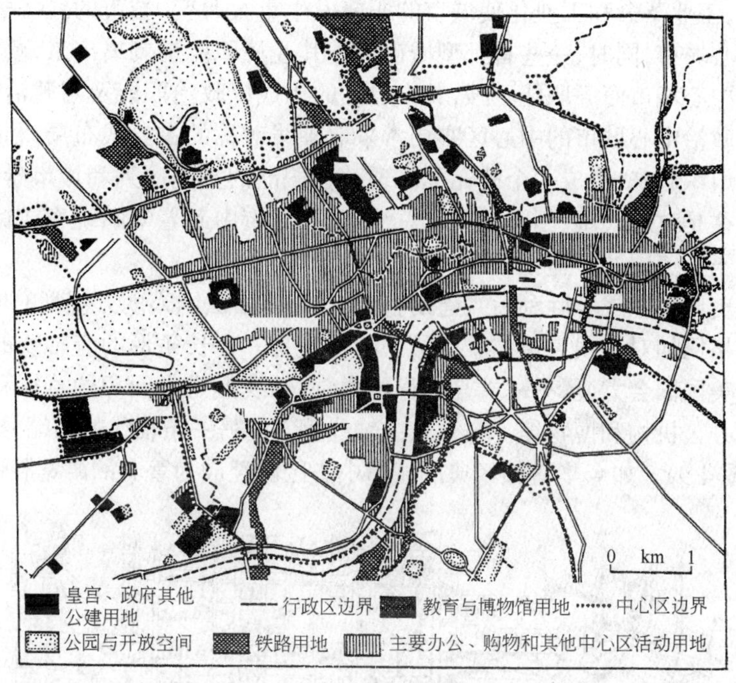

图 4-7 “中央伦敦”

公楼组成的综合体,已奇迹般地发展成为法国面向 21 世纪的、欧洲大陆最大的新兴国际性商务办公区,被誉为巴黎的曼哈顿(图 4-8)。

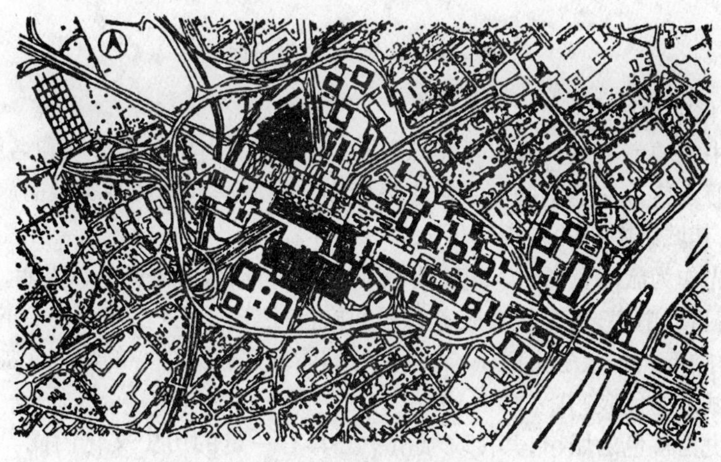

图 4-8 巴黎德方斯平面

三、性质职能独特城市的中心与中心区

职能特色比较突出的城市,其发展的主导因素比较明确。比如有些首都城市只是作为政治中心城市发展;有的城市是因为是历史文化城市或地处风景旅游区而得以发展,其职能主要是为游客服务;还有的城市因产业结构的单一而表现出一定的职能特征。这些城市的中心与中心区内容也体现了城市职能的特征。

1. 政治中心城市

近代以来,工业革命和工业化使城市的职能发生重大改变,城市的经济职能日益强大,产生了经济中心城市,同时,一些首都型城市由于其经济职能被剥离出来,政治职能更加突出。这类政治中心城市商务职能不强,其中心区的构成以政治职能及与政治服务有关的其他职能为主。政治中心城市的中心区布局常采取轴线对称的古典式布局,利用轴线关系将中心的各部分组织起来,形成一个能充分体现政治职能的空间序列和城市景观。城市中心的核心位置往往是政府大厦、国会大厦或总统府,在城市中起着空间统率或标志性的作用。这类城市的例子有美国的华盛顿、巴西的巴西利亚等。

华盛顿是美国独立战争胜利后兴建的首都,在这座由法国人朗方规划的城市中,道路系统是整齐的方格网加对角线大道。城市的中心位置是一个长条形的有轴线的中心带地区,轴线的一端是美国国会大厦,另一端是林肯纪念堂,轴线上是大面积的草坪和水面,两侧布置着各种行政办公机构和博物馆。与这条主轴线垂直的另一条轴线的两端分别是白宫和杰弗逊纪念堂(图 4-9)。如今华盛顿经典的城市中心区已经成为著名的游览胜地。

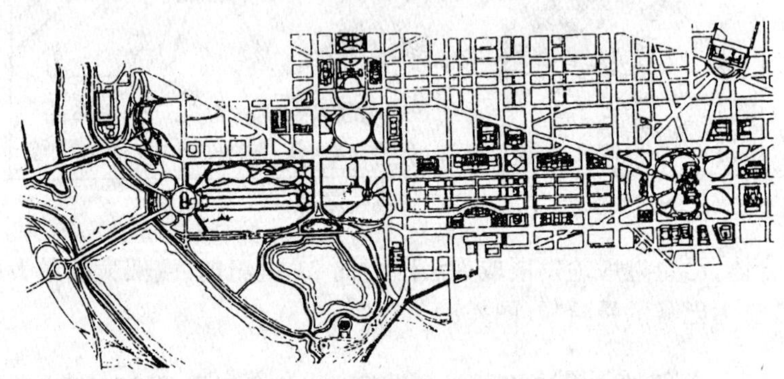

图 4-9　华盛顿中心区平面

2. 旅游文化中心城市

旅游文化中心城市一般具有以下特点:或具有优美的山川自然环境和名胜古迹,或具有反映城市极一时之盛人文荟萃的有关历史环境和文物精华。这两种类型的旅游文化城市因发展依托不同,其城市中心的形态特色也各有差异。

以自然风光作为旅游资源的城市,其城市中心兼具旅游服务中心职能,如餐饮宾馆服务,旅游特色商品的销售,各类旅游服务公司和旅行社等。而且在城市中心的区位也区别于一般城市,通常临近风景旅游集散中心,以更好的体现其旅游中心的特色。如中国的杭州和桂林就是这类城市的代表。

以人文历史为特色的城市,其传统城市中心具有一定的历史文化内涵。利用城市历史中心区的文化遗产资源,发展深层次的文化旅游,以旅游业带动经济的发展,是许多历史文化城市的做法,并且取得很好的效果。如苏州的观前街、南京的夫子庙(图 4-10)等。

3. 工矿城市

人口构成单一化、产业结构单一化是工矿城市的特点,工矿城市的布局与矿区工业的分布有很大关系,往往呈分散化状态,居民点比较分散。这些特征必然使城市中心的布局和构成受到很大影响,城市中心功能比较简单,以商业服务、以及针对工矿工业的生产服务为主,布局比较分散,与居民点的分布有很大的关系。例如采煤工业城市淮南市的布局与煤田的分布相适应,形成东西长达 50 多公里的“百里煤城”,除在田家庵形成全市性的中心外,其他居民点也都有自己的服务中心。

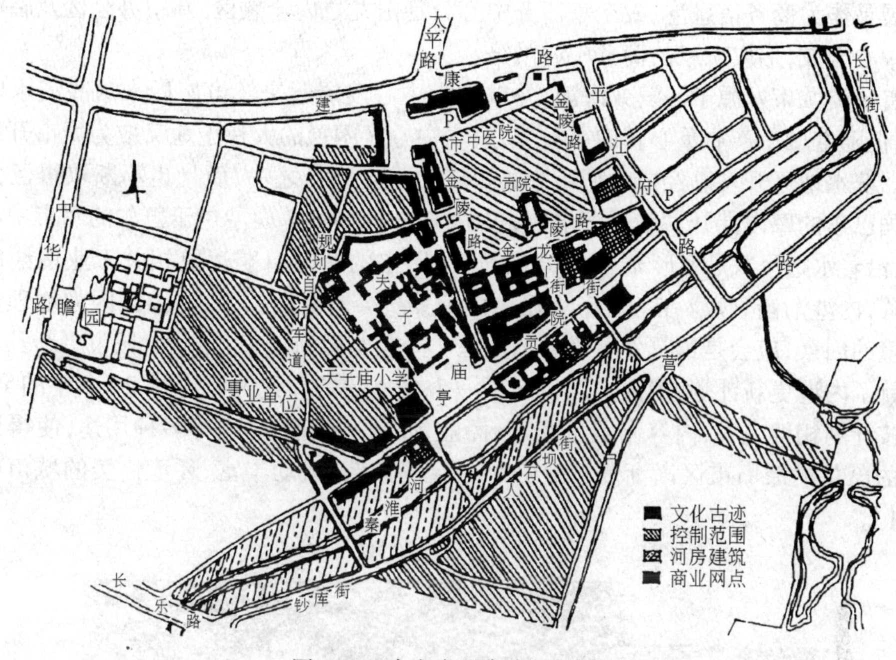

图 4-10　南京夫子庙步行区平面

第四节　不同布局形态城市的中心与中心区

一、相对集中布局城市的中心与中心区

相对集中布局城市的数量在全世界各种城市布局类型中占有绝对的多数。从城市发展过程来看，这类城市在城市用地上比较紧凑，呈现“圈层式”发展或沿“辐射轴”发展的模式。这类城市的城市中心与中心区的布局也相对集中。一般来说，中小城市大多是“圈层式”发展，即所谓的“摊大饼”的城市发展模式，而特大城市则呈现出比较复杂的状态，除了原有的中心外，还会出现副中心作为城市发展的新的核心。

1．圈层集中发展的城市

集中型中小城市的结构一般都是单中心模式。城市的主要商业活动、商务活动、公共活动都相对集中在中心。就商业活动来说，全市性的商业中心在整个商业活动中居于绝对优势。全市性中心的职能齐全，并且以中高级职能为主，行业的分工更细。这种中小城市单核结构的布局通常有两种形式：一种集中于一段或几段街道的两侧，形成带形的商业街，这是一种常见的布局形式；另一种是围绕城市的主要道路交叉口发展，形成中心职能聚核体。

东京的城市发展可以代表特大圈层发展型城市的一般发展过程，即多中心的发展过程。由于日本经济的迅速崛起，东京作为全球性城市是继纽约、伦敦之后。东京城市中心地区近20年来一直面临商务办公面积需求的巨大压力。东京千代田区的丸之内中心是东京传统的商务中心，20世纪60年代以来，特别是20世纪80年代这一地区金融办公设施激增，成为东京中心区中的核心。为减轻都心办公需求的持续高压，20世纪70年代规划建设新宿副都心,20 世纪 80 年代规划并正在建设临海副都心。今天新宿建设已日趋成熟,临海副都心的发展是作为商务信息港,故东京商务中心分别由丸之内金融区、新宿办公区及临海信息港三个中心构成,形成东京的商务中心网络。

还有一类城市发源于河滨或海滨,并以此为中心发展起来。虽然后来这些滨水中心一度衰落,但随着城市产业重心转向服务业,滨水中心区闲置的大片土地又成为城市开发的热点地区。滨水地区开发已经成为城市中心扩展的重要途径之一,而且也不断取得巨大的成功。美国巴尔的摩内港开发就是滨水中心开发成功的例子。内港位于巴尔的摩市中心商业区南面,沿着水边呈“U”字形布局。20 世纪初,巴尔的摩港口航运及相关工业逐渐向南及东南迁移,内港渐渐衰败。1964 年,大巴尔的摩委员会研究后认为,内港区因为地理位置和天然环境的因素,应会是最具发展潜力的地区。于是与政府都市计划处、城市更新及住宅处合作拟就了内港更新计划,把内港区带入了一个再发展的新纪元。经过 20 多年的努力,许多设施按计划相继完成,内容涵盖了娱乐、商业、办公、文教、住宅等多种用途,使得以内港为中心的巴尔的摩旧市区渐渐复苏成为一个经济繁荣、活动丰富、环境优美的城市中心区(图 4-11)。

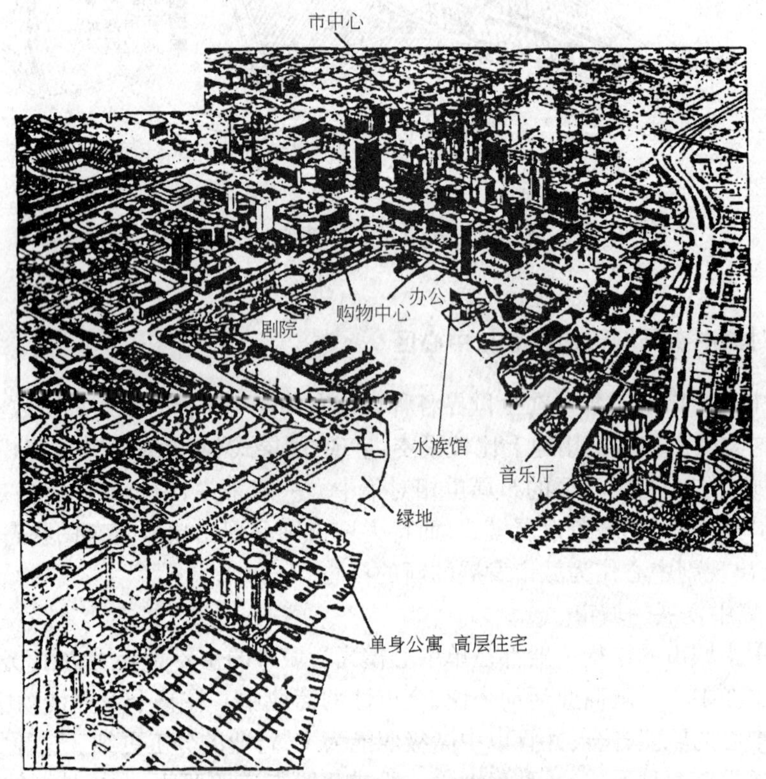

图 4-11 美国巴尔的摩内港鸟瞰

2. 分片集中发展的城市

这类城市虽然由于地形地貌等原因的限制而呈现分区分片的状况,但从城市发展过程和城市总体形态来看,仍然具有明显的集中发展特征。虽然各区片都有自己的中心,但只有一个全市性的城市中心起着服务整个城市的作用。中国的武汉就是这种类型的代表。

武汉在历史上早有三镇之说,这是由于长江和汉江的天然屏障而形成的分散型城市。

武汉在近代工商业的推动下，其地域分工的结果逐渐促进了多中心结构的形成，但控制武汉全市的城市中心仍在汉口。

3．带形集中发展的城市

带形城市主要是指受自然地形和河流等条件的限制，或因交通条件的影响，城市沿一定方向延伸而形成带状布局。这种布局类型的主要特点是城市用地结构与交通流的方向性较强，但其发展规模受自然条件限制不宜过大，城市不宜拉得太长，否则会使城市用地布局与交通联系发生困难，并增加客流的时间消耗。这类城市的城市中心一般位于城市适中地段或接近几何中心，如城市规模较大，分区较多，除了全市性中心外，还应建立分区的中心。

深圳是中国东南沿海的一个新兴城市，其城市空间结构发展经历了从单核心向多中心组团式发展的过程。但城市的主要中心仍在罗湖区和福田区。未来城市发展以福田 CBD 为核心，沿深圳湾展开，形成带状发展形态。罗湖、福田、南山三组团以及初具规模的沙头角、蛇口等组团构成了紧密联系的带状组团式城市空间结构，组团中心之间有便捷的交通联系，使得交通干线成为城市发展轴。

二、相对分散布局城市的中心与中心区

形成分散布局城市的因素有两个方面：一方面是指由于用地功能分布或资源分布的需要而形成城市的组团分散状态，另一方面是由于自然地形的阻碍而形成分散的城市组团。在分散布局的城市中，城市呈多中心状态，城市中心分布在各城市组团中，其功能分工和布局特征各不相同，与其所在的城市组团本身的功能和形态有密切关系。

1．资源组团分散型城市

这类城市主要是因为开采矿业资源而形成分散的组团城市。地方资源的开发与其地理分布有很大关系，为了便于开采，矿业城市将城市功能分散于各个矿区，自然而然地形成多中心的城市组团群。中国山东省的淄博市就是典型的例子。这是由 20 余个小城市构成的多中心大城市，它的各个小城镇以张店、周村、辛店、淄川及博山为中心，均匀地分布在作为全市骨架的丁字形胶济和张博铁路上，而张店和博山两个中心完全发挥着大城市中心的功能，形成城市组团的多元中心体系。

2．功能组团分散型城市

这类城市主要是因为功能分化而形成分散的组团城市。江苏省的连云港市是这类城市的典型例子。连云港城市布局总体分成两大部分，一部分是远离海边的新浦区和海州区，另一部分是海边的连云区。前者是连云港的政治、文化、商业中心，后者是连云港的港区服务、旅游服务中心。两者通过公路和铁路连接，各司其职，共同发展。

而荷兰的兰斯塔德则是另一种功能组团式大城市的代表。兰斯塔德是成线形环状发展的多中心大城市，它位于荷兰西部的北海岸，跨越南北荷兰及乌德列支三省，整个城市分片状作马蹄形发展，中间环抱着“绿心”。兰斯塔德由各种大小不一的居民点构成，它们既可看作独立的城镇，也可看作多中心大城市城市组团的各部分。各片间距约 10～20km，以阿姆斯特丹、鹿特丹、海牙及乌德列支为中心由东向西延伸。城市组团各有分工，如首都阿姆斯特丹分布有金融、文化、商业，是商务中心；中央政府在海牙，是政治中心；鹿特丹为世界上吞吐量最大的港口，是运输业中心；而乌德列支是交通中心等。

3．轴向组团分散型城市

这种类型城市的发展一般受自然地形或交通条件的制约，城市沿某一轴线分散布局。比如兰州的发展由于受"两山夹一川"的狭长地貌的限制，兰州城市主要沿黄河谷地轴向延伸，呈带状组团分布，绵延50km。城区有城关、安宁、西固、七里河等4个相对独立的功能明确的组团。西固区和七里河区的主要职能是工业，后者还是重要的交通中心。城关区的主要职能是行政、科教、商贸、金融等。而安宁区是高校文化区和仪表电子工业区。城市主中心在城关，其他组团内有分区中心，职能上各有特色。

第五节 城市中心与中心区的特色构成与建构

城市中心与中心区是城市的核心，集中体现着城市的精神，是城市最具活力的地区，也是最能体现城市特色的地区。人们对一个城市的印象很多是来自于对城市中心的感受，城市中心与中心区对于反映城市面貌、塑造城市形象有着十分重要的意义。

一、城市中心与中心区特色的含义与构成

城市中心与中心区特色，是指城市中心与中心区在内容上和形式上独有的不同于其他城市的特质，也是指城市中心与中心区最具象征性与代表性的个性特征。它是在城市的社会、经济、历史、文化、自然环境等各方面因素的综合作用下形成的，并最终通过物质空间环境表现出来，包括城市中心与中心区的空间布局、建筑物、构筑物、道路广场、绿化、小品等。这些物质构成要素本身及相互之间的优化组合共同体现出城市中心与中心区的总体风貌特色。

城市中心与中心区特色在不同层面上有着不同的构成要素。从具体意义上讲，城市中心与中心区特色的物质构成要素包括自然要素与人工要素。自然要素是指城市地区的自然条件和城市中心建设用地的地理环境；人工要素指的是通过人为建设活动而形成的物质环境，如建筑物、构筑物、街道广场、城市小品等，是形成城市中心与中心区特色最为活跃的要素。在抽象意义上，城市中心与中心区特色还应包括非物质构成要素，即社会经济发展的职能要素和历史文化与民俗风情等社会文化要素。非物质形态的社会要素以物质要素为载体，较之自然要素和人工要素，社会要素更具有发展性、易变性和可塑性。构成要素的多样性和错综的相互关系决定了城市中心与中心区特色形成与建构的复杂性。

1. 社会经济因素

城市中心与中心区的发展是一个连续的过程。任何一个城市中心的产生、演变和发展都会明显地打上政治、经济和宗教的烙印。不同时期社会、政治、经济的发展变革，是城市中心与中心区性质和主导功能演进的基本动力，从而影响到城市中心特色的形成。不同历史发展阶段的城市中心的职能和形式有着很大的不同。古代的城市以神权和王权为中心，体现了教权和封建政权在城市功能结构中的地位。近代城市以物权为中心，特别是工业革命以后，经济的发展促进了城市化进程的加快，也促进了商业在城市中心的发展。当代城市中心的发展正体现着全球化、知识经济和后工业社会的时代特征。"以人为本"的思想深入人心，城市的环境问题备受关注，社会经济的可持续发展已经成为影响城市中心与中心区建设的重要因素。

2. 历史文化因素

在城市中心与中心区的更新发展过程中，历史文化的沉积与继承逐渐形成了城市中心区丰富的文化内涵。国家的不同、民族的不同、地理位置的不同，其文化模式、风俗习惯、宗教信仰也各不相同，因而形成了不同形式、不同风格的城市与城市中心。在历史性城市中心区中，各个历史时期的建筑文化遗迹荟萃于此，形成城市独特的中心区建筑文化风格。例如欧洲巴黎、罗马等历史城市的中心区。而东方的城市中心区则以理性规整的空间布局、合理有序的街道系统、浑然一体的建筑群体为特色，再加上遍布中心的传统“老字号”，形成独具东方韵味的传统城市中心区。

3．自然环境因素

对城市中心与中心区的开发建设影响比较大的自然环境因素包括自然气候、用地地形地貌和自然环境景观(河岸、湖泊、海湾、山地等)。特定的自然地理条件既是城市中心与中心区形成的前提，又使城市中心与中心区呈现与众不同的独特面貌。历史上城市中心区的成功范例有许多就是很好地利用了其所在地域的自然特征，并加以精心组织，形成个性鲜明的城市中心区格局。例如芜湖市中心内有大面积的镜湖水面，建筑结合湖岸灵活布置，湖区绿地和周围的赭山、青戈山以及城市干道绿化连成一体，相互渗透，自然水面与人工建筑交相辉映，丰富了空间层次。

4．城市职能因素

城市是人们生产和生活活动高度聚集的场所，具有各种复杂的职能。这些城市职能规定着城市中心与中心区的服务职能和相应的物质形态，如政治中心城市的中心区带有强烈的政治色彩，它的选址、规模及机构组成、空间布局、城市设计等都与普通城市中心有很大的不同，常常体现一种规整有序、庄严宏大的气氛，如美国首都华盛顿、澳大利亚首都堪培拉的中心区等。风景旅游城市的中心区则将真山真水的自然风光融合进来，形成具有旅游功能特色的城市中心区。

5．规划理论与实践因素

随着资本主义的发展，现代大工业的生产方式引发了城市的种种矛盾。在这种背景下，西方一些城市规划学家、城市设计及建筑学家为创造心目中理想的城市进行了许多理论和实践方面的尝试，并对城市中心区发展方式和空间形态产生了深刻的影响。比较著名的如勒·柯布西埃的城市中心区方案。勒·柯布西埃认为，从根本上改造大城市的出路在于运用先进的工程技术减少城市的建设用地，提高人口密度，改善城市的环境面貌，以较少的用地创造高居住密度的大城市，并且拥有充满阳光和空气的公园、林荫道和巨大公共广场的自由空间。这种模式对欧洲和其他地区的现代城市中心区的发展产生了广泛的影响。

二、城市中心与中心区特色的建构

1．空间系统的建构

城市中心与中心区空间系统是城市中心职能运作和空间活动的载体，其空间布局形态和空间秩序的组织方式是城市中心与中心区特色建构的基础。城市中心与中心区形成过程中的各方面因素对城市中心空间布局形态产生很大影响，从而形成各种不同形式的布局形态，如块状布局、带状布局、立体布局等。块状布局是指城市中心采用街区式布局，各功能在道路围合的街区内进行组织。而带状布局是指城市中心沿街道线性扩展而成。块状布局与带状布局相比最大的优点是满足了城市交通与公共活动的相对独立，街区内形成安全、丰富多变的步行空间。立体布局则多在块状中心或带状中心基础上采用立体化的交通组织，人流、车流、货流在三度空间上分离，城市中心各功能部分平面和竖向分区相结合，构成多层次立体式的公共活动系统。但在实践过程中，大部分城市中心与中心区的空间形态并不能截然分为带状、块状或者是立体式布局，而是呈现多种空间形态并存的状态。

在空间系统的建构中，除空间布局形态的差异外，还有空间秩序组织方式的不同，利用城市轴线组织城市中心区空间就是比较常见的组织手法。城市轴线是根据功能和人流活动序列的线性安排或链状组合，由道路、建筑物、庭院、广场以及自然环境要素等按照一定的空间理念配置而成的。人工创造的建筑空间轴线可以形成一系列空间组合，使城市中心区空间形态完整统一。例如巴黎城市中心区轴线，由卢浮宫、协和广场、香榭丽舍大道、凯旋门构成了东西向的主轴线，旁边是美丽的塞纳河(图 4-12)。主轴线上各个时期的历史建筑与街道广场形成了一个又一个主题，使人流连忘返。这条轴线加强了城市中心区空间的秩序，具有完整而突出的个性。

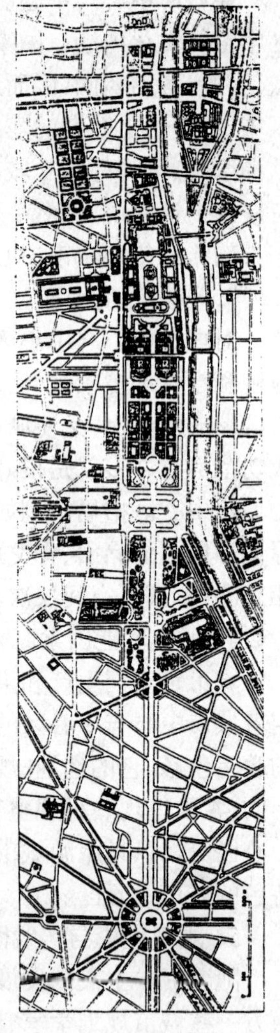

图 4-12　巴黎城市中轴线

2. 交通系统的建构

在现代工业社会中，汽车交通是人们工作和生活的必要工具，但日益拥挤的城市交通是城市中心区环境恶化的一大因素。因此，组织城市中心与中心区的交通系统是建构城市中心区特色的重要环节。在大城市和特大城市中，中心区以商务办公功能为主，地面交通组织以汽车方式为主，采用快速交通输配环，一方面满足中心区与对外交通的有序连接，另一方面有效地将城市交通截流于中心区外围，同时，建立完善的公共交通系统，构成合理的交通网络。但一般城市的中心以商业活动为主，拥有各种商业零售和娱乐服务建筑，人们的活动以步行为主，汽车交通反而变成了破坏城市中心环境的“元凶”，因此，步行系统是城市商业中心最有效、最富生命力的活动系统。许多优秀的范例，不论是历史文化名城中心区的商业步行街，如德国慕尼黑商业中心步行街(图 4-13)，还是国内传统商业中心，如北京王府井步行街、上海南京路步行街等，他们的规划和建设都是展现和创造城市中心风貌个性的重要途径。另外除汽车和步行交通外，一些城市还有连接城市中心的轨道交通，如地铁和有轨电车等。轨道交通对城市中心区人流的疏解、环境的改善起着非常积极的作用。

3. 自然与人文环境的建构

塑造美好的城市中心特色，需要挖掘当地富有特色的自然要素，尽可能地顺应它、尊重它、利用它，同时对其进行提炼、升华。可以利用有突出特征的自然地形地貌，如利用山地丘陵作为城市中心与中心区的背景，创造丰富的城市中心空间层次；利用中心区的水体更可以对城市中心空间起到画龙点睛的效果。

除与自然环境的结合外，更重要的是如何体现城市历史文化传统，这是构成城市中心与

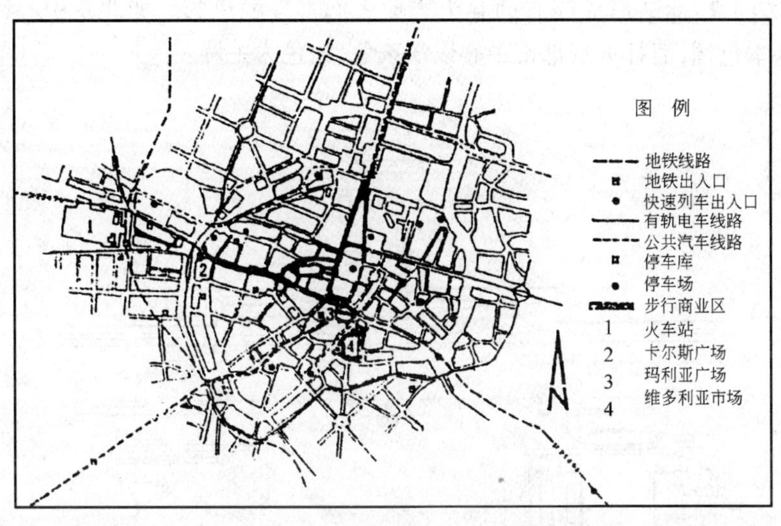

图 4-13 慕尼黑商业中心步行街示意

中心区特色的重要元素。城市中的历史文化题材非常广泛，在具有历史意义的城市中心区中，有许多记载历史各个时期人们的情趣、社会风尚和某些历史阶段的街道、建筑和文物。许多古老的欧洲城市保留着自己在历史上形成的核心区，而对于历史建筑和文物密集的城市，通常把整座城市作为文化遗产加以全部保存，形成完全意义上的历史中心区，比如罗马的市中心。还有一些历史城市的中心区为适应现代化生产生活方式的需要，在保护优秀传统建筑风貌的基础上更新发展城市中心区。常见的做法一是保持传统建筑外貌，内部进行改造更新，经过精心的设计、巧妙的利用历史建筑创造新的内部空间。另外一个做法是在历史中心区的建设中保持传统风格，新旧结合，协调统一，保持历史文脉的延续性。1972 年在布达佩斯召开的"国际纪念物、纪念遗迹会议"第三次全会曾决议："在具有丰富历史文化建筑群的城市中，建造新的现代建筑不能单纯模仿过去的样式，而应该用现代最先进的科学技术、最优质的建筑材料建造。在表现形式上注意综合考虑过去、现在和未来。"

4．视觉系统的建构

视觉是人类感受外部世界的重要方式，人们对城市中心区的意象，有很大一部分是通过视觉感观获得的。城市中心与中心区的视觉系统主要由城市中心区标志、色彩、视线走廊、绿化与小品等组成。

标志是城市中的节点要素，是能够令人产生深刻印象的突出形象，是人们感觉和识别外部空间的参照物。城市中心区标志常常是一个城市的象征，它不但可以控制全局，协调城市中心区环境，而且对形成城市中心区特色有重要意义。城市中心区标志通常有两种形式：实体性标志和标志性空间。实体性标志一般是体量突出的建筑物或构筑物，如古代钟鼓楼、古塔、教堂、宫殿、高层建筑等能体现标志性和象征性的建筑物。标志性空间通常是指广场和步行街等城市中心空间环境中最具公共性、最富艺术魅力的开放空间，是市民集会游行、娱乐休闲、社会交往的主要公共场所，是城市中心空间艺术处理的精华。著名的例子有北京天安门广场(图 4-14)、威尼斯圣马可广场(图 4-15)等。

色彩是城市视觉艺术的一个重要组成因素，能够体现城市中心的性格、环境气氛，是创造良好空间效果的重要手段。每个城市在其发展过程中，因其社会历史、自然风土、民族习俗、材料技术等因素，逐渐形成固有的并为当地人们喜爱的色彩。如北京中心区的皇城以红、黄、灰为基本色调，而日本京都市中心以淡茶色、白色为主调。

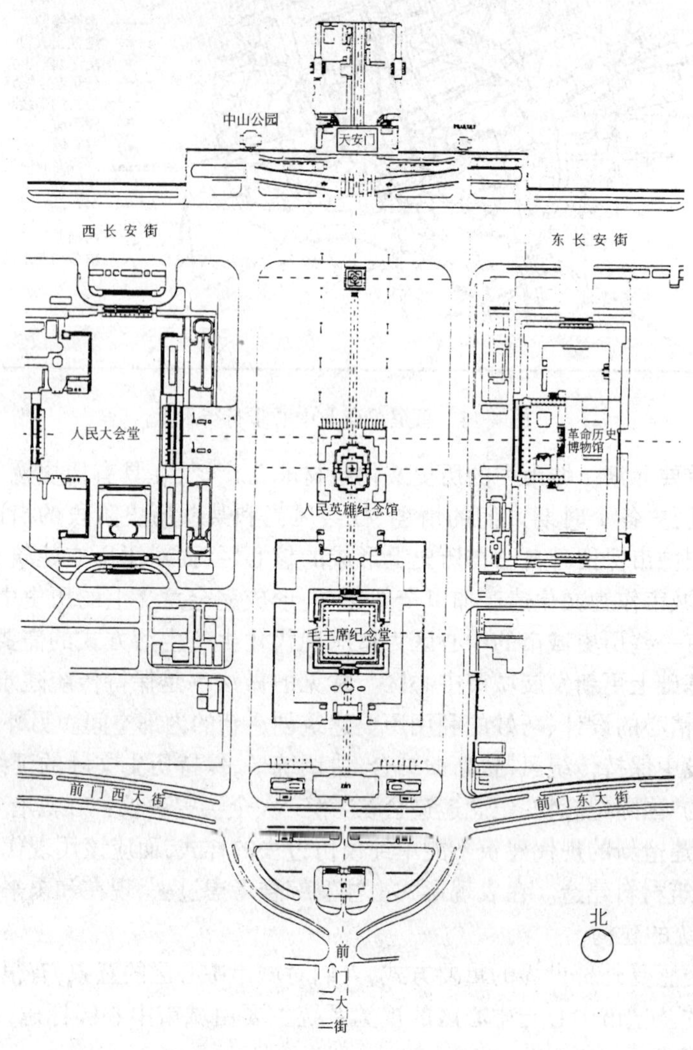

图 4-14　北京天安门广场平面图

视觉走廊规定了一个空间范围以保证视线的通达，使人与自然或人文的景观保持良好的视觉联系，将优美的景观有序地展示出来。要保护和控制城市中心区的景观视廊，首先要对中心地区以及周围的主要景观进行视线分析，确定主要的景观区、观景区，确定联系景观的主要视觉走廊，并规定出视觉走廊范围内建筑或其他人工景观的高度、宽度、走向等，作为进行城市中心区建设的依据。

塑造城市中心区的个性特色，不仅要有宏观的规划设计构思，还应经过精心的环境艺术处理，才能使其丰满、生动。绿化与小品常常能够充分表达城市中心区的文化情趣和艺术性格，无疑是构成城市中心与中心区特色的重要元素。

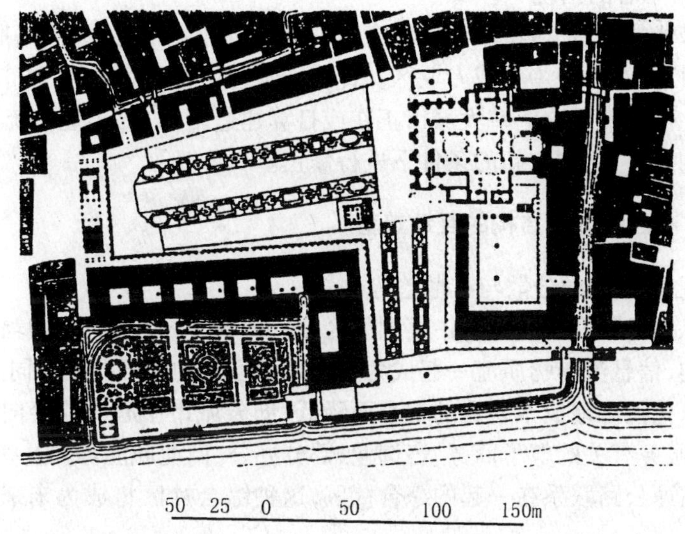

图 4-15 意大利圣马可广场平面

第六节 城市中心与中心区的发展趋势

信息革命的兴起与信息时代的来临,在给人类社会生活带来显著变化的同时,对世界经济的发展产生了深刻影响,使之发展趋势呈现出全球化、一体化、网络化和信息化的特征。在这股洪流中,全球城市的地位被重新确定,城市功能区域化分工加强,每个城市成为全球或区域城市网络上的一个节点。全球城市的分工协作成为世界经济的新模式。在这种世界城市体系中,城市的地位和分工不同,其结构形态迥异。在这种趋势影响下,城市内部空间区位的影响因素大大削弱,准确、快捷的信息网络取代物质交通网络的主体地位,城市的空间结构将从圈层式结构向网络化结构转型。城市地位的不同导致城市产业结构的差异,并对城市中心区的构成和形态产生影响。

一、城市中心与中心区功能的转变

世界经济的全球化和信息化使城市的产业结构发生变化,传统的三次产业的划分已不能适应新经济的要求,"四次产业"的分类方式出现(波拉特《信息经济》),即:农业、工业、服务业、信息业。第四产业信息业在城市经济中的比重越来越大。在发达国家,信息产业不论是其产值占国民生产总值的比例,还是其就业人口占劳动力总量的比例都已超过 50%。同时,信息化的发展也对城市功能构成产生一定的冲击,城市中心与中心区职能的发展出现以下趋势:

1. 综合化和多样化

随着信息技术的发展,空间距离不再是城市功能结构的决定因素,一些非中心功能将出现在城市中心区,居住和部分工业(如高科技电子工业)职能将重新回归中心区,使城市中心区真正成为一个综合社区。城市中心区"面对面"交往的场所功能进一步加强,其文化功能和旅游功能将重新崛起。

2．新型城市中心的出现

随着信息产业的发展，城市中心区将会出现新的专业化中心，如网络服务中心、物资配送中心、“电子村落”等专业中心或专业区。传统区位理论将受到挑战，城市的规划和建设必须适应这种变化。目前国内一些大城市正在或打算建造新的CBD，但传统CBD理论已不能适应信息城市的要求，必须在新的条件下进行修正。

二、城市中心区和城市结构的互动趋势

1．城市中心区职能的分散与扩散趋势

网络与信息技术的发展使城市中不同的区位差异减小，信息城市的辐射力更多地是以信息流来传递的，信息流与物质流一起成为城市正常运转的基础要素。同时，城市中心土地价格也由于信息化使土地成本差异的缩小而降低，部分城市中心功能会向城市中心区以外扩散，如与信息服务有关的电子商务、咨询业、部分办公、商业职能等。这些中心功能扩散的目的地是通过高速公路联系在一起的综合社区，这种综合社区将成为未来城市的发展模式之一。

另外在一些大都市的金融区里，老的办公建筑不能满足越来越多的信息交流和处理需求，大部分建筑将改建，但当改建的费用很高时，大的金融公司或企业总部便会在中心区外围重建办公设施。对于大型金融或企业总部来说，地理中心位置的重要性开始削弱，而更加看重新建筑能否满足现代信息技术的要求并具有更好的交流环境。因此，越来越多的金融及企业总部会迁往中心区的边缘或迁离中心区。以纽约曼哈顿金融区为例，金融总部正从华尔街核心区迁往外围及中城区（midtown），形成一种“环状”形态。今天的华尔街核心与其说是一个中心，不如说是一个次级地区，许多建筑有很高的空置率，而高空置率更加强了向外迁移的效果。

2．部分中心区职能的集中化趋势

虽然有扩散，但大都市传统中心区的吸引力是不可忽视的，扩散大多围绕传统中心进行，原因主要有二个：一是金融贸易行为中面对面交流是必须的，电子通讯不能完全替代它；二是大都市中心区（如纽约、伦敦）仍是全球性金融贸易节点，是获取信息和进行全球交易的场所。因此在信息技术的支持下，中心区的扩散是有前提的，那就是在不脱离大都市相对集中的背景下进行。

而在中小城市，虽然信息化的影响使中心分散成为可能，但较小的城市规模和较单一的城市结构使其城市中心与中心区仍以集中型为主。这些城市的中心区不仅是城市本身的核心组成，还是其广大腹地的“中心区”。集中化仍是中小城市中心区结构的重要特征。

（吴明伟　孔令龙　孙世界）

主要参考文献：

[1]　吴明伟等编著．城市中心区规划．东南大学出版社，1999
[2]　沈玉麟．外国城市建设史．中国建筑工业出版社，1989
[3]　同济大学城市规划教研室．中国城市建设史，中国建筑工业出版社，1982
[4]　张承安．反吸引体系．科学出版社，1993
[5]　F．吉伯德等著．程里尧译．市镇设计．中国建筑工业出版社，1983

[6] 齐康主编．城市环境规划设计与方法．中国建筑工业出版社,1997
[7] 李沛．当代全球性城市中央商务区(CBD)规划理论初探．清华大学博士学位论文,1997
[8] 耿慧志．城市中心区更新的研究．同济大学博士学位论文,1998
[9] 于洪俊、宁越敏．城市地理概论．安徽科技出版社,1983
[10] 孙世界．南京城市中心结构形态演变与发展初探．东南大学硕士学位论文,1997
[11] 姚士谋主编．中国大都市的空间扩展．中国科学技术大学出版社,1997
[12] 王建国编著．城市设计．东南大学出版社,1999
[13] 黄顺基主编．走向知识经济时代．中国人民大学出版社,1998
[14] 李晓东．信息化与经济发展．中国发展出版社,2000

第五章 城市住区规划

第一节 综 述

一、城市住区的理念

(一)城市住区是人类聚居在城市化地区的居住地。城市住区不仅是人们聚居在一起,而且是一个错综复杂的政治、经济、社会、文化的统一体,标志一个国家或一个地区、一个民族的特征和政治的凝聚力。城市住区可以说是人类生存和发展的一种文化表现,俗称"住文化"。

(二)城市住区是城市的主要构成部分。"城市是经济、政治和人民精神生活的中心,是前进的主要动力"。城市住区从空间上分析,约占城市的1/3~1/2的土地。人类在城市住区活动的时间比重,约在2/3以上。城市住区是人类物质上、精神上、经济上、文化上诸活动的重要空间。我国古代的思想家荀子曾经写道:"顺州里,定廛宅,养六畜,安乐处乡,乡所之事也"。"修采清,易道路,谨盗贼,平室律,以时顺修,使宾旅安而货财通,治市之事也[1]"。大意是说,城市乡镇的治理,要使州里祥和平顺,规定商店市场和住宅的位置,鼓励养六畜等副业;在人口密集的市里,要修缮,整理,保持市容清洁,使道路平整易于通行,加强治安,严惩盗贼,公平住室商贸法律等,并不时对市政加以整顿修缮,使旅客平安,贸易畅通,这些都是乡镇、城市管理者的职责。从这一古典朴素的著作里,可见我国早已认识到城市住区在政治上的重要性,所谓安居乐业,是我国的优秀传统。

(三)城市住区是经济文化发展的重要基地。城市住区不仅是安居乐业的空间,也是国家和地方政府经济文化发展的重要基地。我国建国以来,城市住区建设,特别是近年来,获得了巨大发展,城市住宅每年建成在2亿m^2左右,住房建设已作为国民经济的重要产业。国际上也认为城市住区是国家的重要经济活动。如美国住房占全国固定资产的1/4,年住房建设占全国所有新建筑投资的1/3。同时,为了适应住房发展,尚需大量基础设施投资,如公用设施,街道系统和住区服务设施如学校、公园和医院等。这样,城市住区成为国民经济内需增长的主要活力。

城市住区是住房与住区建设的总和,也是城市文化主要的积累和创造,因为城市住区是经过几千年的演变,其形态、脉理等是经过高度的筛理,具有各自的文化价值,所以城市住区是城市文脉的主要表现,也是城市生态多样性的表现。

---

[1] 荀子:《王制》,上海古籍出版社,1984年。

二、城市住区规划的涵义、重要作用及其相关学科

(一) 利用自然环境创造城市家园的科学

城市住区规划是人类按照各自的政治、经济、社会、文化、民族、生活习惯、民俗风情、艺术爱好等,结合未来预测而形成的。其策划的住区开发策略和实施行动计划,是人类利用自然空间,运用优选技术和材料,塑造人类赖以安全健康生活和延续后代的幸福家园,可以说城市住区规划,是人类巧妙利用自然环境创造家园的科学,是塑造宜居住、宜邻里的科学。

自然环境具有千姿百态的天然美。中国 2400 年前的古代哲学家庄子说过:"天、地有大美而不言"。城市住区规划是以天、地之大美为设计背景,所以这方面的规划,应有激情和活力。"月是故乡明",人类营造的家园,因为赋有各自独特的活力和文化内涵,并通过技术创新,艺术独创,故乡家园的月亮,也显得格外"明"。城市住区规划也是人类营造安全、舒适、方便、祥和悦人的生活环境的科学。

(二) 贯彻可持续发展战略的实施行动

城市住区规划必须贯彻可持续发展战略,从可持续发展观点出发,首先应该考虑城市住区的职能。城市住区是人类生命支持系统的重要组成部分,所以住区规划要以滋养人类生物圈环境为己任,赋以可持续发展的条件。

(三) 相关学科

城市住区规划是城市规划的主要组成部分,同时又与人类学、社会学、行为科学、城市经济学、建筑学、工程学、环境科学、城市生态学、园林景观学、城市美学、住宅经济学等相互渗透,对提高人类的素质、生活质量,发展适用技术(或绿色技术)和塑造人和自然环境和谐共存的人居环境具有重要作用。

第二节　城市住区规划的历史发展

一、西方国家的城市住区规划

19 世纪初,随着工业革命的发展,西方国家的城市住区规划也发生了深刻变化。问题首先表现在城市住房不足,环境恶化,房屋拥挤,前后屋幢间距仅 3~5m,公共活动空间奇缺。在英国,尤为突出,为此,1875 年,英国通过了公共卫生法(Public Health Act),规定了城市住区布局和房屋间距,旋后,英国公布了住宅法(Housing Act),提出了路面铺装、给排水安装的规定;也对每户的最低限度的光线亮度和空间容量作了规定,但由此,住区规划出现千篇一律,单调乏味的模式。皮博迪托拉斯(Peabody Trust)成立了住房学会(Housing Societes),试图改善工人住房。棉纺业先驱台维达尔(David Dale)在兰纳克古镇设计了一个 2500 人的工人住宅区。成立义务小学和德育研究会,为工人供应热餐和社交活动场所。1863 年和 1910 年的萨尔泰和阳光港的住区规划是为了克服工业革命后单调乏味的住区规划,做了恢复传统模式的努力。参见(图 5-1)阳光港住区规划。

1898 年霍华德田园城市理论发表,1903 年第一个田园城市莱契华士开始建设。派克(Parker)和欧文(Owen)获得设计奖,他们的设计特点是把中心放在最高台地,南北主轴线沿着保留的三颗古橡树走向而定向,三条大街针对标志性建筑教堂、塔及远处村落形成不同

对景点(图 5-2)。住区周围有绿环拱卫。

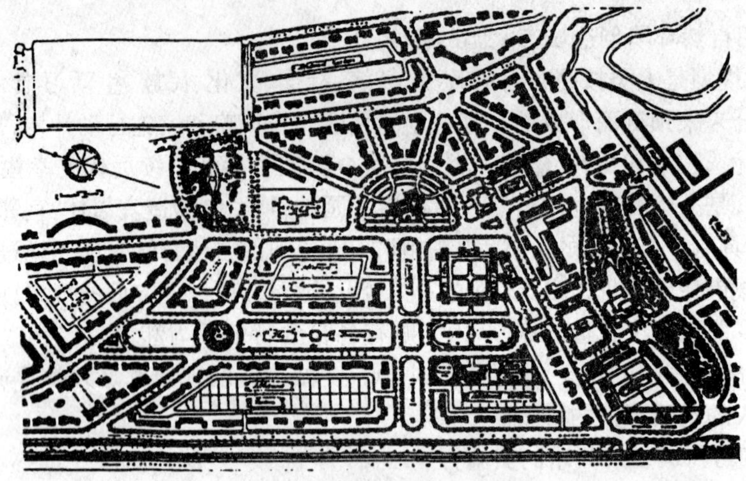

图 5-1　英国阳光港住区规划

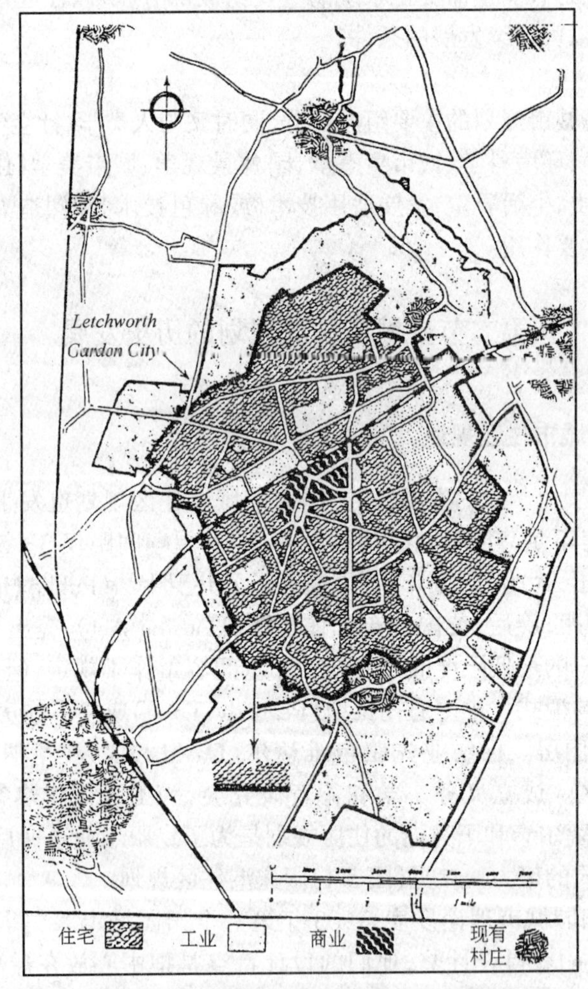

图 5-2　英国莱契华士住区总体规划示意图

第一次世界大战后，英国于 1914 年提出为“英雄们建房”的口号，并于 1919 年根据田园城市理论修订了英国住宅法，对欧洲影响很大。如荷兰阿姆斯特丹的住区规划，有宽广的林荫道。

德国于 1918 年提出“每个公民享有健全住房权利”的口号，并创立了许多住房合作社，提倡住区中心有大量公共绿地庭院，提倡有阳光室的 3～4 层的公寓，风靡一时。

1923 年，美国成立了美国区域规划协会（Regional Planning Association of America），以促进住区、社区开发，同时，研究田园城市对美国城市生活的影响，1928 年，美国的斯坦因（Clarence Stain）和赖特（Henry Wright）提出汽车时代城镇规划理论，并在新泽西的雷特朋实施，如图 5-3 所示。

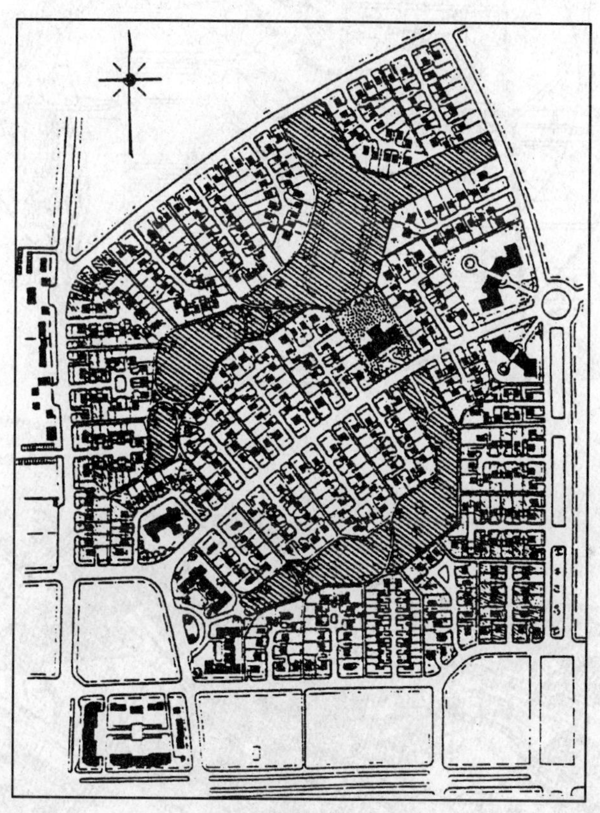

图 5-3　美国雷特朋住区规划

该规划试图排除汽车对住区生活的干扰，但缺乏情趣，美国人认为不仅要有安全的住区，同时需要有现代效率和情趣亮丽的住区。

1926 年由佩里（Pery）在纽约区域规划报告中提出的邻里单位（图 5-4）理论对住区规划影响较大，其要点有五：一是通过式交通（如干道等）不应穿越邻区而应成为它的边界；二是邻区内道路采用尽端式或曲折蛇行的路式，以保证住区安宁；三是邻区规模，以支撑一个小学为基础（3000～5000 人）；四是保证小学服务半径在 800m 以内；五是邻区中心应以小学和其他服务设施，如广场、绿地等为中心。这个理论，普及全球，英国在采用时，规定各邻区应各有特色，不能模仿，如图 5-5 所示。

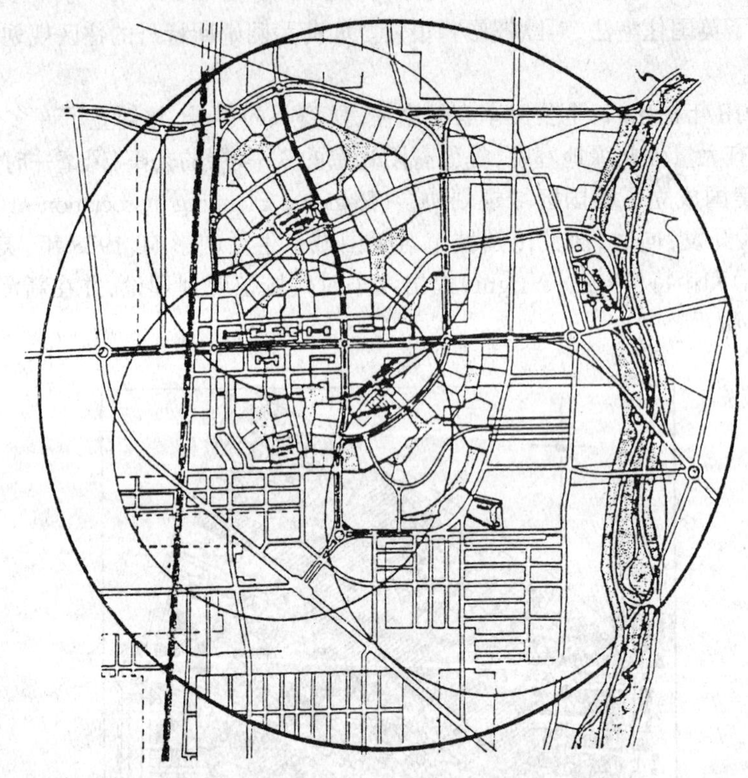

图 5-4　邻里单位

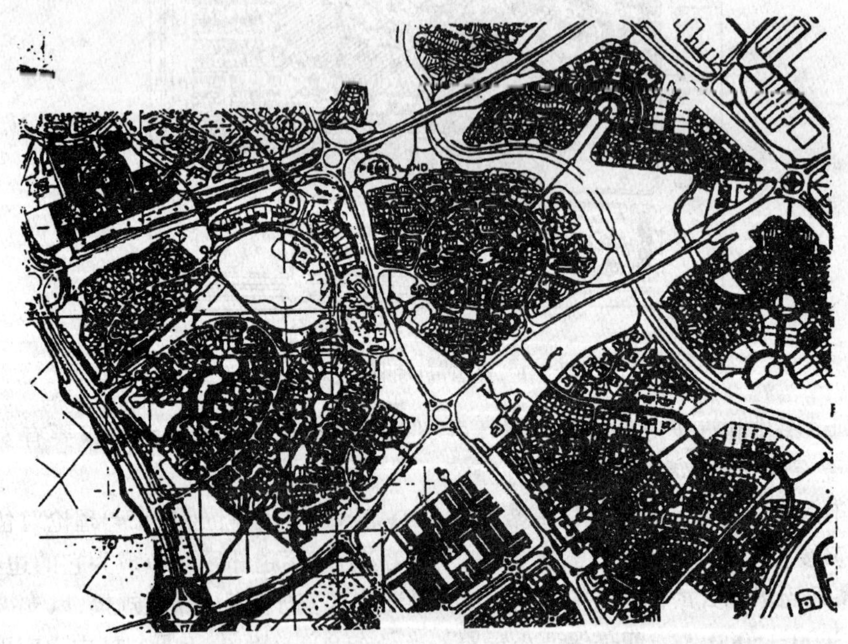

图 5-5　英国密尔顿凯恩斯新城的邻里单位

1935 年，美国住区重建署（Resettlement Administration）经过研究，提出组团（Housing

Clusrer)、邻区(Neighborhood)、村(Village)和市镇(Town)四级比较稳定的住区序列。

周边式住区规划理论。英国南威尔斯的达弗林新港(Duffryn New Port)曾作过试验,一块 $20hm^2$ 街区,规划居住 5000 人,则需 4～5 层公寓住宅始能容下。然后按照马丁和马奇所研究出来的弗兰斯诺方块理论(Fresnel Square),提出周边式住区规划理论。建筑师麦克考马(Mac Cormac)利用这个原理,规划了特夫林新港的住区规划——周边式住区规划模式,使 3 层住房沿周边布置,即能容纳 5000 人,而留出中间一块 $16hm^2$ 的土地,可供 $8hm^2$ 的城市森林之用和 $8hm^2$ 学校用地,环境质量显著提高(图 5-6)。以此,周边式住宅规划理论,广泛传播,我国 50 年代也曾采用过。

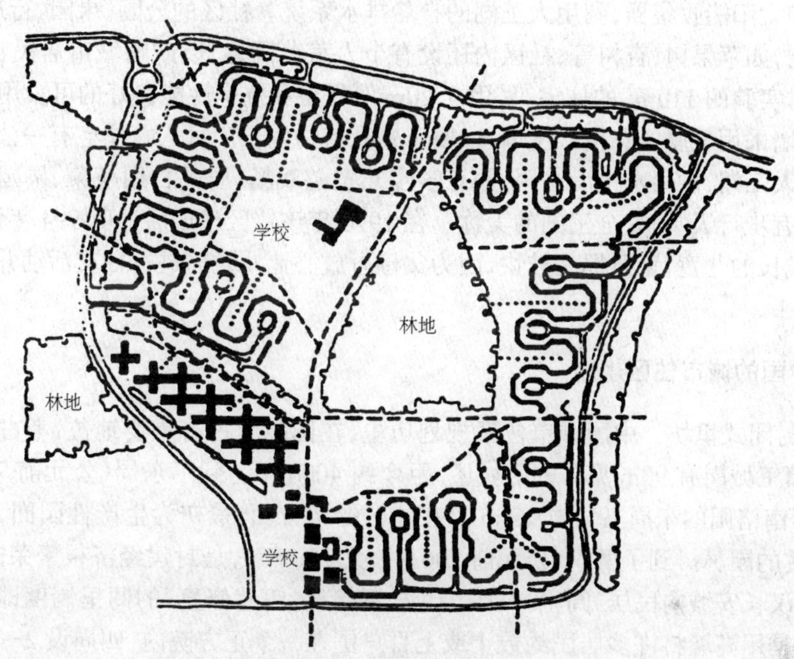

图 5-6　英国南威尔斯纽堡特夫林的周边式住宅

信息高速公路对住区规划影响是深远的。1984 年美国华盛顿五角大楼附近 $51.2km^2$ 内成为信息高速公路集合点,并且在 4000 户的住区内建立美国第一个数字交互式多媒体通信系统,随时为住户提供有线电视、电影、家庭购物和电子游戏等。其他国家如日本通产省宣布要建设“先进的信息城市和新媒体社区”,1988 年把群马县太田市等 14 个城市,利用低息贷款开始建设。英国的南威尔斯的波依斯(Powys)郡的克立克霍威尔于 1994 年建设远程村(Televillages)有 200 家公司和私人企业进驻,主要人们关心环境,大公司分散化,实现远程办公(在家办公)、远程实验、远程图书馆、远程购物、远程医疗等。可以降低通勤支出(主要是交通费用),减少污染,降低能源支出达 20%。这种远程村的中心是一个多用途的综合设施,出租、出售远程办公室,提供远程数据服务,进行技术培训和咨询等。

可持续发展住区规划,1990 年 11 月 5 日至 9 日在海牙举行了人居与可持续发展的国际会议,提出了可持续发展的住区规划,其宗旨认为可持续发展的住区规划,其目的是消灭贫困,提高人类生活和工作条件,使人类得到食品、衣服和住房的最基本需要,并且生活获得自尊(dignity)、自敬(self respect)和自由选择(职业等)的权利。为此,可持续发展的住区规划的战略中心是合理使用自然资源(包括人力资源),在生态具有活力前提下,调整资源结构，保护经济增长，增加收入和产出，扶植小企业（包括非正式部门的产业和服务业等），使社会结构得到公正和有效（equity and efficiency）的发展。这是在总结很多经验基础上得出的结论。如美国加州萨格勒门多附近的勒葛纳（Laguna）新镇，是硅谷的一部分，苹果计算机厂在那里兴建了装配厂，占地约 $7km^2$，围绕一个人工湖面建成的 3000 户住区，镇中心占地 $40hm^2$，以吸引更多客商前来。公共汽车站设在镇中心，日后通轻轨，苹果公司要求职工步行到厂。

美国加州大学台维斯分校（U.C.Davis）利用 $28hm^2$ 土地实验以可持续发展为主要标志的家园新村（Village Homes）称为阳光社区（Solar Community），该村有 220 幢太阳能住宅，具有阳光室和太阳能收集器，利用人工湖的自然排水系统。社区的公园、果园、行道树，采用可食用的植物，如苹果树，杏树等，社区内还设有个人蔬菜园地，以鼓励城市居民自种、自用的蔬菜。该村实验的 $110m^2$ 的住宅，采用 0.20m 厚复土和抗旱性能良好的可食用的葡萄型灌木丛，东西墙采用较厚的花格式土墙，以便于攀缘植物生长。每八幢住宅有一公用小园安置消防池，兼人工湖，供雨水排泄之用，并有学步儿童游戏场、居民自用蔬菜、果园。由于采用步车分流，有步行天堂、安全王国的美称。在 1976 年该住区建成后，到 1994 年调查证明，在该住区内成长的儿童，素质提高较快，因为父母可放心让儿童们进行社交活动并从此得到锻炼和提高。

二、中国的城市住区规划

（一）封闭式里坊。中国城市住区规划历史，在国际上占有重要地位，考古发现今河南登封告城镇王城岗有 90m 见方的西城堡，距今约 4000 年。到了东周（公元前 770～公元前 256 年），河南洛阳的东周王城方 12km。在住区绿地方面，最初为生产性园囿，以后则发展成为纯观赏的园林。到了两汉（公元前 206～公元 220 年），是封建经济很繁荣的时期，前汉建都长安，汉长安城内民居"闾里一百六十，居室栉比，门巷修直"的闾里制度即以后隋唐的里坊制度，是用高墙将许多居民约数十或上白户围在一个正方院内，四周设 2～4 个门，称里门，里内有街巷，早晚有一定时间启闭里门，里坊制度对中国城市住区规划如著名的北京四合院，上海的里弄等均有影响。

（二）里坊的开放。到了北宋汴京（今开封），里坊的坊墙不复存在，因商业繁荣，人口众多，大街两侧，除大内（皇宫）、宫衙外，民居、寺庙、商店、酒楼等密布街道。

到了明代，各阶层的居住建筑均有严格规定。至清代，其初期建筑规模制度，仍沿用明代旧制，到清盛期，国力富强，如北京城内百姓住区，街道整齐，大半为棋盘格式，街区内有胡同，胡同两端直通大街，胡同内，每家均有院落，俗称四合院。大街上设商店，在主要大街，采用牌楼作为城市的标志及点缀。

（三）近现代的城市住区规划

1840 年鸦片战争至 1949 年中华人民共和国成立前，中国受帝国主义入侵，沦为半封建、半殖民地社会。城市住区规划也受到影响。如上海、天津、汉口等，出现 2～3 层联排式里弄住宅、独院住宅、花园洋房等，同时又出现大量棚户区。里弄房屋是中国的三合院房屋与西方联立式房屋的结合，早期为前"石库门"中天井，两侧厢房，中室为客堂。后演变为新石库门住宅，天井取消。1930 年左右，演变成为联立式住宅或半联立式花园里弄住宅，称为新式里弄住宅。少数洋人或官僚、买办阶层，建设西欧式洋房或花园洋房，也出现多层或高层公寓建筑。

20世纪20年代和30年代，西方的城市住区规划和环形放射的道路布局传播到中国，使城市住区规划按不同阶层划分为不同等级的住区，如南京分为四种住区。第一住宅区为上层官僚所住的山西路一带地区，第二住宅区为普通公务员住区，第三、第四住宅区在市郊及下关。上海江湾的新市中心住宅区分甲乙两种，甲种为高等住宅区，大多为花园住宅，乙种为普通住宅区。

北京、天津在这一时期，也出现"洋式建筑"的住宅及办公楼。

在青岛，则出现德国占领时期的德国地主花园住宅的洋房区，也有少数低层公寓式住宅，以后并有日本式小住宅。在哈尔滨，则有俄罗斯和日本式住宅。东北长春等地，一度被日本占领，其住区规划和建设，带有日本建筑风格的烙印。

抗日战争胜利后，西方的卫星城镇(或称新城)、有机疏散、邻里单位等城市规划理论输入中国，北京、上海、天津、南京等一些城市住区规划受其影响，但因内战爆发，这些理论大半沦于纸上谈兵。

(四) 建国后城市住区规划

1949年新中国成立近50年来，城市新建住宅达32.88亿m^2，特别是1978年十一届三中全会以来，改革开放的政策，使我国住宅建设达到空前未有的发展速度。1950～1978年的29年间共兴建了1.86亿m^2住宅，而1979～1998年的19年间，则兴建了31.02亿m^2，为前29年的16.7倍。1978年全国城镇人均居住面积为3.6m^2，而1997年已达8.8m^2。不仅如此，通过大量实践和政府的战略引导，在城市住区规划方面，也出现许多新鲜经验，特别是在科教兴国和可持续发展战略指引下，以科技为先导，推动住宅产业发展为核心，大力推行示范性居住小区，获得许多宝贵经验，具体有以下几方面：

1. 城市住区规划在符合卫生条件的前提下，按照就近工作、就近生活的原则，进行选址、规划建设。如建国初期北京的三里河居住区、天津的南开分区、上海的曹杨新村，均系按照公共卫生原则，在考虑与工作地区，特别是与工业区有一定保护距离后，规划设计的城市住区。

2. 贯彻"适用、经济、美观"的方针，城市住区提出空间布局要成街成坊，一度曾提出先成街后成坊的原则。一个时期曾盛行周边式住宅布置，而后又重视朝向问题，很多小区采取行列式布置，显得单调乏味。1959年建成的上海闵行一条街及其居住街坊就是在吸取上述经验基础上，建筑布局在尽可能体现对人关怀的原则下，使居民感觉方便，能够吸引人，利用建筑物后退或形成小广场、小游园，使空间有虚有实，既统一，又有变化，街景能够达到协调、明朗、朴素、大方的效果。其实践对以后的住区规划有较大影响。

3. 重视社区公共福利设施的配置。我国城市住区规划，与国外不同的是重视社区公共福利设施的配置。国外无论是邻里单位或者小区规划理论，一般均以小学、幼儿园、托儿所为中心，配置住区布局。我国则从居民日常生活出发，将满足和丰富人民多方面的物质和文化生活的要求，按照社会学原理和社区建设需求，配置居民的文化教育、体育健身、娱乐休闲设施以及居民集会交往场所，为物业管理和满足居民日益增长的物质和精神文明需要创造条件，同时组织组团中心、小区中心、居住区中心作为住区规划的焦点，并重视立法和定额配置。如北京三里河居住区公共中心分级结构示意图(图5-7)。

4. 探索综合住区规划。随着经济发展，我国城市化经验证明，城市住区规划应向多功

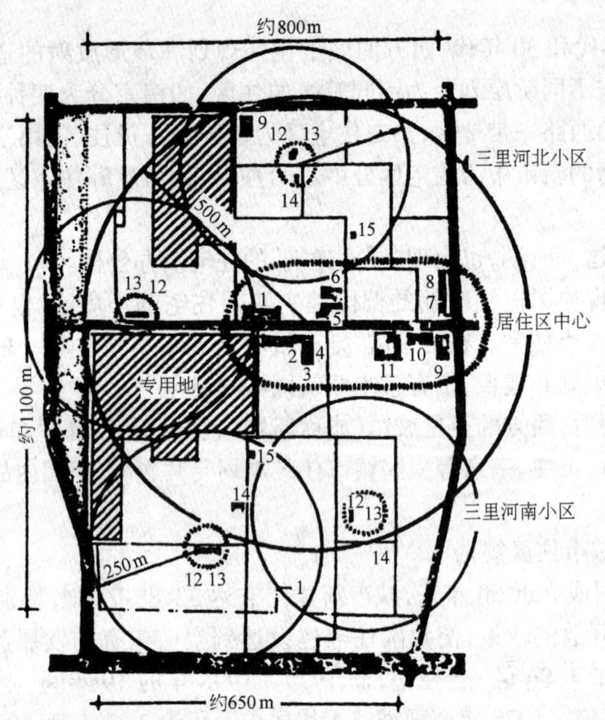

图 5-7　北京三里河居住区公共中心分级结构示意图

居住区中心：1—饭馆、小吃、食品、洗染、电视机修理；2—服装、储蓄；3—菜市场；4—理发；5—邮局；6—浴室；7—街道办事处；8—门诊部；9—电影院；10—百货商场；11—俱乐部住宅组团中心；12—副食、菜店；13—粮店；14—小吃店；15—回收站

能的相对独立的综合住区发展。综合住区指的是具有相当规模，如 1km^2 以上，具备相当数量就业岗位的工作地区和居住、学习、商业、服务、游憩和交通功能的城市住区。如上海的沪东工人住宅区，其理论是按照与沪东工业区平行发展 5km 长的城市住区，使之成为工业综合住区。20 世纪 50 年代，在北京中关村开始建设的中国科学院及其住区即是科研综合住区，三里河则是行政办公综合区，形成前办公后居住的“综合大院”，就近工作，就近生活。重庆市则按照地形划分为 14 片综合住区，如图 5-8 所示。

5．贯彻改革开放，实行“情系人民”的住房改革方针，大力依靠科技进步，提供优美住区，并采用试点实验，推动城市住区规划不断创新。

1979 年我国实行改革开放以来，城市住区发展迅速，为了创造更好的城市住区环境，我国建设部从 1986 年开始多次组织城市住宅小区建设试点工作，并在 1994 年发展成为小康住宅示范小区规划设计，以推动住宅科技产业工程，逐步实施“人人享有适当的住房”目标。这些试点和示范性的城市住区规划有很多新的经验，主要有：

(1) 规划设计导则先行。以法规形式引导示范工作，使城市住区的选址、规划结构、道路交通、住宅群体、室内外环境、公共服务设施、工程管线布置、环境质量保障等有努力的方向，指导示范小区总体水平的提高。

(2) 重视人与自然和谐共存，人类是自然的产物，向往自然是人类的本性。保护、利用自然地形是创造优美、舒适城市住区的基础。如深圳红岭小区背山面海，依山就势，布置道

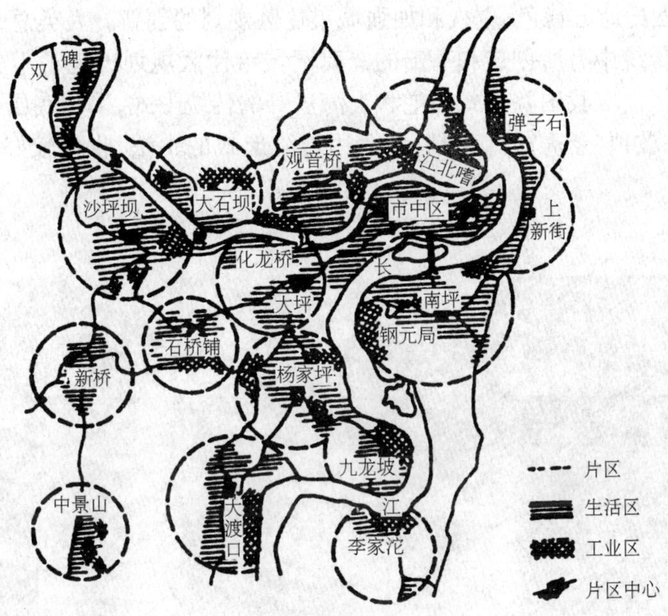

图 5-8　重庆市综合住区分片示意图

路系统和住房,人文与自然巧妙结合。

(3) 依靠科技进步,综合提高住区质量。城市住区规划需要采用可持续发展的科技,深化综合开发,以注入物质文明和精神文明的新活力。如北京燕化星城生活区,从提高整体水平出发,中心广场与中心公园相结合,开放学校体育场和建设集娱乐、购物、餐饮于一体的娱乐城,有效提高土地利用率;各组团的小型公共服务设施齐全;实行组团内步车分流,安排必要的停车位,交通安适便捷;组成 30～50m 的环状绿带,形成各具特色的景观,加强住宅群体空间环境的塑造。如图 5-9 所示。

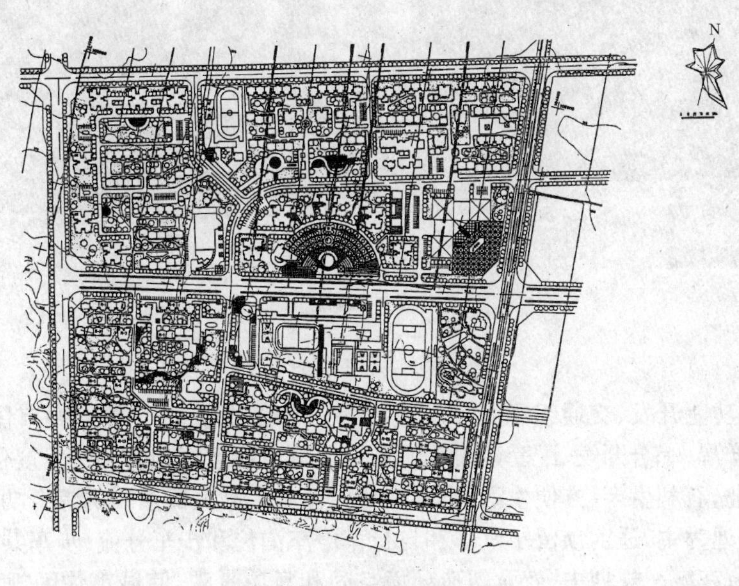

图 5-9　北京燕化星城住区

(4) 继承和发扬地方特色,重视和加强城市住区规划的创新。人类总是在历史长河中,继承和发扬民族传统中有所创造和革新的。我国城市住区规划出现了不少这方面的经验。如上海三林苑小区汲取我国院落式住宅和上海里弄的传统形式,采用底层架空、2.7m 层高、顶层跃层或退台、坡顶“老虎窗”等创造性运用传统形式的手法,收到较好效果。如图 5-10 所示。

图 5-10 上海三林苑小区

(5) 加强功能开发、交通组织和环境建设的三结合,以进一步贯彻城市住区规划的“统一规划、合理布局,综合开发、配套建设”的方针,使城市住区规划有利于发展住宅产业,繁荣经济,扩大就业,有利生产、方便生活,丰富文化内涵和提高人民素质的综合功能;同时,贯彻以发展公共交通为主,适度预留小汽车和自行车停车泊位和步车分流、步车共存的住区交通安宁设计原则;在统一规划中,着意塑造环境空间和意象景观,使城市住区规划达到经济效益、社会效益、环境效益(包括景观效益)的统一和适度的超前性。

(6) 城市住区规划要适应市场经济、体制改革、住宅产业、公众参与和物业管理发展的需要，无论是住宅设计、组团布局、公共设施、道路交通、绿地环境、生态景观等都要努力体现安全、方便舒适、优美和多层次、高质量、多功能、高品位的要求，同时要积极开拓商品房等住宅产业，以培植国民经济新增长点，使城市住区规划发挥应有作用，不断地取得良性循环和新的成就。

第三节　城市住区规划的内容

一、城市住区规划理念

城市住区规划的理念体现人、自然、技术内涵的结合，强调城市住区的主体性、社会性、生态性及现代性。

(一) 体现主体性。城市住区为城市居民创造良好的居住生活空间，并应随着经济、社会与文化的进步而不断发展，所以城市住区规划要体现人类的生活哲学，生活方式和生活水平的主体内涵。

(二) 体现社会性。城市住区既是为个人提供住所的空间，更重要的是为社会或住区提供人际来往的空间保障、环境保障和心理保障，同时要为人类延续生命和后代创造良好的伦理道德、文化技术等教育氛围和生活环境。

(三) 体现生态性。城市住区是城市生态的主要组成部分，所以要从城市生态出发，务使城市住区开发，其生活质量的提高，不能超越支撑的生态系统的承载能力，城市住区规划务使人文和自然和谐共存的理念就是城市住区生态性的体现。

(四) 体现现代性。城市住区规划既要体现其与城市经济、社会、文化发展的水平，又要体现住宅科技产业作为国民经济的支柱产业的前瞻性、先导性和开拓性。

二、城市住区规划的技术导则

中国的城市住区规划，国家和各级地方已经制定了一系列的标准、法规、办法和技术导则。技术导则是为了具体指引城市的住区规划和设计，应具有地方特点并随着社会、经济、文化的发展而适时修订。主要内容大致有：

(一) 目标。城市住区规划要为更好地振兴住宅产业，鼓励采用新技术、新工艺、新材料，以提高城市住区规划质量和改善人民的居住生活质量。

(二) 城市住区的环境规划。必须在保护人类生态环境前提下进行规划，包括保护土地资源、自然植被和能够保证获得必要的人力、材料、能源和水源的供给。

(三) 城市住区规划是城市总体规划的延续部分。必须尊重城市的总体布局和受到国家与地方有关法规条例、标准、技术规范等的约束。

(四) 编制住区发展的概念规划。为了适应城市住区的发展需要，在城市总体规划的指导下，应编制能前瞻 10～20 年住区发展的概念规划，主要包括土地使用、道路交通和环境保护三结合的规划。这种概念规划具有宏观指导的作用，把 10～20 年内可能发展的城市住区，包括相应的道路交通、上下水道、水源保障和污水处理系统等能够提前进行整体的规划，并安排近期实施的行动规划，以便开发商选择可利用的住区开发基地和城市基础设施的适时有效的工程准备。城市住区的详细规划宜在概念规划的基础上进行。

（五）住宅设计要具有灵活性、多样性和前瞻性。居室的设计应符合家庭伦理、居住功能的需要和采用能够节约资源、能源的新材料、新构造、新结构。务使住宅造价尽可能达到经济适用，使绝大多数中低收入居民买得起。同时，也应有适量住宅类型，符合中高等收入居民的需要。

例如，上海市人类居住科学研究会的《面向21世纪初居住区建设研究》中提出从居住文化分析着眼，住房类型主要决定于传统家庭概念和现代化生活的渗透。从调查中，有幼儿或未成年儿童的中青年夫妇，希望有老年人照顾；而步入老年社会，“老有所养”也希望有子女照顾。然而，现代化生活，又要求老年人与青年人在生活上能相对独立又相互靠近，这也就有“屋中屋”的产生，即既需要有带老人的多代户，也需要有带幼童的青年夫妇户，以叙天伦之乐。

根据先进国家经验，国家应有技术准则、规定各类房间的最低标准，以尽可能为中等收入以下居民提供造价较低而又适用的住宅。

（六）城市住区选址。应在城市总体规划所确定的地区，或城市住区概念规划所界定的范围内选择，务使选址符合城市居民居住生活的需要，如良好的自然环境（有可能接近江湖水体，树林绿地），高质量的社会环境（有可能共享学校教育，文化体育设施和人际交往的社区中心）；同时有期望在住区建成的同时，能提供高水平的基础设施（如便捷的公共交通及道路通道，电讯电话、上下水道、环境卫生设施等）。

（七）屋幢设计。屋幢设计是建立在住宅单体设计的多样性和灵活性的基础上，是住宅单体设计的组合，务求能为城市住区规划创造良好的环境质量和视觉质量。城市住区规划及屋幢设计必须反映时态与人文、区位与资源三合一的关系。居住文化的延续和发展以及它的多样性和地方性就体现在屋幢设计的哲理上。

（八）公共服务设施。城市住区的质量除住房质量以外，还在于公共服务设施的质量。公共服务设施的设置，应着眼于营建文明的住区，祥和的人际关系，和睦的邻里交往和方便的生活活动。

公共服务设施主要是为生活服务的，而生活活动往往按照聚居条件而形成节点，如我国一般分为院落、组团、小区和居住区四层序级。

（九）绿地、休闲、旷地等室外环境。城市住区建设实质是一个环境建设。城市住区的室外环境担负着提高人们和下一代素质的重要而神圣的任务。据学者研究，居民的业余生活除学习培训受教育以外，主要是娱乐休闲。娱乐休闲是人们能量的补充和再生。所以绿地、休闲、旷地等室外环境设计要树立正确目标，即培育人们在身心体魄方面的均衡健康发展，正确引导人们的精力，以有效地恢复疲劳，促进脑力和体力的健康发展。绿地、休闲、旷地等应尽可能采取综合开发。如学校与公园的联合开发，托儿所、幼儿园与儿童游戏场的综合开发等等。城市住区绿地率，新区应不低于30%，其中公共绿地应不低于10%，旧区改建应不低于25%。根据我国地少人多的情况，规划中可采取多种措施如：

1. 高层住宅的裙房平台开辟向公众开放的屋顶花园。美国纽约的区划法规规定，平台的1/2可作为公共绿地。

2. 地下或半地下停车库上方可作为公共绿地。

3. 阳台、平屋顶等可以绿化。

4. 底层架空，留出空间，开辟儿童游戏场、老人休闲绿地等。

5. 墙面绿化，特别是朝西墙面，绿化后可降低室内温度 2℃以上。

（十）道路交通和停车设施规划。城市住区的道路交通和停车设施是保证生活质量和环境水平的重要设施。

住区内道路系统一般有两类：一种是平均分配交通量的道路系统；另一种是按照交通等级序列形成按功能分类的道路交通系统。

为了适应以公交为主的城市住区交通组织，往往在干道一侧形成港湾式的公交停车站，并通过天桥跨越干道形成以公交车站为基础的住区中心。

地方公交系统指城市住区内沿集合道路（或次干道）设置地方性梭行式公共汽车，使住区内居民步行 5～10min 内，即可享受公交车辆。

自行车（非机动车）在国际上公认为是一种对大气污染极少的"绿色交通"，在今后还将存在很长一段时间，城市住区内的交通组织应尽可能考虑自行车交通的便利、安全。

城市住区内的交通组织，其成功与否，有赖于正确处理步行交通（包括非机动车交通）与机动车交通的关系。国际上普遍认为步车分流是理想的组织，而实际上步行车行共存，部分分流的布局模式才是可行的而且易于实施。

停车设施规划。城市住区内停车设施主要决定于家庭住户车辆拥有量的预测。停车位的配置标准，应根据住区的不同情况具体确定。

（十一）市政公用设施规划。

1. 配合 10～20 年住区发展概念规划进行住区市政公用设施远景规划及 3～5 年近期规划和 1～3 年的实施性规划以有预见地配合住区发展。

2. 住区的供电、给水、雨水、污水、电讯、燃气及供热（北方地区）等配置应符合发展需要，配套齐全，容量留有余地，管线设计应符合管线综合设计技术规程。在经济条件许可下，尽可能将全部管线埋在地下。

3. 为了适应知识经济时代的需要，应考虑预留光纤通道，使之尽量靠近用户，以满足引入线在 50～200m 之内，使住区接入网实现数字化、宽带化、智能化，以达到通过电话，接入国际互联网络和地方局域网、电子商务等信息服务，同时具有电视接收、视频点插、同步教育、远程办公、远程购物、远程医疗等宽带多媒体功能；水、电、煤气、供热的自动抄表、安全保卫联系、住宅信息管理、公用设施信息管理与性能监视及检修信息、车辆管理、内部信息查询等物业管理功能。有线电视每户应有 3～5 个插座，使有条件住户能够使用网络电视机顶盒，把电视机变为网络终端机。

每 500～1000 户的住宅组群或小区，应预留 15～20m^2 的用户光纤终端机房。

公用电话亭网络布置，应使服务半径满足 200m 的要求。

邮政局（所）的设置，其最大服务半径应在 500m 以内。

信报箱专用空间应按 8m^2/100 户设置。

4. 安全系统设施

可设对讲系统、安全开门，也可设可视对讲系统，在围墙设置红外边界报警器，在主要道口设置摄像机，使住区纳入整体保安监控。

在对讲系统上增加传感装置和执行装置后，使在防盗、防范、防火与意外事故监控设备外，还可对家用设备进行遥控，使具有智能住宅的功能。

5. 环卫系统中固体废物处理(垃圾处理)

城市住区环境卫生系统中固体废物处理的关键一是减源,二是推广资源重复使用。

减源主要是尽量减少垃圾的产生量,如采用净菜进城,推广在居民厨房的水斗下安装果皮、菜皮、骨头等厨余碎渣机,碎渣机的排料口和污水管道相通,碎渣机将厨余破碎成糊状,用水冲入下水道前撇去油脂后,用水冲入污水管道,以减少含水量大的有机垃圾在收集运输过程中腐烂发臭,污染环境,同时也减少垃圾收集量。

重复利用资源,鼓励采用分类收集垃圾,首先使旧家具类粗大垃圾及废干电池、日光灯管、碎玻璃、油漆罐、小型液化气瓶等有害、危险垃圾实行定期收集。其次设两种分类,一类是有机垃圾、砖石、扫地尘土和橡塑类垃圾,另一类是金属和玻璃。两类垃圾分别投入两种颜色的塑料袋,由物业公司到各户收集或由居民于固定时间投向收集站。

第四节　城市住区规划发展趋势

一、意念

城市住区规划发展趋势,可从下列四方面来表述,即未来城市住区将是:

(一) 人文与自然协调共存的生态环境型住区;

(二) 生产与生活综合开发的经济文化型住区;

(三) 物质享受与精神健康相结合的祥和社区型住区;

(四) 快速公交与远程通讯相结合的信息交通型住区。

二、探索

上述未来城市住区意象是由全球环境意识,全球经济竞争和全球信息传播的经济社会环境文化等发展契机所决定的。我们每个人为爱护地球环境而努力,这就是城市住区规划的世界观。目前,世界上城市住区规划出现许多新的实验。

(一) 住宅采用自然仿生和节能模式。

人类的健康和幸福主要决定于生态的健康和环境的清洁。住宅设计采用自然仿生、节能措施是爱护全球环境的必要,也是人类本性的必要。住宅的自然仿生和节能模式的主要内容有如:屋顶复土植树,以50年计,可节约电能开支40%~70%[1]。从心理精神分析,人类智慧的最重要的因素是与大地联系接触,屋顶复土植树利用雨水浇灌喷淋植被,南窗植落叶树,以利夏遮荫,冬采阳。北窗植常绿的防风林,以御寒风。采用太阳能取暖,据统计可供1/2~3/4家用热水。前门采用风力泵,以汲取地面雨水灌溉绿地。

(二) 住区采用综合开发和清洁技术

住区规划最重要的是处理好自然与人的关系,纵观人类发展的历史,是人类向自然学习的历史。自然界的生态整体综合开发,水资源的再生循环系统以及减少和降低最低限度的废物等启示,对城市住区规划有很大影响。如住区内增加清洁工业园区,林荫商业步行街,人工湖、绿色走廊等,特别是结合快速有轨交通车站进行上述综合开发,以节约土地获得较高

---

[1] David Pearson. "The Natural House Book". Conran Octopus Limited, 1989

的社会、经济、环境和景观效益。

特别要强调的，很多国家提出为环境而设计的新学科（Design For Environment DFE）。这个学科提倡再生循环系统理论，如污水处理系统主张处理后尾水，经过氧化塘氧化后再用以灌溉，其污泥作为颗粒肥料，返回大地，培育花木绿地，为此，城市住区规划采用就地设污水处理厂，以充分利用资源，节约投资。

（三）住区设施讲究高效和重视景观

人类有爱自然的天性，也有爱科学技术的本能。人类的社会文化生活可以说是由生活活力、科学技术和生态环境三方面构成的。人类对技术的爱慕，是为了更好的生活和塑造更美好的环境，但是到了20世纪70年代，人们发现滥用汽车、空调（氟利昂）、农肥、农药使生态环境遭受破坏，因此，人类懂得要选用技术，使技术与自然融合。因此，在规划住区中心时，重视公共设施的高效化和景观化。如住区中心、购物中心与学校、公园相结合，形成新的住区活动中心。

（四）住区与公交结合和无障碍设施

城市住区与公共交通结合主要体现在城市公共交通管理的自动化，使公共交通的停车站成为住区活动中心，沿公交专用道两侧为住区的商业核心、办公楼群。而车站背景为公园，使四周住宅共享天然绿景。这种以公交站为中心的开发模式（TOD Transit Oriented Development），如图5-11，在美国加州的萨格拉门多（Sacramento）已开始建设，规模为32hm^2，10000人，2300户，其中26hm^{2}为公园及湖泊。

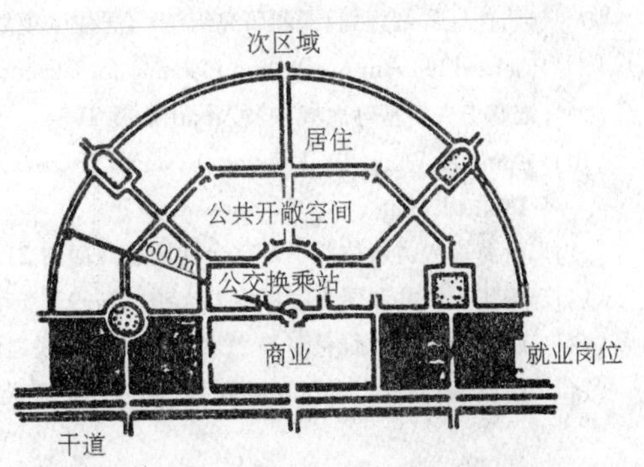

图5-11　以公交站为中心的开发模式（TOD）

城市住区实施无障碍设计已得到普遍关注。这主要是很多城市老年人比重日益提高，如斯德哥尔摩城市共有65万人，其中65岁以上已达21.4%，该市每900人设一所老年之家，而日本的千叶县则采用老年人153户形成一个组团与198户一般家庭及54户多代家庭形成一个综合性住区，不把老人孤立起来，而是作为社会成员参与住区活动。美国加州的奥克兰市开辟了圣玛利花园，共有101户和一座公共服务楼，设有洗衣房、理发室、餐厅、电视厅、游戏室、工艺室、邮局及管理办公室。

三、特征

未来城市住区规划的主要特征，将是：

（一）观念的转变，需要从以人为核心的观念转变为以环境为核心的理念，因为人类发展到现在，由于工业革命，滥用技术，使地球濒临危机，人类的永续生存受到威胁，因此，未来住区规划，一定要对全球环境尽心尽力尽责，务必营造人与自然环境和谐共存，生态健康，富有特色、富有自然美的城市住区。

（二）未来城市住区规划同时要参与全球经济竞争，营造一种造价低、质量高，耗能低、效率高的低资源消耗，高技术含量，具有社会经济协调发展，生机勃勃、富有活力的城市住区。

（三）未来城市住区规划又要吸引公众参与全过程的规划设计和建造管理。公众参与意味着当地政府权力机构、开发企业、金融机构、社区组织、公众代表均能参与规划的讨论和审核，使公众认识到规划是对环境有利；对全体住区人民有利；对保护和巧妙利用资源有利；对经济投入和产出的效果有利；对实现理想，营造住区文化和城市美学有利；同时对物业管理，创造收入，降低运营成本有利。

（史玉雪　柴锡贤）

主要参考文献：

［1］ Gearge F. Thompson 等 Ecological Design and Planning . John Wiley and Sons, 1993

［2］ Alxander Garvin. The American City . McGraw Hill , 1995

［3］ Ian Colguhaum 等 Housing Design in Practice. Longman Scientific and Technical Press, 1991

［4］ 石堂正三郎等 . 新居住学概论 . 化学同人, 1990

［5］ Michael J. Crosbie 等 . Green Architecture, 1996

［6］ Alfredo De Vido 等 . House Design. John Wiley and Sons Inc, 1996

［7］ 《居住区详细规划》课题研究组编 .《居住区规划设计》. 中国建筑工业出版社, 1985 年

［8］ Richard Untermann 等. Site Planning for Cluster Housing. Van Nostrand Reinhold Company 1977

［9］ 维塞洛夫斯基等.《城市》. 人民出版社 1954

［10］ Aline K. Wong 等 . Housing A Nation 25 Years of Public Housing in Singapore. Maruzen Asia Koon Wah Printing Pte Ltd, 1985

［11］ 上海市人类居住科学研究会课题组.《面向 21 世纪初居住区建设研究》, 1996

［12］ 中华人民共和国国家标准 GB 50180—93《城市居住区规划设计规范》

［13］ 中国建筑技术研究院等 .《城市居住小区规划设计细则》, 1998 年

［14］ 建设部科技司 .《2000 年小康型城乡住宅科技产业工程城市示范小区规划设计导则》, 1994

第六章　城市景观与绿地系统规划

第一节　景观的概念及其系统研究

“景观”的概念及其内涵的拓展，反映了人与自然关系的不断深化。

从文字上考证，景观(Landscape)的最初含义是“风景”，属于美学范畴的概念。它最早出现于希伯来文本的《圣经》旧约全书中，用来描写梭罗门皇城(耶路撒冷)的瑰丽景色；其原意等同于英语中的“景色”(scenery)，同汉语中的“风景”或“景致”相一致。与之关系密切的“Landscape Architecture ”一词，按英文的原意是“景观营造”；在中国，学术界按照同类行业历史上约定俗成的名称，将其通用译名定为“风景园林”。

总的来看，国内外大多数学者所理解的景观，主要是视觉美学意义上的风景，并一直努力尝试用各种方法对其进行科学评价。景观评价即是对风景视觉质量的美学评价，是指导人类对自然风景资源进行规划、建设和管理的基本依据。目前，国际上在景观评价研究方面主要有四大学派：

1. 专家学派(Expert paradigm)，强调形体、线条、色彩和质地等基本元素在决定风景质量时的重要性，以丰富性，奇特性等形式美原则作为风景质量评价的指标，兼顾生态学原则为评价依据。由于工作参与者都是在资源、生态及艺术方面训练有素的专家，因此，其分析结论一般具有较高的权威性。

2. 心理-物理学派(Psychophysical paradigm)，把“风景与审美”的关系看作是“刺激与反应”的关系，主张以群体的普遍审美趣味作为衡量风景质量的标准，通过心理-物理学方法制定一个反映“风景美景度”关系的量表，然后将其同风景要素之间建立定量化的关系模型，进行风景质量估测。这种方法，在小尺度的风景评价研究中应用较广。

3. 认知学派(Cognitive paradigm)，把风景作为人的认识空间和生活空间来理解，主张以进化论的思想为依据，从人的生存需要和功能需要出发来评价景观与生活环境。如美国环境心理学者 Kaplan 夫妇提出“风景审美模型”和美国地理学者 Ulrich 提出的“情感/唤起”理论。

4. 经验学派(Experiential paradigm)，把景观作为人类文化不可分割的一部分，用历史的观点，以人及其活动为主体来分析景观的价值及其产生的背景，而对客观景色本身并不注重，如美国地理学者 Lowental 的一些研究。

19 世纪中叶，著名自然地理学家洪堡(Humboldt)将“景观”作为科学术语引用到地理学中，并将其定义为“某个地球区域内的总体特征”，使“景观”成为一个地理学概念。后来，“景观”又被看作是地形(Landform)的同意语，主要用来描述地壳的地质、地理和地貌属性。以后，俄国地理学家又把生物和非生物的现象都作为“景观”的组成部分，并把研究生物和非生物这一景观整体的科学称为“景观地理学”(Landscape geography)。

20世纪30年代以来，随着生态学的迅速发展，“景观作为生态系统载体”的景观生态思想得以崛起，使景观的概念发生了重大变化。1939年，德国著名生物地理学家Troll就提出了“景观生态学”(Landscape ecology)的概念，把景观看作是人类生活环境中“空间的总体和视觉所触及的一切整体”。德国著名学者Buchwald进一步发展了系统景观的思想。他认为：所谓“景观”可以理解为“地表某一空间的综合特征”；“景观是一个多层次的生活空间，是一个由陆圈和生物圈组成的、相互作用的系统”。20世纪80年代后，面对全球的资源、环境问题，景观生态学有了很大的发展。科学家们提出要重新认识人与自然相互作用的反馈机制，将现代生态学作为解决人与生物圈生物背景问题的依据；其研究对象，是不同尺度人地系统的生态系统结构、功能联系以及系统稳定的对策。

所以，从科学的角度来看，“景观”作为自然界多层次的、复杂的系统结构，具有多种功能。一方面，景观是自然生态系统的能流和物质循环载体，与自然演进过程紧密相关，是生态科学的主要研究领域；另一方面，景观又是社会文化系统的重要信息源，人类不断地从中获得美感与科学信息，经过智力加工后形成丰富的精神文化产品。具体到应用领域，特别是从城市规划研究和应用的角度来考察，我们通常所说的“景观”，主要包括自然景观和人文景观。

第二节　城市景观规划的理论方法

一、城市景观要素及构成特色

城市景观是由不同的要素构成的，且各有特性，主要包括三个方面：

1. 自然景观要素：即山水、林木、花草、动物、天象、时令等自然因素。在中国的传统文化里，城市的自然景观要素被赋予了丰富的象征意义。如山象征着崇高与稳定，水寓意着运动与包容，木代表着生命与成长，苍天预示着神秘与永恒，大地显示出质朴与纯美。自然要素是构成城市景观特色的基础。这就是为何古往今来的城市建设都十分注重选址的原因所在。

2. 人文景观要素：即建筑、道路、广场、园林、雕塑、艺术装饰、大型构筑物等人文因素。它们是人类活动在城市地区的文化积淀，表现了人类改造自然的智慧与能力。

3. 心理感知要素：形、色、声、光、味等能影响人类审美心理感知的物理因素。尤其“形”，是人类感知世间万物的主要视觉要素。城市景观在很大程度上即为城市“形”象。城市的地标(Landmark)和天际轮廓线(Skyline)，就是靠“以形制胜”而给人以深刻的感染力。城市景观中的色彩构成，也是创造民族性、地方性和时代性的重要前提。如金碧辉煌的北京皇家建筑、纯净明快的古希腊雅典卫城、艳丽多彩的西亚伊斯兰柱廊、色差强烈的拉萨布达拉宫等。

二、城市景观规划的空间尺度

城市景观的承载主体，是有人为活动高度参与的城市开敞空间(Open space)。因此，人类户外活动需求及其行为规律，是城市景观规划设计的基本依据之一。人类生存于地球之上，所表现出的各种行为可归纳为三种基本需求，即：安全、刺激与认同。这三种需求是融合在一起的，并无先后次序之分。与之相对应，人类的活动也有三种类型：生存活动、休闲活动和社交活动。它们对场所空间和景观环境的质量要求也依次递增。人类在景观空间中的活动，就构成了景观行为，并形成一定的空间格局。

景观空间构成与建筑空间构成有所不同，定义为空间（Space）、场所（Place）和领域（Domain）。空间是由三维尺度数据限定出来的实体；场所的三维尺度限定比空间要模糊一些，通常没有顶面或底面；领域的空间界定更为松散，是指某个生物体的活动影响范围。对应于人类的景观感觉而言，空间是通过生理感受界定的，场所是通过心理感受界定的，领域则是基于精神影响方面的量度。所以，建筑设计的工作边界多以空间为基准，而景观规划设计的边界限定要以场所和领域为基准。行为科学的进一步研究表明：有三个基本尺度将景观空间场所划分为三种基本类型，分别与空间、场所和领域相对应。即：

1. 20～25m 的视距，是创造景观"空间感"的尺度。在此空间内，人们可以比较亲切地交流，清楚地辨认出对方的脸部表情和细微声音。其中的 0.45～1.3m，是一种比较亲昵的个人距离空间。3～3.75m 为社交距离，是朋友、同事之间一般性谈话的距离。3.75～8m 为公共距离，大于 30m 为隔绝距离。

2. 通过对欧洲中世纪广场的尺度调查和视觉测试得知，超出 110m 视距，肉眼就只能辨认大略的人形和动作。这就是所谓的"广场尺度"，即超过 110m 之后的视距空间才能产生广阔的感觉，构成景观的"场所感 "。

3. 视力为 1.5 的肉眼，辨识物体的最大视距大约为 390m 左右。因此，如果要创造一种深远、宏伟的感觉，就可以运用这一尺寸。这是形成景观"领域感"的尺度。

城市景观规划，要考察、分析和理解城市居民日常活动的现象、行为、空间分布格局及其成因，根据人类行为的构成规律，分析人的行为动机，进行人的行为策划，并赋予其以一定空间范围的布局。广义的"景观"，由于尺度的扩大化和材料的自然化，其空间性往往趋于淡化而难以明确限定。与此类景观环境中人类行为相对应的空间，主要是"场所"和"领域"。从"空间"到"场所"再到"领域"，是一个从明确实体的有形限定到非实体无形化的转换过程。所以，城市景观规划设计，既要考虑有物质实体的"空间构成"，也要注重有尺度感的"大众行为策划"。

三、景观生态原则与城市设计

城市是由自然生态系统与人工生态系统相互交融组成的复合系统。城市景观，是城市人居环境赖以维持生态与发展的资源综合体。因此，城市景观规划必须贯彻生态原则，运用生态学和生态系统原理，研究城市能流、物流的输入、输出关系，并在系统运行中寻求平衡。城市景观规划中所确立的基本原则，要在进一步的城市分区规划和城市设计中落实体现。

20 世纪 70 年代以来，世界各国的城市改造、城市规划、城市环境管理和城市设计等工作领域，已经普遍开始注意遵循城市地区自然规律的重要性，寻求城市规划的生态学基础。即：城市生态系统的特征、人类活动对城市生存环境和生物群落的影响、土地管理的生态准则等。专家们普遍认为：城市地区应该通过发展政策、机制的调控，使区域生态系统和生物群落具有最大的生产力，并使系统内的生物组分和非生物组分维持平衡状态。对于城市景观生态系统而言，需要注重的工作领域主要有：

1. 景观组成要素(地质、地貌、气候、大气环境、水文过程、土壤、植物、动物等)的人为改变及其适应特征;

2. 城市地区城乡协调发展的生态学机制;

3. 城市景观要素的生态调控。

因此,城市景观规划要充分运用景观生态研究的成果,贯彻生态优先的思想,提供使城市人居环境舒适优美、生态健全的空间发展规则。在实际工作中,一套完整的城市景观规划通常应包括下列内容:

(1) 宏观尺度——景观评估与环境规划。景观评估是环境规划的依据,主要是在收集、调查和分析城市景观资源的基础上,对其社会、经济和文化价值进行评价,找出区域发展的潜力及限制因子。环境规划则要对区域性的自然与社会经济要素,按照区域规划的流程制定环保策略和发展蓝图。

(2) 中观尺度——城市与社区设计。这是将城市地区的土地利用、资源保护和景观改善过程融为一体,落到实处的具体环节。其主要工作对象,是城市及其社区形态的建造和环境质量的改善。如荒地、农田、林地和水域开发、开敞空间布置、绿地系统建立、城市景观轴线、历史文化街区、商业步行街及文化旅游景观建设等内容。

(3) 微观尺度——景观设计和敷地计划。目的在于景观要素的保存、维护和资源开发,确保水域、土地、生物等资源永续利用,促进景观形成平衡的物质体系,把人工构筑物的功能要求与自然因素的影响有机地结合起来,发挥人文景观与自然景观的平衡的最佳使用效益。

第三节　城市绿地系统与人居环境

影响生物的外界条件总和,生态学上统称为"环境",包括生物存在的空间以及维持其生命活动的物质与能量。科学家把覆盖地球表面薄薄的生命层,称之为"生物圈"(biosphere)。它是地球上有生命活动的领域及其居住环境的整体。生命自然分布的极限,大约是上至15~20km的高空、下至海平面以下10km左右的水域。不过,绝大部分生物是生存于地球陆地上和海平面之下各约100m厚的空间范围内。

生物圈是地球上最大的功能系统,进行着能量固定、转化与物质迁移、循环的过程。其中,绿色植物具有核心的作用。因为地球上所有的能量输入均来源于太阳,太阳能的吸收、固定和转化,都要由植物体内叶绿体的光合作用来进行。人类生存所需的全部食物、矿石燃料、植物纤维、所有空气中的氧、稳定的地表土和地表水系统、大气候的生成和小气候的改善,都依赖于植物的作用。生命由低级到高级发展的金字塔,全依赖叶绿体捕捉太阳光,通过光合作用而贮存和转化能量。所以,地球上所有的动物及其由高等动物进化所产生的人类,都是依赖于植物而生存的。生态适应和协同进化,是人类生存活动与环境绿地功能之间的本质联系。

城市绿地,是指以自然和人工植被为地表主要存在形态的城市用地。它包括城市建设用地范围内用于绿化的土地和城市建设用地之外对城市生态、景观和居民休闲生活具有积极作用、绿化环境较好的特定区域。城市绿地以自然要素为主体,为城市化地区的人类生存提供新鲜的氧气、清洁的水、必要的粮食、副食品供应和户外游憩场地,并对人类的科学文化发展和历史景观保护等方面起到承载、支持和美化的重要作用。城市绿地按其用地性质和主要功能进行系统分类(表 6-1)。各类城市绿地按照城市生态与城市总体规划的基本要求进行合理的空间组合配置,就构成了城市绿地系统。城市绿地系统,是城市地区人居环境中维系生态平衡的自然空间和满足居民休闲生活需要的游憩地体系,也是有较多人工活动参与培育经营的、有社会、经济和环境效益产出的各类城市绿地的集合(包含绿地范围里的水域)。城市绿地系统与人居环境的建设与发展之间,有着密切的互动关系。

城市绿化建设是国土绿化的重要组成部分,也是城市现代化建设的重要内容。搞好城市绿化,对于改善城市生态环境和景观环境,提高人民群众的生活质量,促进城市经济、社会的可持续发展,都具有直接的重要作用。我国城市绿化工作的指导思想是:以加强城市生态环境建设、创造良好人居环境、促进城市可持续发展为中心,坚持政府组织、群众参与、统一规划、因地制宜、讲求实效的原则,努力建成总量适宜、分布合理、植物多样、景观优美的城市绿地系统。

改革开放 20 多年来,我国城市绿化水平有了较大提高。据统计,1986～1999 年,全国城市绿化覆盖率由 16.86%提高到 27.44%,绿地率由 15%提高到 23%,人均公共绿地面积由 3.45m^2 提高到 6.52m^2;这对于改善城市的生态功能与景观容貌,促进城市经济和社会协调发展,起到了积极的作用。同时,涌现出一批园林绿化建设的先进城市。成都、珠海、中山等城市还先后荣获了联合国人居环境奖。

我国城市绿地的系统分类　　**表 6-1**

绿地类别代码			绿地类别名称	绿地类别内容	备注
大类	中类	小类			
G1			公共绿地	向公众开放,以游憩为主要功能,兼具生态、美化、防灾等作用的绿地	此类绿地参与城市建设用地平衡
	G11		综合公园	规模较大、内容丰富、有相应设施,适合于公众开展各类户外游憩活动的绿地	
		G111	市级公园	为全市居民服务,活动内容丰富,设施完善的绿地	服务半径:2.0～3.0km
		G112	区级公园	为行政区内的居民服务,具有较丰富的活动内容和设施的绿地	服务半径:1.5km
		G113	居住区级公园	为居住区内的居民服务,具有一定活动内容和设施的绿地	服务半径:1.0km
	G12		专类公园	具有特定的园林内容或形式、有一定游憩设施的绿地	
		G121	儿童公园	单独设置,供少年儿童游戏及开展科普、文体活动,有安全、完善的设施的绿地	
		G122	动物园	人工饲养条件下,异地保护野生动物供观赏,普及科学知识,进行科学研究和动物繁育的场地	
		G123	植物园	进行植物科学研究和引种驯化,并供观赏、游憩及开展科普活动的绿地	
		G124	历史名园	历史悠久、知名度高、体现传统造园艺术特色并被核定为文物保护单位的园林	

续表

绿地类别代码			绿地类别名称	绿地类别内容	备注
大类	中类	小类			
G1	G12	G125	风景名胜公园	位于城市建设用地范围内，以文物古迹、风景名胜景点为主形成的、具有城市公园功能的绿地	
		G126	游乐公园	具有大型游乐设施，单独设置，生态环境较好的绿地。绿化占地比例应大于等于总用地的65%	
		G127	主题公园	除上述专类公园以外的、具有特定文体活动主题内容的绿地。如雕塑园、盆景园、体育公园、纪念性公园等	绿化占地比例应大于等于总用地的65%
	G13		带状公园	沿城市交通干道、河流、旧城墙基等建设的狭长形绿地	绿地宽度应大于等于8m
	G14		街旁游园	位于城市道路用地之外，相对独立成片的绿地，如沿街小型绿地、广场绿地等	广场绿地的绿化占地比例应大于等于50%，其他街旁游园的面积应大于等于400m²，绿化占地比例应大于等于65%
G2			生产绿地	为城市绿化提供苗木、花草、种子的苗圃、花圃、草圃等生产园地	位于城市建设用地范围内的生产绿地，参与城市建设用地平衡
G3			防护绿地	出于卫生、隔离、安全要求，有一定防护功能的绿地。如卫生隔离带、道路防护绿地、城市高压走廊绿带、防风林、城市组团隔离带等	此类绿地参与城市建设用地平衡
G4			居住区绿地	位于城市居住用地内的绿地，如居住小区游园、组团绿地、宅旁绿地、配套公建绿地等	此类绿地不含居住区级公园，不参与城市建设用地平衡
G5			单位附属绿地	城市公共设施用地、工业用地、仓储用地、对外交通用地、道路广场用地、市政设施用地、特殊用地中的绿地	此类绿地不参与城市建设用地平衡
	G51		公共设施用地绿地	城市公共设施用地内的绿地	
	G52		工业用地绿地	城市工业用地内的绿地	
	G53		仓储用地绿地	城市仓储用地内的绿地	
	G54		对外交通用地绿地	城市对外交通用地内的绿地	

续表

绿地类别代码			绿地类别名称	绿地类别内容	备注
大类	中类	小类			
G5	G55		道路绿地	城市道路广场用地内的绿地，如行道树绿带、分车绿带、交通岛绿地、交通广场和停车场绿地等	
	G56		市政设施用地绿地	城市市政设施用地内的绿地	
	G57		特殊用地绿地	城市特殊用地内的绿地	
G6			生态景观绿地（风景林地）	位于城市建设用地以外，对城市生态环境质量、居民休闲生活、城市景观和生物多样性保护有直接影响的特定绿色空间。如风景名胜区、水源保护区、森林公园、自然保护区、城市绿化隔离带、野生动植物园、湿地、山体、林地等	此类绿地不参与城市建设用地平衡

第四节　城市绿地系统规划的编制

城市绿化建设是一项关系城市建设全局的系统工程，涉及建筑用地布局、道路交通建设、园林景观设计、防震减灾等多个方面。为了充分发挥城市绿地对于保护自然生态、改善人居环境、美化城市景观、提供市民休闲、避险场所等功能，必须全面规划、合理布局城市行政区范围内的绿色空间，综合运用多种植物材料进行科学配置，形成乔、灌、花、草相结合，点、线、面、环相衔接的绿地系统。因此，要高度重视城市绿地系统规划工作，切实做到"规划先行"。

与城市景观规划相比较，城市绿地系统规划涉及范围更广，也更实用，因为它直接与城市总体规划相衔接，是影响城市发展最重要的城市专业规划之一。城市绿地系统规划，是城市总体规划体系中不可缺少的重要组成内容，也是指导城市开敞空间(Open space)中各类绿地规划、建设、管理的基本依据。

一、绿地系统规划的编制要求

1. 根据城市的性质、规模、发展条件等城市总体规划的基本要求，在国家有关政策法规的指导下，确定城市绿地系统建设的基本目标与布局原则。

2. 根据城市的经济发展水平、环境质量和人口、用地规模，研究城市绿地建设的发展速度与水平，拟定城市园林绿地的各项规划指标，并对城市绿地系统所预期的生态效益进行评估。

3. 在城市总体规划的原则指导下，研究城市地区自然生态空间的可持续发展容量，结合城市自然地貌、河湖交通体系，合理安排整个城市的绿地系统，合理选择与布局各类城市园林绿地，确定其建设位置、性质、范围、面积和基本绿化树种等规划要素，论证实施规划的主要工程、技术措施。

4. 提出对城市绿地现状的整改提高意见，提出规划绿地的分期建设计划和重要项目的实施安排，提出在城市总体规划中必须保留或补充的、不可进行建设的生态景观绿地区域。

5. 编制城市绿地系统的规划图纸与文件。对于近期要重点建设的城市园林绿地，还需提出设计任务书或规划方案，明确其性质、规模、建设时间、投资规模等，作为进一步详细设计的规划依据。

按照1992年国务院颁布的《城市绿化条例》规定，城市绿地系统规划由城市人民政府组织城市规划和城市绿化行政主管部门共同编制，依法纳入城市总体规划。目前，各地城市绿地系统规划的编制组织形式大致有三种：一是园林绿化部门与城市规划部门合作编制；二是由城市规划部门主持编制后征求园林绿化部门的意见后再进行调整、审批；三是由园林绿化部门主持编制，城市规划部门配合，规划成果经专家和领导部门审定后交由城市规划部门纳入城市总体规划。这三种组织形式都切实可行，可根据各城市的具体情况选择应用。

二、绿地系统规划的工作内容

根据近10年来全国各城市的实践，绿地系统规划工作一般要包含以下基本内容：

(一) 城市绿地现状调研

绿地现状调研，是编制城市绿地系统规划十分重要的基础工作。通常，要组织专业队伍，依据最近的城市用地地形图、航测或遥感照片进行外业现场踏勘，在地形图上复核、标注出现有各类城市绿地的性质、范围、植被状况与权属关系等绿地要素。有条件的城市(尤其是大城市和特大城市)，要尽量采用卫星遥感等先进技术进行城市热岛效应分析，以辅助绿地布局的空间决策。然后，通过内业计算，分析各类绿地的汇总面积、空间分布及树种应用状况，找出存在的问题，研究解决的办法。绿地现状调研的工作目标，是完成"城市绿地现状图"和若干方面的现状分析报告。

(二) 城市绿地规划指标

制定各类城市绿地的规划建设指标，是绿地系统规划的主要工作环节。有关研究表明，衡量城市绿地系统规划的科学、合理与否，须有多项综合指标体现其可持续发展能力。20世纪50年代衡量城市绿化水平的指标，仅有树木株数、公园个数和面积、年游人量；20世纪70年代后期，提出了以人均公共绿地面积和绿化覆盖率作为衡量指标；1993年11月，国家建设部颁发了《城市绿化规划建设指标的规定》，提出按人均城市用地面积的不同标准确定城市绿化规划指标，包括人均公共绿地面积、城市绿地率和城市绿化覆盖率三项数值，并规定了具体的计算方法和规划要求。

1992年以来，随着创建园林城市的活动在全国普遍开展，出现了参照国家园林城市评选标准进行绿地系统规划指标定位的趋势。即：城市绿化覆盖率不低于35%，建成区绿地率不低于30%，人均公共绿地面积不低于6m^2。同时，城市街道绿化普及率达95%以上，市区干道绿化带不少于道路总用地面积的25%；新建居住小区绿化面积占总用地面积的30%以上，辟有休息活动园林；改造旧居住区绿化面积也不应少于总用地面积的25%；全市生产绿地总面积不低于城市建成区面积的2%，城市各项绿化美化工程所用苗木自给率达到80%以上；全民义务植树成活率和保存率均不低于85%。此外，城市道路绿地率的规划指标，还应符合以下国家标准：园林景观路绿地率不得小于40%；红线宽度大于50m的道路绿地率不得小于30%；红线宽度在40～50m的道路绿地率不得小于25%；红线宽度小于40m的道路绿地率不得小于20%。

由于各个城市的情况不同，绿地系统的规划指标要求也会有所差异。其影响因素主要包括：城市性质、城市规模、自然条件、历史文化、经济发展水平、城市用地分布现状、园林绿地基础及生态环境质量等。一般来讲，风景游览、休闲疗养城市对公共绿地的规划指标要高一些，工业城市对生产防护绿地的规划指标要高一些，中小城市比大城市的绿地率规划指标要高一些。在实际工作中,城市各类绿地的具体规划建设指标,要参照国家建设部所制定的标准,结合各城市的实际情况研究确定,从而寻求更为科学合理地配置城市绿地的方式,满足城市在生态环境、居民生活、产业发展等方面的需要。

(三) 绿地系统空间布局

城市绿地系统规划,要按照生态优化、因地制宜、均衡分布与就近服务等原则,对各类城市绿地进行空间布局,并结合城市其他部分的专业规划综合考虑,全面安排。首先,保证必要的绿化用地,是提高城市绿化水平的前提条件。要严格按照国家标准确定的绿化用地指标划定绿化用地面积,明确划定城市建设的各类绿地范围(又称“绿线”)和保护控制线,科学地安排绿化建设的用地布局。其次,城区范围内的公共绿地应当相对均匀分布,城市建成区和郊区的各类绿地,如公共绿地、居住区绿地、近郊生态林区、环城绿化带、楔形绿地、沿路和滨水绿色廊道等,应当合理布局,并在城市周围和各功能组团间安排适当面积的绿化隔离带。第三,在工业区和居住区布局时,要考虑设置卫生防护林带;在河湖水系整治时,要考虑安排水源涵养林带和城市通风林带;在公共建筑与生活居住用地内,要优先布局公共绿地;在城市街道规划时,要尽可能将沿街建筑红线后退,预留出道路绿化用地。此外,以城市公园为主要形式的公共绿地布局,要考虑合理的服务半径,就近为居民提供服务。

完善的城市绿地系统,应当做到布局合理、指标先进、质量良好、环境改善,有利于城市生态系统的平衡运行。从世界各国城市绿地布局形式的发展情况来看,有 8 种基本模式,即:点状、环状、网状、楔状、放射状、放射环状、带状、指状。在我国,常用的绿地空间布局形式有 4 种:

1. 块状绿地布局——将绿地呈块状均匀地分布在城市中,方便居民使用,多应用于旧城改建中,如上海、天津、武汉、大连和青岛等城市。块状布局形式,对改善城市小气候条件的生态效益不太显著,对改善城市整体艺术面貌的作用也不大。

2. 带状绿地布局——多利用河湖水系、道路城墙等线性因素,形成纵横向绿带、放射环状绿带网,如哈尔滨、苏州、西安、南京等城市。带状绿地布局有利于改善和表现城市的环境艺术风貌。

3. 楔形绿地布局——利用从郊区伸入市中心由宽到窄的楔形绿地组合布局,将新鲜空气源源不断地引入市区,能较好地改善城市的通风条件,也有利于城市艺术面貌的体现。

4. 混合式绿地布局——是前三种形式的综合运用,可以做到城市绿地布局的点、线、面结合,组成较完整的体系。其优点是能使生活居住区获得最大的绿地接触面,方便居民游憩,有利于就近地区小气候与城市环境卫生条件的改善,有利于丰富城市景观的艺术面貌。

城市公共绿地的合理服务半径 **表 6-2**

公园类型	面积规模	规划服务半径(m)	居民步行来园所耗时间标准(min)
市级综合公园	$20hm^2$	2000～3000	25～35
区级综合公园	$10hm^2$	1000～2000	15～20
专类公园	$5hm^2$	800～1500	12～18
儿童公园	$2hm^2$	700～1000	10～15
居住小区公园	$1hm^2$	500～800	8～12
小游园	$0.5hm^2$	400～600	5～10

（四）园林绿化树种规划

园林绿化树种规划，是城市绿地系统规划的一个重要内容，一般是由园林、园艺、林业、城市规划及植物科学工作者共同承担。由于城市绿化工作的主要应用材料是花草树木，需要经过多年的培育生长才能达到预期的效果。因此，若树种选择恰当，能保证植物生长健壮，使绿地发挥较好的效益。反之，树木生长不良，就需要多次变更树种，城市绿化面貌长时间得不到改善，苗圃的育苗生产和经营也会受到损失。

树种规划工作，首先要正确地选择应用树种，其基本原则如下：

1．充分尊重自然规律。要基本切合本地区森林植被地理区中所展示的植物品种分布。如昆明市地处云贵高原区，是北亚热带常绿阔叶树与针叶树混交林为主的植被，其中落叶阔叶树种又占较大比例。

2．以地带树种为主。一般来说，地带树种对当地土壤、气候条件适应性强，有地方特色，应作为城市绿化的主要树种。同时，对已在本地适应多年的外来树种也可选用，并有计划地驯化引种一些本地缺少、能适应当地环境条件、经济与观赏价值较高的树种，逐步推广应用。新建城市可通过调查研究，引用附近地区或参照自然条件接近的城市绿化树种。

3．选择抗性强的树种。所谓抗性强，即对城市中工业排出的“三废”和土壤、气候、病虫害等不利因素适应性强的树种。

4．速生树种与慢长树种相结合。速生树种（如悬铃木、泡桐等）早期绿化效果好，容易成荫，但寿命较短，通常二三十年后就衰老。慢长树（如银杏、香樟等）早期生长较慢，绿化成荫较迟，但树龄寿命长，多在几百年以上，树木价值也高。因此，必须注意速生树种和慢长树种的更替衔接问题。一般新建城市初期应以用速生树种为主，搭配部分珍贵慢长树种，分期分批逐步过渡。

树种规划的方法如下：

1．对城市本地植被进行调查研究。要调查当地原有植被树种和外地引种驯化的树种，了解它们的生态习性、抗污染性和生长情况等。除本地区外，相邻近地区、不同的小气候条件、各种小地形（洼地、山坡、阴阳坡等）的同类树种生长情况也要了解，作为制定树种应用可行性方案的基础资料。

2．确定城市绿化的基调树种和骨干树种。即：要在广泛调查研究及查阅历史资料的基础上，针对本地自然条件选择主要的绿化树种。例如城市干道的行道树，由于其生长环境恶劣，日照、土壤等条件差，又有各种机械损伤、空气污染、地上地下管网交叉限制等影响，对绿化应用树种的选择要求就比其他绿地更严格。从生长条件来看，能适合作行道树的树种，通常对城市中其他类型的园林绿地也能较好地适应。除行道树外，其他针、阔叶乔木、灌木和湿生、沼生、水生及地被植物类型中，也要选择一批适应性强、观赏价值或经济价值高的品种作为骨干树种来推广。

3．确定主要应用树种的种植比例。合理应用树种种植比例，既有利于提高城市绿地的生物量和生态效益，使绿地景观显得整齐、丰满；也便于指导安排苗木生产，使绿化苗木供应的品种及数量能符合城市绿化建设的需要。要根据本地特点，规划好不同类型绿地乔木与灌木、落叶树与常绿树、木本与草本的适宜种植比例。城市绿化建设应以乔木为主，通常的乔灌比以 7:3 左右较好。落叶树生长较快，抗性较强，易见效；常绿树则景观效果好，寿命长，但生长较慢，投资也较大。因此，一般在城市绿地系统建设初期，落叶树种的应用比重宜大些,3～5年后再逐步提高常绿树种的应用比重。此外,城市中还应适当发展应用草坪、花卉和地被植物,提高城市景观质量和绿化覆盖率。

4．编制城市绿化应用树种名录(含主要乔、灌木及花卉、地被植物),配套制定苗圃和育苗生产规划。

(五)古树名木保护规划

古树名木是一个国家或地区悠久历史文化的象征,具有重要的人文与科学价值。它不但对研究本地区的历史文化、环境变迁、植物分布等非常重要,而且是一种独特的、不可替代的风景资源,常被称为"活的文物"和"绿色古董"。保护好古树名木,对于历史、文化、科学研究和发展旅游事业都有重要的意义。

古树名木保护规划,要充分体现市区现存古树名木的历史价值、文化价值、科学价值和生态价值;结合城市实际,通过加强宣传教育,提高全社会保护古树名木的群体意识。要通过规划,完善相关的法规条例,促进形成依法保护的工作局面;同时,指导有关部门开展古树名木保护基础工作与养护管理技术等方面的研究,制定相应的技术规程规范,建立科学、系统的古树名木保护管理体系,使之与城市的生态建设目标相适应。规划的内容主要有:

1．立法:通过立法,对古树名木的所属权、保护方法、管理单位、经费来源等作出规定,明确古树名木管理的部门及其职责,明确古树名木保护的经费来源及基本保证金额,制订可操作性强的奖励与处罚条款,制定科学、合理的技术管理规程规范。

2．宣传:通过政府文件和媒体、网络,加大古树名木保护的宣传力度,利用各种手段提高全社会的保护意识。

3．科学研究:包括古树名木的种群生态研究、生理与生态环境适应性研究、树龄鉴定、综合复壮技术、病虫害防治技术等方面的项目。

4．养护管理:要在科学研究的基础上,总结经验,制定出城市古树名木养护管理工作的技术规范,使之逐渐走上规范化、科学化的轨道。

(六)防震减灾绿地规划

城市绿地是具有防震减灾功能的隐性"韧"环境。它在灾害发生的非常时期,是城市重要的"柔性"空间。我国是一个地震区分布很广且灾害较多的国家,随着城市开发强度的增加,城市的抗灾能力日趋下降。工业的发展,机动车的增加,也使城市公害加剧,导致城市环境质量的恶化。近几年内美国洛杉矶、日本阪神等地区发生的大地震,都说明城市绿化的减灾作用是其他类型的城市空间所无法替代的。一定面积规模的公园绿地,能够切断火灾的蔓延,防止飞火延烧,在熄灭火灾、控制火势、减少火灾损失方面有显著效果。公园内的园林、游戏设施、树木等,为居民的避难生活提供了方便。如:水景设施的水成为供水中断状况下的用水补充;亭、廊、秋千等成为临时帐篷的搭设处等。1976年唐山大地震后,北京市区的各公园绿地立即成为避灾、救灾的中心基地。1995年初日本阪神地区地震后,有关部门针对城市绿地所进行的调查表明:震后产生了30万人以上的庞大的避难人群,城市公园及小学、体育馆等,是主要的避难场所,而且直至灾后2个月后,仍有相当数量的居民生活在公园中。灾后规模较大的公园绿地均成为避灾、救灾、物资保管发放、医疗急救的中心或基地;而规模较小的公园绿地,也为附近居民提供了临时避难场所,使用率很高。因此,根据国家《防震减灾法》,充分发挥城市绿地的防灾、减灾功能,并纳入城市防灾、减灾规划,是绿地系统规划应当考虑的内容之一。

防震减灾绿地规划，应当着重规划好城市滨水地区的减灾绿带和市区中的一、二级避灾据点与避灾通道，建立起城市的避灾体系。其中：

一级避灾据点，是震灾发生时居民紧急避难的场所。规划中应按照城区的人口密度和避难场所的合理服务范围，均匀地分布于市区内；多数是利用与居民关系最密切的散点式小型绿地和小区的公共设施组成(如小学、社区活动中心、小区公园等)。它需要在城市减灾的详细规划中具体定位，绿地系统规划中应提出建议性的位置。为保证一级避灾据点的安全、可达性，必须保证它与有崩塌、滑坡等危险的地带和洪水淹没地带的距离一般在500m以上，并要与避灾通道有直接、通畅的道路联系；避灾据点倒塌时，应不至于威胁其中避难人的生命安全。

二级避灾据点，是震灾后发生的避难、救援、恢复建设等活动的基地，往往是灾后相当时期内避难居民的生活场所，可利用规模较大的城市公园、体育场馆和文化教育设施组成。

避灾通道，是利用城市次干道及支路将一级、二级避灾据点连成网络，形成避灾体系。同时，为保证城市居民的避灾地与城市自身救灾和对外联系等不发生冲突，避灾通道应尽量不占用城市主干道。为保证灾害发生后避灾道路的通畅和避灾据点的可达性，沿路的建筑应后退道路红线5～10m，高层建筑后退红线的距离还要加大。

救灾通道，是灾害发生时城市与外界的交通联系，也是城市自身救灾的主要线路。城市救灾通道的规划布置，是城市防灾规划与城市道路交通规划的内容之一。主要救灾通道的红线两侧，应规划有宽度为10～30m不等的绿化带，对保证发生灾害时道路的通畅具有重要意义。

(七) 绿地建设分期规划

为使城市绿地系统规划在实施过程中便于政府相关部门操作，在人力、物力、财力及技术力量的调集、筹措方面能有序运行，一般要按城市发展的需要，分近、中、远期三个阶段作出分期建设规划。编制分期规划的原则是：

1. 与城市总体规划和土地利用规划相协调，合理确定规划的实施期限。

2. 与城市总体规划提出的各阶段建设目标相配套，使城市绿地建设在城市发展的各阶段都具有相对的合理性，满足市民游憩生活的需要。

3. 结合城市现状、经济水平、开发顺序和发展目标，切合实际地确定近期绿地建设项目。

4. 根据城市远景发展要求，合理安排园林绿地的建设时序，注重近、中、远期项目的有机结合，促进城市环境的可持续发展。

在实际工作中，绿地系统的分期建设规划一般宜按下列时序来统筹安排项目：

1. 对城市近期面貌影响较大的项目先上，如市区主要道路的绿化，河道水系、高压走廊、过境高速公路的防护绿带等。这些项目的建设征地费用较少，易于实现。

2. 在完善城市建成区绿地的同时，先行控制城市发展区内的生态绿地空间不被随意侵蚀。

3. 优先发展与城市居民生活、城市景观风貌关系密切的项目，如市、区级公园、居住区小游园等。这些项目的建设，能使市民感到环境的变化和政府的关怀，对美化城市面貌也起到很大作用。

4. 在项目选择时宜先易后难，近期建设能为后续发展打好基础的项目(如苗圃)应先上。

5. 对提高城市环境质量和城市绿地率影响较大的项目(如生态保护区、城市中心区的大型绿地等),对减少城区的热岛效应能起到很大作用,规划上应予优先安排,尽早着手建设。

(八) 绿化养护管理规划

养护管理是城市绿地建设的后续环节,十分重要。俗话说:“三分种、七分管”,表明了园林绿地与建筑、道路等工程建设的不同特点。在绿地系统规划中,要明确划定各类绿地范围控制线;规划确定的绿化用地,必须逐步建设成为城市绿地,不得改作他用,更不能进行经营性开发建设。城市范围内的江、河、湖、海岸线和山体、坡地等地段,是营造城市景观最重要的区位,也是居民最适宜的游憩活动场所,应当作为城市绿化管理的重点地段严加整治。特别要严格保护城市古典园林、古树名木、风景名胜区和重点公园,在城市开发建设中绝不能破坏。规划中要为实现上述目标提出实施措施和理顺管理体制的建议。

此外,随着城市的扩展与生产力进一步提高,人口增加及市民素质的提高,对城市环境质量的需求也会越来越高。因此,城市规划区内单位附属绿地的配套、城市绿地养护管理制度的完善、园林绿化技术人材的培养、绿化建设队伍的优化、园林绿化行业市场的规范化运行等内容,也都要在城市绿地系统规划中有所考虑。

三、规划文件编制与依法审批

(一) 基础资料收集

进行城市园林绿地系统规划,要在大量搜集资料的基础上,经分析、综合后编制成规划文件。除有关城市规划的基础资料外,还需要收集以下资料:

1. 自然资料　包括地形图(图纸比例为 1:5000 或 1:10000,通常与城市总体规划图的比例一致),气象资料(历年及逐月的气温、湿度、降水量、风向、风速、风力、霜冻期、冰冻期等),土壤资料(土壤类型、土层厚度、土壤物理及化学性质、不同土壤分布情况、地下水深度、冰冻线高度等)。

2. 现状资料　包括城市中现有绿地的位置、范围、面积、性质、质量、植被状况及绿地可利用的程度;名胜古迹、革命旧址、历史名人故址、各种纪念地的位置、范围、面积、性质、环境情况及用地可利用的程度;城市中现有河湖水系的位置、流量、流向、面积、深度、水质卫生情况及可利用程度;城市规划区内适于绿化而又不宜修建建筑的用地位置与面积。

3. 技术经济资料　包括规划区内现有各类城市绿地的面积、比例,城市绿地率与绿化覆盖率现状;现有各类公共绿地的平时及节假日游人量,每人平均公共绿地面积指标(m^2/人),每一游人(按城市居民的 1/10 计)所拥有的公共绿地面积;城市的环境质量情况,城市污染源的分布及影响范围,环保基础设施的建设现状与规划;城市规划区内现有苗圃(含花圃、草圃)的面积、生产苗木的种类、规格、数量及生长情况。

4. 植物资料　包括当地现有园林绿化植物的应用种类及其对生长环境的适应程度(包括乔木、灌木、露地花卉、草类、水生植物等);附近地区城市绿化植物种类及其对生长环境的适应情况;当地有关园林绿化植物的引种驯化及科研进展情况等。

(二) 规划文件编制

城市绿地系统规划的文件编制工作,包括绘制规划方案图、编写规划文本和说明书,经专家论证修改后定案，汇编成册，报送政府有关部门审批。规划文件的内容应主要包括：

1. 规划图纸：(1) 规划区内城市绿地现状分析图；(2) 城市绿地系统规划布局总图；(3) 城市绿地系统分区、分类规划图；(4) 城市绿地系统分期建设规划图；(5) 重点地区近中期绿地建设规划方案。

2. 规划文本与规划说明书：叙述城市概况、绿地现状（包括各类绿地面积、人均占有量、绿地分布、质量及植被状况等）；阐述绿地系统的规划原则、布局结构、规划指标、人均定额、各类绿地规划要点等；提出绿地系统分期建设规划、总投资估算和投资解决途径，分析绿地系统的环境与经济效益；制定城市绿化树种规划、育苗规划和建设管理措施。

（三）规划的评价与审批

按照国务院《城市绿化条例》的规定，由城市规划和城市绿化行政主管部门等共同编制的城市绿地系统规划，经城市人民政府依法审批后颁布实施，并纳入城市总体规划。城市绿地系统规划文件的评审，须考虑以下原则：

1. 依法规划与方法创新相结合，空间布局与景观优化相结合；

2. 绿地规划指标体系科学合理，项目恰当，数据易取，操作方便；

3. 城市用地布局生态功能优先，把维护居民身心健康和区域自然生态环境质量作为系统的主要功能；

4. 注意绿化建设的经济与高效，力求以较少的资金投入和利用有限的土地资源改善城市生态环境；

5. 强调在保护和发展地方生物资源的前提下，开辟绿色廊道，发展城市地区的生物多样性；

6. 发扬地方历史文化特色，促进城市在自然与文化发展中形成个性和风貌；

7. 充分利用生态绿地的循环、再生功能，构建平衡的城市生态系统，实现城市环境可持续发展。

在实际操作中，一般的法定审批程序是：建制市的城市绿地系统规划由市人民政府审批，报上一级人民政府建设行政主管部门备案；建制镇的城市绿地系统规划，由县级人民政府审批，报上一级人民政府城市绿化行政主管部门备案。

第五节　城市景观与绿地系统的协同发展

一、城市景观与绿地系统规划的互补关系

综上所述，城市景观规划主要关注的问题是城市形象的美化与塑造，而城市绿地系统规划主要解决的问题是城市地区土地的生态化合理利用。二者工作对象基本一致，都是城市的开敞空间。所以，这两项专业规划在实际操作中有很强的互补性。主要表现在：

1. 从宏观层次上看，城市形象的美化是以城市环境的绿化为基础的，城市人居环境的优化，更是以城市环境的生态化为前提条件的。

2. 从中观层次上看，城市的公园、风景游览区等大型公共绿地和生产、防护绿地布局，本身就是城市总体规划、分区规划的重要内容，对城市的区域景观生成能起很大的影响作用。

3. 从微观层次上看，绿化景观与建筑景观的相映成趣、和谐统一，是创造动人城市景观的基本方法。特别是在较小尺度的城市设计工作中，这种配合尤其重要。

因此，建设生态健全、功能完善的城市绿地系统，对于每一个追求景观优美、环境舒适的现代城市都至关重要。城市景观规划所归纳、提炼出的规划理念和建设目标，要具体落实到城市的土地利用和城市设计层次，才能得以实现。城市绿地系统规划，总体上要按照功能为主、生态优先的原则进行空间布局，局部上也要充分考虑城市景观审美的需要进行设计。

二、城市景观与绿地系统需要协同规划与建设

人类社会已经迈进了 21 世纪。科学家们认为：21 世纪不仅是电子信息时代、知识经济时代，更是生态文明时代。因为人类要设法走出目前所面临的严重生态危机，就必须重建地球上已被破坏的生态系统，由征服、掠夺自然转为保护、建设自然，谋求人与自然和谐统一的共生关系。所以，"生态城市"将是 21 世纪世界各国城市建设所共同追求的理想目标。

"生态城市"(Ecocity)的基本含义是一个生态健全的城市。联合国教科文组织提出的"人与生物圈计划"(MAB)中，对生态城市的规划提出了五项原则：1. 生态保护战略；2. 生态基础设施；3. 居民生活标准；4. 历史文化保护；5. 将自然引入城市。"生态城市"的提出，表明现代城市建设的奋斗目标，已从追求单纯静止的优美自然环境取向，转变为争取城市功能与风貌的全面生态化。生态城市是充分优化的"社会-经济-自然"复合系统，是应用现代科技手段建设的生态良性循环的人类住区。其基本特征是：人与自然和谐共处、互惠共生、共存共荣，物质、能量、信息高效利用，技术与自然高度融合，居民的身心健康和环境质量得到最大限度的保护，社会、经济与自然可持续发展。"生态城市"在地理上也大大突破了传统的城市建成区概念，追求城乡融合发展的空间形态。在人类通向未来生态文明的进程中，生态城市是人类运用现代高科技寻求与自然和谐共存、可持续发展的城市模式。

搞好城市景观与绿地系统规划，是营造生态城市的必要环节。从国内外的发展趋势来看，城市景观与绿地系统的规划建设，越来越密切合作，趋于一体化。对于视觉景观形象、生态环境绿化和大众行为心理这三方面的研究日益深入，以及电子计算机等高科技手段的应用，为学科间的协同发展创造了条件。正如中国古典园林中物境、情境、意境"三境一体"的规划设计原理一样，通过以视觉形象为主的景观感受通道，借助于绿化美化城市环境形态，对居民的行为心理产生积极反应，是现代城市景观环境规划设计的理论基础。城市建筑形象、园林绿化空间、大众活动场地和生态环境质量，已成为衡量城市现代文明水平的重要指标。1992 年后，我国开展了以创建国家园林城市为目标的城市环境整治活动，取得了明显成效，带动了全国城市建设向生态优化的方向发展。创建园林城市的活动，不仅提高了城市的整体素质和品位，改善了投资和生活环境，也使城市政府对园林绿化的重要性有了更深刻的认识，激励广大市民群众更加爱护、关心自己城市的环境质量和景观面貌，使城市的精神文明建设水平得以升华和提高，大大促进了当地社会、经济、文化的全面发展。至 1999 年，共有 19 个城市先后 5 批被评为"国家园林城市"。它们是：北京、合肥、珠海、杭州、深圳、马鞍山、威海、中山、大连、南京、厦门、南宁、青岛、佛山、濮阳、十堰、三明、烟台、秦皇岛；上海市浦东区荣获"国家园林城区"的称号。

在学科的发展方面，从传统的建筑与造园艺术，到现代的城市与大地景观营造，经历了漫长的发展历程。然而，殊途同归，在现代人居环境科学的理论框架里，它们又走到了一起。

近百年来国内外城市建设的实践显示，公共性的景观环境艺术与绿化美化技术，已作为社会大众的普遍需要而得到了迅速发展。城市景观与绿地系统的规划工作，已包括提供诸如咨询、调查、实地勘测、专题研究、规划、设计、各类图纸绘制、建造施工说明文件和详图以及承担工程施工监理等特定服务。其主要目的，是按照生态规律和美学原则来保护、开发和强化城市地区的自然与人工环境。具体表现在三大方面：

1. 宏观环境规划：包括对城市地区土地的生态化合理使用、自然景观资源保护及城市环境在美学和功能上的改善强化等。

2. 场地规划与各类环境详细规划：对象是所有除了建筑、城市构筑等实体以外的开放空间，如广场、田野等；通过美学感受和功能分析的途径，对各类建构筑物和道路交通进行选址、营造及布局，并对城市及风景区内自然游步道和城市人行道系统、植物配植、绿地灌溉、照明、地形平整改造以及排水系统等进行规划设计。

3. 各类景观与绿地建设工程的设计施工文件制作、工程施工监理及绿地运营管理。

城市景观具有自然生态和文化内涵两重性。自然景观是城市的基础，文化内涵则是城市的灵魂。生态绿地系统作为城市景观的重要部分，既是人居环境中具有生态平衡功能的生存维持、支撑系统，也是反映城市形象的重要窗口。所以，现代城市的景观与绿地系统规划都越来越注重引入文化内涵，使景观构成的大场面与小环境之间，有限制的近景、中景与无限的远景之间，人工景物与自然景观之间，空间物质化的表现与诗情画意的联想之间得以沟通。借助与文化寓意所呈现出的“信息载体”，城市景观将显得更加丰富和精彩。

三、我国城市景观与绿地系统的发展趋势

自 1949 年建国 50 年来，由于各种因素的影响，我国的城市景观与绿地系统规划理论和实践一直发展比较缓慢，直到近 10 多年才有较大进步。许多城市存在着城市规划偏重经济、建筑等规划、在各种用地基本定局后再“见缝插绿”的习惯，造成规划绿地不足、调整随意性大等问题。还有片面强调城市绿地布局搞“点线面结合”的行政指导方针，使城市绿地系统的景观特色损失不少，“千城一面”的现象比比皆是。近年来，各地城市吸取现代城市科学的新理论、新成果，拓展多学科、多专业的融贯研究，重点探索城市绿地系统设置与城市结构布局有机结合，城市绿地与市郊农村绿地协调发展，不同类型、规模的城市如何构筑生态绿地系统框架等问题，取得了显著突破和有益经验。即：城市地区宏观层次要构筑城市生态大环境绿化圈，强调区域性城乡一体的大框架结构的生态绿化；中观层次要在中心城区及郊区城镇形成“环、楔、廊、园”有机结合的绿化体系；微观层次要搞好庭院、阳台、屋顶、墙面绿化及家庭室内绿化，营造健康舒适的生活小环境。通过保护和营造上述三个系列的生态绿地，建立纵横有致的物种生存环境结构和生物种群结构，疏通城乡自然系统的物流、能流、信息流、基因流，改善生态要素间的功能耦合网络关系，从而扩大生物多样性的保存能力和承载容量。这种基于生态学原理的城市景观与绿地系统规划方法，正逐渐在实践中得到认同和应用。

在高科技的运用方面，城市景观与绿地系统规划也有许多共通之处。由于景观生态的研究对象和应用规划都是多变量的复杂系统，规模庞大且目标多样，随机变化率高。只有依靠现代电子计算机技术的帮助，才能运用泛系理论语言来描述和分析区划与规划问题，分析各种多元关系的互相转化，并进行各种专业运算，以便在一定的条件下优化设计与选择方

案。还有 CAD 辅助设计、遥感、地理信息系统、全球卫星定位技术的应用等,解决了大量基础资料的实时图形化、格网化、等级化和数量化难题。例如,上海、江苏、浙江、广州等地采用航空、卫星遥感技术的动态资料进行绿地调查,通过航片和遥感数据的计算机处理,精确计算出各类城市绿地的分布均衡度和热岛效应强度。有些城市在绿地系统规划研究中,采用了多样性指数、优势度指数、均匀度指数、最小距离指数、联接度指数和绿地廊道密度等评价指标来处理城市绿地遥感信息资料,使规划的立论基础更加科学化。例如,近年中山市的城市景观生态规划研究,就尝试运用了计算机技术将城市景观与生态绿地的规划融为一体。

我国地域辽阔,各地自然条件和经济发展水平不同,各城市进行景观和绿化建设的有利条件和制约因素也不一样。必须尊重客观规律,因地制宜地搞好城市环境绿化和景观美化。城市绿地系统的规划与建设,要在优先考虑生态效益的前提下,尽可能贯彻"绿地优先"的城市用地布局原则,在继续实施"见缝插绿"原则的基础上,积极推进"规划建绿"战略,兼顾城市景观效益,充分发挥绿地对美化城市的作用。根据 2001 年 5 月 31 日颁布的《国务院关于加强城市绿化建设的通知》精神,今后一个时期我国城市绿化的工作目标和主要任务是:到 2005 年,全国城市规划建成区绿地率达到 30% 以上,绿化覆盖率达到 35% 以上,人均公共绿地面积达到 $8m^2$ 以上,城市中心区人均公共绿地达到 $4m^2$ 以上;到 2010 年,上述指标要分别达到 30%、35%、$10m^2$ 和 $6m^2$ 以上;从根本上改变我国城市绿化总体水平较低的现状,使我们伟大祖国的城市水碧天蓝、花红草绿、绿荫婆娑、欣欣向荣。

(李　敏)

主要参考文献:

[1] 中国大百科全书(建筑/园林/城市规划卷).中国大百科全书出版社,1988
[2] 全国自然科学名词审定委员会.建筑-园林-城市规划名词.科学出版社,1997
[3] 刘滨谊.现代景观规划设计.东南大学出版社,1999
[4] 李敏.城市绿地系统与人居环境规划.中国建筑工业出版社,1999
[5] 俞孔坚.景观:文化、生态与感知.科学出版社,1998
[6] 杨赉丽主编.城市园林绿地规划.中国林业出版社,1995
[7] 艾定增、金笠铭、王安民主编.景观园林新论.中国建筑工业出版社,1995
[8] 柳尚华编著.中国风景园林当代 50 年.中国建筑工业出版社,1999
[9] 于志熙.城市生态学.中国林业出版社,1992
[10] 肖笃宁等.景观生态学的发展和应用.《生态学》杂志,1988
[11] 中华人民共和国建设部部令集.中国环境科学出版社,1996
[12] [日]高原荣重.杨增志等译.城市绿地规划.中国建筑工业出版社,1983
[13] [日]岸根卓郎.迈向 21 世纪的国土规划—城乡融合系统设计.科学出版社,1990
[14] Ian L. McHarg. Design with Nature. Doubleday/Natural Hastory Press. Doubleday & Company, Inc. 1969
[15] Simonds, John Ormsbee. Earthscape: a manual of environmental planning. McGraw-Hill Book Company, 1978
[16] Geoffrey and Susan jellicoe. The Landscape of Man. Thames and Hudson Inc. New York, 1995

第七章 城市生态与环境规划

第一节 基本理念

一、城市生态与环境问题

环境与发展是当今人类面临的两大主题。20世纪60年代以来,随着世界经济的复苏和城市化进程的加速,随之而来的是城市能源和生态环境的危机。以R·卡森(Racbel carson)的《寂静的春天》(1962)、罗马俱乐部(丹尼斯L·米都斯Dennis L·Meadows)的《增长的极限》(1972)、芭芭拉·沃德(Barbara Ward)、勒内·杜博斯(Rene Dubos)等的《只有一个地球》(1972)为代表的著作,阐述了经济学家和社会生态学家们对世界城市化、工业化与全球环境前景的担忧。

1972年6月,联合国人类环境会议发表的《人类环境宣言》中指出:"保护和改善人类环境已经成为人类一个迫切任务",指出:"现在达到历史上这样一个时刻:我们在决定世界各地的行动的时候,必须更加审慎地考虑它们对环境产生的后果。由于无知或不关心,我们可能给我们的生活和幸福所依靠的地球环境造成巨大的无法换回的损害。反之,有了比较充分的知识和采取比较明智的行动,我们就可能使我们自己和我们的后代在一个比较符合人类需要和希望的环境中过着较好的生活"。

1987年,以布伦特兰(Bruntland)为主席的联合国世界环境与发展委员会提出《我们共同的未来》中指出:21世纪全球将有一半以上的人口居住在城市地区,这象征未来全球环境的变动,城市将扮演着更重要的角色。并指出,我们今天的发展应是既满足当代人的需要,又不对后代人满足其需要的能力构成危害的发展。即"可持续发展"(Sustainable Development)。

1992年6月在巴西里约召开的世界环境与发展大会通过的《里约环境与发展宣言》、《21世纪行动议程》使"可持续发展"成为世界各国普遍接受的指导思想与原则,会议同时通过了《关于森林问题的政策声明》,签署了《气候变化框架公约》和《保护生物多样性公约》这些文件,提出了为扭转全球生态环境恶化和推动发展而进行国际合作的基本准则。因此环境与发展,已成为当今各国政府、各个学科、各种专业领域讨论的核心理念,对于城市规划工作者来说更是不可忽略的重要理念。

二、城市生态与城市生态系统

1. 生态学(Ecology)

生态学一词于1859年德国学者希赖尔(G·S·Hilaire)首先提出,表示研究生物与其环境的关系,但未被当时的学者所接受。1869 年德国动物学家海克尔(Ernst Heinrich Haeckel)对生态学的定义作了明确的阐明才被公认。他认为"生态学"是研究生物有机体及其环境之间相互关系的学问,生态的西文"Eco"源于希腊文的"OiKos",意思是人与住所。19 世纪末,日本学者三好学将"Eco"译为"生态"二字,即"生存状态"的意思。于是研究生物与生存环境之间相互关系的学科就叫生态学,它隶属于生物学。生态学关系到人类赖以生存的物质需求和环境的方方面面,是一个极其庞大而繁杂的学科群体。20 世纪初出现了城市生态学。1997 年,美国著名生态学家 E·奥杜姆(E·P·Odum)在他的《科学与社会的桥梁》一书中指出:"生态学源于生物学、然而越来越独立于生物学,是综合研究生物环境和人类社会之间关系的科学,是一门系统科学"。现代生态学与经典生态学不同点是将人类活动融于生态学之中,它不仅只研究生物与环境之间的相互关系及其相互作用,而且要研究生物、环境和人类三者之间的相互关系及其相互作用的规律。1915 年,我国学者张挺首次将"生态学"一词引入中国。

生态学是一门具有广泛包容性的学科,从 100 多年前诞生到现在,从个体生态到群体生态,从生物生态到人类生态,从生态系统到人与生物圈计划,研究的领域不断在拓展,近年来,生态学与地学、经济学、社会学等学科相互渗透,出现了一系列新的交叉学科,如景观生态学、全球生态学、社会生态学、人类生态学、生态经济学等等。生态问题已成为当今全世界关心的热点,其研究范围空前扩大,研究内容不断深化,并形成了一个庞大的生态学科体系。因此,生态学是一门在广泛的学科领域相互扩散、渗透、交叉和融合的过程中,不断得到发展的综合性学科。它的发展过程和研究领域、研究范围的拓展深刻反映了人类所面临的对自己生存环境问题的深切关注和重视。

2. 生态系统(Ecosystem)

生态系统一词是由英国生物学家坦斯勒(A·G·Tansley)于 1935 年提出来的,他认为,生态学不应该仅仅研究生物与环境的关系或环境对生物的影响,而应该研究生物群落与非生物环境所构成的整体,这个整体就叫生态系统。生物与其赖以生存的非生物环境通过物质循环和能量转换而产生相互作用,形成一个统一的整体。生物是这个统一体的中心,自然条件——气候、土壤、水、太阳能等也是系统的组成部分。因此生态系统的概念可以应用于多个学科的范畴,从小到一滴水到大到整个地球生物圈。1942 年,美国生物学家 R·林德曼(Raymond Lindeman)发表了研究生态系统的能量流动和物质循环的论文,指出对生态系统这个整体的研究,主要是研究生态系统中的能量流动和物质循环,从而使生态学建立起自己的理论和方法体系。而 1953 年,美国生态学家奥杜姆(E·P·Odum)出版了《生态学基础》一书,进一步发展了生态系统的概念,并为系统生态学的发展奠定了基础。他建议,把"生态系统"的概念从生物界推广到了人类社会,"生态学"应该是研究包括人类在内的所有生物与其环境构成的整体。并提出要着重研究生态系统的结构和功能。生态系统的结构是指生物群落与非生物环境两部分,前者包括生产者(能进行光合作用的绿色植物)、消费者(以植物为食的植食动物的"初级消费者")和以动物为食的肉食动物("次级消费者")、分解者(分解有机物的微生物)。后者包括无机物质(碳、水、氮、氧、矿物盐类等),有机物(蛋白质、糖类、脂肪、腐植质等),气候状况(温度、湿度等物理因素)。生态系统的功能就是指生物与生物之间的食物链(或食物网),以及生物与环境之间的物质交换和能量转换。

生态系统是动态系统。生态系统的结构和功能是随时间而变化的。系统中的生物有出生、死亡、捕食、被食、迁入、迁出。系统中的物质和能量有迁移、转换、补偿、交换。当系统内外的物质和能量的输出与输入接近平衡时，系统中的生物种类和数量就将保持相对稳定，这就叫生态平衡。

3. 城市生态系统（Urban Ecosystem）

“生态”包含着两个方面，即生物与环境，或人类与环境。所以，生态是指一种关系，一对矛盾，生物与环境之间的关系，大多数表现为消极被动适应的关系。而人类与环境的关系，则往往表现为积极主动地适应与改造的关系，其系统行为很大程度上取决于人类所作出的决策。人类的活动不仅迅速改变着他所赖以生存的环境，创造了高度的物质文明，而且也不断地影响着人类自身。人类改造环境的集中体现就是城市，所以城市是以人类为主体的生态系统，即城市生态系统。按空间环境的性质，城市生态系统属于陆地生态系统，而按人对生态系统的影响程度，城市生态系统是属于人工生态系统。城市的空间环境则是城市的自然环境和人工环境两大部分的相互作用与叠加而构成的复杂空间环境。城市的人工环境包括由人工创造的一切城市基础设施、生产设施和生活设施，城市的自然环境包括自然资源和地域环境两类不同性质的环境所构成。城市最重要的自然资源是土地、淡水、空气、食物、能源和原料，是城市生态系统的重要组成部分。但城市本身不可能提供城市所需的全部资源，需要依赖周围地区其他系统的输入，只有当城市对资源的需求与城市所能达到的最大供应量达到平衡时，城市系统才能高效率运转。城市的地域环境指城市所在地区及其周围地区的自然环境条件，包括地质、地貌、气候、水文、土壤、生物等，它直接影响城市生态系统，而城市中人的活动反过来又会影响与改变地域环境条件。当人类活动对环境的改变不恰当时，就会对人类自身的生存和发展带来损害。因此，人们越来越认识到生态学与城市生态学对于城市规划与建设活动的重要指导意义。

19 世纪末，E·霍华德（Ebenezer Howard）对英国工业革命以来城市出现的严重问题引起了深切地关注，1898 年他提出的“田园城市”理论中体现了全新的城乡协调的生态学思想。20 世纪初，英国生物家 P·盖迪斯（Patrick Geddes）从一般生态学进入人类生态学的研究，即研究人与城市环境的关系，他在《进化中的城市》（Cities ln Evolution，1915）中把生态学的原理与方法应用于城市规划与建设，将卫生、环境、住宅、市政工程、城镇规划等综合起来加以研究，并研究现代城市成长和变化的动力。美国城市规划思想家 L·芒福德（Lewis Mumford）继承和发展了盖迪斯的思想，从生态学的视角把人类看作自然界的一部分。至于中国儒、道、释中的阴阳学说、风水理念和“天人合一”的哲学思想，无不体现出一种自然朴素的生态观。20 世纪 20～30 年代，以 R·E·派克（Robert E·Park）、W·伯吉斯（W·Burgess）等为代表的芝加哥人类生态学派以城市为研究对象，研究城市的集聚、分散、入侵、分隔及演替过程与城市的竞争、共生现象、空间分布、社会结构和调控机理，将城市视为一个有机体，一个复杂的人类社会关系，认为它是人与自然、人与人相互作用的产物。

美国著名生态规划学家 I·L 麦克哈格（Ian·L·Mcharg）在《设计结合自然》（1969）中运用生态学原理，研究大自然的特征，充分结合自然进行设计，并创造了科学的生态设计方法，此后，西蒙兹（J·O·Simonds）在《大地景观——环境规划指南》（1978）中进一步完善了麦克哈格的生态规划方法，对城市规划、景观规划和建筑学产生了重大影响。

20 世纪 60 年代以来，全球生态环境问题进一步恶化，在以《寂静的春天》、《增长的极限》、《只有一个地球》等为代表的国际社会对工业化、城市化所引起的生态环境危机的普遍关注,在全球范围内对城市生态系统和生态环境保护的研究形成了新的高潮。

1971年,联合国教科文组织主持了“人与生物圈”计划(Man and Biosphere Programme:MAB),提出了从生态学的角度来研究城市,指出,生态学是“人与自然界(生物圈)相互关系的科学”,是“包括人类在内的自然科学,包括自然界在内的人文科学”,它“正在从纯自然科学向社会科学过渡”并“开始从把人类作为外界因素向把人类作为内部因素而转变”。指出,城市实际上是一个生态系统,是一个以人类活动为中心的生态系统,即人类生态系统。同年在巴黎召开的MAB国际协调理事会第一次会议上,把研究“城市及工业系统中能量利用的生态学影响”,作为14个MAB研究课题的第11个,并列为4个重点课题(热带、干旱、山地、城市)之一。1973年在联邦德国巴德瑙赫姆(Bad Nanheim)召开的第11课题专家小组会议上,提出从系统的、整体的、多因子的角度来研究城市系统。1975年在巴黎召开的“人类居住地综合生态研究”工作会议和1977年在波兰波兹南召开的第11课题协调会议,总结了城市生态研究的开展情况,同年并在维也纳召开的MAB国际协调理事会第五次会议上,正式确认要“用综合生态方法研究城市系统及其他人类居住地”。到1977年6月,已有12个国家和地区,如香港、东京、法兰克福、罗马、开罗及巴布亚新几内亚的莱城等开展了城市生态研究,取得了初步研究成果,城市生态学的概念、理论和方法已被许多国家所采用。MAB计划在世界各地的实施和推广,大大推动了城市生态学的研究和发展。1979年,米勒(P·Miller)在《基本生态学概念和城市生态系统》中指出:城市,是一个以人为中心的复杂系统,城市生态系统则是以人为中心的环境系统。1981年我国著名生态环境学家马世骏教授提出了社会——经济——自然复合生态系统的理论,指出社会、经济和自然是三个不同性质的系统,但其各自生存与发展都受其他系统的结构、功能制约,必须当成一个复合生态系统来考虑。城市生态系统的结构包括社会结构(人口、劳力、智力等),人工结构(房屋、道路、管线及其他设施),资源结构(土地、淡水、食物、能源及其他原料资源,包括矿物原料和生物原料资源),环境结构(大气、水域、绿地等)四个方面。城市生态系统的功能表现为人口流(出生、死亡、迁入、迁出、旅游、出差、过境等)、劳力流(就业、退休、转业、调动等)、智力流(入学、毕业、升学、分配工作等)、物质流(粮食、副食、淡水、原料等的输入,产品的输出等)、能量流(燃料和电力的输入,余能和废热的输出等),信息流(通讯、广播、电视、报刊、图书、资料等传递与交流),价值流(货币、商品、商务、技术等的流通与交换等)。由此可见,城市是以人类社会为主体,以地域空间和各种设施为环境的生态系统。这个生态系统是城市社会与城市空间对立统一的系统。它的结构与功能要比生物生态系统复杂得多。它的稳定和发展取决于:

(1) 人口与土地空间的平衡;

(2) 劳动力数量与职业岗位的平衡;

(3) 各类产业之间的平衡;

(4) 生产设施与基础设施及生活服务设施的平衡;

(5) 城市规模与地区资源的平衡;

(6) 城市“三废”与环境容量的平衡等。

一旦这些平衡被打破,城市就会出现各种生态与环境问题,甚至危及生存与发展。因此,开展对城市生态学的研究其目的在于正确指导决策与城市发展、城市规划、城市开发、城市设计、城市建设与管理,实现城市可持续发展。

4. 城市生态系统的特点

(1) 城市生态系统是以人类(社会)为主体的生态系统

在以生物为主体的自然生态系统中,主要是生物及其生存环境组成的生态系统及生产者,消费者以及分解者(还原者),按照食物链和营养级的关系,形成生态金字塔(Ecological Pyramid)的关系(图 7-1),即植食动物的数量和活质总量小于绿色植物,肉食动物的数量和活质总量小于植食动物,各营养级的产量,也都呈金字塔式逐级递减。而在以人类社会为主体的城市生态系统中人成为生态系统的主体,人类的经济再生产活动和人类自身再生产活动,成为影响生态系统的决定因素,植物和动物居于从属的地位。在生物数量和活质总量的关系上呈倒金字塔形的关系(图 7-2),即单位面积上的人类活质总量远远超过植物活质总量。

图 7-1　　图 7-2

(2) 城市生态系统是具有人工化环境的生态系统

在城市生态系统中,那些自然生态系统中的主体——生物群落包括所谓的生产者,消费者和分解者,其生存与发展受到很大的限制和抑制,代之而成为主体的是人类社会。而土地、水体、大气等这些在自然生态系统中的环境因素也都受到了人工的改造,并且增添了许多自然环境中所没有的东西,形成人工化了的地貌(楼房等建筑物)、人工化了的气候(城市热岛与逆温层)、人工化了的"土壤"(混凝土或沥青路面等)、人工化了的"水系"(给排水管道等)以及其他许多人工设施,形成具有人工化环境的生态系统。人类社会的政治、经济、法律、文化和科学技术对城市生态系统的发展产生决定性的影响。当今城市发展几乎完全取决于人类的意志,有计划、有步骤地按照科学编制的城市规划实施城市建设已是世界各国的普遍原则。

(3) 城市生态系统是一个大开放系统

城市生态系统是一个全方位整体大开放系统。它不仅需要在其内部各子系统之间以及城市社会、经济等人工系统与自然环境系统之间的开放,而且也需要整个城市生态系统向外部系统开放。在城市生态系统中,需要输入大量的粮食、淡水、燃料、原料,输出大量的产品和废物。它是大输入、大输出、大容量、高密度、高效率的物质和能量转换的大开放系统。

(4) 城市生态系统是一个高度综合的复合生态系统

城市生态系统是人类为其生存发展所创造的一个社会——经济——自然高度综合的复合生态系统。这个生态系统,包括了自然环境系统的土壤、地质、地貌、水文、气象、植被等自然因素,也包括了社会、政治、经济、文化、科技等多项功能。而一个优化的城市生态系统必须是系统的结构合理,功能协调,系统内耗最小,效率最高。

(5) 城市生态系统是一个脆弱的生态系统

城市生态系统不是一个"自给自足"的系统,在城市生态系统中能量与物质要依靠其他生态系统的输入，同时，城市生态系统由于人为作用的结果，使城市的物理环境发生了重大的变化，产生了人工的地貌、人工的地面、人工的小气候，迅速改变了自然地貌和土壤的结构与性能，产生了环境的污染，从而破坏了自然调节机能，加剧了城市生态系统的脆弱性。

第二节 城市生态与环境规划

一、城市生态与环境规划的任务

城市生态与环境是以城市人群为主体的城市生命有机体与自然环境和社会环境之间的相互作用、制约和依赖构成的统一体，是一个庞大复杂的社会、经济、环境复合生态系统。

城市生态环境规划是对一定时期内城市生态环境建设的对策、目标和措施所作的规划，其目的在于提高环境质量，维护生态平衡，实现城市的可持续发展。在这个庞大复杂的复合生态系统中，环境的可持续性是基础，经济的可持续性是条件，社会的可持续性是目的，三者的协调发展是实现城市可持续发展的关键。因此，城市生态环境规划的任务就是缓解城市生态环境方面存在的问题，协调城市社会、经济的发展与城市生态环境之间的矛盾，防止生态环境的破坏与污染，为市民创造一个舒适、卫生、安全的高质量的持续发展的城市环境。

二、城市生态与环境规划的内容

城市生态与环境规划主要包括两个方面的内容。一个是城市体形环境规划，它包括城市空间结构与形态、城市环境绿化系统、城市景观环境控制、历史文物建筑及其地段环境、新城区与旧城区环境规划等方面。另一个是城市生态环境控制规划，主要侧重于城市环境质量的优化、控制，城市生态环境的保护与灾害的防治，产业结构的优化与工业布局的调整，城市大气环境、水环境、声环境、光环境和电磁辐射环境质量的控制与保护，以及固体废弃物综合利用与处理等方面。

第三节 城市体形环境规划

一、城市空间结构与形态

城市是一个有生命、有秩序的体形物质环境，而城市空间结构与形态，是构成不同城市体形环境的骨架，也是区别不同城市风貌特色的基础。城市的形成与发展，城市的空间结构与形态离不开自然生态条件，城市的体形环境是人工建造与自然环境有机结合，相互作用的结果。所有城市都是在一定的自然、地理环境的基础上形成与发展起来的。特定的地理区位、气候特征、山脉、河流、地形地貌、森林植被等自然生态条件，是形成城市空间结构的外部条件，而城市的各功能要素组织，城市的产业结构、市场、信息、文化、教育、交通网络、能源等基础设施以及城市的现状与历史特征等社会、经济要素构成了城市空间结构与形态的内部条件，城市结构与形态是城市的外部条件与内部条件相互作用，形成五彩纷呈、千姿百态、各具特色的城市形象世界。城市社会、城市经济和城市的一切活动，都必须以维护赖以生存的城市自然生态环境为前提，城市结构形态与城市自然生态环境须建立在一种适应协调的关系上。例如城市的布局结构、发展规模与道路骨架网络就不能脱离该城市所处的地理区位、气候条件、地形地貌、河湖水系与土地的环境容量等环境条件，如果二者不适应不协调，或人工建造超过了容许的环境容量，或城市的路网不能与当地的自然条件、地形地貌相结合，城市就会出现诸如人口密度过高、交通拥挤、城市建设与运营费用提高、城市特色消退、卫生条件下降、环境恶化、疾病丛生等“城市病”，就不能是健康的、舒适的与持续发展的城市。因此，城市生态与环境规划不仅要研究具体的局部的体形环境规划，而且首先要从总体上寻求城市结构形态的合理性，城市空间形态、路网结构与自然条件、地形地貌的整合性，使城市结构形态与自然生态环境和谐与适应。

二、环境绿化系统规划

环境绿化在城市生态系统中具有重要作用。人类对绿色植物有本能的爱好，绿色植物不仅有使用功能、观赏价值，更具有生理功能。绿色植物对改善生态环境、调节气候、增加湿度、降低气温、缓解热岛效应、降低噪声、吸收有害气体和尘埃、保护和增加生物多样性、发挥生物降解功能和防灾疏散功能，丰富居民精神文化生活、协调人与自然的关系等方面起着重要的作用。因此，森林植物与绿化环境建设不仅直接关系到城乡生态环境质量的好坏和居民生活质量的提高，而且也是一个城市和地区经济发展的必要条件，是实现城乡可持续发展的基本保障。

自古以来我国从城市选址、城市规划到住宅、庭院设计都非常重视生态环境的利用和绿化环境的建设。近年来，我国有许多城市纷纷提出建设“花园城市”、“园林城市”、“山水城市”、“森林城市”、“生态城市”等奋斗目标，“花园式工厂”、“花园式住区”、“生态式住区”、和“园林式单位”等一批高品位、高质量的工作、居住环境正在全国各地不断地涌现，许多城市的绿地面积正在逐步扩大，城乡绿地系统正在逐步得到改善，青山秀水、绿树成荫、鸟语花香、绿草如茵的城乡环境正在成为全国城乡环境建设的追求目标并逐步得到实现。

绿地系统规划的主要内容可参见本书第六章“城市景观与绿地系统规划”。从城市生态系统的要求来考虑，环境绿化问题，特别应该注意建构区域层面，即大环境圈的生态绿化系统。结合区域规划与区域(市域)的山脉、江河水系、农田水利工程、城市水源保护地等，通过植树造林，保持水土，保护植被，规划建设各种类型与功能的生态绿地系统，将市域环境绿化规划与国土整治规划相结合，实现大地园林化，形成城乡一体的网格化生态绿地系统。同时还要做好城市层面、居住区层面和家庭住宅等各个层面的绿化，构成优美、洁净的绿化环境。

三、城市景观环境控制规划

城市景观环境是城市形象世界的具体表现，它集中展现一个城市的特色风貌与建筑、历史文化特征。

城市景观环境控制规划是以景观生态学与视觉艺术法则为指导对城市景观环境进行总体设计与控制，以形成各具特色的多样统一的城市景观风貌。

城市景观环境控制包括城市总体景观形象环境的控制，城市轴线的环境控制，和城市景区、景点与历史文物建筑景观环境控制等方面。

1. 城市总体形象环境的控制

一个有特色的城市总体景观形象往往会给人留下最深刻的视觉印象，如海港城市青岛、大连、三亚，山水城市桂林、杭州、山城重庆，高原城市拉萨等。城市总体形象环境的控制是三维立体空间的控制，主要是通过对城市自然环境特征如山脉、河流、湖面、海滨、地形地貌等自然要素及建筑总体形象的视觉分析，合理确定城市的总体景观形象、城市立体空间轮廓线、天际线以及城市与主要活动空间、广场节点的尺度与高度控制要求。

(1) 高度分区：在全面分析评价城市用地功能结构及其与周边关系的基础上，根据城市用地不同使用性质与总体环境艺术需要，确定合理的高度分区，如低层区、多层区、高层区、混合区等，以求达到人工建造与城市自然总体环境的协调，城市总体面貌的多样统一与社会、经济与环境效益的统一要求。

(2) 建筑限高控制：根据高度分区控制对某些地区与建筑提出限高控制要求，如航空、微波通讯等净空限制要求，河道两侧与街道两侧的建筑高度控制等。

(3) 视廊控制：根据不同城市的风貌特征，制定景观视廊控制线，防止人工建造物遮挡视线走廊，以形成不同空间层次开敞的视线廊道。

(4) 城市轴线规划与控制：通过城市主要公共活动中心与广场节点的规划设计，形成收放有序，富有变化的城市主要人流集散的空间活动轴与城市景观艺术骨架，以集中展现城市文化的特色与风貌。

(5) 城市景点与历史文物建筑地段的景观环境控制：根据文物保护法与视觉分析，划定景点保护区范围及文物建筑保护范围。

(6) 建筑密度与修建总量控制：一个城市或一个社区必须有一个合理的开发强度。其建筑密度与修建总量必须在其容许的环境容量范围之内。如果密度过大，就会出现生态的失衡与破坏。

2. 慎重确定高层建筑的定位与修建

在城市景观环境控制中，高层建筑的修建是一个不可忽视的问题。我国许多大中城市由于城市经济的发展、建筑技术的进步、城市规模的扩大，建设用地的紧缺，高层建筑得到了迅速地发展，但由于缺乏正确的规划与设计引导，缺乏强有力的管理与法规控制，致使许多城市高层建筑的修建混乱无序，破坏了城市的总体形象。由于高层建筑投资大，体量大，对周围环境与交通将会产生较大影响，因此，必须谨慎对待高层建筑的修建问题。从景观生态环境的角度来审视建不建高层建筑主要取决于：

(1) 是否有利于保护城市的自然特征与历史文化特征，并与周围环境和谐与协调；

(2) 是否有利于强化城市的景观环境与风貌特征，增强城市的表现力；

(3) 是否有利于创造城市的新形象、新景点，为市民提供良好的外部空间环境。

对高层建筑的选址、区位、高度、容积率、体量、造型、色彩、红线后退、交通组织、停车泊位以及周围环境的处理及其对景观生态环境的有利与不利影响等都要进行详细分析，做出精心的设计。

高层建筑的修建，除了从景观生态环境上加以考量以外，还涉及社会、经济与工程技术等复杂因素，需作综合研究与考虑，对于在某些重要的地段修建有重大影响的高层建筑工程建设项目，按照有关规定与程序还需要进行环境影响预测与评估工作。

第四节　城市居住环境的优化与工业布局的调整

一、城市居住环境的优化

生活居住是城市的基本功能之一,居住区是一个城市的重要组成部分,居住区的空间环境和总体形象不仅对居民的日常生活、心理和生理健康产生直接的影响,而且很大程度上反映了这个城市的基本面貌。

居住区的规划设计,不仅要满足住户的基本生活需求,而且要着力创造优美的空间环境,为居民提供日常交往、休息、散步、健身等户外活动的需要。美国心理学家马斯洛认为,人有7种基本需求:即生存需求,生理需求,安全需求,爱的需求,尊重的需求,美的需求,自我实现的需求。人们在前一个需求得到满足以后,才会产生后一个更高层次的需求。居住区的环境设计就是要满足居民多种活动的需要,为实现人的更高层次的需求创造条件。因此,在居住区中,仅作好住宅、公建本身的设计还远远不够,还必须充分重视户外环境的优化设计,对宅旁绿地、小游园、公园等开敞空间,儿童、青少年和老年人、残疾人的活动场地,道路组织、路面和场地铺装、建筑、雕塑、小品、植物配置等都要进行精心组织与设计,场地绿化和路面铺装等要考虑生态化发展的要求,尽可能使地面水能渗透到地下,为居民创造高质量的生活居住空间环境和生态环境。

二、工业布局调整

城市的工业布局,不仅对城市的经济结构与经济发展起着重要的影响,而且对城市总体布局,人流、物流的运转,道路交通的组织与环境的保护等产生直接的影响。要优化、净化城市生态环境就有必要对城市现状不合理的工业布局进行必要的调整。工业布局的调整,首先应对城市工业布局的现状进行生态环境影响的调查分析与评估,根据调查分析与评估的结果提出调整建议。

(1) 工业布局的调整应有利于城市经济与生态环境的协调发展。

(2) 工业布局的调整要有利于产业的转型与生态化发展的要求,降低对能源的消耗,减少与防止环境的污染。

(3) 根据工业生产过程中对环境污染的程度及治理的难度提出限期治理或迁建或关、停、并、转等具体措施。

第五节　城市物理环境控制

一、城市大气环境的控制

大气是人类生存不可缺少的基本物质。在城市中高密度的人口与建筑,高强度的经济、信息活动,极大地改变了自然生态条件,影响了城市的小气候,产生了城市的热岛效应并使大气中的有害成分大大增加,从而改变了大气的正常成分,产生大气污染,对人类的健康和动植物的生长构成危害。

城市大气污染的污染源主要有工业污染源、生活污染源、交通运输污染源三大类。在工业城市中,由于工业生产排放的废气污染物量大、种类多、成分复杂,往往形成最严重的大气污染源。生活污染源主要是厨房、餐厅炊事排放的生活废气和烟尘。交通运输污染源,随着城市汽车拥有量的迅速增加,水、陆、空交通运输业的发展,各种交通工具废气排放量急剧上升,对城市大气环境造成严重污染。对人体健康造成危害的几种主要污染物有二氧化硫、一氧化碳、氮氧化物、碳氢化合物、铅、粉尘等。据统计(2000 全球环境展望),1996 年全球二氧化碳排放量达到将近 239 亿吨的新高峰,几乎是 1950 年排放总量的 4 倍!

控制大气污染,提高空气质量的主要措施是改变燃料结构,装置降尘、消烟环保设施以减少污染,采用清洁能源,增加绿地面积,强化监控管理措施,严格执行国家大气环境质量的标准及有关环境保护的相关规定。

二、水环境控制

水是人类赖以生存的基本物质保证。我国是一个缺水国家,节约用水和水环境的控制,在城市生态与环境规划中占有特别重要的地位,对实施城市的可持续发展有十分重要意义。

水环境控制规划包括水资源综合利用和保护规划与水污染综合整治规划两方面。

1. 水资源综合利用和保护规划

(1) 根据城市耗水量预测,分析水资源供需平衡情况,制定水资源综合开发利用与保护计划。

(2) 根据各个城市的不同饮用水水源(如地表水、地下水水源等)制定不同水源利用与保护规划措施,积极探索节水型产业和水工业生态化发展的可能与途径。对不同水源保护区,加强管理,防止污染。对地下水水源要全面摸清蕴藏量的基础上,实现合理开采,严格控制开采量,实现计划开采。

(3) 对滨海城市海域水资源加强保护,根据岸线自然生态特点,制定岸线与水域保护规划,严格控制陆源污染物的排放。

(4) 制定水资源的合理分配方案和节约用水、回水利用的对策与措施。

(5) 完善城市给水与排水系统。

(6) 探索雨水利用的新途径与新方法。

2. 城市水污染综合整治规划

水体污染是由于大量污染物质排入水体,其含量超过了水体的本底含量的自净能力,造成水质恶化,从而破坏了水体的正常功能。城市水污染是由于城市的生产、生活活动产生的污染物对水体造成的污染,包括工业污染、生活污染与农业污染源等。工业废水是水体最重要的污染源,它具有量大、面广、成分复杂、毒性大、不易净化和处理难度大等特点;生活污水多为无毒的无机盐类、需氧有机盐类、病原微生物类及洗涤剂,其特点是含氮、磷、硫多,细菌多,用水量具有季节变化规律;农业污染源包括牲畜粪便、农药、化肥等,具有有机物质、植物营养素、病原微生物含量、农药、化肥含量高等特点。城市水污染综合整治规划主要有以下内容:

(1) 根据城市发展计划,预测城市污水排放量。

(2) 正确确定城市排水系统与污水处理方案,发展生态处理方法,推广循环利用技术,减少污水处理量。

(3) 严格控制城市土地开发计划,减少水土流失与污染源的产生。

(4) 加强工业废水与生活污水等污染源的排放管制。

三、声环境控制

噪声对城市居民的健康有很大影响,随着城市经济、文化建设的发展与交通运输量的增加,城市噪声成为城市重要的污染源,城市噪声污染源主要有交通噪声、基本建设噪声、工厂生产噪声和活动噪声等四个主要方面。其中交通噪声已经成为对城市与居民区影响最大、最普遍的污染源,大约有70%的城市环境噪声来自交通工具,如汽车、火车、飞机、轮船等构成了城市空间立方体式的噪声污染源。目前我国公路两边的噪声大致在70～80dB(A)左右,当车速提高一倍,噪声可增加6～10dB(A)。在航空运输发达的城市地区,飞机产生的噪声危害最大,当飞机飞行在1.5hm高空时,压力波可扩散到飞行轨道两侧30～50km范围的地面,使许多居民受到影响。目前世界上约有一半的人生活在噪声污染环境之中,我国约有40%的城市居民生活在超噪声标准的环境中。噪声控制与降噪规划措施主要有:

(1) 调整城市布局结构,正确处理铁路进线、公路进线、机场选址及有噪声污染的工厂等与城市发展及与各功能区的相互关系。

(2) 优化产业结构,调整工业布局,对扰民大的工厂采取治理措施或迁建,从根本上消除大的噪声源。

(3) 对新开发的城市用地进行声环境影响与评估,根据国家城市区域环境噪声标准及其他功能要求进行合理规划与设计。

(4) 合理组织城市交通网络,尽可能避免交通噪声对居民区的干扰。

(5) 利用绿化处理,设置隔离带,降低噪声影响。

(6) 利用地形高低变化,阻止噪声的传播、降低噪声的影响。

(7) 对主要交通干线限制车流量或限制某些车辆进出特定区域。

四、城市固体废弃物的控制与处理

固体废弃物包括居住区的生活垃圾、建筑垃圾、工厂的废弃物及商业垃圾等,是城市重要的污染源。我国生活垃圾产生量十分惊人,城市居民平均每人每年要产生垃圾约300kg,并正以每年10%的水平增长,由于城市固体废弃物量大面广、种类繁多、成分复杂,并在收集、堆积与处理过程中往往容易产生二次污染,给控制与处理带来了巨大的困难。

城市固体废弃物的控制与处理对于综合利用与回收,净化城市环境,提高环境质量,获取经济效益,有着重要的意义。固体废弃物的控制首先要从源头上尽可能减少固体废弃物的产生,如:

(1) 积极发展绿色产业,提倡绿色消费,提高居民的环境保护意识,尽量减少产生或不产生固体废弃物污染源;严格控制"白色污染",发展可降解的商品。

(2) 提高全民的环境意识和文明程度,养成良好的卫生习惯,自觉维护环境的清洁;提高固体废弃物回收与综合利用率,变废为宝,实现固体废弃物的资源化、商品化。

固体废弃物的处理是应用物理、化学、生物等不同处理方法,将废弃物进行最终处理,其处理方法一般有卫生掩埋、堆肥、焚烧三种。不论采用何种方法都需要有足够的场地面积,因此合理选择固体废弃物的处理场地与处理方式是关键性的环节。

(1) 要按照不同的处理方式选择处理场址,上述三种不同的处理方法对场地选择有不同要求。

(2) 处理场地的面积,不仅要考虑本身的容量与生产设施的占地要求,同时要考虑配套设施与发展的需要。

(3) 考虑运输距离的经济性与合理性。

(4) 考虑场地的生态环境状况,如场地的气候、土壤、地质、水文等自然条件及其对周围环境的影响。

由于城市集中式固体废弃物处理场(厂)的建设占地大、投资大、处理复杂,并对周围环境可能产生的不利影响,因此对其布点、选址、处理方式的确定及其规划设计都需要进行环境影响的预测与评估,包括对环境的物理、化学影响,生态环境影响,社会、经济影响及文化影响等。

第六节　城市环境灾害的控制

一、城市灾害

城市由于人口集中、各种活动频繁,物质财富与文化财富高度密集,一旦城市发生天然或人为的灾害,不仅直接破坏城市生态系统的平衡,而且会对国家和人民的生命、财产安全带来重大的损失。

城市灾害的类型可分为天然灾害和人为灾害两大类。

1. 天然灾害:主要为地震、水灾、风灾、海啸等。这类灾害是现代科学技术尚无法完全加以防止,只能事前加强预测、监视、预警工作,使灾害发生时将其破坏程度减到最低。

2. 人为灾害:主要是火灾与爆炸灾害、地质灾害及产业公害三类。

(1) 火灾与爆炸灾害:是城市灾害中最常见类型。它是由引火性液体、可燃性气体、爆炸性物质及其他危险性物质或用电不慎等所引发的灾害。

(2) 地质灾害:主要是由于对坡地开发不当所引发的滑坡、崩塌等灾害以及对地下水的过度开采而造成城市地面下沉或滨海城市海岸地区地层下陷、海水倒灌等环境灾害现象。

(3) 产业公害:随着产业活动而产生的环境污染,如大气污染、水污染、毒性废弃物污染、噪声污染、震动污染等。

二、城市环境灾害的防治与控制

城市是高度的人为干扰地区,城市人为灾害的发生常常是由于人为的因素引起城市生态环境系统的改变,或因天然灾害与人为事件在时间与空间上的叠加所造成的交互影响而产生重大的破坏与危害。

城市环境灾害的控制最重要的是对城市灾害发生源的控制。事先的预防比事后的整治工作更为重要。灾害发生后,最重要的是控制与减少它的破坏程度,使损失降至最小。

1. 控制灾害形成的自然因素和人为因素,以降低灾害发生的几率;

2. 将防灾规划与管理法规及监测系统结合起来,以有效减少灾害的发生和灾害发生后

的直接破坏程度,防止或减少次生灾害的发生;

3. 在城市规划中加强环境因素的分析,对各种环境敏感地区应充分考虑地质、土壤、水文、气候等因素,进行用地适宜性分析,从防灾、救灾的角度,正确确定城市各项用地的最适区位,并设置必要的灾害缓冲区、疏散避难区等开放空间,控制城市密集区的人口规模与密度,控制开发强度,合理确定容积率、建蔽率等,以降低城市灾害发生的风险程度;

4. 在旧城区,由于建筑密集、道路狭窄,往往是城市灾害容易发生的环境因素,灾害发生后且容易扩大与蔓延,并引发二次灾害。因此,应加强旧城密集区的环境改造,改善交通、卫生条件,增辟绿化、广场用地,降低人口、建筑密度,完善消防安全设施;

5. 建设城市开放空间防灾、疏散、避难系统。城市开放空间,不仅在平时可为市民创造良好的生活、游憩环境,而且在灾时可为救灾、避难、抢险提供重要的空间。利用城市公园、小游园、广场、防护绿带、河滨、湖面等开放空间作为灾害缓冲区,达到临时疏散避难、抢险之功能;

6. 提高市民防灾意识,建立综合性防灾减灾体制,如城市给水管道、燃气管道、电力、电信等居民生活不可缺少的城市公用设施的监测、控制体制,替代系统以及快速通报与修建维护体制,紧急用物资贮备体制等。

21世纪将是城市的世纪,全世界将有一半以上的人口生活在城市,城市将面临更大的环境问题的严峻挑战,城市生态与环境规划也将日显重要。随着全球城市化与环境科学技术的发展,城市生态与环境规划的内涵和内容也将不断得到充实与发展。

(黄光宇)

主要参考文献:

[1] 国家环境保护局译 .21 世纪议程 . 中国环境科学出版社,1993

[2] 中国 21 世纪议程——中国 21 世纪人口、环境与发展白皮书 . 中国环境科学出版社,1994

[3] 曲格平 . 中国环境问题与对策 . 中国环境科学出版社,1984

[4] 曲格平等 . 世界环境问题的发展 . 中国环境科学出版社,1988

[5] 迪维诺著 . 李耶波译 . 生态学概论 . 科学出版社,1987

[6] Odum,E.P.,孙儒冰等译 . 生态学基础 . 人民教育出版社,1981

[7] [日]高原荣重 . 杨曾智等译 . 城市绿地规划 . 中国建筑工业出版社,1974

[8] 王如松、马世骏,天津市环境保护局编 . 城市生态系统与污染综合防治 . 中国环境科学出版社,1988

[9] 唐水銮等 . 大气环境学 . 中山大学出版社,1988

[10] 井文涌 . 当代世界环境 . 中国环境科学出版社,1989

[11] 河林武 . 都市大气环境 . 东京大学出版社,1979

[12] [美]J.O. 西蒙兹,程里尧译 . 大地景观——环境规划指南 . 中国建筑工业出版社,1990

[13] [美]H. 麦克哈格,芮经纬译 . 设计结合自然 . 中国建筑工业出版社,1992

[14] 马世骏 . 现代生态学透视 . 科学出版社,1990

[15] 于志熙 . 城市生态学 . 中国林业出版社,1992

[16] 蒋维等 . 中国城市综合减灾对策 . 中国建筑工业出版社,1992

[17] 张志杰 . 环境污染生态学 . 中国环境科学出版社,1992

[18] 何强等编 . 环境学导论(第二版). 清华大学出版社,1994

[19] 黄润华、贾振邦编著 . 环境学基础教程 . 高等教育出版社,1997

[20] 金岚等 . 环境生态学 . 高等教育出版社,1992

[21] 齐康主编．城市环境规划设计方法．中国建筑工业出版社,1997
[22] 杨士弘等编著．城市生态环境学．科学出版社,1999
[23] 宗跃光．城市景观规划的理论和方法．中国科学技术出版社,1993
[24] 吴良镛．"世纪之交论中国城市规划发展"．城市规划．1998 年第 1 期
[25] 杨邦杰等．城市生态调控的决策支撑系统．中国科学技术出版社,1992
[26] 余谋昌．创造美的生态环境．中国社会科学出版社,1997

第八章　城市历史环境保护规划

城市是人类社会发展到一定历史阶段的产物。当今世界，城市不仅成为一定地域范围内的社会政治、经济和文化活动的中心，人类主要的聚居形式；还集聚了大量的物质财富和文化积淀，十分集中地体现了人类社会的物质和精神文明。

每个城市都有自己的历史。一个城市的文物古迹、历史性建筑和传统民居、历史街区、古典园林及其他历史环境等，是历史信息的真实载体，它向人们述说城市乃至一个地区和国家的历史。然而，由于自然和人为的损毁，许多代表历史辉煌一页的实物早已荡然无存，这也使得留存至今的历史遗存更为稀少和珍贵。保护尚存的历史文化遗存并将它传给后代，这是当代人的历史责任。同时，它的意义不仅在于这些遗存本身具有重要历史、艺术和科学价值，是宝贵的物质和精神财富；还对提高城市的文化品位，保持风貌特色，创造多样性的现代人居环境都有着不可替代的重要作用。

城市的兴起和发展是一个长期演变的过程，继承和延续与发展和更新的同时并存，是一个客观规律。人们从长期实践中认识到如何保护好历史文化遗存，处理好城市的历史保护与未来发展的关系，是城市规划建设的重要问题。而一个正确的指导思想和好的规划正是指导与控制城市协调发展的科学决策和有效手段。由此，城市历史保护的物质环境方面，也就是通常所说的城市历史环境保护，成了城市规划学科的重要课题。在众多的城市之中，有不少城市特别是历史古城和旧城区，往往是历史文化积淀最丰厚的地段，也是矛盾突出和协调难度最大的地段，是城市历史环境保护规划研究的重点。

第一节　城市历史环境保护思想的起源和发展

城市历史环境的保护最初起源于对文物古迹和修复古建筑的兴趣，考察、发掘古遗址和修复古建筑的活动并不局限于城市地区。工业革命带来城市化加速进程，以及不恰当使用现代技术造成对古建筑的破坏，人们开始思考和萌发了近现代的文物建筑保护运动，并由保护古建筑发展到保护历史环境。到20世纪通过了一系列的国际宪章，发达国家城市历史环境保护的思想和经验趋于成熟，发展中国家也有了很快的发展，形成了今天国际公认的原则和主导思想。

1. 近代历史环境保护思想在英国兴起

近代的保护思想始于18世纪末的英国。在工业革命后相当长一段时间，人们重视的是发展工业，不仅造成环境恶化，甚至不惜拆毁一些历史性建筑。后因浪漫主义对历史传统的崇拜而开始注意历史性建筑遗存，在英国引起了对修复中世纪哥特建筑的兴趣。随后这个运动又从英国扩展到欧洲大陆，形成所谓"风格复原"的热潮，许多教堂按照当时人们认为理想的形式加以复原和改造。但是这种修复运动到了19世纪中叶引起了反对。

1877年英国人威廉·莫里斯受拉斯金的影响发起建立了古建筑保护协会，其目的是防止古建筑被重建及不正确地使用现代技术造成的破坏，倡导保存年代特征和修复工作采用传统工艺而不是更新。后来这一思想在法国、意大利等国被接受和发展，如到20世纪初在意大利提出强调文物建筑的综合价值，要求尊重其在过程中所获得的所有历史信息。近代保护思想的传播和发展，为后来的一系列有关历史保护的国际宪章奠定了基础，使现代保护运动逐步走向成熟阶段。

2．20世纪产生了一系列的国际宪章

文物古建筑保护和修复的国际宪章主要有：

(1) 1933年国际现代建筑协会拟定的《雅典宪章》不仅提出了现代城市的基本思想和准则，还提出"有历史价值的古建筑均应妥为保存，不可加以破坏"，要求包括"在所有可能条件下，将所有干路避免穿行古建筑区"。

(2) 1964年国际文物工作者理事会（ICOM）通过了《国际古迹保护与修复宪章》（威尼斯宪章）。该宪章开宗明义指出"人类越来越意识到人类价值的统一性，并把古代遗迹看作共同的遗产，认识到为后代保护这些古迹的共同责任"。威尼斯宪章对保护的定义与宗旨做了明确规定。历史古迹的概念扩展了，它"不仅包括单个建筑，而且包括能从中找出一种独特文明、一种有意义的发展或一个历史事件见证的城市或乡村环境"。保护与修复的目的旨在把它们既作为历史见证，又作为艺术品予以保护。"因此，保护的至关重要之点在于日常维护，而因功能改变需要进行的改动必须是规定的限度之内才可以考虑。"对于修复，强调"其目的旨在保存和展示古迹的美学与历史价值，并以尊重原始材料和确凿文献为依据"。此外，还具体规定了修补古迹的缺失部分必须与整体保持和谐并有所区别，避免歪曲其艺术或历史见证，损毁已有的历史信息。威尼斯宪章是近现代保护思想发展成果的体现，也是对战后各国保护运动实践的总结。

(3) 1976年联合国教科文组织通过了《关于历史地区的保护及其当代作用的建议》（内罗毕宣言），明确提出"历史建筑地区"的概念。虽然早在雅典宪章中即已提到有历史价值的建筑和地区，但未明确其定义。宣言认为保护不是指单一的行动，还应包括整个过程，即"保护系指对历史或传统地区及其环境的鉴定、保护、修复、修缮、维修和复原"。内罗毕宣言重申了《威尼斯宪章》要保护一定规模的环境这一原则，还针对当代问题进一步指出，对每一地区及其周围的环境应从整体上视为一个相互联系的统一体。面对历史地区遭到直接破坏和其环境特征被毁的危险，要求建筑师和城市规划者应谨慎从事，以确保古迹和历史地区的景色不致遭到破坏，并确保历史地区与当代生活和谐一致。

(4) 1987年国际古迹遗址理事会通过了《保护历史城镇与城区宪章》（华盛顿宪章），这是专门为保护历史城镇与城区的国际宪章，以作为威尼斯宪章的补充。新的文本规定了保护历史城镇和城区的原则、目标和方法。华盛顿宪章最主要的贡献在于确立了保护历史城镇和其他历史城区的地位，"对历史城镇和其他历史地区的保护应成为经济与社会发展政策的完整组成部分，并应当列入各级城市和地区规划"；提出了保存历史城镇和城区的特征，应包括表明这种特征的一切物质和精神的组成部分，特别是有关历史城镇的形制、空间关系、建筑风格和外貌、自然和人工环境、城镇长期以来所获得的各种作用的延续等，认为危及和损毁这些特征都将损害历史城镇和城区的历史真实性。

从以上国际宪章可以看到，现代国际历史环境保护的思想和准则已经确立，保护的概念和范围有了很大扩展:已由单纯保护文物古迹发展到保护其环境和历史城镇及城区;保护不仅是维护和修复,而是一个以保存历史真实及多样性的过程和系统;保护工作也从学术研究以至社会广泛关注的运动逐步纳入行政立法管理,并成为城市发展政策和城市规划的组成部分。

第二节　城市历史环境保护课题的内容和方法

1. 城市历史保护是一个广泛的概念

广义而言,城市历史保护包括保护城市历史的物质环境、文物史料、传统文化及健康生活习俗等多方面,涉及历史、考古、文化艺术、城市规划与建筑、城市建设管理以至社会经济等多学科多部门的工作,并成为社会公众广泛参与的活动。

城市历史环境保护以保护物质环境为重点,同时涉及精神文明方面的内容。它也是一种需要多学科的研究,可以从不同角度和不同侧重来进行。例如从城市科学研究保护问题,一般多侧重于城市的历史文化与社会经济发展方面;而文物考古多研究文物古迹的考察、发掘与文物及其基址保护等问题。城市规划学科则主要从物质空间环境角度来研究问题,同时也涉及相关的文化和社会经济内容,但其主要目的是发掘保护对象的文化内涵、保护历史环境和协调城市建设发展。

2. 城市规划学科的历史环境保护

作为城市规划的一个分支学科,城市历史环境保护主要涉及城市规划领域的相关思想和理论、政策法规、规划设计和实施管理科学化等。该学科的特点是理论研究与规划和实施的结合;工程技术与文化和社会经济的结合;专家作用与领导和公众参与的结合。它既然属于城市规划学科,其研究和设计成果同样主要是提供理论指导和决策依据,以及促进技术进步。规划设计成果通过鉴定审查和被采纳,以付诸实施及管理的效果来检验。

思想理论的研究通过深入了解和借鉴国际确立的近现代保护思想和原则,在总结实践经验的基础上,探索一条适合国情的城市及其他地区历史环境保护的有效途径,并从理论和思想认识上提高,以解决面临的原则问题。

以理论认识和我国国情为基础,依据已有的法律研究制定相应的行政和技术法规,制定保护政策,以及地方的保护条例和规划设计指南等,通过立法和决策机构采纳,为规划设计和管理提供依据。

根据不同层次、范围和不同特点的历史文化环境编制保护规划,如历史文化名城保护规划,历史地段保护规划等。这类规划主要是明确所规划的城市或地段的历史文化价值和特色;确定保护的目标、内容和重点;划定保护范围;提出保护措施及近期实施设想等。在学术研究方面,还应包括有关规划优化和方法探讨等。

规划实施管理随着科学发展和技术进步,也不仅是日常的具体工作,需要进行总结和研究,以建立科学的现代管理系统。管理方面还应包括如何建立有效的机制,使之同时起到管理、协调和宣传的作用。

第三节　国外城市历史环境保护

遵循国际公认的原则,不同国家根据自己的文化背景和社会经济条件,采取了有所不同的做法,使对保护的认识和实践更丰富多样。现以英国、法国、意大利、日本为例,简要介绍一些国家的情况。

1. 英国

英国早在1882年即颁布了第一个《古迹保护法》,1967年颁布了《城市文明法》并据此划定保护区,1990年新颁布了《登录建筑及保护区规划法》。按照英国的立法将历史文化遗产分为两大类:即按类似博物馆方式进行保护的古迹,英国的古迹与中国的文物有相同之处,根据1882年的《古迹保护法令》,其保护内容主要是那些史前遗迹和古堡等;登录建筑则要广泛得多,是指那些尚不属于古迹但有历史价值的经行政主管部门登录在册加以保护的历史性建筑。

在英国城市历史环境的保护分为三个层次,历史古城、保护区和登录建筑。进行整体保护的历史古城只有巴思、切斯特、契切斯特和约克。这四座古城的规模都不大,旅游和商贸发达,古城整体格局和历史性建筑群保护完好。1968年英国环境部组织了一个特别顾问组对这四座古城进行了调查研究之后,提出建议并列为全国重点保护的城市。例如约克不仅历史悠久,且古城保护完整,对古城内采取了整体保护的方针。全市划分了11个保护区。其中古城核心是一个大的保护区,基本包括整座古城及其西北侧的历史街区在内。这里有古罗马遗迹和残存的城防设施;古老的敏斯特教堂和历史街区;地下的约克村遗址以及历史性公园等。

英国现在约有7000个左右保护区。划定保护区首先是考虑该区的整体特点或称之为群体价值,而不是某个或某几个单体建筑。保护区不仅限于城市,还包括有些村镇。保护区的规模差别很大,从整个城市中心到广场和一小群建筑都可能划为保护区。因此,人们不仅可以看到有如伦敦的查非加广场——议会街——议会广场、圣·保罗教堂等大都会的宏伟古建筑群;还有建于19世纪的布拉德福德市郊的沙尔泰纺织工厂和工人村。

英国城市历史环境保护的重点是登录建筑。登录建筑的范围广,它可以是住宅、办公楼、商店乃至厂房和仓库;数量多,例如在约克这个仅10万人的历史古城就有登录建筑850处之多,伦敦城区在1991年就划定了23个保护区及543处登录建筑;可利用,登录建筑的拆除是很严格的,但却允许在不改变立面风格和内部基本格局的条件下进行必要的整修和改善,完善内部的水电等管线设施,以更好地适合利用。在英国将历史性的厂房建筑改为办公楼,教堂改为学校或商场并不鲜见。正因为英国强调登录建筑的允许完善内部设施和实际利用,加之人们喜好传统生活方式的影响,才有可能维持这样一个庞大数量的保护较为完好的保护区和登录建筑。

2. 法国

法国在城市历史环境保护和发展创新方面都有独特的地方。巴黎是世界著名的历史文化名城,以历史遗存丰富和文化思想活跃著称。巴黎留下了香榭丽舍大街这条城市历史轴线和众多的历史性广场,卢浮宫、巴黎圣母院等古建筑。巴黎对旧城区保护历史环境的一个重要措施就是严格控制建筑高度,几经修订其建筑高度控制的法规。特别是在大城市由于建筑高度的增加,正在急剧地改变原有历史环境的空间尺度和使重要的轮廓线受到威胁,对此,巴黎采取了越到旧城中心,建筑高度限制越严格的办法。1974年市议会再次通过了一个修改法案,不仅要求控制建筑形式,还要求控制其类型。关于建筑高度等控制虽然也不断引起争议,但由于重视城市道路与两侧建筑高度的比例关系,并依法规进行管理,所以旧城主要历史街区保护的整体效果良好。

另一方面,巴黎在对待城市历史文化环境和古建筑保护的认识和处理手法亦有与众不同之处。突出的例子当属兴建时颇有争议而现已成为历史性标志的埃菲尔铁塔,以及不久前完成十分轰动的卢浮宫广场改建。埃菲尔铁塔不单是因岁月流逝而成为历史性标志物,还同时在环境设计方面做了许多工作,留出大片较开阔的场地作为与城市街区之间的过渡地带,也为游人提供了观赏铁塔的活动场所。卢浮宫广场的改建主要是开辟地下空间,这对古建筑的保护是有利的,至于突出地面的金字塔形玻璃顶则有不同的看法,赞许者认为采取对比的方式与古建筑不致混淆正是其大胆成功之处。

3. 意大利

在意大利这个古罗马帝国时期以及其他历史文化遗存遍布的国家,对城市历史环境的保护是十分重视的,罗马、威尼斯、佛罗伦萨等历史古城至今仍保留了昔日的辉煌和风采。意大利的保护思想发展较早,主张对文物建筑进行保护、加固而不是修复,即使必要的加固和修缮需要增添的部分,也应与原迹有所区别。我们可从罗马古城保护的大量实例中,十分突出地看到这种对残存遗址的态度和处理方法。例如罗马有许多广场的遗迹,也是经过适当清理之后,通过展示平面基址和局部的残件复位或复原,以展示昔日宏伟的风貌。这种保护思想和方法对其他国家有着重要影响。

在意大利为了保护一些独特的建筑和历史环境,也面临一些特殊的难题。例如比萨斜塔继续倾斜近年来引起国际上的关注和担忧,目前正在采取抢救措施,但其目的是防止其继续倾斜而倒毁,并不是要把它扶正而失掉斜塔的形象。威尼斯城市历史城区部分的整体保护不单是保护了古建筑群,街道和水系构成的格局,还保持了以水上交通为主的这一传统的出行活动方式,使古城增添了特有的魅力。但另一方面临水建筑底层的防水防潮问题亦日渐严重,也困扰着当地居民的生活。像这类问题更需要加强科学研究,运用现代技术妥善解决。

4. 日本

具有东方文化背景,历史性建筑的形式和建筑材料与中国相近的日本,城市历史环境保护的起步较我国略早。1996 年日本颁布了《日本关于古都历史风土保存特别措施法》(古都保存法),根据该法律所谓之"古都","是指曾经作为我国历史上的政治、文化中心地并占有重要历史地位的京都市、奈良市、镰仓市,以及以政令形式而确定其他市、町、村之谓"。古都保存也根据情况制定一些"历史风土保存区域"。保存区域的主要目的在于保护其传统风貌,而对相当于我国的文物保护单位的"文化财"则主要是保护传统建造物群。

日本传统建造物群保存地区的保护,在划定范围时十分强调视线和环境景观。许多传统建造物群是以历史性街道为轴线,范围不大,以风貌景观保护为特征的重点地段的保护。由于重点明确,集中保护,实施效果均较好。历史风土保存地区的保护主要是风貌整治,限制新的开发。包括建筑物或其他构筑物的新建、改建或扩建;宅基的建造、土地的开发及其他变更土地的性质或形状;竹木的采伐;土、石的开采;以及其他尚有可能对历史风土保存有影响的活动均需预先提出申请和按有关施行令施行。风貌整治根据不同层次和建、构筑物的情况,分别采取修缮、修景和控制三种方法。修缮主要是针对历史性建、构筑物,以尊重原有物件为原则,必须更换时亦尽量采用传统的式样和材料,所以是严格的。修景是通过改建、拆除或新建方式,改善建、构筑物的立面和外部有冲突的景观环境使之协调。控制主要是对改建和新建建、构筑物的高度、体量、色彩、形式等进行控制,以创造核心保护区的良好视觉背景。以上内容参见图 8-1～图 8-4。

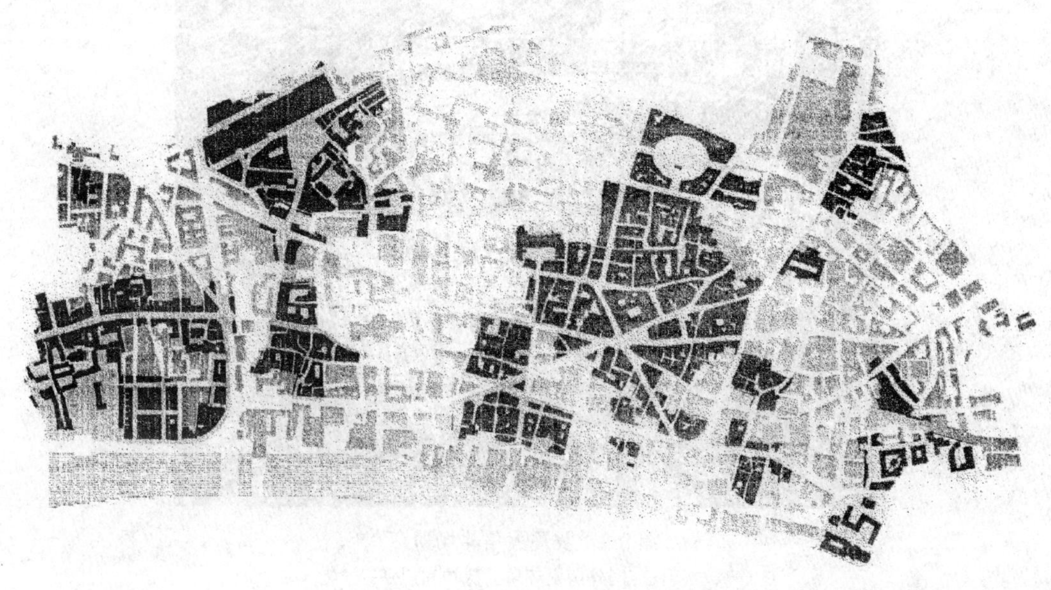

注:图中深色部分为保护区

图 8-1 伦敦中心城区 23 个保护区分布图

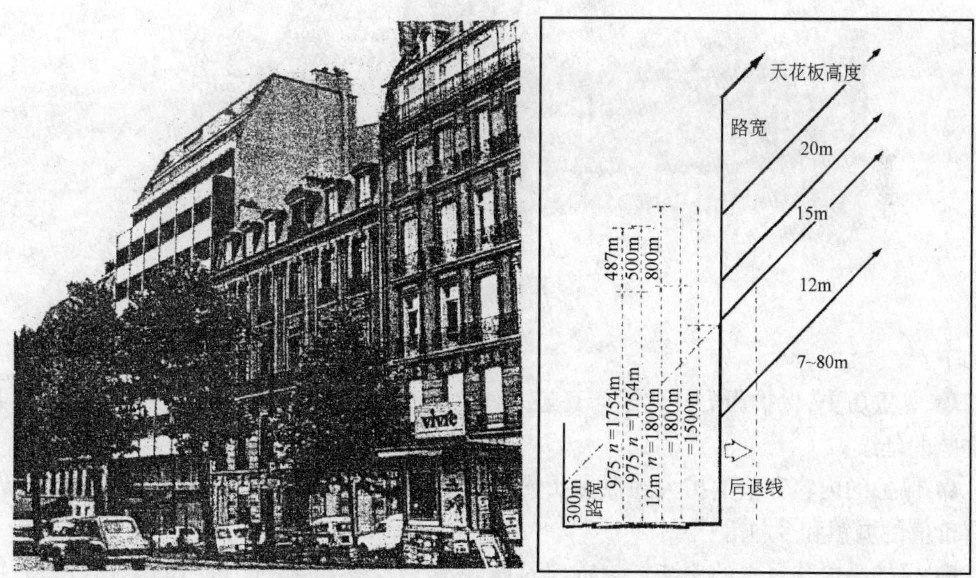

图 8-2 巴黎 1967 年法规确定的建筑廓线及按此建设的伊埃娜大街

(引自《国外历史环境的保护和规划》)

5. 国际的共识

城市历史环境、历史文化和遗产的保护,已经确定了共同的国际准则,发达国家和其他国家及地区积累了经验,形成了国际历史保护运动的主导思想和主流。这些思想和主要原

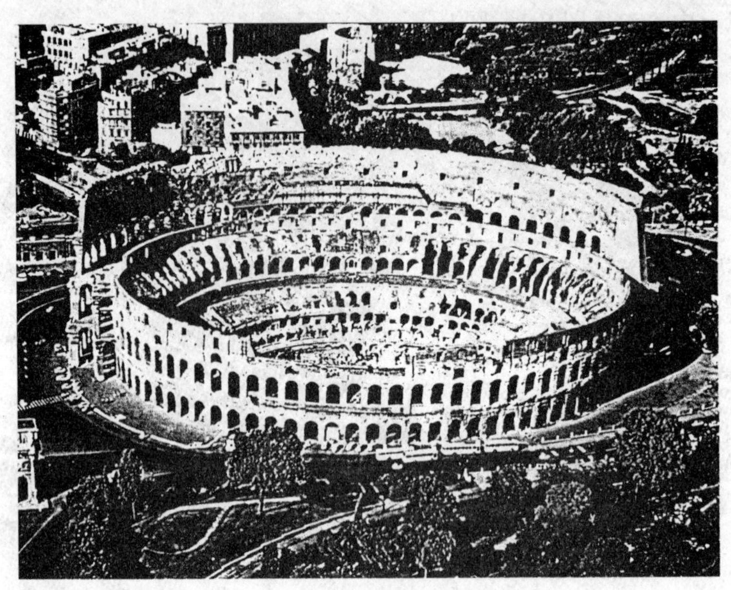

图 8-3　罗马大角斗场遗存

(引自《国外历史环境的保护和规划》)

图 8-4　战后重建的华沙古城

则如下:

● 尊重历史,保护历史文化遗产真迹并使之保存和流传下去。城市的发展要保持其历史文脉的延续;

● 保护的内容和范围扩大到保护历史地区和城市,保护对象及其所在的环境,以及保护有价值的城镇和乡村等;

● 保护手段从过去的单纯文物古建筑修复演变为多学科共同参与的综合行为。保护方式多样性,采用先进技术的目的不是改变原物和原有的历史信息,而是延迟损毁和留为以后研究;

● 在保护前提出合理利用,规划与实施管理紧密结合。通过规划实施创造良好的历史文化环境,同时也满足城市现代生活多样性的需要;

● 历史文化遗产是人类的共同财富,公布世界文化遗产和加强国际使用与交流。

应该注意到:城市历史环境保护的研究还有待深入,社会和技术进步将为研究与学科发展提供新的思想、方法及前景,解决目前尚存在的有些问题。还要看到:各个国家的不同条件和保护运动发展不平衡,发展中国家需要借鉴发达国家的经验及教训,避免在工业化初期和城市急速发展进程中产生的失误。

第四节　中国城市历史环境的保护

中国对文物古迹的保护源远流长,但现代保护思想的发展和工作起步较晚,到20世纪80年代后发展较快。中国历史环境保护经历了体系的形成、发展和趋于成熟深化的阶段。城市历史环境保护的理论探讨、规划设计和实施管理也随之逐步引向深入和发展。

1. 三个发展阶段和三个层次的保护体系

在20世纪50年代以后的一段时间里,我国还是将历史文化遗产保护的内容和范围局限在主要是保护各级文物保护单位。1951年中央人民政府即发布了《关于保护文物古建筑的指示》等文件,此后作出了一系列有关保护规定,到1961年国务院公布了第一批全国重点文物保护单位共计180处,还发布了《文物保护管理暂行条例》。

1982年国务院批转《国家建委等部门关于保护我国历史文化名城的请示》并公布第一批24个历史文化名城,标志着我国历史文化遗产的保护进入了新的阶段。至今我国已公布了101个国家级历史文化名城和一批省级历史文化名城。在中国,历史文化名城是一个法定的概念,是指"经国务院或省级人民政府核定公布的,保存文物特别丰富、具有重大历史价值和革命意义的城市"。从1982年前后到1994年公布第三批国家级历史文化名城名单的十余年里,确定了历史文化名城的法定地位,国家通过了《文物保护法》和《城市规划法》等法律,主管部门还拟定了相应的实施细则和历史文化名城保护规划编制办法等。

早在1986年国务院公布第二批历史文化名城名单时就指出:"对文物古迹比较集中,或能较完整体现某一历史时期传统风貌和民族地方特色的街区、建筑群、小镇、村落等也予以保护,可根据它们的历史、艺术和科学价值,核定公布为地方各级历史文化保护区"。随着对城市历史环境保护的认识加深,同时在经济建设高速发展中保护面临的新问题变得更为突出,历史文化名城及其他城镇中的历史街区保护提到了重要位置。主管部门、学术组织和关注保护的社会团体等积极推动将历史地段中一批急需重点保护的历史街区及村镇等定为历史文化保护区。

中国历史文化名城一览表　　**表8-1**

第一批24个	北京、承德、大同、南京、苏州、扬州、杭州、绍兴、泉州、景德镇、曲阜、洛阳、开封、江陵、长沙、广州、桂林、成都、遵义、昆明、大理、拉萨、西安、延安
第二批38个	上海、天津、沈阳、武汉、南昌、重庆、保定、平遥、呼和浩特、镇江、常熟、徐州、淮安、宁波、歙县、寿县、亳州、福州、漳州、济南、安阳、南阳、商丘(县)襄樊、潮州、阆中、宜宾、自贡、镇远、丽江、日喀则、韩城、榆林、武威、张掖、敦煌、银川、喀什
第三批37个	正定、邯郸、新绛、代县、祁县、哈尔滨、吉林、集安、衢州、临海、长汀、赣州、青岛、聊城、邹城、临淄、郑州、浚县、随州、钟祥、岳阳、肇庆、佛山、梅州、海康、柳州、琼山、乐山、都江堰、泸州、建水、巍山、江孜、咸阳、汉中、天水、同仁
第四批2个	山海关、凤凰

现在,我国已经形成了保护文物保护单位、历史文化保护区和历史文化名城三个层次的完整体系。建立三个层次的保护体系,有利于按照我国的国情更好解决城市以及村镇的历史环境保护中的实际问题,这也是中国历史保护工作的一大特色和贡献。

2. 理论探讨

有关历史环境保护的较为广泛的理论探讨热潮起于 1980 年前后。在此之前的学术研究更多限于对文物古迹的保护。当时学术讨论的热点多涉及历史文化遗产的价值和城市历史环境保护的意义。通过大量介绍国外近现代保护思想及实践经验,呼吁弘扬优秀的中华文化,实际上是为酝酿公布第一批历史文化名城名单做了准备和在名单公布前后进行的宣传工作。

在 1982 年以后的一段时间里,学术研究和讨论十分活跃。当时主要集中的问题有如保护与发展的关系、保护的内容和重点、城市风貌特色以及保护规划的编制方法等。其中尤以保护与发展的关系和风貌特色问题更是争论的焦点。主张要重视保护的观点基于城市发展不能割断历史文脉,历史文化遗产的价值绝不是当前经济效益所能替代的,要保护好历史文化遗产必须包括保护一定的空间环境在内。而强调发展的思路则认为要实现现代化则不能迁就旧有遗存,强调保护会限制城市的经济发展,延迟和阻碍居民生活环境条件的改善。其实保护与发展在客观上既有矛盾又是共存的,以为保护会阻碍发展的观点恰恰是只看到矛盾的一面。正确认识保护历史的必要性和城市发展的必然性,并将二者协调起来,问题是可以得到较好解决的。同时,随着技术进步和人们对历史文化和自然环境的价值取向有了新的变化,对现代化的认识也有了新的拓展。中国正处于一个急速发展的阶段,而城市的物质环境条件一般都较差又急需改善,无疑增加了协调矛盾的难度,这正是需要深入研究的课题,更不能采取简单化的办法处理。对保护与发展的关系还会有不同的看法,但现在关于协调发展的原则,因地制宜分区分级保护的原则已得到普遍的认同。

关于城市风貌特色问题,城市规划设计更多地考虑的是一个城市的整体风貌特色,公共空间和建筑的外部环境,包括建筑风格的基调以及重点地段新旧建筑群的协调等。

对城市风貌特色及建筑风格问题大体有三种倾向。一种看法是要现代化国际化,甚至认为在历史文化保护区可以大胆引入现代流行的建筑形式,强调新建筑与历史性建筑的共性和对比,并举出世界上的名家之作为例证。在理论上新旧共存和风格差异应该是客观存在的,但在实践中成功之作太少,而杂乱无章的建筑却越来越多地在保护区内涌现。这种观点无疑会对历史环境的保护带来不利的影响。另一种倾向是在保护的名义下各类新建的仿古建筑盛行,黄琉璃瓦顶被滥用,这既不合现代化的要求,也是对保护传统文化的曲解。城市风貌特色的形成是一个过程,只有将现代功能和居民生活需要结合所在城市的历史文化和自然条件,才能把握城市特色的内涵和品位。对现代化的理解不能局限于物质和技术,更不能简单地照抄流行的高楼大厦。随着人们对历史文化和自然环境的认识发展,历史古城、历史街区及风景名胜等这些体现城市特色的重要内容,将成为满足人们多样性的现代生活需求的组成部分。因此,有效地保护它们正是保持城市特色的重要方法。

如何确定一个历史文化名城需要保护的内容,既是编制规划的实际问题,也需要进行一定的探讨。保护历史文化名城之所以提出,主要原因之一是过去仅保护文物古迹已经不够了,还必须保护城市所在地的内外部环境,诸如保护山川名胜和风景名胜;保护历史古城的形制、水系和路网格局;保护重要的历史街区;保护那些尚未列为文物保护单位但确有保护价值的历史性建筑和民居以及其他的内容等。这些都是属于物质内容。对文化和精神方面的内容有如特色风物,地方文化以及健康的风俗等,也应该保护和继承。问题在于如何以保护尚存的历史信息的真实载体为基础,发掘其固有的文化内涵和发挥其建设精神文明的作用。

1986年公布第二批国家历史文化名城名单时,对于历史文化名城的标准,提出了在具体审定工作中要掌握的三条原则:

(1) 不但要看城市的历史,还要着重看当前是否保存有较为丰富的文物古迹和具有重大的历史、科学和艺术价值;

(2) 历史文化名城和文物保护单位是有区别的。作为历史文化名城的现状格局和风貌应保留着历史特色,并有一定的代表城市传统风貌的街区;

(3) 文物古迹主要分布在城市市区或郊区,保护和合理使用这些历史文化遗产对该城市的性质、布局、建设方针有重要影响。

这里讲的是审定标准,实际上也说明了历史文化名城的主要保护内容,特别是在城市市区和郊区尚存的文物古迹、历史形成的格局和历史街区。严格地讲,如果一个历史文化名城,只剩下几处文物保护单位,而将反映城市历史环境的重要格局和街区都毁掉了,也就名不符实。

3. 历史文化名城保护规划

历史文化名城保护规划是城市总体规划层次的专项规划,以确定历史文化名城保护的原则、内容和重点,划定保护范围,提出保护措施为主要内容。因为作为总体规划重要组成部分的保护规划,经批准后具有与城市总体规划相同的法规效力,它必须是与城市总体规划确定的原则一致,主要还是确定一些原则问题,侧重于宏观控制以指导下一个层次的详细规划,而具体的保护和整治还有赖于历史地段的保护规划以及建筑修缮或改造的设计去落实。

不同的城市编制历史文化名城保护规划时,在规定编制要求原则指导下,可以选择适合自己特点的多种思路和方法:

● 对历史古城进行整体保护。例如平遥和丽江古城规模不大,历史性建筑集中连片,古城格局基本完好,保持了历史形成的风貌,现有的建筑和设施主要通过整治改善能够满足使用要求;

● 点、线、面、系的保护方法。历史古城格局尚存,有丰富的文物古迹和连片的历史街区,但在城区内已在一些地段建设了现代风格的建筑群。例如苏州和扬州的规划均采取了这种思路,扬州保护规划提出,在空间环境方面以古运河为主脉,保护老城区和蜀岗——瘦西湖风景名胜区两大片,划定8个保护区和24个重点,并通过主脉和四条线联系形成系统。苏州保护的主要内容为一城即苏州古城;二线是山塘街、山塘河和枫桥路上塘河;三片包括虎丘、枫桥墩镇寒山寺和留园、西园。

● 发掘历史文化内涵,形成保护体系。如景德镇以陶瓷文化为主题,同时主次结合,保护明清古建筑、古街道以及其他遗存的完整体系。洛阳根据曾是九朝古都和遗址从东到西一线分布的特点,规划要求揭示文化内涵,揭示历史,形成如遗址显示体系、博物馆体系、园林化等多种体系;

● 按照实际情况划定多个保护区。或因城区历史遗存较为分散和新的建设规模较大等种种原因，难于在内容上和空间分布上形成体系，而将工作的重点放在划定保护区上面，这类历史文化名城的数量比较多；

● 进行风貌分区的方法。在新旧城区建筑风格和建设方式明显不同的情况下，实行风貌分区，保护古老城区的原有风貌，也给新区较大灵活性。襄樊即是把全市两个中心区四个组团按环境风貌分为两大类风貌分区：历史文化风貌和现代城市建设区。

一个历史文化名城保护的宏观控制，还涉及城市社会经济发展、用地布局和重要基础设施等问题，同时宏观控制也是与下一层次的规划相互影响的。因此有的研究主张整体规划和分层次控制。所谓整体规划不是什么都保护，而是要整体考虑，全面安排，分层控制。例如有的历史文化名城将城市社会经济发展方向和保护的整体构思协调起来，探索发展旅游或者在综合发展中恰当地利用历史文化方面的优势，取得了较好的效果；而有的城市因一度忽视保护问题建起了大中型的钢铁、水泥等工业企业，对历史环境造成严重的破坏。

城市用地和布局结构的调整对保护的影响应慎重研究。这方面的经验教训是很多的。成功的经验有如苏州、江陵等城市通过开辟新区疏解旧城，为历史古城的保护创造了前提条件；扬州、开封等城市逐步从旧城区迁出一批污染较重的工业企业；曲阜还下决心将市政府等行政单位迁至新区，对重点文物保护和促进土地置换都是有利的。反之有的占用和蚕食市区遗址、风景名胜用地之事也常有发生，结果是加剧了与保护和环境的矛盾。

大型基础设施的选点选线也是影响布局的大问题。机场、铁路和公路交通干线、高压输电线路等均应与重点文物保护单位和风景名胜等保护区留出足够的距离，避免因震动和污染等带来的安全问题和视觉景观上的干扰，否则造成的破坏也是难以挽回的。

划定保护范围和提出保护要求与措施是保护规划的重要内容。从一定意义上讲历史文化名城的保护更多的是通过划定保护区得到具体落实。保护区的范围应按照保护内容的完整性、安全防护和景观要求、实施管理条件及可界定性来确定。保护区的大小一般可不受限定，但从管理上也不宜过大，而单幢的或规模过小的建、构筑物则可以作为一个点来保护。保护范围分为重点保护区和一般保护区（又称建设控制地带）两级，在重点保护区范围内要求依法严加保护，不得损毁、改建和拆除区内历史文化遗存；建设控制地带主要是为了保持地段的环境而严格控制新的建设项目的使用性质、规模（主要是建、构筑物的高度和体量）、色彩和风格。有的地方还根据实际需要和可能，在建设控制地带以外划出一定范围的环境协调区，主要起到保护区与新建区之间的缓冲作用。（图 8-5～8-7）

4. 历史地段保护规划

历史地段主要是指需要保护的历史街区和连片的历史性建筑群，还有历史性村镇及其他有历史文化价值和纪念意义的地段。历史地段的保护规划既是历史文化名城保护规划的重要组成部分，又可以是在历史文化名城保护规划和城市地区的分区规划指导下进行具体深化和单独编制。因为地段的规划要求深入具体并与实施管理相结合，其深度应达到详细规划的要求，并对重点整治的环境和建筑根据实际需要提出初步方案以指导设计。有的地段实施条件允许还将保护规划与设计结合起来，统一规划、设计和施工。

当前，我国的历史地段保护规划尚处于探索阶段，有一些问题还需要深入研究解决和完善。对历史街区的认识不尽相同，在规划和实施上大体有两种观点和做法：

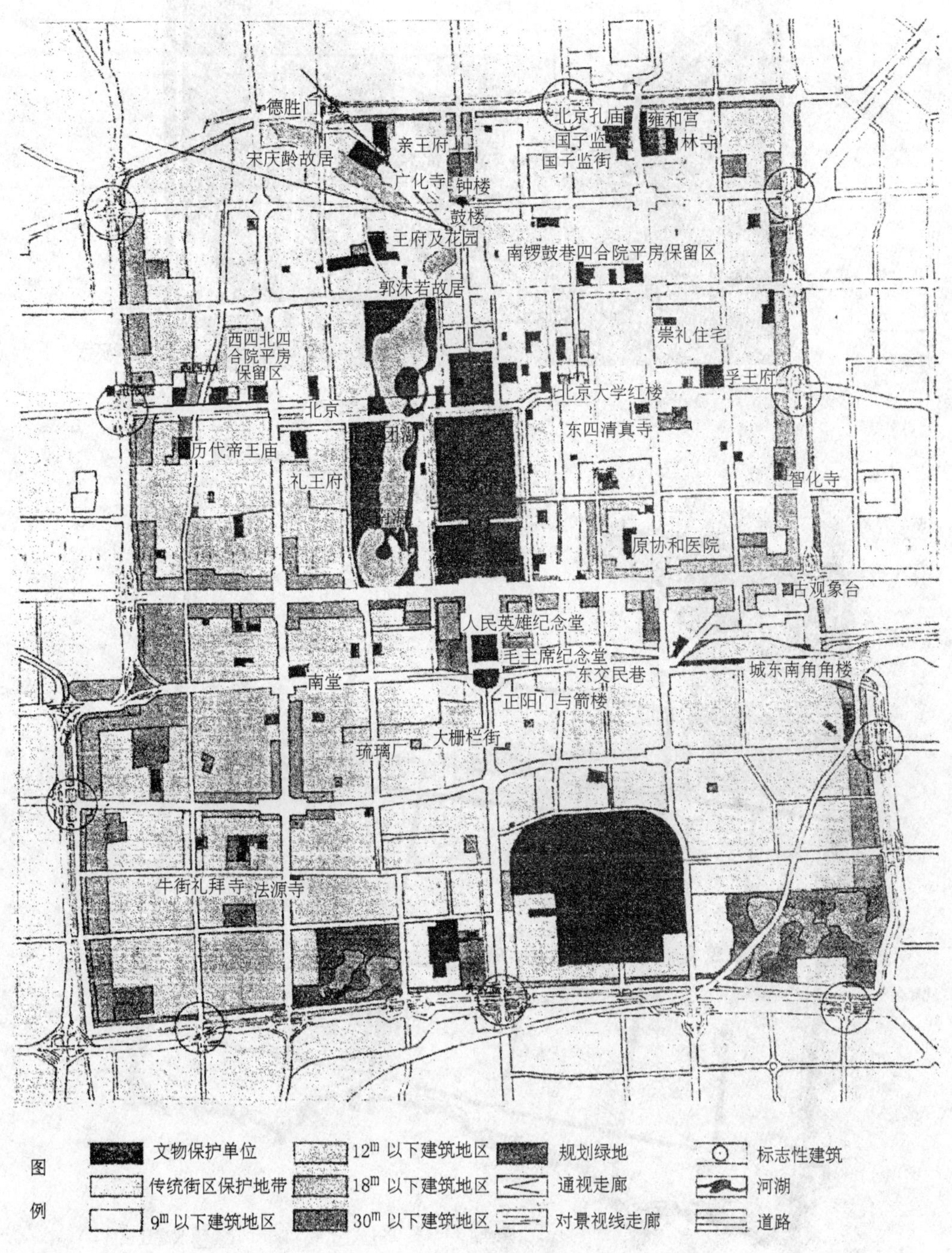

图 8-5　北京城区历史文化名城保护规划及紫禁城

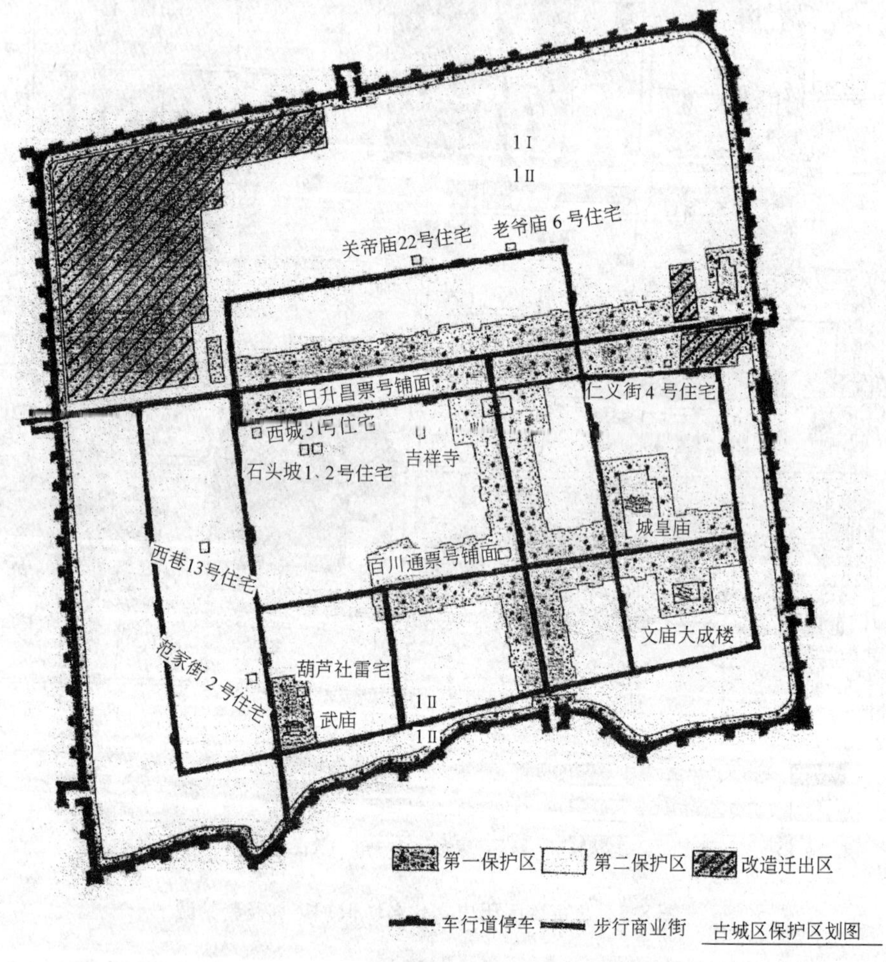

图 8-6　山西平遥古城区保护规划及平遥市楼

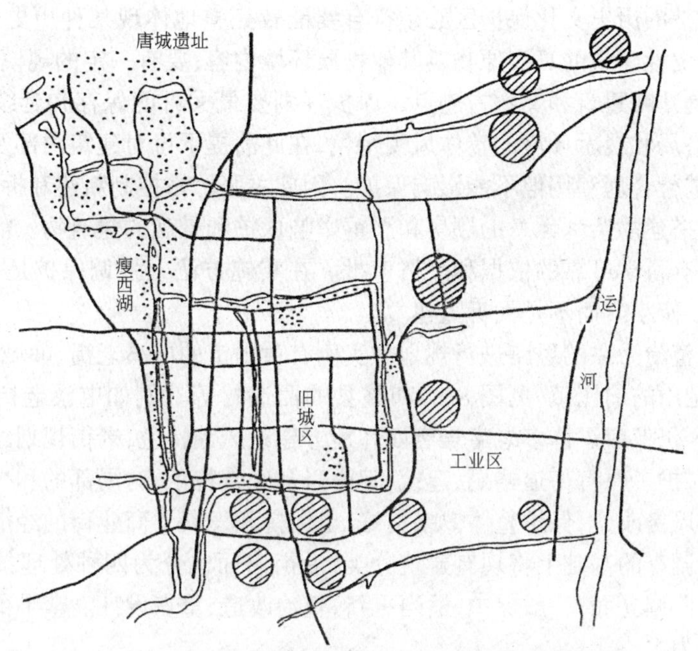

图 8-7　江苏扬州旧城、名胜区和工业区分布示意图

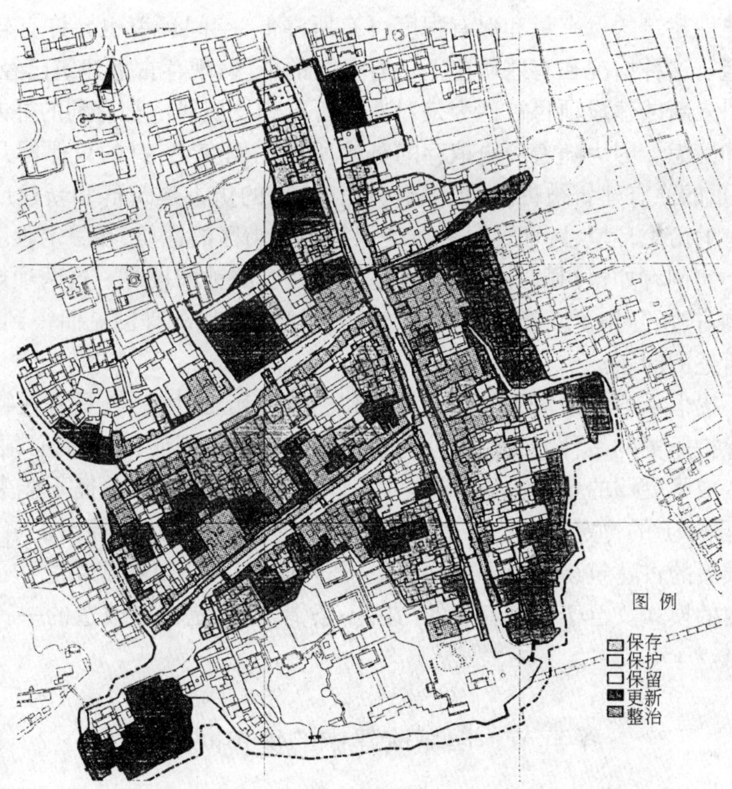

图 8-8　江苏昆山周庄古镇区保护详细规划改造方式
(引自《江南古镇》)

一种是认为历史街区的保护应坚持以保护和整治为主。首先是历史街区的选定，特别

是法定为重点保护的历史文化保护区必须符合要能较完整地体现某种历史风貌和特色；要有相当数量的历史性建筑的真实原物及其他物质环境内容；要有一定的规模，历史街区可大可小，但不能只是几幢建筑和文物古迹点。保护规划要最大可能保存和延续街区内的历史真迹，保持原有格局和展示环境的整体风貌特色，在此前提下可对建筑内部及设施进行必要的更新和改造，进行合理利用但不能影响保护。因此主张严格控制新建和拆除的比例，主要是拆除那些临时搭建的杂乱无章的棚房和严重影响保护和景观的建筑物。需要恢复和重建的已毁古建筑要有科学可靠的依据和严格审批。在实施方法上强调保护是一个过程，逐步整治完善，只能小修小改而不是大拆大建。

按照以保护整治为主的思路进行规划的实例有黄山市的屯溪老街、韩城的金城街、北京的国子监，以及昆山的周庄镇(见图 8-8)和黟县的西递村等。例如屯溪老街是一条繁荣的传统商业街，至今仍保留了许多老字号店面和地方建筑风貌特色，老街规划经多年来的逐步实施，不仅基本保护了原有街道格局、建筑、牌匾以及经营特色，对局部的和少数危房拆除后亦按统一协调的风格改建，保护整体效果良好，也保持和发展了商业街的经济繁荣。韩城金城街规划在详细调查的基础上将现有建筑分类，沿街店面也分为四种处理：重点保护、原样修缮；局部改造、协调立面；一般保护、适当更新；整治改造、重点设计。整个街面要求以重点保护和局部改造为主。

另一种思路是保护与改造并重。较多强调在地段内注入新的内容以提高经济活力，因此对原有的历史性建筑的保有量和保有程度可有所降低，空间环境也允许有较大改变甚至一定程度的重组。这种情况在有些历史上负有盛名的街区，现存古老建筑已经不多，恢复历史上的盛况和引入新的建设项目被认为是对保护历史和发展经济都有利的好办法。但这也引起较多争议和疑虑。因为随着历史遗存的真迹所占比例变小，有的只保留几幢重要的文物古建筑，而大量的原有建筑被拆除，传统街巷消失，新的仿古建筑群和新建广场及花园较大地改变了原有的历史环境，因而也可能改变保护历史街区的性质，在一定程度上成了传统街区重建。这类实例有如银川的鼓楼——玉皇阁和西安的钟鼓楼等。这两项规划设计均以保护了主要文物古迹、开拓了新的活动空间、整体环境协调和富有创见而得到好评，但也同时产生了如前所述的问题。

一般认为不提倡重建已经消失的历史街区和已毁的历史性建筑，只有在特定的条件下重建才不失为保护历史的一种方式。国外有重建华沙古城的例证，但我们必须看到，在第二次世界大战中变成了废墟的华沙古城，是作为一种民族精神和文化象征不能失去而加以恢复的，因此得到国际上的肯定。近些年来，在我国也恢复了如黄鹤楼等历史名楼，在景德镇将分散的濒于损毁的古建筑易地集中再现建成了陶瓷博览区。这些成功之作也不能成为历史街区保护仿效的模式。至于各种新建的仿古一条街，只能是旧城改造的一种方式或者是开发旅游的装点。

第五节　旧城改建中的保护问题

旧城改建是一个常用的但其含义较为总括的概念。深入研究旧城改建与保护，则需要对这一概念做进一步的明确和界定。根据我国城市的发展情况，可以将一般传统的旧城分为历史古城和近代形成的旧区。历史古城是指那些在明清两代以及更早建成，至今还基本完好保留有古城墙和城内路网格局，古城风貌尚存，如西安、平遥、山海关等古城。也有像拉萨和丽江这种城市，建城历史悠久，至今保留完好，虽然无城无廓也称做历史古城。另一类旧区或因建成历史不长，或者其历史虽然悠久，也有丰富的文物古迹，但其整体风貌主要是近代的，将这类在20世纪五、六十年代经过较大改扩建的城区称为旧城区或旧城，以有别于后来建设的新区。

旧城改建，包括历史古城和近代形成的旧区，其规划建设的目的和主要内容应包括调整现有的城市结构和优化用地布局；完善基础设施和改善环境；保护城市历史文脉和风貌特色，以提高人居环境质量，增强旧城区活力。全面认识和明确旧城改建的整体目标，有助于避免将它简单地理解为拆旧建新和单纯为了使城区土地增值的再开发。对于历史文化名城中的历史古城和其他旧城中需要重点保护的历史地段，更应将保护的目标提高到重要的位置，也不宜笼统地提旧城改建。

旧城改建中的保护问题是一个十分复杂的问题。它既有共同性的矛盾又有各个城市的特点。总的来说，按有的研究认为旧城区既是城市历史文脉的根，也是传统和现代功能共存与矛盾焦点所在。当前较普遍存在着一方面是旧城的物质性老化，结构和功能性的衰退；同时又面临新老交错的失调和传统风貌特色的逐渐消失。旧城的老化主要表现为建筑破旧，有的旧城区需要改建的危房住宅占住宅总面积的三分之二以上；建筑密度大，人口密度过高，有的旧城每公顷人口竟高达600余人，建筑密度则高达70%；道路狭窄，交通不够通畅，市政工程设施落后，尤其是排污、防火等问题较严重。功能衰退主要由于人口密度大、环境差和土地利用混杂及低效，影响了第三产业的发展，有的传统的商贸区因现代交通的改变而失去吸引力。

从城市发展的历史文化角度看，在历史古城或旧城区内，往往集中了大量的需要保护的内容。如北京旧城区就有故宫、天坛等列入世界文化遗产名单的文物古迹，以及一些保留较完好的历史街区和四合院。苏州城内留下了以秀丽的我国南方水乡城市传统特色著称的古建筑群、民居和古典园林等。就是在一些不是历史文化名城的旧城区，也有不少反映城市历史和传统风貌特色的街区及建筑群。保护城市历史文脉必须保护这些真实的内容。人们追求现代化和环境的优化美化，不是排斥历史文化的作用，而寻求城市的历史环境和自然环境要素，并保留其多样性和文化内涵，必将大为丰富现代化的生活内容和提高其品位。同时，在现有经济条件下原有建筑的恰当保留和利用也是必须的和经济的。

以上情况足以说明旧城改建与保护的问题已经非常突出和紧迫，对不少旧城来说是否能保护那些尚存甚少的历史街区，更是到了一个关键时期。而各种影响决策的因素又是那么复杂，因此必须坚持保护与建设协调发展的原则，对有价值的历史街区及其他实物，一定要以保护为主，同时综合考虑改善环境条件，提高人民生活水平。具体方法上要多样和灵活，根据国外的经验和回顾国内旧城改建规划建设的情况，有以下几点值得重视和深入研究。

1. 首先需要全面认识旧城的特点和要求，按照分类分区的原则，对所在旧城区及地段的改建定位。严格区分需要进行整体保护的历史古城；以保护和整治为主，只进行必要的局部改造更新的历史地段；与保护相关的需要进行控制建设和要求环境协调的区段；确实无保留价值并不影响整体格局和邻近历史环境保护而又有条件进行成片改造的地区。整体保护的历史古城有如平遥，重点保护的地段如北京的国子监，以上两类均属严格意义上的保护。按保护规划要求的建设控制地带和环境协调区，以及其他有一定保护要求的街区，探索一种适宜的改建途径,从广义上讲也是对城市历史的保护。北京菊儿胡同住宅改建项目通过建立一种新型四合院模式,保持旧城中胡同和院落的"肌理",改善了原有破败的住宅环境,将现代生活追求与城市历史文化结合在一起,为这类地区的改建在理论和实践上提供了示范性的探索。旧城区的成片改建在我国经历了一个曲折的发展过程。20世纪五、六十年代的成片改建规模不大,且集中在危房和棚户区,将有限的资金用于急需的地方,主要是求得良好的社会效益和环境效益。后来经济发展了,改建机制也发生了变化,将成片改造的经验推而广之用于旧区的经营性开发,大规模的成片大拆大建对旧城的传统风貌甚至一些重要的历史性建筑带来很大冲击。因此,在当前条件下如何进行成片改建还需要深入研究,成片改建虽然仍是旧城改建的一种方式,但要根据所在旧城区的情况十分慎重的定位。

2. 通过旧城改建要疏解旧区过度密集的人口,改善环境,增强活力。调整土地利用与布局的目的是合理利用土地和完善功能,解决旧城区人口过多、建筑过密的问题,不能盲目提高建筑的高度和密度。利用旧城区的传统优势发展第三产业是行之有效的经验,但发展第三产业的具体项目要有选择,规模要有控制,要符合旧城的特点,一般不宜引入大型的现代商业和公共建筑。在旧城区利用原有的街区改建成新的商业街的实例较多,安排小型商场和专卖店及餐饮服务项目等,布局、空间组织和经营方式都比较灵活,问题在于风格上要与旧城环境相协调。在疏解旧区发展第三产业的同时,仍需保留一定的住房,改善居住环境,以延续历史传统和满足原有居民的生活要求。

3. 改善交通和市政设施条件,提高环境质量。道路狭窄、交通不够通畅,是一般旧城的普遍问题,但为了保持旧城区特别是需要保护的地段的格局和风貌,道路的拓宽与否要认真研究采取合适的办法,更不应将城市主次交通干道引入保护区或保护地段。国外有不少成功的经验,例如在古城外围利用已被拆除的城墙位置开辟环路;在旧城内开辟步行区;组织单向交通以尽可能不拓宽原有路面等。在国内也有道路拓宽而不破坏历史建筑和环境的实例.北京文津街拓宽时让开了团城;扬州的三元路将石塔和古树组织在分隔绿带中,均取得将功能要求和景观保护相统一的良好效果。哈尔滨中央大街改为步行区,在一个街区范围内,通过规划管理组织交通,保护历史建筑,活跃城市生活,也是一个成功的实例。

将市政工程建设、园林绿化与改善环境结合起来的实例,较早的有合肥环城公园,它不只是完成了一项工程建设,对旧城环境的改善和创构城市形态的特色都有着特殊的作用,随后如沈阳旧城绿化带建设、天津海河段治理、南京秦淮河整治和西安环城公园建设等都是成功的实例。近年来成都市在市场经济条件下,将府南河的整治工程与防涝排污、道路交通、绿化建设和沿河地带的破旧房改建结合起来,取得了良好的综合效益。

4. 重视旧城区的传统风貌和特色。控制旧城区的建筑高度、体量、色调和风格,是旧城历史保护的重要方面。建筑的高度和体量主要影响旧城内外部的空间尺度关系,而色调和风格则体现旧城的历史和文化特征,它们相互形成整体景观形象的基调不可分割。分析城市的特色,保护原有的和塑造新的特色可以有不同的思路和方法,但其基本要求是不能脱离所在的历史环境、自然环境和功能要求。例如北京作为历史上的帝王之都,创造了气势宏伟的以紫禁城为中心的皇家建筑群和低矮古朴的四合院民居;而江南水乡城市环境则与青瓦粉墙的建筑融为一体。我国幅员辽阔,南北差异很大,各地的建筑材料和生活习惯也有所不同,保护和塑造城市特色要重视历史文化和地方特色的研究。从视觉环境角度来研究城市的特色保护,需要处理好旧城的外部形象和内部形象。外部形象有如重要标志点、城市轮廓线、主要入口和通道等。杭州旧城的湖滨地区,既地处城市的中心地带,又是城景的结合部和游览西湖的主要入口,如何控制这一地区的建筑高度,形成优美的城市轮廓线和良好环境,都将对保护西湖景观和协调城景关系产生至关重要的影响。拉萨的布达拉宫、桂林的独秀峰这些人工和自然的制高点,在旧城中不仅起到观景和对景的作用,还是旧城和整个城市的重要标志。旧城的内部形象特征可以通过传统街区的空间组织和建筑形体以及立面来体现,还有广场、绿地、雕塑、设施小品等的处理。一个内容恰当、尺度宜人的广场,绿化造景和雕塑得体,经过精心的设计施工亦可成为给城市添色的新景点,反之,过大、过多、过滥也会成为影响城市景观的败笔。

5.采取恰当的改建实施步骤及方法。规划要与实施结合就必须考虑到实施的可能性和步骤。根据不同城市的条件可以有多种方式,但旧城改建不宜急于求成,一般规模较大的成片改建以分步实施为宜。基于对近年来旧城改建中大规模成片改造即所谓“大拆大改”所产生的负面效果的反思,有的研究探讨一种逐步整治、改造的途径和有机更新的方法。由于沿用开发新区的建设模式很难合理解决旧城问题,甚而毁掉尚存的宝贵历史遗迹和忽视了原有居民的参与。北京白塔寺街区的规划设计方案力图通过在旧区的大杂院中先插入一定的基本的市政设施,然后逐步转换和更新,拆除临时搭建的建筑,改建形成新的院落。据认为这种有机更新的模式可以保持城市生活的连续性,改造不割裂传统,居民主动参与,它是使旧区环境得到改善的一种不断进行的改建活动。这种采取渐进式和逐步推进的旧城改建方法,实施的实例还不多,有些问题尚待进一步的探讨,但针对当前的主要倾向,在规划思路和实施决策上有了新的突破。我国的旧城改建实施,无疑需要探讨多种的灵活的方法,才能适应新的发展形势。

(汪志明)

主要参考文献:

[1] 汪志明、赵中枢等.中英合作历史古城保护规划研究.中国城市规划设计研究院研究成果,1996

[2] 中国城市规划设计研究院理论与名城所编印.国外历史城镇与地段保护法规选编,1993

[3] 王瑞珠.国外历史环境的保护和规划.中国建工出版社,1993

[4] 王健平、汪志明.试论中小历史文化名城的保护内容及突出名城特色问题.建筑学报,1984年1期

[5] 汪志明.中小历史文化名城保护规划编制与实施的几个问题.城市规划,1987年5期

[6] 吴良镛.历史文化名城的规划结构、旧城更新与城市设计.城市规划,1983年6期

[7] 吴良镛.北京旧城与菊儿胡同.中国建工出版社,1994

[8] 郑孝燮.历史文化名城的经济发展与文化分区探讨.城市规划,1987年1期

[9] 朱自煊.屯溪老街保护整治规划.建筑学报,1996年9期

[10] 王景慧.历史地段保护的概念和作法.城市规划,1998年3期

[11] 王林、王骏.历史街区保护编制方法研究.城市规划,1998年3期

[12] 王玮华.沿海城市的城区改造规划研究.中国城市规划设计研究院研究成果,1997

[13] 张杰、王丽方.通过小规模逐步整治改造实现历史街区的环境与社区文脉的继承和发展.城市规划,1999年2期

[14] 阮仪三.江南古镇.上海画报出版社,1998

[15] 国家有关历史文化名城保护的文件

[16] 有关城市的规划及设计成果等

第九章　旧城更新改建规划

追溯城市发展的历史,城市发展的全过程就是一个不断更新、改造的新陈代谢过程。自城市诞生之日起,城市更新就作为城市自我调节机制存在于城市发展之中。然而,真正使城市更新这一问题突出地显示出来,并将其作为一门社会工程学科提出,则是始于20世纪50年代欧美的一些发达国家。随着近年来世界城市化进程的加速,现代城市更新已被看作是整个社会改造的有机组成部分,其涉及的学科领域亦日趋广泛。

第一节　城市更新的基础理论

城市随时代变迁和社会经济发展变得日益丰富。工业革命以前,城市是作为礼仪、军事、政治和商业中心而发挥其作用。除了个别例外,当时的城市一般规模较小,城市功能和基础设施简单,发展极为缓慢,并且只是基于地区性的,而非全国性或国际性的职能。工业革命的巨变,导致了农村和整个城市生活的深远变化,城市的含义和形式变得更为广泛和更为丰富,城市的发展亦越来越少地仅仅取决于某一项因素,而愈益变得复杂和高度专业化。

一、城市的发展演变

（一）发展的影响因素

城市的发展变化受其外部力量和内部力量的相互作用。内部力量构成城市发展的内因,决定和制约着城市发展过程的方向和实质;外部力量构成城市发展的外因,则起到推动城市发展的作用。

1. 变化动因

城市结构形态是在特定的自然、社会、经济和文化背景条件下,人类各种活动和自然因素相互作用的综合结果。随着城市外部环境变化和形成机制的改变,城市原有结构可能随之发展或衰退。

——一个地区随着其交通形式和交通路线的改变,可能带来其区位价值的变化,致使原有的土地利用形式发生变化;

——一个社区邻里随着人口的迁移,原有的社会网络和邻里结构可能会随之改变;

——新型文化观念的形成,使得整个社会对城市建筑环境的精神质量的要求大大提高,人们的审美观念和情趣,要求城市空间更进一步体现人情味;

——汽车的大量发展,城市交通矛盾加剧,道路和街道形式发生变化,立体交叉、高架车道改变着城市的尺度;

——三次产业的发展,产业规模的扩大,流通领域的繁荣,使得城市内部更为密集、高效。

这些变化动因主要来自社会生活需求、区位条件变化、文化价值观念改变、社会结构和产业结构变迁、新技术发展等方面。在城市高度发达的今天,引起变化的原因日益繁多,但在所有这些变化动因中,城市社会经济发展是城市结构形态演变的根本原因,伴随社会经济发展所引起的城市经济结构变化,将会带来城市结构全部要素及其相互关系的深刻变化。产业革命给城市带来十分深刻的变化就是一个极好的说明。伴随产业革命的到来,城市发展冲破了自给自足的自然经济桎梏,社会化大生产促使城市性质和结构发生根本变化,成为工业生产中心,交通运输中心,商业贸易中心,科技文化中心以及行政管理中心。

2. 变化制约

城市的发展总是以原有的城市结构为基础。现存的城市结构形态是在经历了历史性变迁,在不断的更新改造中逐渐形成的,具有特定的功能结构和形态特征,其原有城市的基础设施和结构的适合度往往构成对城市发展的制约。例如,城市的发展使市中心活动容量随之增大,从而提出中心用地扩展的要求,但却受到现有建成区的限制,这在某种程度上限制了城市的发展。城市原有结构的适合度和限制可通过几项指标来表示,如用地使用相容性、环境容量、建筑经济寿命等。另一方面,由于城市结构具有稳定性的特点,往往存在一种维持原有结构的秩序化组织的趋向,这种惯性也会对城市的发展构成一种制约。

(二) 发展的内在机制

1. 调节机制

结构的协调和功能的协调有着内在的联系,它们之间应保持相互配合、相互促进的关系。一方面,功能的变化往往是结构变化的先导,城市常因功能上的变化而最终导致结构上的变化。另一方面,结构一旦发生变化,又要求有新的功能迅速与之配合。否则,城市持续发展难以实现。这一过程受到两种调节机制的作用。

(1) 自发调节机制

城市原有结构常具有内在的和潜在的多种功能,有着充分的弹性,当外部变化动因引起城市内部功能发生变化时,城市可以在结构不变的情况下,通过自发地调整空间组织内容和发挥多种功能潜能,取得与新功能相互适应的关系。这种调节十分自然,而调节过程较为缓慢。

(2) 结构——功能相适调节机制

尽管城市原有结构具有弹性,但仍然是受一定的物质要素和社会、经济、技术条件的制约,如果城市的发展超出一定限度,"自发调节机制"就无法实现城市结构形态的合理转变,此时只能通过结构和功能在变化上的相互配合来进行调适,需要城市结构内部各组成要素按新的功能要求重新排列组合,并经过一段时间的磨合与协调之后,建立起一种新的动态平衡。由于功能作为结构的一种作用和活动,常常是变动不息的;结构——功能相适调节过程也是经常变化的。这一特点说明,城市发展运行总是处在平衡→不平衡→新的平衡→新的不平衡……的矛盾运动中。

在实际的城市调适过程中,这两种调节机制往往交织在一起,共同起作用。

2. 调适方式

从系统论的角度看,所谓城市发展的协调和平衡,就是城市各系统及其各个要素,各个层次之间的相互配合和相互调适。根据调适的不同层次,可大致归纳为两种方式。

(1) 结构性调适

城市结构对城市运行状态起着根本性的制约作用，良性运行必须建立在结构协调的基础上，如果结构不协调，无论怎样从功能上加以调整，也不可能使城市呈现出良好运行状态。因此对城市恶性循环的运行状态，使之进行良好运行转变的基本途径是进行大规模的结构性调整。由于结构失调的程度不同，结构性调适有三种情况。一种是结构复位，即是在城市系统自我调节机制的作用下，城市运行恢复原有的动态平衡，城市结构仍保持原有的联系方式，并发挥原有的功能。城市结构既无质的变化，在量上也无大的变化；一种是结构重组，即原有城市结构被彻底破坏，各组成要素和子系统按一种新的方式重新排列组合，某些旧的要素消失，某些新的要素产生，这些要素经过一段时间的磨合与协调之后，建立起一种新的动态平衡。城市结构有质的变化，也有量的变化；再一种是结构变更，即没有改变城市的基本结构，但对城市结构作一些局部的调整和变动，在结构调整过程中，亦有某些要素产生，某些旧的要素消失，但由于城市基本结构没有或很少变动，因此城市结构主要是量的变化，没有或很少质的变化。

(2) 功能性调适

城市功能和城市结构紧密相连。结构是功能的基础，功能则是结构在运行中发挥出来的作用。功能的协调在城市发展过程中也有重要的地位，如果功能失调，常会使城市内部各系统的活动和作用出现混乱。由于城市结构状态不同，功能性调适有两种情况。一种是结构协调基础上的功能性调适，常常能使城市结构内各系统及其各个要素达到很好协调和配合。另一种则是结构不协调基础上的功能性调适，通过功能性调适，可促进多种功能发挥作用，以弥补结构上的某些不协调。

(三) 变化的形式和过程

1. 变化的形式

城市在发展演变过程中，在其前后相继的纵向运行关系中表现出如下一些基本形式。

(1) 继承与延续

继承与延续即是表示后来形成的城市结构形态保持了原有城市结构形态的某些特征和组成要素，体现出一种继承的关联。今天的城市之所以洋溢着浓郁的生活气息和古色古香的历史风貌，在很大程度上是由于继承和延续数千年的历史文化遗产。

(2) 变异与更新

城市发展虽然继承了原有城市结构形态的某些特征和组成要素，但并不是一成不变的照搬，而是不断修正补充和完善。城市结构形态的变异与更新有多种表现：有些仅在原来基础上发生微小的变化；而另一些则是巨大的变化，甚至是根本性的结构变化。

(3) 中断与衰退

在城市的发展过程中，城市结构形态内的许多组成要素，因条件变化，已无存在的必要，出现衰退迹象而被历史发展所抛弃，体现出一种中断的关系。

2. 变化的过程

城市发展变化的过程是分化和整合之间相对位性相互作用的过程。

(1) 分化

城市结构和功能的分化和演变，是城市发展过程中一种重要运动形式，它常常使一个城市结构和功能由简单向复杂演进，城市就是在结构和功能不断分化中逐渐发展的。在城市处在各项功能都较弱的初始阶段，其分化现象并不明显，随着社会经济发展，城市结构和功能日趋复杂，城市结构的分化现象也就日益明显。

(2) 整合

城市整合趋向于把分化的结构和功能在新的基础上合为一体，也是城市发展过程中一种重要运动形式。其整合过程可分为两种基本类型，一种是自下而上的整合过程，另一种是自上而下的整合过程。自下而上的整合是一种微观层次的整合过程，自上而下的整合过程则是一种宏观层次的整合过程。两者交织一起，同时进行。

分化和整合是相互联系的，整合中有分化，分化中有整合，两者有机地交融于城市发展变化过程之中。一方面分化过程具有分化城市结构的功能作用，另一方面由于整合过程中的调整反馈，不断对整合机制的内容和形式进行修正、调整，使之适应城市结构变迁，因此又有促进城市整合的功能。城市整合与城市分化组成矛盾统一体，既相互矛盾、又相互协调、相互统一。

二、城市的老化衰退

(一) 发展的不平衡

城市原有结构形态受外部变化动因影响，其内部组织系统将发生变化，开始进入分化状态。由于城市是由高度整合的各个不同子系统组成，各子系统相互关联、相互影响、相互制约，具有很强的整体性和关联性，任何一项子系统的变动都会带动其他部分的改变，各个系统对已变化系统的调适和整合就带动了城市整体的发展。但现实中城市系统极为复杂，对于不断变化的形成背景和外部环境，其内部结构和组织系统总显示出难以改变的惰性和滞后性，造成与新环境的不相协调和不相适应，出现各组成子系统及组成要素彼此之间联系的削弱，整体化程度降低，导致城市原有功能紊乱，结构失调，系统的动态平衡遭到破坏，从而使城市发展呈现出一种扑朔迷离的复杂景象：快速夹杂着缓慢，增长伴随着衰退，连续伴随着间断。

这种发展的不平衡可归结为时间滞后和过度发展。

1. 时间滞后

时间滞后是由城市系统的异质性和不均匀性造成的。在城市发展过程中，由于城市结构内部各组成部分的变迁速度不一致，以及城市原有结构总有保持稳定性的趋向，常会导致调适的不和谐，出现滞后现象。例如，在变化过程中，城市的物质空间结构形态常常长期不变，而其容纳的社会经济功能却在迅速变化，往往会产生功能——形态的不相适应。

2. 过度发展

过度发展是由于任何时期的城市结构都有其特定的功能和发展限度，当发展超过其最佳极限，将会导致城市整体机能的失调，引起衰退。如城市建设量超过城市原有基础设施的承载量，就会产生超负荷运转。

发展不平衡有时极为短暂，城市可通过其内部组织系统进行自我调节，重新达到平衡，有时这种不平衡要持续很长时间，成为重大的城市衰退问题，衰退轻重需要在每一个具体情况下测定。

(二) 衰退的典型类型

城市发展不平衡导致城市衰退，其衰退类型可大致分为三种情况。

1. 物质性老化

任何房屋结构和设施都有其耐用年限,如按一般情况,钢筋混凝土结构的房屋的耐用年限多为60～80年,砖混结构的房屋为40～60年,等等。随着时间的推移,建筑物和设施常常会超过其使用年限,变得结构破损、腐朽,设施陈旧、简陋,无法再行使用,致使城市自然老化,这是一种为人们所熟悉的衰退类型。

2. 功能性衰退

城市功能作为城市结构的一种作用和活动,对城市的正常运行至为重要,如果城市内部结构的各系统活动和作用相互配合和相互促进,就会达到功能性协调运转,如果配合不好,甚至相互抵消,则会出现功能的失调。在城市的发展过程中,随着城市人口增长和规模扩大,合理的城市环境容量往往被突破,从而造成城市超负荷运转,整体机能下降,出现城市功能性衰退。

3. 结构性衰退

城市结构具有稳定性的特点,一般情况下,常常有一种维持原来内部组织系统的秩序和相互关联的趋向,使内部结构具有较高的有序性和较严密的组织构成。随着城市经济结构和社会结构变迁,要求城市功能、结构和布局随之变化,但由于城市发展惯性的作用,原有的城市结构往往难以适应发展变化要求,城市内部组织系统的变化调适滞后于发展变化,从而导致城市结构性衰退。

前一种情况是一种绝对老化,是有形物质磨损,后两种情况是相对衰退,是无形磨损,它常常在城市未达到自然老化之前,因不适应现代发展要求而变得过时衰退。在城市规模不大、功能简单和发展缓慢的时代,常常是发生物质性老化,而在科学技术和人民物质文化水平提高的情况下,城市迅猛发展,城市化进程加快,此时城市更新改造的动因首先不在于有形磨损,而在于无形磨损,有形磨损的速度往往落后于城市不断增长的需要,而后者恰恰直接决定着是否有必要对旧城进行更新改建。在我国经济高速发展的今天,城市的结构性衰退和功能性衰退将日益成为我国旧城更新改造的关键问题。因此,旧城不能仅仅停留于物质性改造和物质磨损的补偿,如房屋的修缮、改建与重建,道路的拓宽与修建等,而更重要的应是从复兴城市整体机能的目标出发,调整城市内部组织系统和功能结构,综合整治城市整体环境,进行多目标多层次的综合更新改造。

(三) 衰退的更新方式

城市衰退是变化动因和变化制约两方面力量相互影响和相互作用的结果。一方面需要我们透过城市衰退的表面现象,探寻隐藏在其后面的产生根源——深刻的社会和经济背景;另一方面,需要我们充分了解旧城原有结构形态及其对外部环境的反应。惟有此,才能真正把握城市衰退的本质。

为此,对旧城的更新不能一律采用推倒重建的单一开发模式,而应深入了解多种因素的影响,在充分考虑旧城区的原有城市空间结构和原有社会网络及其衰退根源的基础上,针对各地段的个性特点,因地制宜,因势利导,运用多种途径和手段进行综合治理和再开发。

对于自然老化的地区,可保持其社区邻里原有的社会和经济结构,根据其不同的老化程度,分别采取维护、局部整治、拆除重建等更新改造方式。

对于功能性衰退地区,其衰退原因常是因为其原有的城市环境容量被突破,对其的更新改造应首先分析原有土地能否进一步提高容量,否则考虑在城市范围内进行总体平衡。

对于结构性衰退地区，应深入分析其产生的深刻背景，根据其不同的衰退性质，分别采取结构复位、结构复组和结构变更等更新改造方式。

第二节　国外城市更新概况

第二次世界大战后，西方国家一些城市中心地区的人口和工业出现了向郊区迁移的趋势，原来的中心区开始"衰落"——税收下降，房屋和设施失修，就业岗位减少，经济萧条，社会治安和生活环境趋于恶化。为了解决这一整体性的城市问题，西方许多国家纷纷兴起了一场城市更新运动。

一、思想渊源

早先的城市更新受"形体决定论"思想的影响。

当时的许多建筑师和规划师面对城市出现的衰退现象，纷纷从理论的角度进行了探索，并将其付诸实施。这方面，首当其冲并引为经典的当是奥斯曼的巴黎改建，霍华德的"田园城市"，以及柯布西埃和以其为首的国际现代建筑协会(CIAM)的"现代城市"等。虽然，它们较之以前纯艺术的城市规划，更多地使现代技术和艺术得到了融合，并且内容也扩大了。但是，从本质上他们仍无一例外地继承了传统规划观念，仍然没有摆脱建筑师设计和建设城市的方法的影响，把城市看成是一个静止的事物，指望能通过整体的形体规划总图来解脱城市发展中的困境，他们大多寄望于城市的田园诗般的图画和理想的模式会促使拥有足够资金的人们去实现他们提出的蓝图。

例如，柯布西埃的"现代城市"理论，倾向于扫除现有的城市结构，代之以一种崭新的新理性秩序。在柯布西埃的巴黎中心区改建方案(Plan "Voisin" de Paris)中，原有的巴黎被一新规划所取代，只有巴黎圣母院这类极少的历史性建筑被保留了下来。这些现代城市理论所遗留的影响是当初提议者从未想到的，这种思想在二次大战后的普遍城市重建、更新和扩建中，酿下了苦果。面对屡屡的失败，许多学者从现实出发，敏锐地觉察到了用传统的形体规划和用大规模整体规划来改建城市的致命弱点，纷纷从不同立场和不同角度进行了严肃的思考和探索，担负起了破除旧观念的任务。

简·雅柯布(J. Jacobs)1961年的著作《美国大城市的生与死》，从美国城市中的社会问题出发，调查了美国根据现代城市理论建造城市的弊端，对大规模改建进行了尖锐地批评。她认为大规模改建摧毁了有特色、有色彩、有活力的建筑物、城市空间以及赖以存在的城市文化、资源和财产。在后来的1980年国际城市设计会议上，她指出"大规模计划只能使建筑师们血液奔腾，使政客、地产商的血液奔腾，而广大群众往往成为牺牲者"。她主张进行从不间断的小规模改建，认为小规模改建是有生命力、有生气和充满活力的，是城市中不可缺少的，并提出了一套保护和加强地方性邻里区的原则。

罗和凯特于1975年写出一部颇有影响的论著《拼贴城市》，从哲学角度上抨击了那种追求完整、统一、收敛的总体设计，他认为西方城市是一种小规模现实化和许多未完成目的的组成，那里有一些自足的建筑团块形成的，小的和谐环境，但是总的画面是不同建筑意向的经常"抵触"。他认为我们应该向这些有益的经验学习，提出建筑师作为"杂家"(bricoleur)的设想，即拾起已被抛弃的项目，给之以新用途的人，以一种"有机拼贴"的方式去建设城市。

P. 霍尔于1975年发表《城市和区域规划》一书，在书中作者对从1880～1945年城市规划的先驱思想家们作了客观而深刻的评价，他认为这些规划的绝大多数关心的是编制蓝图，陈述他们所设想的城市将来的最终状态，而且这些规划师所描绘的蓝图很少允许有不同的选择，却把自己看成是先知者，最后他尖锐地指出："这些先驱者都是十足的搞物质环境规划的规划师，他们是从物质环境的角度来看待社会和经济问题。"同时，他还明确提出"规划是一个连续的过程"。

除此之外，其他一些学者，如亚历山大、拉波波特、哈普林、吉伯德、道萨迪亚斯等也都从不同立场、不同角度提出用大规模计划及形体规划方式来处理城市复杂的社会、文化问题，应付人类需求不断变化的致命弱点。同时，他们不约而同地讴歌传统渐进式规划和改建方式对社会、历史、文化和人性的高度关怀，并不同程度地致力于这种方式在现代概念上的应用和研究。

随着城市更新规划观念和思想的转变，一向以大规模拆除重建为主，目标单一和内容狭窄的城市更新和贫民窟清理出现蜕变，转向了以谨慎渐进式改建为主，目标更为广泛、内容更为丰富的社区邻里更新。

二、政策演变

在二次大战后的城市重建中，推倒重建在很长一段时期中都被认为是解决住房问题和提高住房水平的最行之有效的方法，但经过十多年的实践和反思，推倒重建的"明智"开始受到越来越多的怀疑和越来越强烈的反对，常常被严厉地指责和抨击为极大地破坏了地方性社群以及那些能赋予邻里特色的历史遗产和自然景色。同时人们也越来越清楚地认识到，推倒重建不只是一种代价昂贵的改建方式，而且也常常是一种难以满足邻里居民急需的改建方式。美国著名城市理论家刘易斯·芒福德曾十分深刻地指出："在过去一个世纪的年代里，特别在过去三十年间，相当一部分的城市改革工作和纠正工作——清除贫民窟，建立示范住房，城市建筑装饰，郊区的扩大，'城市更新'——只是表面上换上一种新的形式，实际上继续进行着同样无目的集中并破坏有机机能，结果又需治疗挽救。"究其原因，主要是因为西方城市衰退的性质已发生了变化，已并非是一些战后重建初期出现的诸如房屋破旧、住宅紧张等物质性表象和社会性表象的问题，而是因为"过度城效化"而引起的更为严重的社会结构和经济结构等方面的深层问题。

(一) 社会混乱

社会混乱在西方许多国家的城市中变得日益严重，构成邻里恶化的直接导因。这一严重的社会问题总是与过去存在很大区别，过去的社会问题主要呈现拥挤不堪和环境恶劣等特征，这些问题在现在的社区邻里仍然存在，甚至更为严重，但现在的社会问题最主要和最根本的则是吸毒恶习和大量的移民浪潮，它们比以前的社会问题更加难以治愈。吸毒恶习在西方许多国家都被看作是城市中的首要问题，它是社区罪恶的起因和邻里衰败恶化的征兆，邻里出现吸毒恶习常常表明邻里的活力和吸引力在逐渐减弱，而且吸毒恶习还会造成罪恶滋长和社会混乱。由于罪恶滋长和社会混乱，会导致社区邻里缺乏安全保障和生活稳定，那些希望更好的社会和经济状况的人(多数是中产阶级)便纷纷离开这种地区。其结果，社区邻里逐渐为那些缺乏财力的人所取代，并且伴随社会问题的加重，贫穷人的数量日益增多，最终导致这一地区陷入衰退的恶性循环。

(二) 移民浪潮

城市邻里区的快速衰退还与移民新浪潮的到来有关。一个邻里区及它的住房总体通常具有象征性的价值,是归因于其舒适的环境、已确立的社区感情或名望,这些都是不可轻易取代的。对于大量的移民内迁,由于迁入的移民是以贫穷和缺乏社会灵活性为其特征,而且他们的社会和文化背景不同,以及还存在语言障碍,在这种情况下,种族的转变常常会公开地和暗地里受到抵制,邻里区和城市当然试图排斥。对种族转变的抵触和采取排斥行动在西方的城市中往往是不满和冲突的源泉。20 世纪 60 年代在西方许多国家出现的城市骚动及种族冲突就是与大量黑人内迁的浪潮有关。伴随少数民族内迁,城市邻里区便会发生快速社会变化,这一过程常常会产生冲突,一旦开始,如果迁入和迁出群体之间的情况差别越大,这一连续过程就越加迅速。最后,将会发生原有社区衰退,出现新的社区重组。

(三) 经济萧条

经济萧条也是城市社区邻里衰退恶化的直接导因。由于西方许多国家的大城市采取城市建设向郊区分散化的政策,致使城市中心区的经济活动移向郊区,同时中产阶级也大量地向郊区迁移。伴随就业和人口的大量外迁,随之出现了大量低收入、少数民族和黑人涌入内城的逆反现象。因为这些新的居民根本没有经济财力来进行内城更新,而且也没有政治上的神通来唤起政府进行更新,从而造成内城税收下降和更新中断。此外,由于全球性的经济衰退,自 1980 年起,英美等先进国家的局势变得更为严峻。这些因素的合力导致内城陷入恶化循环之中,造成内城出现城市机能衰退、就业机会短缺、商业设施投资缩减、环境品质低落等严重问题。

由此看来,社区邻里的社会问题、经济问题是西方许多国家大城市的最为关键和最为严峻的问题,正是由于社区邻里内部出现的社会混乱和经济萧条,导致了社区邻里的衰退。像这些深层的社会结构和经济结构问题,通过简单的推倒重建是难以获得圆满答案的。这些在 20 世纪 70 年代以后为许多国家越来越清楚地认识到,并逐渐获得共识:城市更新不可能惟一趋向物质转变,它必须涵盖更广泛的社会改良和经济复兴,必须更多的注重政策制定的社会和经济方面的问题。于是,自 20 世纪 70 年代以后,西方许多国家的政府和社会学家、经济学家们提出了一系列复兴城市的方案和对策,诸如优化城市设施布局,降低服务成本,刺激城市就业,控制市区土地和房产价格,在城市内设立条件优惠的"企业区"等等。所有这些,对内城的衰退都起到了一定的抑制作用。例如:美国早期大规模拆除改建贫民窟,发现无法解决和负担社会问题而趋于保守,转而结合社会福利、商业再发展、历史建筑地区维护以及塑造社会邻里高品质生活环境等各种综合性的更新计划,其成果远较早期更新方式要更为成功、辉煌。英国《内城政策》的制定,促使更新措施扩展到更为广泛和综合的地方战略性的开发,通过增强内城的经济实力和内城的自身吸引力,来达到复兴内城的目的。

纵观西方现代城市更新运动的发展演变,可看出以下几方面的趋向:

(1) 城市更新政策的重点从大量贫民窟清理转向社区邻里环境的综合整治和社区邻里活力的恢复振兴。

(2) 城市更新规划由单纯的物质环境改善规划转向社会规划、经济规划和物质环境规划相结合的综合性更新规划,城市更新工作发展成为制定各种不可分割的政策纲领。

(3) 城市更新方法从急剧动外科手术式的推倒重建转向小规模、分阶段和适时的谨慎渐进式改善,强调城市更新是一个连续不断的更新过程。

第三节　中国城市更新的现况及特征

与欧美国家不同,中国城市发展目前尚处于城市化的初步发展阶段。由于复杂的社会历史原因,中国长期处于半封建、半殖民社会,自然经济占统治地位,商品经济极不发达,世界范围内兴起的产业革命对中国城市发展的推动力很小。解放后,中国长期推行计划经济体制,其旧城仍不同程度地反映出计划分配和自给自足的封闭式城市结构特点。中国真正意义的产业革命是20世纪70年代末、80年代初开始的。因此,中国城市更新发展历程有其独特的发展特征。

一、简要历史回顾

我国旧城更新改造从1949年至今已有50多年,经历了一个曲折漫长的发展过程,表现为若干个不同的阶段。

解放初期,中国城市大部分为旧城市,大都有几十年,上百年乃至几百年的历史。这些由半封建、半殖民地的旧中国遗留下来的城市,由于连年战争,经济基础遭受破坏,呈现出日益衰败的景象,尤其是劳动人民聚居的地方,环境条件异常恶劣。治理城市环境和改善居住条件成为当时城市建设中最为迫切的任务。当时国家经济十分困难,各城市采用以工代赈的方法,广泛发动群众,对一些环境最为恶劣、问题最为严重的地区进行了改造,解决了一些旧社会长期未能解决的问题。北京龙须沟改造、上海棚户区改造、南京秦淮河改造和南昌八一大道改造等就是当时卓有成效的改造工程。

"一五"时期,由于国家财力有限,城市建设资金主要用于发展生产和有些城市新工业区的建设。但大多数城市和重点城市旧城区的建设,只能按照"充分利用、逐步改造"的方针,充分利用原有房屋、市政公用设施,进行维修养护和局部的改建或扩建。这一时期的大规模城市建设,是中国历史上前所未有的,对城市环境的改善和居住环境的改善起了十分积极和重要的作用,如上海肇家浜改建、北京御河改造和合肥长江路改造等。但是,这一时期由于缺乏经验,对建设城市的复杂性和艰巨性认识不够,在改造旧城中也出现了一些偏差,最突出的就是过分强调利用旧城,一再降低城市建设的标准,压缩城市非生产性建设,致使城市住宅和市政公用公共设施不得不采取降低质量和临时处理的办法来节省投资,为后来的旧城改造留下了隐患。

"大跃进"时期,有关部门提出了"用城市建设的大跃进来适应工业建设的大跃进"的号召。1960年在一次专业会议上提出,对旧城要求"在十年到十五年内基本上改建成为社会主义的现代化的新城市",继后,许多城市提出"苦战三年,基本改变城市面貌"等脱离实际的口号。由于不顾国家财力和物力的盲目冒进,不但没有很好地改造旧城,反而由于工业建设速度过快,规模过大,城市和城市人口过分膨胀,加重了旧城负担,造成城市住宅紧张、市政公用设施超负荷运转、环境日趋恶化等严重问题,加速了旧城的衰败。

文化大革命"十年动乱"犹如雪上加霜,使得本来就不堪重负的旧城又遭受无政府主义严重影响。城市建筑和旧区改造长期处于无人管理,到处见缝插针,乱拆乱建,绿地、历史文化古迹遭到严重侵占和破坏,造成城市布局混乱、环境质量恶劣等严重问题,给以后的旧城改造设置了难以解决的障碍。

进入20世纪70年代后期,旧城改造的重点转向还清30年来生活设施的欠账,解决城市职工的住房成为突出的问题,于是开始大量修建住宅。此外在旧城改造中还结合工业的调整和技术改造着手工业布局和结构改善。那时建设用地大多仍选择在城市新区,旧城主要实行"填空补实"。当时由于管理体制和经济条件的限制,以及保护城市环境和历史文化遗产的观念淡漠,建设项目存在各自为政、标准偏低、配套不全,同时还存在侵占绿地、破坏历史文化环境的现象。

改革开放以后,城市经济迅猛发展,城市建设速度大大加快,城市更新改造以空前规模与速度展开,进入了一个新的历史阶段。这种态势的出现,决非偶然,有其客观背景和条件。首先是旧城区经历了几十年的风风雨雨,建筑质量和环境质量都十分低下,再加上人口密度的增加,旧城区基础设施潜力已经挖尽,难以适应城市经济发展和居民生活水平日益提高的要求。其次,许多城市新区可供开发的用地越来越少,迫使人们将眼光转向旧城区。尤其是最近几年,随着我国社会主义市场经济体制的逐步建立,土地的有偿使用,房地产业的发展,住房的商品化,第三产业的兴起,以及大量外资的引进,使得旧城区获得新的改造动力和契机,从而推动了旧城更新改造的发展。

二、面临的主要问题和矛盾

过去我国旧城普遍存在布局混乱、房屋破旧、居住拥挤、交通阻塞、环境污染、市政和公共设施短缺、名胜古迹绿地遭受破坏等严重问题,改革开放后,这些问题已得到了不同程度的改善。但由于城市原有结构总有保持稳定性的趋向和难以改变的惰性,以及问题的面广量大,一些历史上积累的旧矛盾和旧问题,积重难返,且不断地在新水平上再现和演化。主要反映在土地配置低效率日益突出、住宅拥挤和房屋破旧仍十分严重、基础设施滞后和不足与日俱增、历史风貌和景观特色丧失有所加重等方面。与此同时,在城市进行整体结构转变过程和原有城市土地进行大规模转换的过程中,许多新问题也已初见端倪。

(一) 居住搬迁不当带来社区解体

改革开放10多年来,是我国城市社会结构发生急剧变迁的时期。产业结构调整,用地结构转换,人口结构变迁。城市面临着物质空间和人文空间的大变动和重新建构。社区作为聚集在一定地域范围内的社会群体、社会组织和社会生活共同体,具有亲密相连的社群,相对完备的生活服务设施,和与之相连的社区成员对所属社区在感情上、心理上的认同感和归属感。传统的居住文化圈被冲破,而新的居住文化环境和文化氛围又很难在短时间建立起来,由此而来的便是文化心理失衡,社区结构衰落。在我国许多旧城更新改造过程中已经出现了这类问题,引起了政府部门的注意。如北京,政府已感到来自这方面的巨大压力。用老百姓的话说:"过去我们盼旧城改造,盼搬迁(因过去旧城的更新改造长期无人过问,居住环境极差),现在,我们怕搬迁(一搬迁就搬到远郊区)。"居民的愿望是就地改善城市基础设施,改善居住环境,这也已成为社会稳定的重要问题,从另一侧面反映了目前旧城更新改造存在的问题和矛盾。

(二) 开发超强带来居住环境恶化

在市场经济中,城市再开发(不论是住宅再开发或其他形式的再开发),只有在建筑、出售或租赁新场地所得的收入超过土地征用、清除和建设的成本才是可能的。基于这一利益动机,目前我国的旧城再开发多趋向于超强度开发,这样,超高的密度使房地产开发公司能够建设并出售商品房以获取利润。世界银行对我国十一个再开发项目的调查结果证实了这一点。结果表明，几乎所有的再开发项目都是在密度相当高的地区开展的，这些项目的建筑面积率平均增长151%，增长最多的是上海，在上海的“潮浪园”开发密度增长了567%。为了维护开发收支平衡，增加适当的密度是十分必要的，但如片面追求经济效益，人口密度、建筑密度和容积率过高，就会导致城市环境的恶化。

（三）容量过高带来基础设施超负荷

城市中心区的土地利用转换，势必带来土地使用性质改变和使用强度提高，这已成为我国城市中心再开发的现实必然。与之相伴随的应是加强和提高基础设施的负荷能力，供电、供水、通讯、供气、排水都要彻底改造，交通也将进行根本改善，必须使出入交通顺畅，并配以足够停车场地，同时还须做好城市设计，既有体现城市特色的标志性建筑，又要有一定的广场、绿地，供人们散步、游玩和休息，不以高层林立取胜。如果盲目兴建高层建筑，片面提高容积率，现有基础设施容量和交通容量则难以适应高强度开发，可能会导致容量过高，产生负效应。世界银行的调查发现，目前我国的旧城改造，在改造土地利用的同时，容积率也在逐步提高，已从现状很低的指标(0.3～0.6)提高到了相当高的指标(2.5～10.0)。有的专家和学者已对此表示了担忧。

（四）工厂迁移不当带来环境污染和生活不便

土地的有偿使用，促使工厂从不适合它们存在的、高地产值的中心区迁出，从而环境得到改善，并促进工厂进行技术改造或发展新生产线。工厂搬迁之后，其他有能力更好地使用这些繁华地段土地的使用者，就可以占据这些旧址并加速我国城市功能的转化，使城市在土地使用和产业结构方面更接近于一个具有国际竞争能力的城市。但是，企业迁移如处理不当，也会带来许多问题。企业迁移到脆弱的生态系统或灌溉地区附近，会造成高度污染，其危害会大大超过在城市地区所能避免的程度。另外，企业迁移郊区，会迫使工人不得不加长了从他们的“老城”居住地到新工作地点的上下班距离，在生活上造成诸多的不便。这些问题在我国许多城市都普遍存在。

特别需要指出的是，历史文化保护意识淡薄的现象仍十分严重，它常常造成“建设性”破坏，导致城市历史风貌和特色的丧失。在经济发展的高速起步阶段，由于仍有一部分人片面认为保护历史文化名城妨碍城市经济发展，常常急于改变物质生活条件和发展经济，忽视历史文化遗产的保护，以至由此演化成破坏性建设行为。

客观现实表明，中国的城市发展处在千载难逢良机的同时，也面临着多重困境和危机。这些困境和危机，既有历史上遗留下来的沉重负担，又有发展过程中所必然出现的严重障碍；既有发展中国家欠发达的特征，又有发达国家在其工业化过程曾遇到的某些现象。它们是一个客观历史与现实的延伸和发展。作为城市更新和发展的客观约束条件，既不因为人们否认它们的存在而消失，也不会随着城市更新和现代化进程而得以迅速改变。这就决定了中国城市更新与发展的长期性、艰巨性和复杂性。

三、现阶段中国旧城更新改建的本质内涵

现时期中国旧城更新改建较之以往，无论在其性质、目标上，还是在其内容、方式上都发生了显著变化。改革开放前，中国城市更新的动因主要是阻止城市物质性老化，如清除危旧房，改善居住生活环境条件等，而现阶段城市更新的动因主要来自中国社会经济结构深刻变

化提出的高层次要求。改革前的中国城市是沿着一条“排斥”市场的道路发展的,城市成了自我服务的工业生产体系的集聚点。在国家的计划和经济社会组织工作中,没有把城市作为一个整体来对待,体制也不合理,城市建设和管理长期没有得到应有的重视,致使城市积累了大量问题。现阶段将城市真正作为国民经济的增长极,势必需要从总体上推进城市结构的变革。

我国城市产业结构将顺应世界趋向,逐步由原来的“二、三、一”模式转向“三、二、一”模式,这一变化促使城市布局和空间结构发生变化,处于城市中心的旧城区,作为黄金地段,必然成为第三产业集中地区,使原以居住为主,虽分布着商业服务设施,但并不发达的旧城区得到更新改造,真正成为城市的核心。相应地,我国城市土地出现的大规模转换,也促使原来土地用途结构和空间分布结构不合理现象发生改变,需要更多地遵循城市土地区位价值规律,按其所在位置所取的最高租金进行最优化配置。城市发展中就业门路、就业人员构成突变,暂住和流动人口就业比例大幅度上升,对城市的规模、容量和结构产业巨大影响和压力,要求城市进一步提高人口承载能力和聚集能力。此外,城市现代化、国际化的趋向,亦要求城市承担和胜任现代化、国际化的各项职能,相应地要求以高效合理的城市结构、完善的城市功能设施和高质量的城市环境作为它的物质基础,等等。这些高层次的发展要求,无疑形成了中国城市更新的强大动因。

因此,中国现阶段旧城更新改建的实质就是基于工业化进程开始加速、经济结构发生明显变化、社会进行全方位深刻变革这一宏观背景下的物质空间和人文空间的大变动和重新建构。它不仅面临着过去大量存在的物质性老化问题,而且更交织着结构性和功能性衰退,以及与之相伴随的传统人文环境和历史文化环境的继承和保护问题。从深层意义上,城市更新改建应被看作是整个社会发展工作的重要组成部分,从总体上应面向提高城市活力、推进社会进步这一更长远全局性目标。其总的指导思想是提高城市功能,达到城市结构调整,改善城市环境,更新物质设施,促进城市文明。

第四节　城市更新的系统规划

城市更新是一项复杂的系统工程,在城市更新规划的整个过程应始终贯彻系统论思想,并运用系统理论的整体性原则、动态性原则和组织等级原则控制和引导城市更新的开发建设,以保证其顺利进行。比如根据整体性原则,在城市更新过程中要考虑局部与整体的关系,单方效益与综合效益的关系,因此规划控制要从大局和整体出发。根据系统理论的动态性原则,要求我们在城市更新的规划控制中建立一种反馈协调机制,并且要处理好近期更新与远景发展的关系,不能够只顾眼前的利益而无视今后的发展。根据系统控制理论,把整个复杂的城市更新规划控制系统划分为三个相互制约、相互作用的组成部分,这就是城市更新规划控制的评价体系、目标体系和控制体系。

一、更新规划的评价体系

城市更新评价体系是城市更新规划控制系统的信息感觉器官,它的主要任务包括三个方面:第一,负责收集和评价更新地区历史和现状资料,为更新目标的制定提供必要的信息。第二,对初步形成的旧城更新规划目标进行分析和评价,为最后的目标决策提供咨询。第三，对更新地区的社会、经济和物质环境状况进行评价，了解更新目标的实施进程，为下一步的城市更新提供信息。

（一）评价因子

影响城市更新的因素很多，诸如国家对旧城更新的政策，国家的经济实力，城市的整体结构和功能，社会对城市更新的期望值，以及更新区域的社会物质条件等等。其中，对城市更新的规划控制最具直接影响的因素是更新区域的物质和社会状况，它是更新地区城市生活质量和城市现代化的尺度和标志，也是城市更新评价指标的原始素材。

旧城区的社会物质条件所包含的内容极为丰富，既包括土地使用、建筑建造、市政设施、道路交通等，也包括社会组织、历史文化、人文景观、居民收入等经济文化因素。对于不同的社会团体和个人来说，由于他们所处的社会经济地位不同，审视的角度不一，同时还因为对于城市更新的期望和要求存在一定差距，因而对城市更新的评价项目和评价标准不尽相同。也就是说，对于同一个评价对象，不同的评价主体所关心的评价项目和标准并不一样，有的甚至有很大的差别。参与城市更新评价的主体有居住者、管理者、施工者以及经营者等，对于居民来说，他们关心的是居住环境的舒适、安全和方便；建设开发者则更多地考虑更新的效益；而规划管理者则需要全面掌握城市更新对于地区和城市的影响。在规划制定的过程当中，我们也需要对不同的更新方案进行评价和选择。

（二）评价类型

根据评价对象和方法的不同，城市更新的评价可分为三种不同的类型：

现状评价——分析和评价旧城生活和环境质量优劣程序，确定现状综合评定值。

规划评价——评判规划目标对现状的改进程度，确定更新方案的综合评定值，进行多方案的比较和优选。

更新评价——评价规划目标的实现程度，确定更新后的综合评定值，以及下一步改进的因素。

从规划控制的系统结构来看，评价体系对于城市更新有着十分重要的意义。具体地讲，其意义在于以下三个方面。现状评价是城市更新规划控制的起点。一方面，它可以总体上根据现状评价的结果在整个旧区范围内界定更新的对象，排列旧城更新的先后次序。另一方面，针对具体更新区域的不良因素进行罚分评价，为下一步制定更新目标提供充分的现状信息。规划评价是确立正确的规划目标所依靠的有力手段，它不仅可以对单一的目标进行评价，以确定它是否符合规划的原则和旧城更新的实际需要，而且可以对多种规划方案和目标进行比较和选择，从中选出最为合理的方案和目标。更新评价是对于更新以后的城市形态所进行的检测。它一方面对前一阶段的规划目标进行检验，另一方面为下一步的规划控制提供新的信息。

二、更新规划的目标体系

城市更新目标体系是城市更新规划控制系统的决策单元，它根据评价资料和城市的发展战略及其他有关信息，从整体上为城市更新制定规划目标，并根据实施情况不断对目标进行补充和修正。目标体系是整个城市更新规划控制的灵魂，它直接决定着城市更新的方向。在城市更新目标体系建立过程中应注意两个主要问题：其一，目标体系应具有高度的前瞻性，这是保证城市更新规划高质量实现的关键。其二，目标体系对于现实情况的变化应具有敏捷的反应能力,其目标可以不断调整。

(一) 目标特征

不管是在传统的城市规划领域或者现代城市规划理论中,目标的制定始终是规划师和决策者最为关心的主题。同样,在城市更新的规划控制系统中,目标体系也是实施控制的主要依据和灵魂。

单一的城市更新目标从两个层次上对更新的过程和结果产生重大的影响。第一层次是目标的实质内容,它从根本上决定了城市更新的性质、规模和主要形态。比如对于同一更新地区来说,将主要的更新目标确定为"保护旧城形态"或者是"提高旧城居住容量",其结果将有显著的差别。更新目标产生影响的另一层次是目标的表达形式。实际上,在城市规划的发展历史中,每一次规划思想的重大变革,都会引起规划目标形式的改变。因为在相同的历史时期中,对于规划目标的实质内容,人们往往都有较为统一的共识,但对于这一目标的表达方式,却会产生种种不同的差异,而这些差异会对实施的结果产生意想不到的影响。从这个角度来讲,选择适当的表述方式与确定切实有效的更新目标对于规划控制具有同样重要的意义。

在城市更新的实践中,几乎每一次都会面临对不同的规划目标进行选择和综合的问题。因为在城市更新过程中不同的个人和团体都有着自己各自不同的价值观念和目标,而规划师则力求要在同一规划方案中尽可能多地满足这些目标。换一句话说,城市更新的规划控制所强调的是目标的综合性,它所追求的是更新改造的综合效益而不是任何单方的效益。对初始目标进行选择和综合是建立更新目标的关键环节。

除了综合性之外,城市更新的规划目标还应该具备几项重要的特征:规划目标的准确性、适应性与灵活性。对于准确性的原则我们容易理解,而适应性和灵活性原则却是现代城市规划最新的反思结果。由于过去那种指令性的硬性规划目标在现代社会、经济和技术的迅速发展中逐渐暴露出其适应力较差的缺点,人们已经认识到规划目标必须要对不断变化的外部环境做出相应的反馈。因此,"灵活性"、"可操作性"成为新的规划思潮的重要语汇。现代规划理论认为,目标的灵活性并不是抛弃规划原则的"可变性",而是在规划原则的范围之内,为了更加有效地实施规划控制所必需的调整策略。它改变了过去规划控制中消极的执行观念,提倡一种更为敏捷、更加积极的引导观念。

(二) 确定原则

城市更新是一个为城市的持续发展对城市进行自觉的机能调整与更新,并促使城市向综合社会效益集约化递进的过程,城市更新应遵循城市发展总的客观规律,应坚持系统观、经济观、社会观和文化观等原则。

系统观　系统的城市更新并非包含城市更新内外联系的所有因素,而是视城市更新为统一整体,从各组成系统部分及其相互之间存在关系的全部出发,寻找系统最佳存在状态。坚持城市更新的系统原则即坚持城市整体效益高于局部效益之和。

经济观　目前经济建设是我国一切工作的中心,这就要求在城市更新中树立为经济建设服务的思想。即是要把增强城市的经济活力,发展城市经济作为城市更新目标确定的原则。

社会观　以社会观进行城市更新的总目标即是为社会各阶层人,提供和创造一个良好、舒适、健康、优美的工作和生活环境,并满足他们各自需求,实现社会的公正与平等。

文化观　文化观即是要求城市更新应从文化高度来认识城市历史文化遗产的重要价值,在城市更新中坚持贯彻历史文化保护原则,并具体加以深化和落实。

三、更新规划的控制体系

城市更新控制体系是城市更新控制系统的操作监控器官,它负责按照规划目标和其他有关政策法规对城市更新的实施进程进行切实的控制和引导,最终实现预定的更新目标。控制体系是整个城市更新规划控制的核心,可以说它既是城市更新规划目标的延续和引伸,又是控制管理的直接依据,它决定了整个城市更新是否能顺利地实施。城市更新控制体系的建立一方面应具有较强的系统性和严密性,另一方面应保持一定的适应性和灵活性,并根据客观情况的变化通过一定的程序进行补充和修改。

（一）基本概念

"规划"的完整理解:一是指刻意去实现的某些任务,一是指为实现某些任务把各种行为纳入到某些有条理的顺序中。实际上,一种是说规划所包括的目标和内容,另一种是说规划通过什么手段来实现。因此,城市规划并非只是理想蓝图设计,更为重要的是如何将规划付诸实践。城市更新的控制体系其作用就在于使城市更新规划目标"转译"为规划控制的管理语言,将城市更新规划纳入到管理决策的程序中,从而为规划成为可操作系统提供可能。可以说城市更新中的控制体系在整个城市更新规划中起着双重的作用,从规划全过程来看,它起到承上启下的作用;从规划实施管理来看,它又起到加强城市更新规划与规划管理衔接的作用。

传统的规划观念中,控制基本上意味着限制和禁止。现代控制理念来源于生物学及系统科学,是指控制主体给予对象一定的刺激和干预,使其按照预定的方向发展。J.B. 麦克劳林认为:"控制能够使偏离目标的变化,维持在可允许的限度之内"。因此,规划控制并不仅仅意味着狭义的限制,而是对我们并不熟知而又不可避免的新的现象或趋势进行引导和管理,使城市更新开发的随意性降低到一个可以容忍的限度之内。

（二）内在构成

控制体系的内在构成是规划控制体系建立的基础。从城市规划管理的眼光来看,任何城市建设活动,不管是综合开发还是个体建设,其内在构成都包括以下四个方面:土地使用、设施配套、建筑建造、行为活动。这四个方面的内容基本概括了城市开发建设活动的主要作业。因此,城市规划管理对城市更新建设项目的营建控制一般地也是通过这几个方面来进行。

1. 用地使用控制

用地使用控制即是对建设用地上的建设内容、位置、面积和边界范围等方面做出规定。其具体控制内容包括用地使用性质、用地使用相容性和用地边界、用地面积等。用地使用性质按用地分类标准规定建设用地上的建设内容。用地使用相容性通过土地使用性质宽容范围的规定或适建要求,给规划管理提供一定程度的灵活性。

2. 环境容量控制

环境容量控制即是为了保证良好的城市环境质量,对建设用地能够容纳的建设量和人口聚集量做出合理规定。其控制指标一般包括:容积率、建筑密度、人口密度、绿地率和空地率等。容积率和建筑密度分别从空间和平面上规定了建设用地的建设量;人口密度规定了建设用地上的人口聚集量;绿地率和空地率则表示绿地和开放空间在建设用地里所占的比例。这几项控制指标分别从建筑、环境、人口三个方面综合、全面地控制了环境容量。

3. 设施配套控制

设施配套是生产、生活正常进行的保证,设施配套控制即是对居住、商业、工业、仓储等用地上的公共设施和市政设施建设提出定量配置要求。公共设施配套一般包括文化、教育、体育、公共卫生等公共设施和商业、服务业等生活服务设施的配置要求,市政设施配套一般包括机动车和非机动车停车场(库)以及基础设施容量规定。

4. 建筑建造控制

建筑建造控制即是为了满足生产、生活的良好环境条件,对建设用地上的建筑物布置和建筑物之间的群体关系做出必要的技术规定。其主要控制内容有建筑高度、建筑间距、建筑后退等,同时还包括消防、抗震、卫生防疫、安全防护、防洪以及其他专业的规定(如机场净空、微波通道等)。

5. 城市设计引导

城市设计引导即是为了创造美好的城市环境,依照空间艺术处理和美学原则,从城市空间环境对建筑单体和建筑群体之间的空间关系提出指导性的综合设计要求和建议,乃至用具体的城市设计方案进行引导。它多用于城市中的重要景观地带和历史文化保护地带,一般包括建筑风格、形式、色彩、高度、体量、建筑轮廓线示意、空间组合模式以及绿化布置要求等控制引导内容。

6. 行为活动控制

行为活动控制即是从外部环境的要求,对建设项目就交通活动和环境保护两方面提出控制要求。交通活动的控制在于维护交通秩序,其规定一般包括出入口方位及数量、交通方式、装卸场地规定等;环境保护的控制则通过制定污染物排放标准,来防治在生产建设或者其他活动中产生的废气、废水、废渣、粉尘、恶臭气体、放射性物质以及噪声、震动、电磁波辐射等对环境的污染和危害,达到环境保护的目的,这方面由当地环境保护部门来管理。

城市更新规划控制是一个不断循环的连续决策过程,规划控制的各个阶段和各种组织机构都是相互联系的。在这种连续性的规划机制中,对于更新过程的控制比更新状态的控制更为重要。因为任何一种局部的"状态"都已经融合到整个旧城的更新发展过程之中。

(阳建强)

主要参考文献:

[1] 国家科学技术委员会. 中国技术政策. 城乡建设. 北京,1985

[2] 吴明伟. 走向全面系统的旧城更新. 城市规划,1996年1期

[3] 阳建强、吴明伟编著. 现代城市更新. 东南大学出版社,1999

[4] 清华大学建筑与城市研究所编. 旧城改造规划、设计、研究. 清华大学出版社,1993

[5] 王育琨等. 中国:世纪之交的城市发展. 辽宁人民出版社,1992

[6] 《当代中国》丛书编辑部. 当代中国的城市建设. 中国社会科学出版社,1990

[7] [美]刘易斯·芒福德. 城市发展史——起源、演变和前景. 倪文彦、宋俊岭译. 中国建筑工业出版社,1989

[8] Couch, Chris. Urban Renewal: Theory and Practice. London: Macmillan, 1990

[9] Robert K. Home, Inner City regeneration. London. E. &. F. N. Spon, 1982

[10] Rachelle Alterman & Goran Cars. Neighbourhood Regeneration. Mansell Publishing Limited, 1991

第十章　城市交通发展战略与综合交通规划

第一节　概　　述

城市交通问题一直是世界各国大城市关注的焦点,在城市社会经济发展的各个阶段,大城市总是面临种种不同的交通问题。随着我国社会经济的持续快速发展,城市化进程的加快以及机动车总量的增长,大中城市的交通拥挤矛盾也日益突出,交通拥挤已经成为制约城市社会经济发展的一个重要因素。面对即将来临的私人小汽车的发展浪潮,城市交通将面临更加严峻的挑战。

城市交通系统是一个由人、货、车、路和环境组成的相当复杂的动态系统。因此解决城市交通问题必须采取综合的对策,即通过制定城市交通发展战略与综合交通规划来实现城市交通的可持续发展。

一、当前我国城市交通面临的主要挑战

(一) 道路容量与机动化趋势

长期以来,我国城市道路设施增长较为缓慢,人均拥有道路水平处于较低的水平。近十几年城市交通设施开始以较快的速度增长,大城市的人均道路面积达到 6～10m^2。但与国外城市相比差距依然很明显,例如人口密度较高的东京,其人均道路面积也达到了 10.3m^2,而纽约和旧金山更是高达 25m^2 以上。城市道路设施建设一方面要偿还历史的欠账,另一方面又要适应新的交通需求的增长。

在巨额的投资下,一大批桥隧、道路立交、地铁等现代化的交通设施先后建成,城市交通的供应能力有了显著提高。但是车辆和交通量增长的速度更快,便得城市道路交通的压力依然很大。北京、上海和广州等大城市中心区的主要道路高峰时基本都处于饱和状态,车辆的平均行程速度只能维持在 20km/h 左右。显然,道路容量的增长难以适应车辆和交通量的增长是我国城市交通目前普遍存在的问题。

发达国家大城市无一例外地经历过私人机动化交通工具快速发展的阶段,这个被称为"机动化"的过程使大多数家庭拥有并使用私人小汽车,也使城市小汽车交通量急剧增加。与国外城市相比,我国的家庭小汽车尚处于起步阶段,随着我国城市居民收入水平的持续提高,一些经济较发达,道路与停车条件较好的城市已经出现了家庭小汽车快速增长的趋势。在国际上,在处理路与车这对关系中有着成功与失败的例子。香港虽然经济比上海发达,由于对小汽车增长采取了较为严厉的限制政策,因此多年来道路运行车速一直保持着较高的水平;而泰国的曼谷,由于过分鼓励发展小汽车,导致交通严重拥挤的局面,至今也没有得到解决。因此,如何根据自身的实际情况,制定正确的策略,以使机动化水平与道路容量互相

适应是我国城市交通发展必须面临的挑战。

（二）公共交通与消费水平

20世纪80年代中期开始，我国大城市的公共交通相继出现萎缩。在公交设施不断增长的情况下，公共交通却逐步在城市交通中失去了优势，取而代之的是道路使用效率较低的自行车交通。公共交通的萎缩直接导致道路交通量的膨胀，进而造成城市交通拥挤，降低了城市交通体系的运输效率。

上海和北京等大城市20世纪80年代和90年代公交调查的结果，反映了公交逐步萎缩的趋势。与20世纪80年代相比，公交设施虽然不断改善，但是公共交通对市民的吸引力却明显减弱。

一般而言，人们对快速、舒适和准时的乘车需求的迫切程度与消费水平的增长成正比。如果公共交通没有独特的优势，随着消费水平的提高人们自然会选择个体交通方式。如20世纪80年代后期，人们消费水平提高，购买自行车已不再成为经济负担，而公交与自行车相比并没有明显的优势，因此相当一部分市民由公交转向了自行车。到了20世纪90年代，随着出行距离的增加，自行车的缺陷也逐渐显露；随着市民的消费水平继续提高，适应长距离出行的摩托车、助动车很快成为人们的新宠，公交更加处于明显的劣势。因此，这些年城市公交比重持续下降的根本原因是公交服务未能适应消费水平提高所带来的新的需求。

今后，消费水平的提高与公交服务的矛盾将更加突出。这是因为随着我国城市居民消费水平的提高，购买小汽车的欲望将更加强烈，对乘车的要求也就越高。在自行车逐步失去优势而摩托车、助动车又遭到限制之后，如果公交服务仍然不能适应人们新的需求，那么由自行车向小汽车方向转移的动力将是巨大的。然而根据预测，即便是小汽车拥有水平处于中等发展程度，对于我国大多数城市的道路系统来说也是无法承担的，因此必须引导自行车向公交方向转移。这就对我国城市今后的交通发展提出了挑战，即如何不断提高公交服务水平，以满足城市居民因消费水平提高而日益提高的乘车需求。

（三）城市交通与信息时代

随着信息技术的发展，我国已经进入了信息网络化时代，人们的工作效率也大大提高，对城市交通也就提出了更高的要求。与信息时代相适应，我国城市应该拥有一个高效、快捷、舒适和清洁的交通环境；拥有一个满足可持续发展要求的，用于当代造福后人的交通环境。

由于历史和认识方面的原因，我国大城市中交通控制管理和交通安全管理的现代化设施很少。国际上正在研究并开始使用的信息化、智能化管理系统在我国还基本上处于空白。

我国大城市交通环境的现状是人车混行，非机动车和机动车互相争道，机动化水平处于两轮车与四轮车混杂并行的初级阶段，与信息化时代极不相称。

随着信息时代的发展，城市交通将面临更大的机遇和挑战。一方面城市交通运行环境必须与信息时代的社会经济环境相适应，信息时代的城市需要一个高效、有序、安全的交通环境；另一方面信息技术将有助于城市交通使用者获得充分的交通信息，并做出正确的选择，通过交通信息智能系统还能调节城市交通流向，均衡交通分布，从而提高城市交通系统的服务水平和运行效率。

二、城市交通战略与规划的主导作用

交通对城市的作用随着人口和用地规模扩大而逐步提高。当城市突破常规进入特大规模时,交通的作用将从被动性的配套转化为主动性的建设,交通对城市的发展也将起着主导作用。然而,交通对城市的主导作用该如何发挥,却不是一个简单的问题。如果在城市交通规划中树立起"公众利益优先"和"时间空间观"的思想,改变以往被动式的交通规划,那么交通规划对城市发展的导向作用将成为现实。

(一) 公众利益优先

改革开放以来,我国城市化速度加快,城市交通基础设施增长速度也相应加快,交通容量提高几倍。但是大规模道路建设所带来的社会效果却主要表现在机动车交通量的迅猛增长,而且增幅远远高于道路增长的速度。新增的道路很快被新增的汽车交通所充斥,结果造成交通拥堵、车速下降、环境恶化。这就是将车辆作为交通核心所带给人们的困惑。

然而,城市交通的本质是实现人和物的移动,而不是车辆的通行。不仅城市的经济社会文化活动离不开人员的流动,而且城市的发展和扩大也有赖于人员的流动,评价城市交通体系的优劣,主要是看广大公众的交通利益是否得到保障。城市交通资源为整个社会共有,而不能仅供少数富裕群体所使用,因此交通规划师必须树立公众利益优先的思想,并将社会公平原则体现在交通规划中。

(二) 时间距离观

长期以来,交通以距离为度量,古代的三里为城,中世纪十里见方的城堡,以及近代交通图无一不标志着里程。因而,空间距离是传统的,并且至今仍是主要的交通功能度量。交通工具的演化变革,关键是行驶速度的提高。随着机动交通工具的出现和普及,人们的交通空间也逐步从距离转化到时间:只要单程时耗在一小时以内,即便是离市中心 30km 的近郊住宅也被越来越多的人所接受。因此,交通规划师更注重的是完成空间距离出行所需要的时间,即时间距离,并在规划中把出行时间距离的减少(时间节约)作为主要的规划目标之一。

(三)"被动式"向"主动式"的转变

交通规划登上历史舞台以来的半个世纪,一直属于被动式。所谓被动式的交通规划,是指依附性强的交通需求预测与配套性多的交通设施规划。传统的被动式规划的结果往往是出现了一系列事与愿违的矛盾,比如规划指标是公交方式比重最高,而实际却是个体方式比例迅速攀升;规划要提高人均道路面积,实际却路增车更多,人车路矛盾更加复杂。近 20 年来,国内各大城市的情形基本如此。在这种情形下,主动式交通规划应运而生。其含义是将交通系统及功能作为先导加以研究和运用,把交通规划与城市用地开发、功能布局紧密结合,使城市社会、经济、环境等一系列的发展政策与交通发展紧密结合。

第二节　城市交通发展战略

一、关于城市交通发展的北京宣言

1994~1995 年,国家建设部和世界银行、亚洲开发银行共同组织了"中国城市交通发展战略研究”,并于1995年11月在北京召开了一次由中外专家和30多个城市的政府官员参加的研讨会,与会代表在达成高度共识的情况下通过了关于中国城市交通发展战略的北京宣言,这个宣言所包含的五项原则、四项标准和八项行动第一次较全面地概括了城市交通发展的原则、社会经济与环境目标和具体的发展策略。

(一)五项原则

原则一:交通的目的是实现人和物的移动,而不是车辆的移动;

原则二:交通收费和价格应当反映全部社会成本;

原则三:交通体制改革应该在社会主义市场经济原则指导下进一步深化,以提高效率;

原则四:政府职能应该是指导交通的发展;

原则五:应当鼓励私营部门参与提供交通运输服务。

(二)四项标准

标准一:经济的可行性;

标准二:财政的可承受性;

标准三:社会的可接受性;

标准四:环境的可持续性。

(三)八项行动

行动一:改革城市交通运输行政管理体制;

行动二:提高城市交通管理的地位;

行动三:制定减少机动车空气和噪声污染的对策;

行动四:制定控制交通需求的政策;

行动五:制定发展大运量公共交通的战略;

行动六:改革公共交通管理和运营;

行动七:制定交通产业的财政战略;

行动八:加强城市交通规划和人才培养。

二、城市交通发展战略的内涵

城市交通发展战略是对城市交通未来发展趋势的总体预测和判断,从宏观上把握城市交通发展的方向,属于城市交通发展的大局问题。城市交通发展战略的确定,不仅要根据城市总体规划,而且必然地还将涉及经济、政治、文化、教育、气候、环境等等方方面面的内容,与一个城市所在的区域、国家乃至国际社会的综合环境都有着密切的联系。城市交通发展战略在一定程度上超越了城市规划本身的范畴,其内涵更加广泛和丰富。

制定城市交通发展战略的目的就是为了综合考虑城市发展的社会经济、区域环境、政治环境等诸多因素,根据城市的自身特点确定城市交通未来发展的重点和方向。例如一个以钢铁工业为基础经济部类的中小城市,为了满足来自城市外部产品和服务的需求,对外货物运输就会在经济活动中起到举足轻重的作用。城市交通如何满足钢铁生产的要求则可能成为城市交通发展战略一个重点研究的问题。又如某一地区的中心城市,肩负着带动整个经济地区发展的职责,在城市交通发展战略中就应明确提出加强城市交通的辐射功能。上海市在决定开发开放浦东之后,立即将城市交通发展的战略重点转向越江交通的建设上来,使交通服务于浦东的开发开放政策。而对于一个交通时空分布较为集中的城市来说,调整用地布局疏散人口分布就有可能成为城市交通发展战略的重点。以上所举的例子仅仅是确定交通发展战略诸多因素中很小的一部分，而综合考虑这些因素，使城市交通发展满足社会经济增长的需求是制定城市交通发展战略的根本目的。

三、城市交通发展战略关注的重点问题

（一）城市交通发展的目标和水平

城市交通发展战略首先以实现人和物的移动为出发点，在充分把握城市自身条件、历史文化背景和城市发展定位等因素的基础上，提出与城市发展进程相适应的总体战略目标。战略目标的提出要体现交通发展战略的全局性、长远性和阶段性。例如南京市提出的战略目标是构筑一个与南京现代化大都市发展进程相适应的、高效率的、一体化和人性化的城市综合交通体系。

在总体战略目标的指导下，根据城市社会经济发展情况，确定城市交通的阶段发展水平。城市交通发展水平主要体现在市民出行质量、货物流通效率、道路运行状况和交通整体环境等方面。城市交通发展总水平既要有定性的目标又要有量化的指标。例如上海提出近期内的城市交通发展水平的目标是出行更方便、交通更畅通，具体的量化指标则是外环线内住宅小区到市中心主要场所，人员出行控制在一小时以内而机动车出行控制在40min左右。

（二）城市交通方式结构

城市交通方式结构的发展趋势是城市交通战略重点关注的核心问题。城市交通方式可分为私人交通和公共交通两大类。前者从使用者的角度来看，因为灵活自由等特点而具有明显的优势；后者则从交通系统的角度来看，因为运输效率较高而成为大中城市倡导的交通方式。我国私人交通现阶段以自行车交通为主，而随着社会经济的增长，私人交通将逐渐向小汽车方向发展。公共交通则包括公共汽电车、中小巴士、出租车和地铁等城市轨道交通。城市交通方式结构指的是各种交通方式在城市交通中所占的比重，其中私人交通和公共交通各自承担的比重是问题的关键。城市交通方式结构决定了城市交通的运行效率：公共交通所占的比重较高，机动车交通量就会相对较小从而保障道路系统的畅通运行；反之，私人交通所占比重较高，道路上的交通负荷就会增加，甚至造成严重的交通拥挤。

根据城市交通方式结构的发展趋势，大体可分为两类：一类为大力发展公共交通的交通发展战略；另一类为小汽车为主导的交通发展战略。我国大多数城市为紧凑型发展，人多地少是国内城市的普遍特征，一般都将发展公共交通作为主要的策略。在美国，20世纪50年代之后城市发展出现了大规模的郊区化，为小汽车的大量使用创造了广泛的空间，从而形成了洛杉矶等以小汽车为主导的城市。而欧洲的大城市，在发展小汽车的同时，保持了较高服务水平的公共交通系统，从而形成了城市中心地区的交通主要依靠公共交通，外围以小汽车为主的发展模式。

根据我国大城市不同的规模结构、地形和气候条件，我国大城市交通战略还可细分为三类。第一类以公交和自行车并举的交通发展战略，自行车与公交在各自的范围内都有各自的优势，相互衔接合理并存。第二类以发展公交为主的交通发展战略。公共交通以地面公交为主，并逐步取代自行车成为城市交通的主导。第三类大力发展轨道交通，确立公交主导优势的交通发展战略，地面公交已经不能满足大运量的客流需求，轨道交通成为公共交通的主体或骨干。

（三）城市交通综合体系布局与规模

城市交通综合体系涉及城市对外交通、市内客货运输、内外交通衔接、静态交通等诸多元素，是城市各类交通设施合理衔接的有机结合体。城市交通发展战略则根据城市发展的需要对城市综合交通网络做出总体部署。主要的内容有：其一，确定城市对外交通设施的选址、规模与功能；其二，确定城市道路网络的骨架、规模和布局；其三，确定公共交通设施的主导形式、规模和布局；其四，确定城市停放车系统的规模、等级和分布；其五，内外交通衔接系统、货物运输系统等其他城市交通设施的规模与布局。

（四）城市交通政策

城市交通政策是在一定的城市交通战略指导之下，政府部门制定的用以指导、约束和协调城市交通行为的总则。为了强化城市交通政策的指导作用，交通政策最终将向交通法规延伸。城市交通战略指明了城市交通发展的方向，城市交通政策则是实现交通战略目标的手段和途径。交通政策的制定虽然要服从于城市交通发展战略，但又是一定政治社会经济环境的产物，不同的背景条件就有不同的政策需求。

交通政策既是动态变化的又具有延续性。政策的动态变化指的是交通政策中低层次的涉及技术经济条件的具体内容总是随着形势的发展而逐渐发生变化的，满足一定时期内的发展需要；政策的延续性指的是交通政策各阶段的内容都将服从于城市发展战略的需求，各项政策和措施的出台都是为了保障交通战略目标的实现。例如上海市关于小汽车发展的具体政策就曾经历过由“限制小汽车发展”到“有控制地发展小汽车”进而到“适度发展小汽车”的三个阶段。这三种不同的小汽车发展政策都是在公交优先发展战略的指导下，适应于不同时期的社会经济发展水平所提出的，其根本目的都是为了保障道路交通的畅通、有序和安全。

协调各种交通方式的发展，逐步形成一个合理的城市交通结构，是城市交通政策的核心内容。交通政策根据城市交通发展的战略目标确定各类交通方式的导向性政策：指出各类交通工具的发展方向；确定各类交通工具发展的阶段目标；并指出保障各类交通工具发展的具体措施。交通工具的导向性政策将直接影响着城市交通建设。例如，法国巴黎在蓬皮杜总统的时代就提出了鼓励发展私人小汽车的政策，强调交通建设要适应小汽车的发展，高等级的道路规划建设则成为那一时代的基本特征。而在我国上海等特大城市都提出了大力发展公共交通的政策，城市交通建设的重点则逐步转向了轨道交通。城市交通政策涉及内容同样非常广泛，除了制定交通工具的导向政策之外，为保障交通发展目标的实现，在规划、投资、财税和管理等诸多方面也应制定相应的政策。

第三节　城市综合交通规划设计

城市综合交通系统涵盖了存在于城市中的各种交通方式，涉及道路、轨道、车辆、人流、货流等多个方面及与交通有关的各项设施。按照服务的范围，城市交通系统又分为市内交通和对外交通。因此城市综合交通规划设计是一项具有高度复杂性、广泛性和综合性的工作。

一、道路网系统规划

城市道路网系统是组织城市各种功能用地的骨架,又是城市进行生产和生活等经济活动的动脉。影响城市道路网络布局的主要因素是:城市在区域中的地理位置;城市用地布局形态以及城市交通运输系统。

城市道路网规划中应该同时注重两个指标:道路面积比例和道路网密度。前者指道路建设用地占全部城市建设用地的比例,从近年国内外大城市发展水平看,这一比例宜为15%~20%;后一指标指单位面积城市建设用地内平均的道路总长度,从国内外经验看,这一指标应达到 $1km^2$ 城市建设用地有 5~7km 长的城市道路。

(一) 城市道路的功能与等级

城市道路是多功能的,它们相互之间有时是矛盾的,在规划时需要按功能的主次进行协调。城市道路除了首先要满足交通的功能之外还要起到组织城市用地的作用。按照在总体网络中的位置和地位对城市道路进行分类,由高到低划分为快速路、主干路、次干路和支路四个等级。城市道路的交通功能在城市道路的诸功能中占有最重要的地位,其具体表现在“通”和“达”两个方面。一般而言,道路等级越高就越多承担“连通”的功能;等级越低就承担越多的“到达”功能。

第一,快速路。快速路主要服务于机动车中长距离的出行,满足车辆快速行驶的要求。快速路是城市交通运输的主动脉,“连通”的功能占绝对主导地位,因此道路两侧严格控制公共建筑的进出口。城市快速路设置中央分隔设施,一般为机动车专用道并且与其他道路相交采用立体交叉,属于不受路口延误的连续交通设施。例如北京的二、三环,天津的中环线、上海的内环线高架、哈尔滨的四环路和乌鲁木齐的河滩路等都属于城市快速路。

第二,主干路。担负着联系城市用地组团之间、各区域之间、大型交通集散点之间和对外交通节点的职能。城市主干路是城市路网的骨架,以“连通”功能为主,因此道路两侧也不适宜布置吸引大量人流的公共建筑。主干路与其他交叉口可以是平交形式,但是一般给予较高的绿信比重,并且必须设置机非分流设施。例如北京市的长安街是全市性的东西向干道,实行机非分流;又如上海市以“三横三纵”的主干路作为中心区道路的骨架。

第三,次干路。起到了分散主干路交通的功能,是联系主干道的辅助性干道,也是分布在城市各区域内的地方性干道。与主干路相比,次干路“连通”的功能有所减弱,“到达”的功能有所加强,因此沿线可分布大量的住宅、公共建筑、停车场地、公交站点等服务设施。由于次干道兼有生活服务的功能,因此也是公交线路主要布设的道路。

第四,支路。是地区性服务的道路,一般与主干路没有直接的连接。支路的交通功能以“到达”为主,直接为城市用地和居民生活提供服务。

上述各等级道路的合理比例构成一个城市的道路系统。根据国内外城市的经验,从道路长度比例看,等级越高的道路,所占的长度比例越低。因此,城市道路建设中应当重视各级道路的合理比例,使道路系统平衡地发挥“通”和“达”两大功能。

(二) 城市道路网的空间布局

在不同的社会经济、自然地理条件下,城市道路网系统会发展成不同的形态。常见道路网类型为方格网式、环线放射式、自由式和混合式四类。

第一,方格网式。方格网式又可称作棋盘式,是一种在地形平坦城市中最常见的道路网类型。方格网式的路网特点是:道路布局整齐有利于建筑物的布置;平行道路多又有利于交通分散,便于机动灵活地进行交通组织;但是对角线方向的交通联系不便,增加了部分车辆的绕行。国外一些大城市的旧城区历史形成的路幅狭窄、密度较大的方格路网,已经较难适应现代交通的需求,于是通过组织单向交通缓解交通拥挤。

第二,环形放射式。环形放射式道路网最初多见于欧洲以广场组织道路规划的城市,如法国的巴黎。而在我国一般由城市中心区逐步向外发展,由中心区向四周引出的放射性道路逐步演变过来的。环形放射式路网的特点是:放射性道路在加强了市郊联系的同时,也将城市外围交通引入了城市中心区域;而环形道路在加强城区以外地区相互之间联系的同时,有可能引起城市沿环路发展。环线道路与射线道路应该互相配合,环线道路要起到保护中心区不被过境交通穿越的功能,必须提高环线道路的等级,以形成快速环路系统。

第三,自由式。自由式道路网络是由于城市地形起伏较大,道路结合自然地形呈不规则状布置而形成。自由式道路网的特点是:结合自然地形,如果精心规划有可能形成活泼丰富的景观效果;但是会出现较多的不规则街坊,造成建设用地分散,我国山区和丘陵地区的一些城市较常采用这类形式,如青岛、重庆等。

第四,混合式。混合式道路网系统是对上述三种形式的综合,即在同一个城市同时存在几种类型的道路网,组合成混合式的道路网。其特点是:扬长避短,充分发挥各种形式路网的优势。我国大多数大城市都采用了环形放射加方格网的混合式路网布局。

二、快速路系统规划

城市快速路系统为车辆通行提供的是高速、连续的交通服务,因此与其他道路相交一般采用全封闭的互通立交形式。高架道路是城市快速路的一种形式,是由于道路交叉口间距较近,在无法采用多个交叉口立交形式的情况下,所采用的一种连续高架形式的快速路。在我国一些路网密度高用地紧张的特大城市,如上海、广州已出现高架形式的快速路系统。

(一) 快速路系统的功能

首先,快速路系统的功能在于"快速"。快速路系统提供给车辆的是不受路口信号延误的连续交通服务,行程车速要远远高于一般道路。即使是在高架快速道路的流量接近设计通行能力的时候,相对于地面道路而言仍然具有明显的速度优势。高架系统高峰时的平均行程车速为40~60km/h,而与此同时市区地面道路的车速却维持在20km/h左右。

其次,快速路系统的功能在于"连通"。快速路系统虽然多处设置了与地面道路连接的匝道,但是间距肯定将远大于地面交叉口的间距,其服务的主要对象是那些中长距离出行的车辆,如果快速路系统上汇集了较多短距离行驶的车辆就会降低快速路系统的运行效率。

(二) 快速路系统与其他道路的关系

快速路系统并不是孤立地架空在城市道路网络之上的,快速路系统通过进出匝道与其他干道发生联系,相衔接的干道则起到了集散快速路系统车流的作用。城市地面道路系统与快速路系统对于全市路网来说是一个整体,快速路系统的运行效率在一定程度上取决于地面道路的集散能力。

其一,平行地面道路的通行条件应与快速路系统相配套。快速路的下方或两侧一般配有与之相平行的地面辅道。虽然快速道路在通行能力和速度上具有明显的优势,但是平行的地面辅道的行驶条件必须与之相配套，快速道路的辅道必须属于主干路的等级，必要时还应实行机动车专用。如果平行辅道的通行条件与快速路相差过于悬殊，就可能导致快速路的流量过于集中，尤其是集中了短距离行驶的车辆。上海市的内环线高架建成不到三年流量就增长了一倍多，其中地面道路与高架道路通行条件上的明显差距是主要的原因。

其二，快速路匝道落地附近的横向道路必须具有较大的集散能力。快速道路是通过匝道与地面道路发生联系的，能否及时疏散匝道车流将直接关系到快速道路的运行效率。匝道出口的不畅就会导致车流在匝道滞留，从而影响快速路主线车辆的行驶，使得匝道出口处成为快速道路运行的“瓶颈”。由于快速路落地车流大多都将通过匝道附近的横向道路进行疏散，因此横向道路的通行能力起到了关键作用。例如，上海市内环线高架武宁路下匝道处就曾经因为武宁路交叉口不足的集散能力而成为高架拥堵的重要节点。

其三，快速路系统建成之后仍然需要一个功能完善的地面常规道路系统。快速路系统虽然为疏解城市交通作出了举足轻重的贡献，但是快速路的建设将受到多方因素的制约，其本身所能承受的负荷也是十分有限的。完善地面道路的功能一方面同样是解决城市交通问题的主要手段，另一方面也将有助于完善快速道路的功能，使其真正发挥快速通道的职能。

（三）高架形式的快速路系统规划设计中几个值得探讨的问题

高架形式的快速路系统在国内是新生事物，在国外也较为鲜见，由于其给城市环境带来了许多负面影响，因此并不宜得到提倡和推广。然而，在我国部分大城市中高架系统对缓解城市交通确实又起到了举足轻重的作用，本着实事求是的态度，结合国内城市高架系统的实际运行情况，就高架系统的规划设计提出以下几个供探讨的问题。

其一，如何处理好高架系统的节点拥堵问题。高架道路运行的紧张状况，往往是因为部分车流出入节点不畅，进而扩散到整个高架系统所引起的。高架道路之间的互通连接，本意是为了发挥高架系统的整体效益，但是往往事与愿违，由于交换节点处通行能力较低却成为拥堵的“罪魁”。目前比较一致的看法是，高架系统中的立交宜采用定向匝道式，而转盘式立交无法胜任。

其二，如何解决匝道布置带来的车流不均衡的问题。高架系统的流量分布不均将降低系统的运行效率，流量的不均衡性与高架道路的匝道布置有关。匝道布置引起的流量不均主要有两种情况：一种情况是匝道布置太少，导致部分高架路段利用不足。例如上海内环线高架在未增设周家嘴路一对匝道之前，东北段的流量明显低于其他断面。另一种可能是匝道布置过密，造成部分路段流量过于集中。例如，上海内环线高架的广中路段一直是拥堵的“瓶颈”，就与同方向连续布置的匝道入口有关。

其三，城区内部高架如何与放射性高架衔接的问题。城区内部道路主要是起到疏散城区内部交通的功能，而将放射性高架直接与城区内部高架路相接，就会降低高架疏解城区内部交通的能力，甚至会引入穿越性交通进入市区，最终会恶化城区内部的交通环境。例如上海逸仙路高架建成后虽然加强了宝山与市区的联系，但是内环线高架在这一节点处受到重大冲击，相邻路段出现严重拥堵的情况，导致交警部门只能采取暂时关闭匝道的作法来缓解内环高架的交通压力。

三、轨道系统规划

轨道交通是一种舒适、快捷、清洁、低噪音、大容量的交通工具，有着地面车辆无法比拟的运输效率，是提高公共交通吸引力和服务水平的重要措施。同时，轨道交通也是引导城市土地开发，改善城市用地形态的重要手段。世界上已有100多个大城市拥有大容量的轨道交通系统，其中许多城市的轨道交通已经有近百年的历史。我国北京、上海和广州等大城市也有地铁线路开始运营，但是轨道建设刚刚起步，尚没有一个成熟的轨道网络系统。

(一) 国外城市轨道系统的借鉴

伦敦、巴黎、东京和纽约都有着悠久的地铁运营的历史，因此对于国内城市轨道系统规划有着很好的借鉴作用。伦敦和巴黎的轨道系统由市区密集的地铁线路与市郊快速铁路线路构成，并将市区与城郊连为一体。东京市区地铁网络密度很高，承担了90%以上的公交客流，城市内部地铁与国铁(国家铁路)结合得非常紧密。纽约市区内部有较密的地铁网，并在中心区地铁线路上设快慢线轨，同时由放射形的通勤铁路为远郊和新泽西州居民提供进出中心区上下班通勤服务。

上述世界四大城市的轨道系统，解决市区内部交通和市郊联系均采用了各自不同的方式，这说明轨道交通系统在世界上并没有一个固定的模式，可谓百花齐放。就像我国北京、上海、广州等城市的地铁，其站间距比巴黎的市域快线要短很多，但是与巴黎市区内部地铁500m左右的站间距相比又长了许多，同样说明我国城市现有的地铁系统也颇具自身特色，世界上也很难找到相同的模式。因此，我国城市轨道系统规划应该博采众长，结合自己的实际情况才可能走出一条适合自己情况的轨道交通发展之路。

(二) 轨道系统的层次

轨道交通的主要特点是快速和大容量，但是“快速”和“大容量”又是一对矛盾。为了保证“快速”的要求，地铁车站间距就不能设置过密；而站距设置过长又会牺牲大量客流，无法体现地铁大容量的优势。轨道交通服务的乘客往往是多层次的：有的出行距离较长，对速度的追求较高；有的出行距离较短，比较注重列车的发车频率；有的出行希望出发地离地铁站的距离较近。对于人口众多的特大城市来说，轨道交通除了要服务于市区的乘客，还要解决市郊之间的联系，还要兼顾区域之间的联系。因此，轨道交通系统按照服务对象和功能的不同应该分为若干个层次，以满足乘客多样化的需求。

轨道交通系统的分层主要有两种情况。一是按照服务的地域划分，例如上海市的轨道交通系统规划将系统分为三层：第一层次为服务于全市范围的市域级线路，将市区与郊区连为一体形成轨道网络的基本骨架；第二层次为服务于中心城范围内的市区级线路，运营速度因站距较短而低于市域级线路；第三层次是服务于中心城外围地区的区域级线路，多为拾遗补阙的切向线路。二是按照轨道系统的容量大小来划分，一般分为重轨和轻轨，但还能够划分更多的等级。不同层次的轨道线路承担着不同的功能，因此车站间距的设置、运营组织和车辆规模都会有所不同。

(三) 市域轨道交通的几种形式

我国一些大城市的轨道系统规划，长期以来比较重视市区内部的轨道交通规划而比较忽视市域轨道线路的规划。最近完成的《上海市轨道系统规划》中，引进了市域轨道的概念，为国内城市轨道系统规划开阔了思路，而市域轨道系统的形式也一时成为行业关注的焦点。

总结国内外城市现有的轨道网络系统，市域轨道主要的形式如下：其一，市域线路穿城而过。最大的优点是有利于实现城乡的交通一体化，巴黎的市域快速线是主要的代表，并且这种形式已经被上海市所借鉴。其二，市域线路终止于城区外围。虽然郊区乘客需要通过轨道之间的一次换乘才能进入市区，但是投资较小，我国城市传统的轨道交通规划多为这种形式。其三，市域线路终止于城区中心，如纽约的通勤铁路。此外，还有市域线路“绕城而过”、“不经过市区”等多种形式。

（四）轨道网络规划编制的两种方法

其一，“经验判断法”。这种方法主要根据人口与就业岗位分布情况，并设定影响范围，通过对线网覆盖率的判断来确定线路的走向。这样的做法较为简单，只需将人口与岗位分摊到交通小区中并打印出相应的人口与岗位分布图，在此底图上就可根据经验判断画出线路走向。但是由于这种方法仅考虑了人口密度的分布情况，而忽视了人员出行行为的不同。因此线路布设有可能与客流的实际流向不完全吻合。

其二，“期望线网法”。这一方法必须借助于交通预测模型，也可称作蜘蛛网分配技术。所谓期望线网是指各形心点相连的虚拟空间网络，在该网络上采用“全有全无的方法”，将公交出行矩阵一次分配至该网络上之后，可以识别出客流主流向，由于网络分配图也反映了客流在交通小区间的路径选择，因此我们能够方便地找到客运走廊。这种方法特别适用于轨道交通规划，因为轨道布线并不需要完全沿道路布设，而蜘蛛网分配技术在寻找客流走向时则完全摆脱了道路设施的约束。用此方法编织的轨道网络，往往能使轨道交通与地面公交形成互为补充，从而扩大了整个公交系统的服务范围。

（五）轨道系统与地面公交之间的关系

轨道交通与地面公交既存在相互竞争的关系，同时也存在着相互促进的可能。因为地铁效益的发挥有赖于地面公交的短途驳运；同样地铁成网后也将使地面公交的功能定位发生转变。我国特大城市伴随着轨道交通的发展，地面公交应具有两项功能，一是承担轨道交通尚不能承担的骨干客流；二是为轨道交通驳运客流。轨道交通发展初期，地面公交仍将是公共交通的主体，大部分骨干公交客流仍由地面公交承担；随着轨道交通的规模不断扩大，轨道交通的主体地位将被确立，地面公交将逐步向承担短途驳运功能转移。

四、城市地面公共交通规划

我国城市道路上的客运交通工具主要包括公共汽车、无轨电车、有轨电车，出租车则是公共交通的辅助方式。

（一）公交线网的规划原则

公交路线的规划一方面应使主要的大客流使用最直接的街道线路，减少不必要的迂回，并通过中途换乘满足次要客流的需求。另一方面在客流大的主要街道上开辟公共交通线路，并在运营中不断调整完善公交线网，大城市可以根据客流的时段分布，设置常规线路、高峰线路和夜宵线路。

（二）公交线网的密度

大城市或城市中心地区人口密度高，客流集散量大，部分道路和路段可以重复设置公交线路。公交网密度是衡量城市公共交通高效性、方便性和可达性的重要指标，一般大城市公交线网密度宜在 $4\sim6km/km^2$ 之间。

（三）公交站点的布置

站址和站距是公交线路合理布置的两个基本因素，直接影响到居民公交出行的时耗和路线的运力。公交乘客的出行时间由步行到站、候车、乘车、换乘和步行到目的地几部分时间组成。其中步行时间主要取决于站址。公交站点的布置应尽可能地接近居住区和主要的活动场所，为了方便乘客换乘，公交站点应尽量布设在交叉口附近。对乘客而言，最佳站距应使出行时间的总和最小，站距越小乘客步行时间就越小，但是公交车速就会降低。就城市总体而言，公交平均站距在500m左右为宜。市中心区由于客流上下频繁，站距可相应小些；郊区线路则要保证一定的车速，站距可相应大一些。

五、慢速交通系统规划

慢速交通系统包括自行车系统和步行系统。自行车交通是我国大多数城市当前最主要的交通方式，它具有低成本、机动灵活和无污染的特点，在公共交通的便捷度、舒适度及票价无大改善的情况下，是难以被替代的。在短程出行中自行车更是占有明显的优势。因此，自行车将在相当长的时间内存在，步行不仅是所有交通方式都必不可少的辅助方式，而且全程步行在城市交通中也占了较大的比重。

（一）自行车系统

自行车适宜的出行距离一般在6km以内，是我国城市短途交通中的主要方式，但易受天气和季节的影响，易发生交通事故，对机动车通行造成了较大的干扰。

我国大城市自行车交通规划的政策导向是引导自行车交通向公共交通转移。随着城市道路交通设施的完善，特别是快速轨道客运系统和地面公交系统的形成和完善，大城市长距离的自行车出行将逐步转向公共交通，自行车交通将成为地区性短途出行的交通工具。

自行车交通规划应根据自行车流量、流向和行程活动范围，汇集成自行车流量分布图，规划自行车支路、自行车专用路、分离式自行车专用道等，结合公共活动中心及交通枢纽，设置自行车停车场，组成一个完整的自行车交通系统，创造安全、高效、舒适的自行车行车环境，自行车支路是利用城市现有的小路、支路、小巷作为自行车的专用路，将居住、工作和公共活动中心连贯起来，形成地区性的通行网络。自行车专用路通常布置在居住区通往工业区上下班交通流量大的地段。为了有效地减少机非干扰，大城市应该倡导道路功能上机非分流，开辟平行于城市主干道的自行车专用路。自行车专用道是在街道的横断面上分隔出自行车专用车道，城市道路中“三块板”横断面是常见的形式，但这种自行车交通组织方式无法避免在交叉口出现的机动车与自动车的冲突。

（二）步行交通

步行交通具有个体性强，出行的目的、时间和强度随人变化，以个人的体力为基础，选择路线较自由等特点，这些都是步行交通规划需要考虑的因素。

步行交通规划首先要考虑的是步行道的宽度。在城市道路中，一条步行带的宽度一般为0.75m左右，通行能力一般为800～1000人/h，市区繁华区域则要略低一些。步行带的数量主要取决于高峰小时的行人数量，在城市主干道单侧一般不小于六条，次干道不小于四条，住宅区道路则不小于两条。步行交通规划还需考虑布置必要的步行交通设施，主要包括人行道、人行横道及信号灯、人行天桥地道、步行街区等步行系统，以及为残疾人服务的盲道、坡道等设施。

步行道的另一个重要功能是供人们散步、休闲、购物、交往等需要。因此，城市中往往需要设置与机动车干道完全分离的步行路、步行区，结合景观设计，创造优美的步行环境。

六、停放车规划

车辆的停放问题是世界上所有大城市共有的难题。汽车拥有量持续增长,带给我们的不仅仅是“行车难”的问题,而且同时也给我们带来了“停车难”的困扰。我国不少城市已经将停放车规划作为专项交通规划加以考虑。

(一) 停车需求

停车需求取决于土地使用、机动车拥有量、经济水平和城市交通政策等诸多因素。土地使用与停车需求有着非常密切的关系。土地使用的功能和规模决定了居民和车辆交通的生成,也就决定了停车需求的发生量。停车需求根据旅馆、办公、商业、娱乐、服务、居住、对外交通设施等不同的土地使用功能和规模加以确定。国内较为成熟的停车需求预测方法是“发生率法”:即把职工岗位数作为基本的参数,并根据调查确定不同类型用地的停车发生率,并加以分类汇总。国外有的大城市为了控制城市中心区小汽车交通,采取了控制停车位供给的方法来抑制需求。

(二) 路内停车与路外停车

路内停车设施指的是在道路的人行道外缘划出供车辆临时停放的地段。路外停车设施主要指在道路系统以外的各种停车场所。路内停车对于使用者而言,无疑是一种最方便的设施,对停车的吸引力往往要高于路外停车;但是路内停车将使路段的交通能力大大下降,并且给交通安全带来了隐患,因此,路内停车适合于城市外围地区和非交通高峰时段,如夜间停车。从提高城市道路行驶效率的角度来看,路外停车是应该值得倡导的。但是愿望与现实总是难以吻合,我国许多大城市常常由于体制和管理的原因,出现这种情况:一方面,违章的路内停车成泛滥之势;另一方面路外的社会停车场却显得冷冷清清。协调好路内停车与路外停车的之间的关系,充分发挥停车设施效益是停车管理的主要任务。

(三) 停车场的选址与规模

停车场的规模同停车需求的最大集中量、场地供应的可能性、建设的经济性、使用效率、管理方便性、集中疏散的时间和交通组织是否满足等方面的因素有关。停车场的选址与用地规划、交通组织、交通安全、交通环境都有着密切的联系,基本的原则如下:第一,为了减少外地车辆对城市所增加的交通压力,应在城区边缘地带以及在进出城区的几个主要方向的道路及地铁车站附近设置大型停车场。第二,为了减少行人穿行干扰交通的情况,方便群众和车辆及时疏散,停车场应该设置在大型公共建筑物附近。第三,为了有利于车辆进出及疏散交通,停车场应根据停车的不同性质及车辆类型分别设置在不同的位置。第四,为了避免造成交通组织的混乱,停车场的出入口宜设在次干道上,设在主干道上的出入口应远离交叉口。第五,为了尽量减少车辆出入停车时的噪声影响,停车场的出入口位置应按照不同性质建筑物的防噪距离确定。

七、城市货运交通规划

城市货运交通是一项城市干道布局、用地规划和车辆运营管理的综合规划。货运规划要以城市用地布局的合理安排和道路交通工程手段的综合应用,来解决城市货物运输任务。货运规划的关键是规划布局主要货物集散地和组织货运路线。

(一) 货物流动和运输方式

其一，工业生产过程中的货物。对工业原材料，煤、油等能源，生产加工的零部件、产品和工业废物等货物的运输，可根据工业企业的规模、生产工艺、原材料与能源供应地、企业的分布、产品的流通方向等进行统计。低附加值、大批量、散货类的长距离的运输，铁路和水运占较大的比例。高附加值、小批量、制成品在城市中的运输以汽车为主。

其二，居民生活供应货物。生活必须的食品、燃料、日常用品、家用设备以及生活废弃物等货物的运输量比较稳定，与城市人口和经济水平成正比。

其三，城市建设货物。新区开发和旧区改造中各种住宅、公共设施、工业企业、道路桥梁等市政工程建设的工程材料、土方、建筑垃圾等货物的运输量占相当的比例，特别是在城市发展较快的阶段，其运输量不仅巨大而且地区分布不均。

（二）货运量和运距

首先，货物运输量是交通规划的基本数据。货运量是指在单位时间内被运送货物的总量。货运周转量通常用货运量与其运距的乘积来表示。其次，平均运距也是货运规划所需要的基本数据。平均运距是全市各种货物运距的加权平均值，与城市规模、布局以及工厂、仓库、物流中心等主要货源的分布直接有关。

（三）货运点和物流中心规划

从规划上合理布置城市主要货运点，可以克服货物的迂回和重复运输，减少不必要的货运周转，缩短运距，亦可减少城市道路上的货运交通压力。

货运点的合理分布和综合性流通中心的设置是城市货运交通规划的关键。其一，合理布局工业用地和工业街坊，将分散的而又有生产联系的工厂加以适当集中，以减少生产过程中的半成品和零配件的往返运输。其二，原材料、燃料需求大的工厂企业应设在交通方便的地区以充分利用水运和铁路运输条件，并减少汽车运输量。其三，合理设置货物仓库，运量大的仓库区设在交通条件好的车站码头或交通枢纽附近；小型仓库均衡分布，以缩短运距。其四，大城市应发展物流中心，物流中心可设在城市环路及运输干道旁，采用综合配货，用集装箱车向市内超级市场、大型百货公司供货，以提高运输效率，减少运输车次。

（四）货运道路网规划

货运道路网规划首先是确定货运道路网络的结构。根据现状货流图和规划货流图，组织城市货物运输网络和主要路线，确定货运道路的线型、宽度、净空、交叉口、路面、桥梁等技术参数，作为建设和改造城市道路的依据。

其次是确定货运交通的道路供应能力。可以采用车辆饱和度估算货运干道的车道数。车辆饱和度是指行驶在道路上的货运车辆，按行驶时车头间隔一辆接一辆排列时所占用的长度与货运道路提供车道长度之比。最高饱和度不宜超过0.8。

实际上，城市客运道路和货运道路并不是截然分开的两个系统。为了保障城市货物运输和生产活动的正常进行，在进行城市道路系统规划的时候，应当根据货运的需求规划出主要用于货运的道路。同时，为了减少重型货运车辆交通对客运交通的干扰，缓解中心地区的交通压力，也可以对货运交通的道路使用进行地区、路段和时间上的限制，但这些限制应以不影响正常的货运和生产活动为限。

八、对外交通规划

城市对外交通运输是城市形成与发展的重要条件。对外交通是以城市为基点，城市与城市外部区域之间进行人与物运送和流通的各类交通运输系统的总称，包括铁路、水运、公路以及航空运输等。城市对外交通与市内交通构成城市交通的有机网络，内外交通紧密衔接和相互配合，使城市的基本功能得到保证。

（一）城市对外交通的发展趋势

为了提高交通运输的效率，各种运输体系追求的目标和质量在于人和物的运输速度。随着城市经济发展与交通问题的矛盾激化，人们逐步认识到要通过确定合理的交通运输结构，发展综合运输体系，才能为城市的人和物的运输提供经济、合理和高效的方式。现代城市对外交通的发展趋势主要表现为：1．交通工具的高速化、大型化、远程化；2．不同运输方式的结合和联运；3．城市内外交通的连接与渗透；4．城市交通组织的系统化和立体化；5．货物流通中心的设置。

（二）对外交通与城市规模和布局

首先，对外交通是城市发展和制约性因素。铁路站场、港口作业区、对外公路、航空港等交通设施是城市功能的重要组成部分，直接影响城市经济社会活动及其规模。城市工业所需的铁路、码头等运输条件，对外贸易、旅游业所需的交通保证，也都影响对外交通能力的规模和容量。

其次，对外交通与城市布局密切相关。对外交通所需的用地、航空港位置、铁路沿线、深水岸线、港口选址等，对城市的发展方向有很大的影响。机场、车站、码头等交通设施的位置也影响城市干道的走向和交通设施的布局；交通运输设施的位置则影响城市的工业、仓储等用地的分布。

（三）铁路

铁路是城市主要的对外交通设施。铁路运输具有较高的速度，较大的运量，较好的安全性，成为中长距离的主要交通运输方式。

城市范围内的铁路设施分为两类：一类是直接与城市生产和生活有密切关系的客货运设施，如客货运站及货场等，这些设施应尽可能靠近中心城区或工业、仓储等功能区布置；另一类是与城市生活没有直接关系的设施，如编组站，客车整备场，迂回线等，应尽可能地在远离中心区的城市外围布置。铁路客运站是对外交通与市内的交通重要衔接点，铁路客运站往往也是聚集城市各种服务功能，如商业零售、餐饮、旅馆的地区，为了提高铁路运输的效能，必须注重道路、公交线路等市内交通设施的配套衔接。

（四）公路

公路是城市道路的延续，是布置在城市郊区、联系其他城市和市域内乡镇的道路。根据公路的性质和作用以及在国家公路网中的位置，公路可分为国道、省道和县道三级。按照公路的适用任务、功能和适应的交通量，可分为高速公路和一级、二级、三级、四级公路。

城市是公路网的节点，合理布置城市范围内的公路和设施，是提高公路运输效益和行车环境的关键。合理组织城市的过境公路，消除与减少公路与城市交通的冲突，选择适合的客货运站点，是城市公路网布局的重要任务。

（五）港口

港口是水陆联运和水上运输的枢纽，它的活动由船舶航运、货物装卸、库场储存、后方集疏运四个环节共同完成。这四个生产作业系统的共同活动形成了港口的吞吐能力。港口由水域和陆域两大部分组成。水域供船舶航行、运转、停泊、水上装卸等作业活动用，它要求有一定的水深、面积和避风浪条件。陆域供旅客上下、货物装卸、存放、转载之用，它要求有一定的岸线长度、纵深和高程。

在港口布局规划中，要妥善处理港口布置与城市布局之间的关系。其一，港口建设应与区域交通综合考虑，港口作为交通的转运点，港口规模的大小与其腹地服务范围及疏运条件密切相关。其二，港口建设与工业布置要紧密结合，城市工业的布局应充分利用港口的优势，尽可能沿通航水道布置。其三，合理进行岸线分配与作业区布置，岸线地处整个城市的前沿，分配和使用合理与否将关系到城市的全局。其四，加强水陆联运组织，这是因为港口是水陆联运的枢纽，是城市对外交通连接市内交通的重要环节。

（六）航空港

现代航空运输的发展给人们的活动带来了方便，起到了缩短时空距离，扩大活动空间的功效，同时给城市带来了新的活力。随着民航事业的发展以及城市经济水平的提高，航空运输越来越接近普通百姓的生活，逐步成为人们进行国际交往、长距离商业活动和旅游的主要交通方式。根据服务的范围，航空港可分为国际机场和国内机场，国内机场又可分为干线机场、支线机场和地方机场。

航空港的选址关系到其本身功能的发展，并影响到整个城市的社会、经济和环境效益。航空港选址应综合考虑净空限制、噪声干扰、用地条件、通讯导航、气象条件、生态环境、地区关系以及服务设施等各种因素，并留有发展余地使其具有长远的适应性。大型航空港不宜布置在城区附近，但也不应离市区过远，不然，往返于航空港的时间过长将抵消航空运输快捷的优势。

航空港并不是航空运输的终点，而是地空运输的一个衔接点，航空运输的全过程必须由城市地面交通的配合才能最后完成。因此，解决城市交通与航空港的交通联系是交通规划中的一项重要任务。航空港与市内交通的组织形式，取决于港城之间的距离、交通流量和服务标准，根据不同的情况可以采用快速地面汽车交通、大运量轨道交通和市内航空站等交通方式。

近年来，发达国家大型航空港周围逐渐成为高新产业、商务活动的聚集地区，成为城市经济的新增长点，合理控制和开发航空港邻近地区是航空港规划建设的一个新课题。

第四节　城市综合交通规划技术

城市交通规划不仅具有复杂性和广泛性，更为重要的是综合性，因此需要通过科学的综合交通规划技术来协调各类交通专项规划，以充分发挥城市交通系统的综合效应。城市综合交通规划的主要目的是形成一个各种交通设施和交通方式协调发展、高效运行的城市综合交通体系，为城市发展、土地使用和社会经济提供服务。

针对城市交通系统的复杂性，城市综合交通规划应从以下四个方面着手进行：其一，全面系统地掌握城市区域的社会、经济、人口、土地使用、交通现状等信息；其二，多方面、多层次的分析问题产生的原因；其三，科学地预测城市交通需求的增长速度与发展趋势；其四，提出适应于交通需求发展的综合交通体系和相应的策略和对策。城市综合交通规划技术包括交通调查、交通预测、规划方案设计与评价等若干步骤。

城市综合交通规划技术，虽然历史不长但是却已经在国内外许多城市中得到了成功运用。以下列出了各个时期城市综合交通规划的典范。20 世纪 50 年代:芝加哥;20 世纪 60 年代:纽约、伦敦和巴黎;20 世纪 70 年代:香港;20 世纪 80 年代:北京、深圳、香港、东京、莫斯科;20 世纪 90 年代:上海、乌鲁木齐、台北、堪培拉、洛杉矶。

一、交通调查

对城市交通系统运行情况及相关联的设施进行调查,为交通规划提供可靠的依据,是城市综合交通规划的基本前提和必不可少的环节。交通调查的主要目的:一是了解和分析城市交通现状,把握城市交通的现状特征;二是寻找城市交通的症结所在,以便制定城市交通发展战略和交通政策;三是收集大量用于标定交通规划模型的基础数据,用于预测城市未来的交通需求,制定和评价相关的交通规划。

(一) 交通区的划分

进行城市综合交通规划需要全面了解城市交通源的分布及相互间的交通流。交通规划过程中,将分布广泛的交通源合并成若干小区(即交通区),用于作为资料收集、交通分析和预测的基础。交通区划分得越细,交通调查分析和预测的精度就越高,同时工作繁琐程度也越高。但是划分过细又未必能够获得与之相应的详细数据。因此交通区划分的基本原则是在工作量最小的情况下全面反映交通的源与流。

由于各种基础资料都是按照行政区统计和规划的,因此为了基础数据能够更好地反映到交通区内,交通区的划分一般不宜打破行政区划。根据不同的研究深度和需要划分为交通大区、交通中区和交通小区。交通区的划分应尽量将河流、铁道等天然分隔带作为交通的边界。

(二) 相关资料调查

交通与土地使用、社会、经济、自然以及相关政策等有着密切的联系,这些调查内容都与城市的交通行为和交通特征有着密切的联系。进行交通规划时需要按照调查的范围和交通区的划分对这些数据进行收集和整理。

其一,土地使用。土地使用与交通有着密切的联系。不同的城市土地使用形态,决定了交通的发生和分布,在一定程度上还决定了城市的交通方式结构。使用性质不同的土地上的交通出行特征和强度都有很大的差别。主要内容包括城市现状及规划各种性质用地的布局、建筑密度、建筑高度以及区域内土地开发状况等。其二,社会经济情况。各项经济指标、人口和土地使用是交通需求预测的始点。社会经济调查与土地使用调查是结合在一起进行的。调查内容主要包括人口与就业岗位的分布、国民经济状况、产业结构布局、居民消费水平、基础设施、交通工具拥有率等方面的内容。其三,自然情况。地形地质对交通系统的布局和交通方式都有较大的影响。调查内容主要包括气候、地形、地质、自然资源、旅游资源等。此外,相关发展政策,如交通工具发展政策、公交政策、投资政策等对交通也有十分重要的影响。

(三) 出行调查

所谓出行是指人、货、车从出发点到目的地移动的全过程。出行调查的目的是为了全面了解城市交通的源头和流向,以及交通源流的发生规律,对人、货、车的移动,从出发到终止的全过程情况以及相关的人、货、车的基本情况进行调查。出行调查是城市综合交通规划最具特色和极为重要的一项内容。城市交通的出行调查主要分为人员出行调查、车辆出行调查和货流调查三类。

一是人员出行调查。人员出行包括城市居民出行和流动人口出行。通过居民出行调查比较容易获得出行率、出行方式、出行目的、出行时耗以及起讫点分布等方面的数据。流动人口的起讫点分布较难把握,但是容易得到出行率、出行方式和出行目的等基本的出行特征。二是车辆出行调查。我国目前小汽车的普及率还很低,从人员出行调查中还不足以掌握车辆出行的特征,因此需要对车辆出行进行专门的调查。通过车辆出行调查可以获得出车比例、平均出行次数、出行距离、满载率以及空间分布等车辆出行的特征,以便掌握道路的交通需求分布。三是货流调查。货流调查的重点在于货源,以便全面掌握铁路、港口、航空等城市货物集疏中心的基本情况与布局。目前货物的起讫点调查做得还比较少,但是越来越受到人们的重视。

(四) 交通设施及其运行情况调查

交通设施调查是交通规划调查工作中的重要组成部分,以便准确地评价交通系统的现状并为交通预测和规划提供基础的资料。

交通设施硬件方面,主要调查道路设施的网络总体布局,路段平纵横情况、路面质量、交叉口布局与控制;公交设施的线网布局、站点布置、线路配车和线路运营;港、站、码头、重要交通集散点等交通枢纽的布局情况;停车设施的供应与布局;等等。交通设施运行情况方面,主要调查道路的交通量、车速、延误;公交的运量、运速、满载率;交通枢纽的集散量;停车设施的停车需求、周转情况;等等。

二、交通预测

交通调查是交通预测的基础,而交通预测则是制定交通规划的关键,交通预测是否科学和符合实际将直接影响到交通体系规划的综合效益。城市交通预测的内容总体上包括城市客运交通和货运交通预测两个部分,相比而言,客运交通的组成较复杂,货运交通的规律更难掌握。城市交通预测的步骤是:先对城市居民、流动人口、对外交通和市内货运的出行生成、分布、方式进行预测,然后将预测获得的各种交通元素的空间分布结果汇总进行交通流量的分配,从而获得道路上的车流量和客运设施上的客流量。以下是传统交通预测模型的四步骤框架:

(一) 交通流量的生成

交通生成简而言之就是指交通行为的开始,是由土地使用到出行这一过程的一种过渡产物,也可称为出行生成。交通生成不仅是预测动态交通流量的开始,而且有助于预测停车需求。

产生量和吸引量是交通生成的两种度量方式。产生量系指基于家的出行中全部家的端点以及非基于家出行的起点的出行量。由于基于家的出行占了全部出行的大多数,因此住户的特性与出行产生之间有着非常密切的关系。住户的人口特性、收入水平以及交通工具的拥有情况都直接决定了产生量的大小。吸引量则是指基于家出行中的全部非家的端点以及非基于家出行中的终点的出行量。影响出行吸引的主要因素则是建筑面积及用地性质。

在进行人员出行预测时,由于交通产生和交通吸引两者的影响因素不同,因此必须对产生量和吸引量分别进行预测,才能获得较为精确的结果。在进行车辆出行预测时,则不使用“产生”和“吸引”的概念,而是直接计算车辆起讫点的出行量。

交通生成的预测实际上就是在出行量和影响因素之间建立一定的函数关系。主要的方法有产生率法和回归分析法。产生率法是根据调查和推断得出单位相关因素的交通生成情况,一般适用于快速分析。如果决定交通生成量的因素很多,还需进行交叉分类,称作类别产生率法。回归分析法则是交通生成量于相关因素之间通过回归方程加以联系起来。同样回归方程也可以进行分类,称作类别回归分析法。

(二) 交通流量的分布

交通的生成仅仅预测了交通区的端点交通量,交通的分布则是指各交通区之间的空间的交通交换量。这一步完成以后,我们就可以获得最终可用于交通分配的交通需求矩阵,矩阵的大小取决于交通小区的划分数量。对于客运交通而言,我们需要的是人员出行矩阵;而对于道路交通而言,我们需要获得的是车辆出行矩阵。

交通分布模型基本上可以分为增长系数法和综合法两大类。增长系数法完全是基于起点和终点区的增长特性,利用现状的需求矩阵预测未来的需求矩阵。综合法则是将出行空间阻碍因素与地区增长特性一并考虑的模拟分析法。前者适用于小地区或区域间受空间阻挠因素较少的交通空间分布形态;而后者则适用于大范围的地区,尤其是地区内拥有大型交通设施(如高架、轨道)时适用。增长系数法主要包括常增长系数法、平均增长系数法、福莱特法和底特率法;综合法则主要有两类:重力模型法和机会模型法。

(三) 交通方式的选择

交通方式的选择主要对于客流而言。交通方式选择的影响因素较为复杂,与交通政策、交通生成和分布的实际情况以及交通方式本身的运营特性都密切相关。

在王炜等人编著的《城市交通规划理论及其应用》一书中根据交通方式的特点,将我国现状的交通方式分为自由类交通方式、条件类交通方式和竞争类交通方式。自由类交通方式,主要是指步行。条件类交通方式指只有特定人员特定条件下才能使用的交通方式,主要指私人小汽车、公务车和摩托车。竞争类交通方式,人们对它们的选择是通过比较的便利程度来确定的,主要指自行车、公交车、出租车等。

不同类型的交通方式选择的因素不同,因此采用不同方法进行预测。步行方式,通过建立步行与出行距离和出行目的等因素之间的关系进行预测。条件类交通方式,可按照先预测机动车拥有量、再预测出行总比例,最后预测各交通区之间的出行比例的程序进行预测。竞争类交通方式,则需要建立交通方式选择与交通时耗、交通费用等因素在内的函数关系来预测,目前较为成熟的方法是转移曲线法和概率模型法等。

(四) 交通流量的分配

在掌握各交通分区的交通生成量以及交通分布量之后就可以进行交通流量的分配。交通流量的分配就是将已知的各交通区之间的交通交换量,具体地确定在它所使用的线路上。对于客运来说,主要是指各类公交线路上的客流;对于道路交通来说,主要是指道路上的车流量。

交通分配的核心是正确选择从出行起点到出行终点的路径。交通分配的任务就是要使用合理的算法,正确模拟驾驶员或乘客选择路径时的心理和习惯。常用的交通分配算法有全无全有方法、多路径概率分配法和容量限制法等。在道路交通分配的实际应用中,运用较多的方法是平衡分配法,主要的原理是实现系统最优和使用者最优的平衡。在客流分配中目前国内较成熟的方法是最佳战略法,该分配方法对公交出行消耗的时间度量进行了综合加权，这些时间度量包括候车、上下车、步行和车内等多个方面。

三、综合交通规划的方案设计

解决城市交通问题，要从政策上，建设上，管理上，多管齐下，互相配合。这就需要一个综合的交通规划，并把各方面的努力纳入到这项规划中来。综合交通规划的根本任务是在对今后的交通需求和可能达到的交通供应正确估计的基础上，确定一个合理可行的交通发展策略，制定城市交通的综合规划方案，确定效益最大的实施顺序，同时确定各规划年限内可能达到的交通目标。

交通需求预测是综合交通规划方案设计的基础。交通需求预测的功能主要表现在以下三个方面：一是确定城市交通发展的基本策略，明确用地布局、交通供需平衡、交通方式等大局问题的发展方向与各期达到的目标和水平。二是提出各种交通系统合理衔接的综合交通规划方案，规划方案是在综合预测分析的基础上提出的，因此不仅确定了各系统的总体发展方案，而且也明确各种交通系统的功能、地位以及互相衔接的方式。三是协助各项交通专项规划的开展，例如道路流量的分配结果，可以帮助了解交通的症结和预计未来的道路规模和布局，进而提出具体的规划方案。又如在规划轨道交通的时候，交通需求预测的结果可以帮助规划师寻找客运走廊，进而通过客流分析反复修正规划的方案。

四、交通系统的综合评价

现代城市交通规划体现了科学的、民主的、动态的集体思维特征。对现状的或规划的交通系统进行综合评价显得十分重要。城市交通系统与城市社会、经济、自然、环境有着密切的联系，因此交通规划的综合评价需要一套科学的评价理论和方法。

城市交通规划评价遵循科学性、可比性、综合性和可行性的原则。评价的依据是城市交通网络规划、建设所需要达到的要求、目标以及应该遵循的规范和标准等。城市交通系统的服务对象包括行人、旅客、货物和车辆等使用者，城市交通系统的发展要求就是要满足这些使用者的要求，高效优质地完成运输任务。在规划水平上，要求城市交通网络的规划布局，建设做到充分、高效、平衡、协调。

交通系统综合评价的内容主要包括功能评价、经济评价和环境评价。

第一，系统功能评价。评价分两个层次进行，第一层次是全市交通网络总体性能的评价，从城市总体规划、城市交通远景战略的角度分析评价交通网络的整体建设水平、布局质量和总体容量等；第二个层次是城市交通线路节点性能的评价，从单条线路或单个节点出发，分析交通线路和节点的容量、服务水平、延误和事故等。

第二，经济效益评价。对交通规划方案的经济评价通过成本和效益两方面的核算才能完成。从成本来看，直接的成本包括初次建设费用，以及有关的交通设施、交通服务的运营和维修成本等；间接的成本包括其他政府机构所需的经费开支，污染、拥挤加剧等的社会成本，交通事故成本，能源、轮胎消耗成本等。从效益来看，直接经济效益是出行时间的节省、车辆运行效率的提高、成本的降低和交通事故的减少等；间接的效益如改善大气质量、减少噪声污染、投资环境和生活质量的改善等。

第三，环境评价。交通设施的建设和运营对城市和区域的环境有着直接和间接的影响。交通对城市环境的影响主要表现为噪声、振动、污染物排放、视觉压抑等几个方面。环境评价就是评价交通规划对城市环境的影响。

（陆锡明　朱　洪）

主要参考文献：

[1] 周干峙等. 发展我国大城市交通的研究
[2] 李晓江等. 中国城市交通发展战略
[3] 徐吉谦等. 交通工程手册. 人民交通出版社,1998
[4] 徐慰慈. 城市交通规划论
[5] 徐循初等. 城市道路交通规划设计规范. 中国计划出版社,1995 年第一版
[6] 陈友华、赵民等. 城市规划概论
[7] 肖秋生、徐慰慈. 城市交通规划. 人民交通出版社,1990 年
[8] 上海城市综合交通规划研究所. 上海市综合交通规划,1993
[9] 王炜、徐吉谦、杨涛、李旭宏等. 城市交通规划
[10] 李旭宏等. 道路交通规划
[11] 陆锡明等. 客运规划与城市发展. 华东理工大学出版社,1996
[12] 严宝杰. 交通调查与分析
[13] 周商吾等. 交通工程. 同济大学出版社,1987
[14] 陆化普. 交通规划理论与方法
[15] 上海城市综合交通规划研究所. 上海市第二次全市性综合交通大调查,1996
[16] 陆锡明、李敏、陈声洪等. 上海交通规划模型及其应用
[17] 陈声洪等. 上海城市交通分析与预测
[18] 陆锡明、朱洪等. 畅达新世纪的城市交通---'99 上海国际城市交通学术研讨会论文选. 同济大学出版社,1999
[19] 陆锡明、朱洪、李俊豪等. 上海高架道路系统分析,1998

第十一章　城市基础设施工程规划

城市是人口和物质财富高度集聚的地域,具有一定区域的经济、政治、文化中心等职能,是人类物质文明和精神文明的产物。城市的集聚和社会化带来城市的高效益。要保证城市生产、生活等各项经济社会活动的正常进行,必须得到城市基础设施的保障。城市基础设施满足市民生存和社会集聚的需求,促进城市的社会化。城市基础设施是建设城市物质文明和精神文明的最重要的物质基础,是保证城市生存、持续发展的支撑体系,是国民经济和社会发展的基本要素。城市基础设施工程规划,是保证城市基础设施合理配置与科学布局、经济有效地指导城市建设的必要手段。

第一节　城市基础设施的分类与需求

一、国际上关于基础设施的定义与分类

基础设施又称基础结构,英文为 Infrastructure,日文为"基盘设施"。基础设施泛指由国家或各种公益部门建设经营,为社会生活和生产提供基本服务的一般条件的非营利行业和设施。基础设施不直接创造社会最终产品,但又是社会发展不可缺少的生产和经济活动;被称为"社会一般资本"或"间接收益资本"。

世界各国对城市基础设施的看法各不相同,但多数经济学家将基础设施分为生产性基础设施和社会性基础设施两大类。生产性基础设施是为物质生产过程服务的有关成分的综合,是为物质生产过程直接创造必要的物质技术条件。社会性基础设施是为居民的生活和文化服务的设施,是通过保证劳动力生产的物质文化和生活,而间接影响再生产过程。

各国对城市基础设施的意义和分类有所不同,下列为几个主要国家对此的定义与分类:

1．德国的城市基础设施的定义与分类

德国的经济学家将城市基础设施定义为:"在市场经济的条件下,基础设施是发挥社会经济各个部门、各项功能所必不可少的基本条件。基础设施是所有的基本物质结构、制度和传统,以及一个社会可获得的人力资源的总和。"基础设施分为物质性基础设施、制度体制方面的基础设施和个人方面的基础设施等三大类。

(1) 物质性基础设施为直接或间接由政府机构提供和管理的,为国民经济、环境保护、社会发展提供一般性服务的建筑物、构筑物和体制网络。

(2) 制度体制方面的基础设施是所有成文或不成文的法律、行政管理的条例和规定,规划发展的原则,以及传统的和非传统的各种社会行为规范。

(3) 个人方面的基础设施是直接或间接与生产过程相关的人力资本。

2．前苏联的城市基础设施分类

前苏联的经济学家将城市基础设施分为生产基础设施、社会生活基础设施、社会事业基础设施等三大类。

(1) 生产基础设施即用于为生产服务、保证生产正常进行的一切项目。

(2) 社会生活基础设施即为满足全体居民在生产过程之外所需要的众多项目。

(3) 社会事业基础设施即一系列保证市政事业管理过程的机构。

3. 美国的城市基础设施的定义和分类

美国的城市基础设施主要为公共基础设施,即为政府直接拥有,可予租赁,或由政府管理,能形成长期受益与费用流动的固定资产。美国的公共基础设施分为公共服务性和生产性基础设施两大类。

(1) 公共服务性设施包括有教育(中小学、公共图书馆)、卫生保健(各类医院和卫生保健设施)、交通运输(铁路、航空港等有关设施、街道、公路等)、司法(执法设施、监狱)、休憩(社区休憩设施)等。

(2) 生产性设施包括有能源(直接的动(电)力供应)、防火(各种消防设施)、固体废物(收集设备和设施、处理厂)、电信(电缆、电视)、废水(污水干管和收集系统、处理系统)、给水(坝、储存、处理和送水设备,独立的水井和蓄水池)等。

二、中国的城市基础设施的定义和分类

1985 年 7 月,中国城乡建设环境保护部等单位在北京召开的有一百多名专家学者参加的"城市基础设施学术讨论会",给城市基础设施的定义为:"城市基础设施是既为物质生产又为人民生活提供一般条件的公共设施,是城市赖以生存和发展的基础。"由此定义,可见城市基础设施的范畴甚广,通常将此分为广义与狭义(或称为常规的)的城市基础设施等两类。

1. 广义的城市基础设施的分类

广义的城市基础设施分为城市技术性基础设施和城市社会性基础设施两大类。城市技术性基础设施含能源系统、水资源与给排水系统、交通系统、通信系统、环境系统、防灾系统等。城市社会性基础设施包含行政管理、金融保险、商业服务、文化娱乐、体育运动、医疗卫生、教育、科研、宗教、社会福利、大众住宅等。

(1) 城市技术性基础设施

A. 能源系统通常含电力、燃气、热力等三部分。电力包括电力生产、输配电、变电等。燃气包括天然气、液化石油气的输储配,人工煤气的生产、输配等。热力包括热力的生产、输送等。

B. 水资源与给排水系统包括水资源的开发、利用与保护,自来水的生产、输配,雨水的收集与排放,污水的收集、处理与排放等。

C. 交通系统通常从功能上分对外交通、市内交通两部分。对外交通为城市的航空、铁路、公路、水运以及管道运输等。市内交通包括城市道路、桥涵、交通集散场所、公共客货运交通、货物流通存储及交通指挥管理等。

D. 通信系统含邮政、电信、广播、电视等四部分。邮政包括邮件传递、报刊发行及邮政储蓄等。电信包括长途和市内电话、微波通信、无线寻呼、信息网络等。广播包括广播、节目制作、信息发布等,电视包括电视节目制作、电信信号发射与接收等。

E. 环境系统包含环境卫生、园林绿化、环境条件等。环境卫生包括环境清理,废弃物收

集与处理等。园林绿化包括公共绿地、生产绿地、防护绿地及公共墓地等。环境保护包括环境监测、环境治理等。

F. 防灾系统包含消防、防空袭、防洪(汛、潮)、防震、防风、雷电及泥石流、滑坡等自然灾害。

(2) 城市社会性基础设施

A. 行政管理包含市各类党政、社会团体的机构、企业管理机构、司法、安全机构、外事机构等。

B. 金融保险包含各类银行、信用社、保险公司、信托公司等。

C. 商业服务包含各种商店、饮食业、服务业、旅社、交易市场。

D. 文化娱乐包含新闻、出版、文艺团体、文化艺术、游乐休闲设施等。

E. 体育运动包含各类综合与专业体育场馆、水上和山地运动设施以及体校、训练基地等。

F. 医疗卫生包含各类医院、防疫站、防治所、检验中心、急救中心、血库以及休疗养设施等。

G. 教育包含各类大中专院校、成人教育、中小学和幼托等设施。

H. 科研包含科研、勘察设计单位,科技信息咨询开发机构等。

I. 宗教包含宗教团体和活动场所、宗教事务管理机构。

J. 社会福利包含社区服务管理机构、康复和社会福利事业设施等。

K. 大众住房包括各类社会福利性住宅,房屋修缮、管理机构等。

2. 狭义的城市基础设施的分类

我国城市建设中所提及的城市基础设施为城市人民提供生产和生活所必需的最基本的基础设施,是狭义的,以城市技术性基础设施为主体,含有交通、水、能源、通信、环境卫生、防灾等六大系统。具有很强的工程性、技术性等特点。这种狭义的城市基础设施也称常规的城市基础设施。其分类详见图 11-1。

三、当前中国城市基础设施的需求状况

改革开放以来,中国的国民经济稳步快速发展。尤其近年来,随着经济的发展,人民生活水平的提高,人们对生活质量、工作效率的要求日益突出,对资源、环境等因素有了深刻的认识,可持续发展已成为社会各界共认的观念。人们对城市基础设施的需求日趋强烈,中国政府已将城市基础设施建设列为国民经济建设的重点。当前中国对城市基础设施主要需求如下:

1. 快速、完善的城市综合交通系统

城市需要有快速、完善的城市综合交通系统,以便满足城市居民日常出行便捷、快速、安全、舒适等要求,满足城市交通运输的快速、大运量、大容量等需要。大城市对水、陆、空对外交通的需求尤为突出,需要有大容量、高效率的航空港、铁路和公路交通枢纽、水上客货运站,对这些交通设施的质量、水平、使用效率等有强烈的要求。

与此同时,要求城市道路系统、轨道交通、公共交通等通畅、准时、安全、换乘便利。随着经济发展、生活水平提高、汽车等交通工具的大幅度增长,尤其是私人小汽车的增长,对停车场所、加油站、车辆清洗场等各类静态交通设施需求更为强烈。尤其要求城市中心有大量的

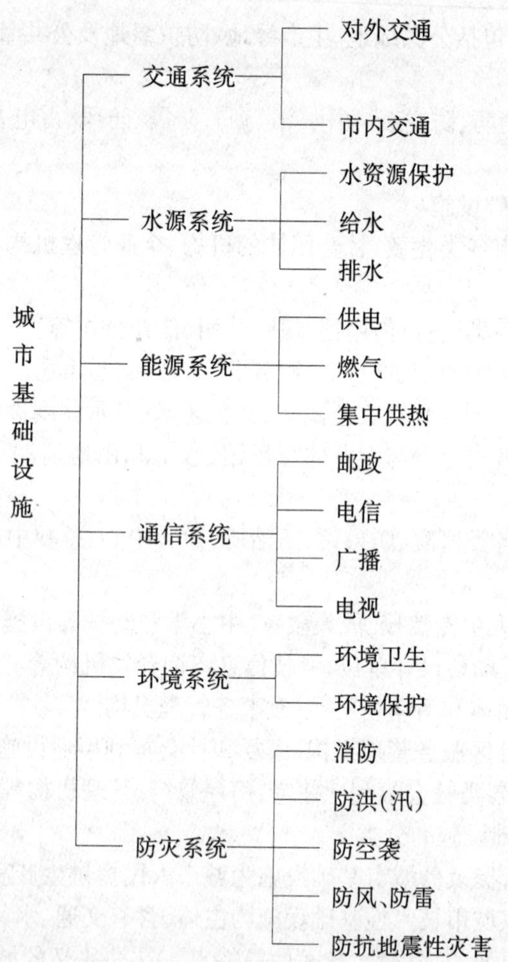

图 11-1　中国常规的城市基础设施分类简图

社会停车场,公共建筑和居住区有足够的停车泊位。大城市需要有地面、地下和架空相结合的交通通行空间,形成城市内部的立体交通体系;并与城市各对外交通设施有机连接,组成快速、完善的城市综合交通系统。如上海要求郊区各城镇在最短的时间通达市区;温州市则要求所辖的两市(县级市)六县中距市区最近的小城市、县城在一小时内到达市区中心,边远的县城、城镇在两小时内到达市区中心。有山丘、海面隔离的城镇、生态保护区、旅游地则配置市域内直升机场等交通设施。

2. 优质、保量、持续运转的城市水系统

城市给水(含水资源保护)、排水工程构成城市水系统。即前者为向自然界"借"水,后者为"还"水的过程。当前,人们对城市给水的水质、水量、水压的要求尤为强烈,尤其保证饮用水的水质,生活用水和环境用水的需求量增大,城市供水有足够的水压,不仅要满足生活、生产的需求,而且要满足城市消防的要求。人们重点要求切实有效地建立雨污分流的城市排水体制,迅速收集、排放城市地区降水,减少或避免城区渍水,有效抗御洪水侵袭,确保城市安全;要求污水收集和处理效率高,污水处理达标率高,而且要求运行经济、合理、效益好。

由于城市给水受到区域水资源、原水水质以及城市地形、环境、排水工程等因素的影响,有些城市难以采用最直接的方法，满足对水质、水量、水压的要求；因而采用分质供水的方法，在大部分原水水质低下的情况下，优先保证饮用水的水质。分质供水有专设饮用水管道供应系统、净水站及瓶装饮用水等。在水资源总量不足的情况下，采用中水系统，根据不同的用水水质要求，利用循环处理用后的水，以保证城市实际用水总量。在地形复杂、用水量差异大的城市采用分区分质供水，满足城市不同地域的供水水质要求。同时，城市水系统受制于流（区）域水资源、地表水和地下水水流方向等因素，往往需要在区域范围内，统一协调布置城市的取水工程设施和污水处理排放设施，以保证各个城市用水的水质，有利于流（区）域污水处理和水环境保护。

3．高能、洁净的能源系统

当今城市需要电、燃气、供热等高能、洁净的能源。随着城市经济发展和居民生活水平的提高，城市用电量增大，设备负荷增加，并对电压稳定性有很高的要求，需要大容量的电源和满足负荷要求的变配电设施及电力线路；对燃气的种类、热值等有相应的要求，需要热值高、不凝水、来源稳定的燃气气源，以及性能强、压力稳定的输配气设施、管道系统。中小城市更需要布局灵活的石油液化气的气化站、储存设施等。根据城市所在区域的情况和城市生活、生产的需求，选择用于城市生活热水的供热系统和用于生产为主的蒸气供热系统，需要配置容量大、性能强的城市热电厂、区域锅炉房、调压站和供热管道系统。城市电力系统通常受区域电力网制约，需要从城市自身和区域范围综合协调布局城市发电厂、区域变电所等设施。由于天然气的热值高，不少城市规划采用天然气作气源，来源于区域或远程而来的天然气。因此，用天然气作燃气气源的城市需要从区域范围综合协调布局城市燃气气源设施。

4．高效、完备的城市通信系统

目前，城市通信种类增多，信息量大而快，需要扩大广播电视台站的频道、节目制作数量，提高电话普及率、接通率，扩展电信业务种类，提高移动通信的覆盖率和通话质量。城市通信系统需要加强广播电视台站、电信局所的容量、功率，并加强微波通信，形成安全可靠、完备的城市通信系统。尤其随着计算机网络系统的发展，网上信息交流、购物等业务快速发展，居住区的智能化生活服务、物业管理等需求日益增长，呼声强烈。

5．安全、可靠的城市综合防灾系统

近年来，社会各界对城市安全有深刻的认识，安全意识增强，不仅要求增强城市消防、防洪（防汛、防潮）、抗震、防空袭等单专业系统防灾能力；而且要求提高城市综合防灾能力，确保城市防灾生命线系统的安全，提高防空设施的利用率，平战结合，有利于各种防灾设施和空间的合理利用。妥善处理防灾设施与城市空间、景观特色的关系。同时，防洪（防汛、防潮）需要在区域范围内统筹协调进行工程设施建设。对居住区安全保卫的要求日趋高涨，住宅区的治安监控系统逐渐向智能化发展。

6．与城市规模相匹配的城市环境卫生系统

当前，城市各类废弃物增多，城市垃圾处理已成为城市环境卫生的热点和难题。需要建设处理能量大、无害化与综合利用率高的城市垃圾处理场，选址合理科学。同时，需要设置与城市规模相匹配的环境卫生设施；对公共厕所的数量、分布位置等均有较高的要求。

第二节　城市基础设施工程系统的构成与关系

城市基础设施建设，主要以城市各系统工程设施建设为主体，具有承担开展各项经济社会活动的保障功能和相应的容量，并配套建立相应的运行管理机制与措施。城市规划要重点配置与布局城市基础设施的各专业工程设施和网络，形成合理、完善的城市基础设施工程系统。

一、城市基础设施工程系统的构成与功能

如前所述，城市基础设施工程系统由城市交通、给水、排水、供电、燃气、供热、通信、环境卫生、防灾等工程组成，它们有关各自的功能，在城市生活、生产等各项经济社会活动中，起到保障的作用。

1．城市交通工程的构成与功能

城市交通工程有城市航空交通、水运交通、轨道交通、道路交通等四个分项工程，具有城市对外交通、城市内部交通等两大功能。

(1) 城市航空交通工程主要有城市航空港、市内直升机场以及军用机场等设施。城市航空港具有快速、远程运送客流、物货流的功能，是大城市快速、远程客运的主体设施。市内直升机场具有便捷快速、中远程运客、货运、市域范围游览、紧急救护等功能，往往是中小城市、山区城市、海岛城市的航空主体设施。军用机场具有军事战略功能，条件允许的情况下，有时也作为城市军民两用机场，起到城市航空港的作用。

(2) 城市水运交通工程分为海运交通、内河交通等两部分。海运交通工程有海上客运站、海港等设施，具有城市对外近、远海的客运和大宗货物运输的功能，有时也兼有城市近海、海岸旅游之功能。内河水运交通工程有内河(包括湖泊)客运站、内河货运摊区、码头等设施，具有城市内外江河、湖泊客运，大宗货物运输及旅游交通之功能。

(3) 城市轨道交通工程有市际铁路、市内轨道交通等两部分。市际铁路交通工程有城市铁路客运站、货运站(场)、编组场、列检场及铁路、桥涵等设施。市际铁路交通工程具有城市陆地对外中、远程客运和大宗货物运输等功能，也兼有市域旅游交通之功能。市内轨道交通工程有地铁站、轻轨站、调度中心、车辆场(库)和地下、地面、架空轨道以及桥涵等设施。市内轨道交通工程具有快速、准时运载城市客流的功能，通常是大城市公共交通的主体工程。

(4) 城市道路交通工程分公路与城区道路交通等两部分。公路交通工程有长途汽车站、货运站、高速公路、汽车专用道、公路以及为其配套的公路加油站、停车场等设施。公路交通工程具有城市陆上对外中、近程客运和货物运输等功能，也兼有市域旅游交通之功能。城区道路交通工程有各类公交站场、车辆保养场、加油场、停车场、城区道路以及桥涵、隧道等设施。城区道路交通工程具有城区陆上日常客货交通运输的主体功能。

城市航空交通、水运交通、市际铁路交通、公路交通组成了空中、水上、陆地等城市综合对外交通工程系统。市内轨道交通、城区道路交通组成了城市内部交通工程系统。

2．城市给水工程的构成与功能

城市给水工程由城市取水工程、净水工程、输配水工程等构成。

(1) 城市取水工程包括城市水源(含地表水、地下水)、取水口、取水构筑物、提升原水的一级泵站以及输送原水到净水工程的输水管等设施,还应包括在特殊情况下为蓄、引城市水源所筑的水闸、堤坝等设施。取水工程的功能是将原水取、送到城市净水工程,为城市提供足够的用水。

(2) 净水工程包括城市自来水厂、清水库、输送净水的二级泵站等设施。净水工程的功能是将原水净化处理成符合城市用水水质标准的净水,并加压输入城市供水管网。

(3) 输配水工程包括从净水工程输入城市供配水管网的输水管道、供配水管网以及调节水量、水压的高压水池、水塔、清水增压泵站等设施。输配水工程的功能是将净水保质、保量、稳压地输送至用户。

3. 城市排水工程的构成与功能

城市排水工程由雨水排放、污水处理与排放工程等构成。

(1) 城市雨水排放工程有雨水管渠、雨水收集口、雨水检查井、雨水提升泵站、排涝泵站、雨水排放口等设施,还应包括为确保城市雨水排放所建的水闸、堤坝等设施。城市雨水排放工程的功能是及时收集与排放城区雨水等降水,抗御洪水、潮汛水侵袭,避免或迅速排除城区积水。

(2) 污水处理与排放工程包括污水处理厂(站)、污水管理、污水检查井、污水提升泵站、污水排放口等设施。污水处理与排放工程的功能是收集与处理城市各种生活污水、生产废水,综合利用、妥善排放处理后的污水,控制与治理城市水污染,保护城市与区域的水环境。

4. 城市供电工程的构成与功能

城市供电工程由城市电源工程、输配电网络工程等构成。

(1) 城市电源工程主要有城市电厂、区域变电所(站)等电源设施。城市电厂是专为本城市服务的火力发电厂、水力发电厂(站)、核能发电厂(站)、风力发电厂、地热发电厂等。区域变电所(站)是区域电网上供给城市电源所接入的变电所(站)。区域变电所(站)通常是110kV及以上电压的高压变电所(站)或超高压变电所(站)。城市电源工程具有自身发电或从区域电网上获取电源,为城市提供电源的功能。

(2) 城市输配电网络工程由城市输送电网与配电网等工程构成。城市输送电网工程包括城市变电所(站)和从城市电厂、区域变电所(站)接入的输送电线路等设施。城市变电所通常为10kV及以上电压的变电所。城市输送电线路以架空线为主,重点地段等用直埋电缆、管道电缆等敷设形式。输送电网工程具有将城市电源输入城区,并将电源变压进入城市配电网的功能。

城市配电网由高压、低压配电网等组成,高压配电网电压等级为1~10kV,含有变配电所(站)、开关站、1~10kV高压配电线路。高压配电网具有为低压配电网变、配电源,以及直接为高压电用户送电等功能。高压配电线路通常采用直埋电缆、管道电缆等敷设。低压配电网电压等级为220V~1kV,含低压配电所、开关站、低压电力线路等设施,它具有直接为用户供电的功能。

5. 城市燃气工程的构成与功能

城市燃气工程由燃气气源工程、储气工程、输配气管网工程等构成。

(1) 城市燃气气源工程包含煤气厂、天燃气门站、石油液化气气化站等设施。煤气厂主要有炼焦煤气厂、直立炉煤气厂、水煤气厂、油制气煤气厂等四种类型。天然气门站收集当地或远距离输送来的天然气。石油液化气气化站是目前无天然气、煤气厂的城市用作管道燃气的气源,设置方便、灵活。燃气气源工程具有为城市提供可靠的燃气气源的功能。

(2) 燃气储气工程包括各种管道燃气的储气站、石油液化气的储存站等设施。储气站储存煤气厂生产的燃气或输送来的天然气,满足调节城市日常和高峰小时的用气需要。石油液化气储存站具有为液化气气化站和液化气供应站提供气源等功能。

(3) 燃气输配气管网工程包含燃气调压站、不同压力等级的燃气输送管网、配气管道。一般情况下,燃气输送管网采用中、高压管道,配气管为低压管道。燃气输送管网具有中、长距离输送燃气的功能,配气管则具有直接供给用户使用燃气的功能。燃气调压站具有升降管道燃气压力之功能,以便于燃气远距离输送,或由高燃气降至低压,向用户供气。

6. 城市供热工程的构成与功能

城市供热工程由供热热源工程、传热管网工程等构成。

(1) 供热热源工程包含城市热电厂(站)、区域锅炉房等设施。城市热电厂(站)是以城市供热为主要功能的火力发电厂(站),供给高压蒸气、采暖热水等。区域锅炉房是城市地区性集中供热的锅炉房,主要用于城市采暖,或提供近距离的高压蒸汽。

(2) 供热管网工程包括热力泵站、热力调压站和不同压力等级的蒸汽管道、热水管道等设施。热力泵站主要用于远距离输送蒸汽和热水。热力调压站调节蒸汽管道的压力。

7. 城市通信工程的构成与功能

城市通信工程由邮政、电信、广播、电视等四个分项工程构成。

(1) 城市邮政通常有邮政局所、邮政通信枢纽、报刊门市部、售邮门市部、邮亭等设施。邮政局所经营邮件传递、报刊发行、电报及邮政储蓄等业务。邮政通信枢纽起到收发、分拣各种邮件之作用。邮政工程具有快速、安全传递城市各类邮件、报刊及电报等功能。

(2) 城市电信系统从通信方式上分有线电话和无线电通信两部分。无线电通信有微波通信、移动电话、无线寻呼等。电信工程有电信局(所、站)工程和电信网工程等。电信局(所、站)工程有长途电话局、市话局(含各级交换中心、汇接局、端局等)、微波站、移动电话基站、无线寻呼台以及无线电收发讯台等设施。电信局(所、站)具有各种电信量的收发、交换、中继等功能。电信网工程包括电信光缆、电信电缆、光接点、电话接线箱等设施,具有传送电信信息流的功能。

(3) 城市广播系统有无线电广播和有线广播等两种发播方式。广播工程包括广播台站工程和广播线路工程等。广播台站工程有无线广播电台、有线广播电台、广播节目制作中心等设施。广播线路工程主要有有线广播的光缆、电缆以及光电缆管道等。广播台站工程的功能是制作、插入、播放广播节目。广播线路工程设施的功能是传递广播信息给听众。

(4) 城市电视系统有无线电视和有线电视(含闭路电视)等两种发播方式。城市电视工程节目制作中心、电视转播台、电视差转台以及有线电视台等设施。线路工程主要是有线电视及闭路电视的光缆、电缆管道、光接点等设施。电视台站工程的功能是制作、发射电视节目内容,以及转播、连接上级与其他电视台的电视节目。电视线路工程的功能是将有线电视台(站)的电视信号传送给观众的电视接收器。

一般情况下,城市有线电视台往往与无线电视台设置在一起,以便经济、高效地利用电视制作资源。有些城市将广播电台、电视台和节目制作中心设置在一起,建成广播电视中心,共同制作节目内容,共享信息资源。

8. 城市环境卫生工程的构成与功能

城市环境卫生工程有城市垃圾处理厂(场)、垃圾填埋场、垃圾收集站、转运站、车辆清洗场、环卫车辆场、公共厕所,以及城市环境卫生管理设施。城市环境卫生工程的功能是收集与处理城市各种废弃物,综合利用,变废为宝,清洁市容,净化城市环境。

9. 城市防灾工程的构成与功能

城市防灾工程主要有城市消防工程、防洪(潮、汛)工程、抗震工程、防空袭工程及救灾生命线系统工程等。

(1) 城市消防工程有消防站(队)、消防给水管网、消火栓等设施。消防工程的功能是日常防范火灾,及时发现与迅速扑灭各种火灾,避免或减少火灾损失。

(2) 城市防洪(潮、汛)工程有防洪(潮、汛)堤、截洪沟、泄洪沟、分洪闸、防洪闸、排涝泵站等设施。城市防洪工程设施的功能是采用避、拦、堵、截、导等各种方法,抗御洪水和潮、汛侵袭,排除城区涝灾、保护城市安全。

(3) 城市抗震主要在于加强建筑物、构筑物等抗震强度,合理布置分布避灾疏散场地和道路。

(4) 城市防灾袭工程有防空袭指挥中心、专业防空设施、防空掩体工事、地下建筑、地下通道以及战时所需的地下仓库、水厂、变电站、医院等设施。平战结合,合理利用地下空间,地下商场、娱乐设施、地铁等均可属人防工程设施范畴。有关人防工程设施在确保其安全要求的前提下,尽可能为城市日常活动使用。城市人防工程的功能是提供战时市民防御空袭、核战争的安全空间和物资供应。

(5) 城市救灾生命线系统工程由城市急救中心、疏运通道以及给水、供电、通讯等设施组成。城市救灾生命线系统的功能是在发生各类城市灾害时,提供医疗救护、运输以及供水、电、通讯调度等物质条件。

二、城市基础设施工程系统的相互关系

1. 城市基础设施工程系统与城市建设的关系

城市交通、给水、排水、供电、燃气、供热、通信、环境卫生、防灾等各项工程是城市建设的主体部分,是城市经济、社会发展的支撑体系。城市各项工程系统的完备程度直接影响城市生活、生产等各项活动的开展。滞后或配置不合理的城市基础设施将严重阻碍城市的发展。适度超前、配置合理的城市基础设施不仅能满足城市各项活动的要求,而且有利于带动城市建设和城市经济发展,保障城市健康持续发展。因此,建设完备、健全的城市基础设施工程系统是城市建设最重要的任务。

2. 城市交通工程与其他专业工程的关系

城市交通工程为城市提供客流交通和物资运输条件,也为城市各专业工程的建设提供各种设备、材料等物资运输条件。

城市道路是联系各项工程设施的纽带,是城市给水、排水、供电、燃气、供热、通信等工程管线敷设的载体。城市大部分的工程管线敷设于城市道路下面,部分工程管线沿道路上空架设。城市道路的坡向、坡度、标高将直接影响重力流方式的城市工程管线的敷设,如城市雨水管渠、污水管道以及重力流方式的石油管道和其他液体流质的管道等。因此,城市道路的走向、纵坡、标高需与有关工程设施统筹考虑,相互协调,共同确定。

此外,城市道路的路幅宽度、横断面形式等除了满足交通需求外,还要满足各种工程管线敷设的水平安全距离、防灾疏散的安全距离等要求。假如某条道路的车道数、路幅宽度均已满足交通量需求,但不能满足将在该道路上敷设的各种工程管线的水平距离,或者防灾疏散时的安全距离,则该道路的路幅或红线宽度要增加到满足这些要求为止。

为了保证航空港通讯、导航的安全,在飞机场周围一定范围,禁止或限制布置强磁场的电力设施和其他无线电通讯设施。

3. 城市其他专业工程之间的相互关系

除城市交通工程外,其他的各城市专业工程之间存在着彼此相吸与相斥关系。为了城市工程设施的综合利用与管理,在保证设施安全使用与管理方便的前提下,有些设施可集中布置。

城市给水工程与排水工程组成了城市水工程系统,它们是一个不可分割的整体。但根据水质和卫生要求,城市取水口、自来水厂必须布置在远离污水处理厂、排水口、雨水排放口的上游位置。而且原则上给水管道与污水管道不布置在道路的同侧,若实在有困难,需敷设在同侧,也要有足够的安全防护距离。城市的垃圾转运站、填埋场、处理场等设施不应靠近水源,更不能接近取水口、自来水厂等设施。

城市供电工程设施与通信工程设施由于存在磁场与电压等因素,为了保证电讯设备的安全、信息的正常传递,城市强电设施必须与电讯设施有相应的安全距离,尤其是无线电收发讯区有足够安全防护范围,以免强磁场的干扰。而且原则上电信线路和与电力线路不能在道路的同侧,以保证电信线路和设备的安全。在有困难的地段,应考虑电信线路采用光缆,或采用管道敷设,并保证有足够的安全距离。

为了保证各类工程设施的安全和整个城市的安全,易燃易爆工程设施、管线之间应有足够的安全防范距离。尤其是发电厂、变电所、各类燃气气源厂、燃气储气站、液化石油气储灌、供应站等均应有足够的安全防护范围。原则上电力设施与燃气设施不应布置在相邻地域,电力线路与燃气管道、易燃易爆管道不得布置在道路的同侧,各类易燃易爆管道应有足够安全防护距离。此外,电力设施、燃气设施还须远离易燃、易爆物品的仓储区、化学品仓库等。

4. 城市工程管线的综合关系

城市各类工程管线是城市基础设施工程系统的物质输送纽带,由其连通各设施和用户。城市的地上空间、地下空间要保证满足城市生活、生产等各方面的需求,必须充分合理利用。因此,大部分工程管线都在城市道路的上部和下部空间中通行。在有限的通行空间中,要确保各种工程管线的通行安全,连接便利,互不干扰。因此,必须进行城市工程管线综合工作,从水平方向和垂直方向上,根据各种工程管线的功能、安全、技术、材料等因素,综合合理地布置各类工程管线,既要保证本专业工程管线衔接,又便于各专业系统工程管线彼此交叉通过,既要保证本专业工程管线在道路路段上和道路交叉口处的连接,又要保证各种工程管线在路段和交叉口处的水平交叉时,能在竖向方面通过。

在交通运输十分繁忙和管线繁多的道路,配合兴建地下铁路、立体交叉等工程地段,不允许随时挖掘路面的地段、广场等处,开挖后难以修复的路面以及某些特殊建筑物下,应采用综合管沟来集中敷设工程管线。

5. 城市用地竖向工程与城市基础设施的关系

城市用地竖向工程使城市建设科学地结合和利用自然地形,综合确定城市建设用地的各项控制标高,统筹考虑城市防洪堤、排水干管出口、桥梁、道路交叉口的标高,以及道路纵坡、地面排水等各种因素,保证交通、排水、防洪等各种工程设施的正常、经济运行。同时,城市用地竖向工程合理利用自然地形,形成具有个性特色的城市空间环境。

因此,要科学地布置城市基础设施,必须进行城市用地竖向工程规划。城市用地竖向工程规划一定要兼顾各项城市基础设施的技术规定与要求。

第三节　城市基础设施工程规划的范畴与任务

一、城市基础设施工程规划的目标与范畴

1. 城市基础设施工程规划的目标

城市基础设施工程系统需要有合理的规划,科学、合理、有序地指导各项设施的建设,有利于各专业工程协调建设。城市基础设施工程规划的目标为:

(1) 调查研究各项城市基础设施的现状和发展前景,抓住主要矛盾和问题,制定解决问题的对策和措施。

(2) 明确城市基础设施工程系统的发展目标与规模,统筹各专业工程系统的建设,制定分期建设计划,有利于建设项目的落实和筹建。

(3) 合理布局各项工程设施,最大限度地利用现有设施,及早预留和控制发展项目的建设用地和空间环境。

(4) 对建设地区的工程设施进行详细规划,做出具体布置,作为工程设计的依据,有效指导工程设施的实施建设。

(5) 进行城市工程管线综合规划和建设用地竖向工程规划,协调各项城市基础设施建设,合理利用城市空中、地面、地下等各种空间,确保各种工程设施布置和工程管线安全畅通。

2. 城市基础设施工程规划的范畴

城市基础设施工程规划范畴除了包含城市基础设施工程系统的各专业工程规划外,还应包含与其关系最为密切的城市工程管线综合规划和城市用地竖向工程规划,以保证整个城市基础设施工程系统规划的完整性。城市基础设施工程规划的范畴具体如下:

(1) 城市交通工程规划

(2) 城市给水工程规划

(3) 城市排水工程规划

(4) 城市供电工程规划

(5) 城市燃气工程规划

(6) 城市供热工程规划

(7) 城市通信工程规划

(8) 城市环境卫生工程规划

(9) 城市防灾工程规划

(10) 城市工程管线综合规划

(11) 城市用地竖向工程规划

不同规模和不同条件的城市可以根据具体情况适当有所侧重或取舍。

二、城市基础设施工程规划的主要任务与内容

1. 城市交通工程规划

根据城市现状交通状况和增长趋势,结合区域交通发展规划,预测城市在规划期内的城市航空、水运、铁路、道路等各类交通量。进行城市对外交通设施和市内交通设施规划,确定城市空中、地面、地下、水上等各种航空港、铁路站场、港口、长途汽车站、公路枢纽等对外交通设施的规模、等级、位置,合理布置城市轨道交通设施和线路、城市道路系统和各类静态交通设施。确定各类道路的等级、线型、路幅、断面形式,确定城市道路各类交叉口的形式。制定铁路、轨道交通、道路等竖向规划。

2. 城市给水工程规划

根据城市和区域水资源的状况,最大限度地保护和合理利用水资源,合理选择水源,进行城市水源规划和水资源利用平衡工作。确定城市用水标准,预测城市用水量。确定城市自来水厂等给水设施的规模、容量。科学布局给水设施和各级给水管管网系统,确定输配水管走向、管径和必要的管网平差,选择管材和敷设方式,满足用户对水质、水量、水压等要求。制定水源和水资源的保护措施。

3. 城市排水工程规划

根据城市自然环境和用水状况,确定城市排水制度,划分排水区域,估算雨水、污水总量;合理确定规划期内污水处理设施的规模、容量、位置、用地范围,雨水排放设施的规模与容量;科学布局污水处理厂(站)等各种污水处理与收集设施、排涝泵站等雨水排放设施,确定雨水管渠、污水管道的走向、管径、出口位置。制定水环境保护、污水利用等对策及措施。

4. 城市供电工程规划

结合城市和区域电力资源状况,确定城市用电标准,预测计算城市用电量和用电负荷,进行城市电源工程规划,确定城市输、配电设施的规模、容量、数量、位置,确定城市电网电压等级和层次;科学布局变电所(站)等变配电设施和输配电网络;确定电力线路的走向,回数及敷设方向;制定各类供电设施和电力线路的保护措施。

5. 城市燃气工程规划

结合城市和区域燃料资源状况,选择城市燃气气源,确定城市燃气用气对象和标准,预测、计算规划期内各种燃气的用气量;进行城市燃气气源工程规划,确定各种供气设施的规模、容量数量、位置、用地;选择并确定城市燃气管网系统,科学布置气源厂、气化站等产、供气设施;确定输配系统供气方式、管线压力级制、调峰方式;确定管线走向、管径、敷设方式;制定燃气设施和管道的保护措施。

6. 城市供热工程规划

根据当地气候、生活与生产需求,确定城市集中供热对象,供热标准、供热方式。预计、计算城市热负荷,选择热源,进行城市热源工程规划,确定城市热电厂、热力站等供热设施的数量、容量、位置、用地;科学布局各种供热设施和供热管网,确定供热管道的走向、管径、敷设方式,制定节能保温的对策与措施,以及供热设施的防护措施。

7. 城市通信工程规划

结合城市通信实况和发展趋势，确定规划期内城市通信的发展目标，预测通信需求；合理确定邮政、电信、广播、电视等各种通信设施的规模、容量、数量、用地；科学布局各类通信设施和通信线路，确定通信线路的位置、管孔数、敷设方式；制定通信设施综合利用对策与措施，以及通信设施的保护措施。

8. 城市环境卫生工程规划

根据城市发展目标和城市布局，确定城市环境卫生设施配置标准和垃圾集运、处理方式；预测城市固体废弃物产量，合理确定主要环境卫生设施的数量、规模；科学布局垃圾处理场等各种环境卫生设施，制定环境卫生设施的隔离与防护措施。提出垃圾回收利用的对策与措施。

9. 城市防灾工程规划

根据城市自然环境、灾害区划和城市地位，确定城市各项防灾标准，合理确定各项防灾设施的等级、规模。科学布局各项防灾设施；组织城市防灾生命线工程系统；充分考虑防灾设施与城市常用设施的有机结合，制定防灾设施的统筹建设、综合利用、防护管理等对策与措施。

10. 城市工程管线综合规划

根据城市规划布局和各项城市工程设施规划，检验各专业工程管线分布的合理程度，提出对专业工程管线规划的修正建议，调整并确定各种工程管线在城市道路上水平排列位置和竖向标高，确认或调整城市道路横断面，提出各种工程管线基本埋深和覆土要求。

11. 城市用地竖向工程规划

分析城市规划的地形、地貌、水文与工程地质等条件，选择并确定城市规划建设用地，确定城市防洪(潮、汛)堤顶和建设用地的控制标高，确定道路、铁路、桥梁等控制标高，以及道路与铁路交叉点的控制标高；选择城市主要景观控制点及标高；确定挡土墙、护坡等室外防护工程的类型、位置、规模、估算土(石)方及防护工程量。

第四节　城市基础设施工程规划的方式及层次

一、城市基础设施工程规划的方式

城市基础设施是城市建设的主体之一，城市基础设施工程规划是城市各专业工程系统的发展规划，也是城市规划各阶段的专业工程规划。城市规划在用地和空间上保证各项城市基础设施建设的需要，城市基础设施工程规划在技术上落实城市规划的各项建设，两者有着非常紧密的联系，彼此相依。

编制城市基础设施工程规划既可横向展开，又可纵向深入。既可与各阶段的城市规划(城市总体规划、分区规划、详细规划)同步进行，在不同层面上与各阶段的城市规划成为一体，又可横向展开，依据城市发展总目标，从确定本专业工程系统的发展目标、主体设施与网络的总体布局，到具体的工程设施与管网的建设规划，形成单系统的工程规划；亦可视为将各阶段城市规划中的单系统工程规划进行纵向串联而成。

此外，为了保证整个城市基础设施协调、同步建设，更需要将各单系统工程规划综合成一体，成为整体的城市基础设施工程规划。因此，城市基础设施工程规划有三种方式：

1. 城市规划中的城市基础设施工程规划

即为与各阶段的城市规划相匹配的横向分层次的城市基础设施工程规划。

2. 单专业系统的城市基础设施工程规划

单专业的分层次的城市基础设施工程规划纵向串联，并在某些方面进一步深化而成的单专业系统的工程规划。

3. 综合性的城市基础设施工程规划

即将各单专业系统横向分层次的城市基础设施工程规划既在同一层次上进行综合协调，又作多层次纵向串联与协调所形成的整体性的城市基础设施工程规划。

二、城市基础设施工程规划的层次

根据《城市规划法》的规定，城市规划分为总体规划、详细规划两个阶段。但是，大城市可以增加分区规划的层次。城市基础设施工程规划也分为相应匹配的三个层次，解决不同层次的问题。

1. 城市基础设施总体工程规划

城市基础设施总体工程规划是与城市总体规划相匹配的规划层次，本层次所解决的问题：

(1) 从城市各项基础设施的现状基础、资源条件和发展趋势等方面分析和论证城市经济社会发展目标的可行性，城市总体规划布局的可行性和合理性，从本工程系统提出对城市发展目标和总体布局的调整意见和建议。

(2) 根据确定的城市发展目标、总体布局以及本系统上级主管部门的发展规划确立本系统的发展目标，合理布局本系统的重大关键性设施和网络系统，制定本系统主要的技术政策、规定和实施措施。

2. 城市基础设施分区工程规划

城市基础设施分区工程规划是与城市分区规划相匹配的规划层次，一般用于需要进行分区规划的城市。本层次所需解决的主要问题：

(1) 根据本分区的现状基础、自然条件等，对城市基础设施总体工程规划进行完善、充实或提出相应的调整建议。

(2) 依据城市基础设施总体工程规划，结合本分区的现状基础、自然条件等，分析与论证城市分区规划布局的可行性、合理性，从本工程系统对城市分区规划布局提出调整、完善等意见和建议。

(3) 根据确定的城市基础设施总体工程规划、城市分区规划布局，布置本系统在本分区内的主体设施和工程管网，制定针对本分区的技术规定和实施措施。

3. 城市基础设施详细工程规划

城市基础设施详细工程规划是与城市详细规划相匹配的层次，本层次所需解决的主要问题：

(1) 根据城市基础设施总体与分区工程规划，结合本详细规划范围内的各种现状实况，从本工程系统对本范围城市详细规划的布局提出完善或调整意见。

(2) 依据城市基础设施分区工程规划、城市详细规划布局，具体布置本详细规划范围内所有的室外工程设施和工程管线，提出相应的工程建设技术要求和实施措施。

4. 三个层次工程规划的相互关系

城市基础设施总体工程规划、城市基础设施分区工程规划、城市基础设施详细工程规划等三个层次的相互关系是逐层深化、逐层完善的关系，是上层次指导下层次的关系。即城市基础设施总体工程规划是城市基础设施分区工程规划和详细工程规划的依据，起指导作用；而城市基础设施分区工程规划和详细工程规划是对前者的深化、完善和具体落实。同时下层次规划也可对上层次规划不合理的部分进行调整，从而使整个城市基础设施工程规划达到合理、科学、经济。

城市基础设施的总体工程规划、分区工程规划、详细工程规划等三者纵向联通，形成完善的城市基础设施工程规划。

城市基础设施工程规划三个层次是依照城市规划层次而划分的。大城市、特大城市因规模等因素，宜设总体、分区、详细规划等三个层次；中小城市宜设总体(含分区)、详细规划等两个层次。

三、城市基础设施工程规划的规划期限

城市基础设施工程规划的规划期限，一般与城市规划相同，即城市基础设施总体工程规划的规划期限分近期和远期。近期规划期限为5年，远期规划期限为20年左右。有些分项城市基础设施工程规划为了近、远期规划建设衔接得更紧密，设有中期规划，其期限为10年。城市基础设施分区工程规划、详细工程规划的期限则与城市分区规划、城市详细规划的期限相同。

为了适应和及时指导现实建设，有些专业工程部分在近期规划的基础上，还根据专业工程建设的实况，做近期规划的滚动建设计划。即根据当年的建设实况和专业发展动态，当年年底作下年度的建设计划，修正和完善5年的近期规划，形成滚动渐进的近期规划，切实可行地向远期规划目标渐进。这是一种值得提倡的务实的好方法。

第五节　城市基础设施工程规划的发展状况

一、当前我国城市基础设施建设的主要矛盾

当前我国城市基础设施建设存在着负荷与资源、建设体制与投资运营规律、规划思路方法与基础设施特性等方面的主要矛盾。

1. 日益增大的城市基础设施负荷与有限的资源之间的矛盾

随着城市化水平的提高、城市人口规模的增长、城市经济的发展，城市需要增加大量的水、电、燃料以及建设用地，城市基础设施的负荷日趋增大。但我国的这些资源是相当有限的，尤其是水资源非常缺乏、先天不足，人均水资源仅是世界人均水资源的1/4，而且在时空分布上极不平衡，南多北少、东多西少，年际变化大，丰枯年水量相差几十倍。并且，由于近十多年来工业和城市的快速发展、水资源的过度开发，许多城市存在着水资源危机，加上水污染的日益严重，不少位于大河大湖旁的城市出现水质型缺水。使我国已经水资源匮乏的水环境雪上加霜。这样既需要加强城市基础设施建设，治理环境污染，维护与恢复生态环境，又需要适量控制城市对自然资源的耗用。即控制城市用水、能耗指标，或采用技术手段

来提高水资源的重复利用率,满足城市生活、生产活动的需求。

2．传统的城市基础设施建设体制与现实的投资建设运营等内在规律的矛盾

我国传统的城市基础设施建设通常由政府各专业职能部门进行投资建设、经营管理,由政府负担的公益性投资,以低于成本的价格提供服务。由于大多是国有垄断,缺乏竞争机制。这些职能部门很少拥有为其顺利运营所需要的经营和财务的自主权,缺乏为工作负责的积极性。同时,国家缺少对这些部门制定周全的工作标准,效率的低下经常是完全靠增加预算拨款来补偿;若国家不补贴,则形成基础设施服务滞后。并且,由于基础设施的实际和潜在的使用者没有了解、明了价格与成本的关系,基础设施的低价格通常使使用者没有摆正自己的位置,提出过度的需求,从而导致城市基础设施需求规模盲目扩大。这是造成城市基础设施投资业绩不佳的原因之一。因此,需要对城市基础设施的投资建设、运营等内在规律进行研究,采取相适应的方式、手段,让使用者明确需求与价格、投资的关系,提供者有建设、经营的自主权,管理的责任心和竞争力。如采用"建设—经营—转让"(BOT)、"建设—拥有—经营—转让"(BOOT)或"建设—拥有—经营"(BOO)等方式,进行城市基础设施的建设、经营、再建设。

3．常规的规划思路、方法与城市基础设施所具有的区域性、关联性的矛盾

常规的城市基础设施各专业工程规划只进行本城市本专业的基础设施规划布局,缺乏对本专业本系统的区域性研究,规划具有局限性。例如城市航空港的布局,不仅应考虑本城市空运的需求,而且还应考虑区域其他城市的需求,以及航空港正常和优佳运营所涉及的客源、通航线路、航班量等因素。只有经过综合分析研究,才能使航空港真正发挥效用,满足本城市的需求。又如城市防洪工程设施规划与建设不仅受本城市周围地形、水系等因素影响,而且,还受城市上游和下游地区河流水系、地形地貌的影响。因此,一个科学、合理、可靠的城市防洪工程规划须与上下游地区的防洪统筹考虑,才能达到经济、安全的目的。

支撑整个城市经济社会活动,需要各项城市基础设施彼此协调、共同承受。城市给水、排水工程不仅具有本专业系统的区域性的因素,而且两者之间彼此关联,相互影响,缺一不可,两者构成城市的水系统。城市的交通、水、能源、通信、环卫、防灾等各系统相互关联,共同承受由相同的城市人口规模、经济总量等经济社会因素所产生的城市基础设施负荷量。因此,只有综合研究城市基础设施的区域性、关联性以及本专业的系统性,才能有效地发挥各项设施的作用。

常规的城市基础设施工程规划缺乏研究城市基础设施的区域性、关联性,是导致部分城市基础设施滞后,而部分设施又过度超前的原因之一,不利于城市基础设施整体效益的发挥。因此,常规的城市基础设施工程规划的思路、方法有待改进、完善。

二、我国城市基础设施工程规划的发展趋势

当前,中国的城市基础设施工程规划已针对城市基础设施的需求和主要矛盾,正在对规划的思路、方法等方面,进行改善与探索,其发展趋势如下:

1．城市基础设施工程规划向区域整体性方向发展

交通、水系统、电力、通信、燃气以及防洪等城市基础设施与区域密切相关。首先是城市水系统工程规划,由于受河流水系的流(区)域特性以及地形地貌等因素的限定,城市给水、排水、防洪工程规划必须从流(区)域范围综合研究城市水源工程、管网系统、污水处理与排

放工程、以及防洪工程设施等，需要该流(区)域内数个城市协同规划布局上述的各项工程设施，制定该流(区)域的水系统工程规划，合理布置城市引水工程、自来水厂、污水处理厂、防洪堤(坝、闸)等设施。有时，需要几个城市规划合建自来水厂、污水处理厂等设施；这些设施成为区域性基础设施，具有为该区域数个城市服务的功能。我国已有一些城市进行这方面的尝试。

其次是城市交通工程规划。航空港、铁路、港口、高速公路等具有区域性功能，尤其航空港不仅是某个城市的对外交通设施，也是区域的对外交通枢纽。规划航空港受到本区域的客货量、流向、通航城市等因素，以及城市现有航空港、区域其他城市规划航空港等因素的影响。城市航空港的规划布局必须从区域范围统筹考虑，综合分析该区域内相关城市当前和未来的客货运量、流向、通航城市等因素，该区域内与现有航空港以及区域内其他城市规划的航空港的关系，本航空港与区域现有和未来的铁路、公路、水运等交通设施的衔接等一系列问题。城市航空港规划布局成功与否，将直接影响本城市的空中交通、城市布局以及区域的水陆空交通运输，还更直接地影响该航空港建成后的运营，乃至其生存等问题。我国已有此方面的教训。因此，规划界对此有深刻的认识和强烈的呼声。全国在最近编制的有些城市总体规划中，在进行城市重大交通设施规划布局时已注重区域方面的研究。

城市电力系统更具有区域的特性。无论是引入城市的电源，还是城市电厂，均与区域电网密不可分。城市电源工程规划受到区域电网、城市所在区域的水系、风向、地形地貌及交通等条件的影响。城市发电厂、区域变电所的布局必须与区域电网紧密结合。有些城市发电厂具有向城市供电和区域电网送电的双重功能，区域变电所具有向该区域内数个城市供电的功能。因此，城市供电工程规划的区域性研究工作已在其规划工作中占据重要的地位。

城市电信工程规划的区域性研究也已占有相当的比重。其重点研究与国家、区域现有和规划的电信干线的衔接与接力，合理确定城市电信枢纽的位置。此外，为了提高城市燃气的气源和质量，沿海地区和天然气产地周围的城市，规划采用天然气作城市燃气源，将区域的天然气输送网络作为城市燃气源。布局城市燃气源工程设施时，必须综合研究区域送气网络布置，合理布置天然气门站等气源工程设施，确定本城市燃气管网的压力配置。

2. 城市基础设施工程规划向同步综合性方向发展

城市的各项基础设施工程规划以同一的城市经济社会发展指标、人口规模、用地规模、规划期限为目标而展开规划编制工作。并且，以相同的规划层次、阶段，协调各项城市基础设施的规划建设，达到协同规划、同步建设、联动开发的目的。

各项城市基础设施工程规划不仅要统一协调本专业自城市总体工程规划至详细工程规划等各阶段的规划，使其上下层次规划彼此协调，相互指导与深化完善。而且，要综合协调大系统内密切相关的各专业工程规划。城市水系统的给水与排水工程规划应综合协调其水源、净水工程设施与污水处理、雨污水排放工程设施的规划布局，以及与消防、防洪工程设施的相互关系。

能源系统的供电、燃气、供热工程规划应综合协调城市能耗负荷中各专业的分配比例，综合确定城市电源、燃气气源、热源工程设施的规模、容量、规划布局。城市供电工程还应考虑避免对城市电信工程设施的干扰等问题。

交通系统需要综合确定城市航空、水运、轨道交通、道路等各专业工程主体设施的规模、规划布局，尤其需要综合协调城市道路工程设施与其他交通设施的联系。

城市通信系统的电信、广播、电视工程规划需要综合确定电信局所、微波站、无线电收发信区的位置、范围、规模、容量、控制高度以及微波通道的位置、宽度、控制高度等。此外，还需综合考虑与城市飞机场导航系统、电力调度系统的协调。

城市防灾系统协调综合指挥、专业防灾工程、医疗救护、生命线系统，尤其是生命线系统直接涉及交通、供电、通信等工程专业，更需要有机结合，彼此协作。

此外，在城市总体规划、分区规划、详细规划各阶段，也需要综合协调各阶段的城市基础设施与城市规划布局、其他公共设施的关系，还要协调各项城市基础设施的容量、空间布局，进行工程设施和工程管线综合规划，以达到各项城市基础设施在空间上、时序上的合理分布之目的。

3. 城市基础设施工程规划向动态持续性方向发展

城市建设是一个动态的发展过程，城市基础设施的需求量也在逐渐增长，需求内容也会有所变化，城市的经济实力、用于城市基础设施建设的投资强度也会逐渐加强。同时，由于科学技术的发展，新技术、新方法、新设备不断产生，城市建设中疑难问题随着时间延伸，也会逐渐解决，或其难度逐渐减弱，为城市基础设施建设提供良好的条件。

城市基础设施建设具有建设周期的特征，要适应和满足城市发展所带来的对基础设施需求量的增长，基础设施建设必须超前。超前要有“度”的掌握。若超前过大，一则城市现有实力难以负担，二则基础设施建设投入产出不平衡，设施的效益发挥不足，造成浪费，有时甚至因无力偿还投资费用和贷款利息，反而给城市背上沉重的包袱。所以，城市基础设施建设应适度超前，根据工程设施建设周期和社会经济发展计划等因素，适度超前的时间以超前五年为宜，即相对应的近期建设规划期限。工程设施建设周期为两年，建成后三年可达设计容量。届时再进行第二轮建设，再需要两年的建设周期，而这两年可允许原有的设施适量超负荷运作。待第二轮工程建设成，该类设施又具有适度超前的能量。以此循环，动态持续发展与建设。此适度超前时段恰与近期建设规划期限相一致，即每五年编制一次近期建设规划，逐步滚动完善远期规划。

城市基础设施总体工程规划与城市总体规划同步，预测 20 年的需求和负荷，进行重要主体设施的配置与布局，控制未来发展的关键点，留有可持续发展的基础和余地。但重点应在近期建设规划上下功夫，落实建设项目，并结合当前的科技成果，因地制宜地合理布置各种工程设施的用地、使用空间。

面对现实，近期建设规划不应强求五年建设项目要一步到位，不要马上与远期规划完全吻合；而应该要求近期建设项目能向远期顺利过渡，不埋“钉子”，不造成重复浪费即可。例如有些城市的局部地区，由于地形、水文、城市形态及经济实力等条件限制，近期可采用无动力式地下污水处理站，处理该地区污水，减轻污染，有利于远期接入城市污水处理系统。该处理站远期改作污水初步处理设施或提升泵站。虽然，该地区近期污水处理效果不是最好，但能切实有效地减少水环境污染。再如，有些城市的局部地区因相对独立，或近期城市燃气管道难以接至该区的情况下，该区可先建液化石油气气化站，敷设管道至用户；远期该站可作城市管道燃气的调压站或储气站。近期建设时要求选择合适的管材，满足远期城市燃气接入时对管道的压力要求。采取这种措施，可近期提高该区的居住生活水平和改善环境质量，远期能顺利过渡。

在城市基础设施工程规划中，应充分考虑工程设施、管线分期实施的可能性，在工程设施用地布局上要有分期实施的余地。编制工程管线规划时，应考虑分期实施的要求。在工程管道总截面积、总流量不变的前提下，管道布置可化整为零，便于分期实施。

目前，国内规划人员已在进行这方面的研究和尝试。同时，还开始在城市发展条件变化、城市发展空间布局调整等情况下，进行城市基础设施工程规划适应性、持续性的研究。

4. 倡导城市基础设施建设向产业经营性方向发展

城市基础设施具有公益服务性的特性，同时也有经营盈利的条件。要保证城市基础设施良性持续建设，必须研究城市基础设施的投资、建设、运营等内在规律，使城市基础设施建设逐步向产业经营化发展。因此，城市基础设施工程规划应考虑这方面的要求，需要研究相应的对策措施，以及设施建设的控制要求；研究设施、管线网络的利用开发和租赁，提高城市基础设施利用率，拓展建设资金渠道。在社区的基础设施工程规划中，结合居民需求和社区物业管理等要求，合理综合布置给水、排水、供电、燃气、供热、通信、环卫等设施，如布置社区净水站、安全保卫设施等应与社区物业管理紧密结合，有利于设施的合理使用与管理。

（戴慎志）

主要参考文献：

[1] 戴慎志主编. 城市工程系统规划. 北京：中国建筑工业出版社，1999

[2] 戴慎志主编. 城市基础设施工程规划手册. 北京：中国建筑工业出版社，2000

[3] 戴慎志、陈践编著. 城市给排水工程规划，合肥：安徽科学技术业出版社，1999

[4] 清华大学建筑与城市研究所编. 城市规划理论·方案·实践，北京：地震出版社，1992

第十二章　大城市规划问题

现代大城市是工业化的产物。随着科技进步、产业革命，经济向更高层次推进，现代大城市应运而生，城市规模随经济能量的集聚而不断扩大，职能不断丰富；新的城市随着经济发展重心向新的地域转移而不断涌现。现代大城市是经济社会发展的载体，随着物质文明与精神文明的建设而不断完善，为人们提供高效率的生产与流通的空间，良好的物质、文化生活环境。但是，城市空间的过度扩展也会造成生态环境的破坏，出现难以克服的“大城市”病。本章通过对大城市发生发展过程的研究，探讨大城市规划的各项问题。

第一节　世界大城市发展概述

早在封建社会，在部族争战中出现了统一的大帝国，帝国的统治中心形成了数十万人以至百万人口的大城市，例如：公元1世纪的罗马，公元8世纪的巴格达，公元13世纪的元大都等。这些城市的主要功能是政治中心，往往是倾全国之财力与物力营造宫阙城池，统治着广大农牧地区，虽然城市也有商业与手工业，但城市主要是消费型的。

18世纪中叶，以蒸汽机发明为起点，引起了工业革命，机器代替了手工，生产效率极大地提高，以家庭、作坊为生产单位的自给自足的经济逐渐被社会化的大生产取代，工厂企业大量集中于城市，推动了城市化的进程，出现了工业城市；随着产品增加，贸易市场扩大，区位适中，交通方便的地方成为商贸中心，形成商业城市，现代意义上的大城市也就在这个基础上涌现了出来。

200多年来，随着科技不断进步，经济不断发展，全球城市化的进程不断加速，大量人口向城市集中。目前全世界约有50%的人口住在城市地区，预计到21世纪上半叶这个比例将达到65%左右。大城市的数量不断增加，据联合国人类聚落研究中心的报告(1987年)，1900年全世界百万人口的大城市只有13个，1950年增至71个，1960年114个，1980年达222个，预计在20世纪末将突破400个。其中，400万人口以上的大城市1960年为19个，到20世纪末将增至66个，到21世纪上半叶将突破100个。根据《全球城市展望》(1992年)所载，人口规模在800万以上的巨大城市，1950年只有纽约和伦敦2个，1970年增至10个，1990年20个，20世纪末将接近30个。

纵观世界大城市发展，主要有以下特点：

一、科技进步是现代大城市发展的根本动力

各国的城市发展史表明，凡是产业革命的策源地必然成为经济发展中心，也是大城市首先崛起的地方。

第一次科技革命发生在18世纪60年代的英国，以蒸汽机发明为标志，由于机器代替了

手工,使生产效率成十倍、数十倍的增长,使英国成为工业最发达的国家,有"世界工厂"之称,大量产品倾销国外,取得了世界贸易的垄断地位,工、商业的发展,造就了世界上第一个大城市群,于19世纪中叶,伦敦首先成为国际经济中心,人口突破200万,同时,又涌现出曼彻斯特、利物浦、伯明翰等一批工业城市或工、商业城市。

第二次科技革命发生在19世纪末的德国与美国,以电、化工技术和内燃机的发明与应用为标志,出现了电力、电气机械、汽车、石油、化工等一批新型产业,推动了欧、美各国经济的发展,造就了欧洲西北部由大巴黎地区、莱因——鲁尔地区、荷兰兰斯塔德地区以及比利时等地区组成的城市群和美国东北部的"波士华"(波士顿-华盛顿)城市带、五大湖城市群,先后涌现出欧洲的巴黎、科隆、阿姆斯特丹、鹿特丹、安特卫普、布鲁塞尔,美国的波士顿、纽约、费城、巴尔的摩、华盛顿以及芝加哥、底特律、克利夫兰、匹兹堡等一批大城市。

第三次科技革命始于20世纪中叶的美国,以电子技术和空间技术的发明与应用为标志,出现了电子、宇航等新的主导产业部门,推动了美国西部以旧金山、洛杉矶为代表的城市群的发展。在东亚,日本通过吸收先进技术与创新,经济发展很快跃居世界领先地位,造就了东京、大版、名古屋三大城市圈。

目前,以微电子为代表的新的技术革命正在发展,生物工程、光电子、新材料、海洋工程等高科技术研究取得重大突破,正在不断涌现新的产业部门,特别是信息产业的发展,信息高速公路计划的实施,极大地提高了生产效率,加速了世界经济全球化的进程,必将对城市发展带来的新的影响。

二、经济能量的集聚与扩散,经济增长重心的转移,是大城市形成和发展的基础

各国大城市的形成和发展无不和经济能量的集聚有关,经济能量在什么地方集聚,哪里必然出现城市化高度发展地区,随着城市群的形成,必然涌现出大城市。经济发展重心转移到哪里,哪里就会出现城市群和大城市。这是经济发展规律所决定的。

1. 经济能量集聚促使大城市的诞生

工业化带动城市化,城市群是在快速城市化的过程中逐渐形成的。在第一次产业革命时期,由于蒸汽机的动力是煤,因而最早的城镇是在接近煤和其他原料产地发展起来的,例如英国的伯明翰和德国的鲁尔地区,当时的城市除了工业生产外,还具有相对独立的行政、商贸职能。铁路交通的出现,把松散的城市通过铁路和内河航道串连起来,密切了城市间的经济往来与生产协作。第二次产业革命,电力、内燃机和化工技术的发展,汽车、飞机以及大吨级海轮的出现,交通运输效率大大提高,城市间的时空距离大大缩短,联系更为方便;随着生产的发展,社会化大生产要求分工越来越细,各城市根据各自不同的条件,在专业化的分工与协作中承担自己最擅长的角色,以推动经济更快的发展。在这样的条件下城市就从分散的点,逐渐联成一线,扩展成片,最后形成相当数量规模不等、各具特点而相互联系、相互依存的城镇体系。这种城市群体经济学家称之为城市带或城市圈。在这个城市群体中,必然有一个或几个核心城市,它由于具有良好的气候和土地条件,且有靠近港口或内河航运以及铁路、公路干线的交叉点等区位优势,经济发展条件比其他城市优越,促使产业和人口向该地集聚,使其经济实力大大超过其他城市,城市规模的扩大更加有利于组织生产和流通,为城市提供更好的服务,进一步推动各项事业的发展,使城市从制造业中心,逐步扩展为贸易中心、金融中心、信息中心、服务中心、文化娱乐中心以及管理决策中心,使其成为对一定

地域有强大辐射力的处于经济支配地位的中心城市，这就是大城市诞生的过程。因而，大城市是经济能量高度集聚的产物。

2．经济能量的扩散引起新的城市崛起

经济能量集聚能给城市带来繁荣，但是发展到一定程度也会出现负面效应，一是大城市产业与人口高度密集使城市用地日显紧张，在级差地租的作用下，土地价格越来越昂贵。例如：香港每平方米土地的批租价格为3500美元左右，而纽约高达3000～10000美元，东京市中心地带其批租价格一度10倍于纽约。二是随着生活水平提高，劳动力价格也越来越贵，例如：1977年，日本制造业工人的月平均工资为748美元，而韩国只有143美元。在这两个因素的作用下，产品成本不断提高。三是新技术的广泛使用，产品超过需求，使市场日渐饱和，因而产生激烈的市场竞争。这种状况持续发展下去，就会引起经济衰退。为了克服经济衰退，振兴经济，就要对城市的产业结构加以调整，一方面要开发新技术，生产新产品，提高产品的技术含量，增加竞争力，占领市场，争取更高效益；另一方面要为老产品寻找出路，通过技术和资本转移，实现产业和贸易从发达国家向发展中国家转移。这样做，既可缓解发达国家经济衰退的矛盾，又可使发展中国家利用土地、劳动力价格便宜，潜在市场巨大的优势，借用发达国家的资本和技术，推动本国工业化和城市化的进程，以增强经济实力。因而经济能量在经济动态比较利益驱动下向外围扩散、转移是顺理成章的事。

这种能量在转移发展到一定程度时，就会引起经济增长重心的转移，大大刺激接受转移地域的城市发展。据联合国人类聚落研究中心的报告(1987年)，发展中国家百万人口大城市的发展速度在20世纪下半叶，大大快于发达国家。1960年发达国家拥有百万人口以上的城市62个，发展中国家只有52个；到1980年，发达国家有103个，发展中国家却增至119个，超过了发达国家。预计到20世纪末，发达国家大城市将达129个，而发展中国家将增至279个，大大超过发达国家。

纵观200多年世界经济的发展，就是在经济能量不断集聚与扩散的运动中成长的，在一定地域，经济增长高峰以后，必然有一个经济发展相对缓慢的低谷，引起增长重心的转移。接受转移的地域，由于接受现成的先进技术，且可博采众长，少走弯路，即可产生后发优势，以极快的速度赶上先进国家，如在此基础上再进行技术创新，进一步推动经济增长，就会从量变到质变超过老牌的发达国家，后来居上，成为新的经济中心。德国、美国在20世纪上半叶先后超过英国，日本又在20世纪下半叶超过欧洲各发达国家跃居世界第二位，都是先引进、后创新的结果。经济学家把这种现象称为长周期波动，完成一次波动的周期大约需半个世纪，200多年来，世界已经历过四次经济发展长波周期，经济增长重心先后从英国转向欧美又转向亚太地区。目前，正处于第四次长波下降和第五次长波上升的交替时期，21世纪谁能成为经济增长的中心，还要拭目以待。

三、城市现代化发展的阶段划分与大城市功能分级

1．城市现代化从低级向高级发展，大体上经历了前工业化、工业化和后工业化时期三个阶段。

前工业化时期也可以理解为以农牧业为主的时代，生产以第一产业为主，农业人口是人口的主体，城市只有手工业和商业，往往是行政中心，管辖着一定的农村地域。

产业革命引起经济快速增长，人口大量向城市集中，非农业人口超过了农业人口，成为

地域人口的主体，标志着城市进入工业化时期，也是城市现代化建设的开始，这个时期第二产业的发展带动经济起飞，成为三次产业的主体，根据三次产业革命对城市经济的影响看，又可以分为工业化初期、发展期和成熟期。工业化初期大量劳务密集型工业在城市发展；工业化发展期开始出现资本密集型的重化工业体系，带动经济飞速发展；工业化成熟期，技术密集型的工业成为工业发展的主体，高新技术产业发展，制造业工人的比重逐渐下降，服务业职工的比重上升，第三产业在三次产业的比重逐步上升，与第二产业旗鼓相当，甚至略有超过。后工业化时期，第三产业成为三次产业的主体，科技高度发达，高新技术逐步取代传统产业。城市的职能从以制造业为中心逐步转化为金融、贸易、信息咨询中心，生产中枢管理中心。制造业工人的比重大大下降，而服务业职工比例上升，根据美国的统计，20 世纪初服务业职工比重只占就业总数的 30%，到 1950 年服务业和制造业两者比例持平，1968 年服务业职能上升到 60%，20 世纪 90 年代初东京、纽约从事商业金融、决策管理、广告、会计、律师、工程服务、商业服务、运输通信等现代服务业的人员占全市从业人员的比重分别高达 70.6%、83.9%。

用人均国民生产总值来衡量，城市现代化发展大体可分为 500 美元、1000 美元、2000 美元、4000 美元、10000 美元、20000 美元以上等六个阶段。人均 500 美元常常是标志着完成了城市工业化的准备阶段，新加坡、香港等国家与地区大体上是以此为起点，开始工业起飞的。人均 4000 美元，是国际上认为实现初步现代化的标志，届时城市化的水平一般达到 70%以上，第三产业在三次产业的比重已开始超过第二产业。当人均国民生产总值达到 10000 美元，标志着工业化已进入成熟阶段，向后工业化时期过渡。当人均国民生产总值突破 20000 美元时，可视为该城市已进入后工业化阶段，进入发达国家城市的行列。

一个城市从工业化开始发展到成为世界先进水平的现代城市，英国的伦敦经历了大约 200 多年，纽约经过了 100 年，而后发展起来的城市，由于在直接接受先进技术的基础上起步，时间大大缩短，东京、新加坡、汉城和我国的香港与台北，只用了三、四十年时间。

2. 城市等级的划分

城市等级的划分，一般没有规范性的、绝对的标准，但是在当前国际经济专业化分工与协作越来越突出，全球经济一体化的发展越来越成熟的情况下，以其在世界经济中的地位和作用来衡量，大体上有本国地域性的经济中心城市，国际地域性较大和较小的经济中心城市，综合性的全球城市四级。

何谓大城市，一般还是用人口规模的大小来划分，但是由于城市布局有单中心发展和多中心发展两种模式，人口规模难以衡量，因此国外通常以城市集聚区，我国通常以市辖区非农业人口的口径来衡量。不少国家(包括我国)以 50 万人口以上的城市称为大城市。由于当前正处于人口向城市集聚的速度越来越快，城市人口规模不断增长的阶段，本文所论的大城市以百万人口为下限。

一般说，城市人口规模越大，城市的经济越发达，城市的功能越齐全，等级也越高，成为国际经济城市的可能也越大。但是，人口规模虽大，其经济辐射力还仅限于国内地区，对世界经济产生的影响极小，则只能称其为一般的大城市，而不是国际经济城市。本文所论证的国际性城市是指在国际上经济作用较大且人口规模也较大的城市。

根据国外经济学家的多种说法综合，要成为国际性大城市，大体上用以下 9 个指标来衡量：

1）在国家行政体制上的地位，例如，是否是首都。对于非联邦制集权程度较高的国家，国家的行政中心，非常容易发展成经济中心，例如：伦敦、巴黎、东京。

2）重要国际组织比较集中设置的城市。所谓国际组织一般有国际性政府组织和国际性非政府组织两类，所谓国际政府组织主要是协调国与国之间关系的组织，该类组织由3个或3个国家以上组成，根据《国际组织年鉴》1986年的统计有311个，如包括两国间的组织和其他类型国际政府组织总数达3600个。

国际性非政府组织包含的内容涉及商贸、文化、科技、卫生、宗教、社会福利，以及教育、体育等方面，据1987年统计有4235个，如包括两国间或其他类的非政府组织约18000多个。

这类组织大多集中在发达国家，特别是欧洲国家。个数最多的前五位城市是：巴黎有866个，布鲁塞尔862个，伦敦495个，罗马445个，纽约232个。

跨国公司本质上也带有国际性，是集中控制、跨越不同国家、在多个地点上从事盈利性经营活动的企业组织。其对国际经济活动的影响越来越大，大多数坐落于发达国家的大城市，据1982年国外经济学家分析，世界上500家大跨国公司，其总部有2/5集中在纽约、伦敦、东京、巴黎、芝加哥、大阪、洛杉矶等七个大城市。

3）国际金融中心，是国际资本交易发生的主要场所，是资本流通量特别大的空间节点。通常有大量金融机构结集。例如：伦敦有外国银行479家，纽约有356家，东京、巴黎、香港、新加坡等城市外国银行均超过百家。这些城市还是外汇交易额最大，证券交易市场国际化程度最高的地方。

4）制造业中心。目前大多数国际经济中心城市都是在现代工业发展中成长起来的，在进入后工业化时期的城市，虽然第三产业成为主导产业，制造业的就业人数锐减，但是，不少城市仍然是经济发展不可忽视的力量。例如：伦敦工业产值占全国1/4，是集中了电子、石油、化工、汽车、航天、航空、机械制造以及印刷等众多工业部门的综合工业中心。巴黎工业产值也占全国近1/4。东京工业产值占全国的7.8%。此外如：芝加哥、洛杉矶、大阪、香港、新加坡、汉城等无一不是制造业集中的城市。

5）国际重要海港。主要有：鹿特丹、新加坡、纽约、洛杉矶、伦敦、东京、大阪、香港、汉堡等。

6）国际重要空港。主要有纽约、芝加哥、洛杉矶、伦敦、巴黎、法兰克福、罗马、米兰、慕尼黑、布鲁塞尔、香港、东京、大阪、汉城、新加坡、多伦多、悉尼等。

7）信息中心。信息业由电子工业、印刷工业等信息装备业和科技、教育、通信、咨询、传播、金融、保险、政府等信息服务业组成。城市的政治地位、经济实力、文化发展水平和通信设施的先进程度决定了城市信息业的发展。报纸、广播、电视等传媒体既是文化事业又起着传播信息的重要作用，国际经济中心城市必然具备信息中心的功能。据《中国城市统计年鉴》1989年记载，一般国际经济中心城市邮电信件均在10亿件以上，并拥有百万以上至数百万电话用户。例如纽约年信件高达65亿件，电话用户295.7万户（1984年）；东京年信件40亿件，电话用户490.6万户（1985年）；巴黎年信件10.8亿件，电话用户131万户（1979年）。一般信息中心拥有报刊数十种，期刊数百种，拥有近百家国家通讯社。

8）科技、教育中心。经济发展，人才必然集聚，推动了科技、文化发展。因而国际经济中心城市必然是科技文化最发达的城市。例如：纽约，拥有100所大专院校，788个科研机构,25 岁以上人口具有大学以上学历者占 25.4%;波士顿拥有 60 多所大专院校,650 个科研机构,25 岁以上人口具有大学以上学历者占 28.8%。1986 年东京、大阪、名古屋三大城市拥有全国 69.2%的大学生,全国一半科研机构云集于此。由于具有这样的科技文化实力,因而成为国际会议举办最多的城市。据统计,1990 年来自 5 个以上国家、与会人数在 500 人以上的国际会议共举行了 8504 次,80%以上在欧美召开,举行会议最多的 10 个城市是:巴黎(361 次)、伦敦(268 次)、布鲁塞尔(194 次)、维也纳(177 次)、日内瓦和柏林(各 166 次)、马德里(151 次)、新加坡(136 次)、阿姆斯特丹(108 次)、罗马(91 次)。

9) 文化、艺术中心。国际经济中心城市,拥有比较发达的文化事业,有众多的图书馆、博物馆、剧场等文化设施,不仅为本国开放,而且为世界游客开放。例如:伦敦拥有 421 个图书馆、藏书 1989 万册,48 个博物馆,43 个剧场;东京拥有 164 个图书馆、藏书 1936 万册,131 个博物馆,79 个剧场;纽约有 204 个图书馆、藏书 2079 万册,150 个博物馆,390 个剧场。伦敦、巴黎的博物馆都具有很高的质量,世界驰名。据统计,1993 年大英博物馆参观人数达 600 万人之巨。

以上九项指标反映了国际性城市功能的作用,也决定了其在世界经济活动中的地位。根据“迈向 21 世纪的上海”课题组研究的意见,把国际性经济中心城市划分为三级。

第一级:纽约、伦敦、东京,可称为综合性全球城市,人口均在 1000 万人以上。

第二级:巴黎、芝加哥、洛杉矶、香港、大阪、法兰克福。为区域性国际经济中心城市,人口在 500 万～1000 万人。

第三级:新加坡、旧金山、休斯顿、迈阿密、多伦多、悉尼、米兰、慕尼黑、马德里、罗马、布鲁塞尔、阿姆斯特丹、苏黎世等。为规模较小的国际性城市,人口在 100 万～500 万之间。

综上所述,国际性经济中心城市是社会经济高度发展的产物,它是以面向世界,充分发展市场经济为前提,以高度城市化和现代化为基础的。所谓“国际性”,就是充分利用城市的历史、地理优势和政治、经济、文化、科技的特点,加强在物资、人才、文化、信息方面与国际交流,不断增加强度。当城市在经济的某些领域或某一方面在国际活动中起到控制或中心作用时,这个城市就具备了国际性经济中心城市的性质。

第二节　大城市面临的问题

经济的发展推动了城市发展,城市的发展反过来又把经济推向新的高峰,随着现代经济的演进,“面多了加水,水多了加面”,城市规模越来越大。世界大城市几乎无例外地出现了城市用地不断向外蔓延扩张,周围绿色空间不断被蚕食、鲸吞的局面;大量移民集中到城市,居住在简陋的贫民窟内;每天有数十万人甚至上百万人到中心区上班,产生大量的交通潮;中心区超强度开发,密集的高楼遮荫蔽日,人们缺少阳光与活动空间;众多的人口也带来了老龄化、就业及犯罪等诸多社会问题,所有这些造成难以克服的“大城市病”。

当前大城市面临的主要问题概括起来有以下几点:

一、密集的中心区严重恶化了城市环境

不论是新发展起来的城市,还是依托旧城逐步实现现代化改造的城市,几乎无例外地在中心区集中了大量产业与人口,成为城市人口密度最高的地区。例如:香港九龙地区人口密

度高达 7.87 万人/km^2(香港岛包括庞大的山体人口密度也在 1.6 万人/km^2 以上),东京市中心区人口密度为 2.72 万人/km^2,纽约曼哈顿岛为 2.58 万人/km^2,巴黎老城区为 2.19 万人/km^2。由于市中心区集中了半数以上的金融贸易等办公楼和大部分文化娱乐和百货商店等设施,还加上为数众多的制造业、储运业和大学,使中心区的地价十分昂贵。为了取得房屋开发的效益,许多城市向高空发展,在中心区形成密集高耸的大楼群。例如纽约,在 1916 年以前,土地所有者对于其所属的空间拥有任意向高空发展的权利。结果刺激了高层建筑的发展,造成了对临近建筑的遮挡,严重恶化了城市环境。为了改进城市的环境状况,避免对周围建筑的阳光遮挡,1916 年纽约提出了区划法,首次提出对建筑高度的限制,如要建高层建筑,突破高度限制的部分必须向里缩进。1961 年新区划法出台,确定了稠密商业区容积率(建筑总面积/用地面积)不得超过 15,并提出如在建筑用地范围内开辟广场,可获得增加 20%容积率的优惠。但是,这些措施难以阻挡大量高层建筑出现,原意为限制高层,而实际起了鼓励高层发展的作用,开发商利用容积率的优惠政策建起了更高的"超高层"楼房。形成了曼哈顿南部和中部密集的高层区。纽约的帝国大厦,芝加哥的西埃斯大楼都是这种政策的产物。即使一些古老的城市也纷纷放弃对城区高度的控制,使原有的环境风貌受到破坏,例如:伦敦于 1950 年,"规划人员已放松了过去几百年对伦敦建筑物高度加以限制的、旧的、刻板的规章制度,从而使伦敦的地面建筑物的传统标志正在新办事机构的高楼之中趋于消失"。东京于 1966 年取消了为防止地震灾害对城市建筑高度不得超过 31m 的限制,使城市进入"超高层"发展的阶段,致使东京丸之内皇居(皇宫)周围被百米以上的高楼包围,破坏了原有的历史环境风貌。

市中心区密集的建设引起就业岗位高度集中,在巴黎、伦敦、纽约都有近百万人集中在 25km^2 左右的中心区就业,每天都有上百万人进入市中心区上班。密集的房屋、高密度的居住和就业人口,拥塞的交通,使城市中心区的环境严重恶化,城市运行效率不断下降。

二、城市用地无节制蔓延大量吞食周围的绿色空间,造成城市生态失衡

随着经济发展,城市功能日益复杂,一方面密集的市中心区无法容纳诸多事业的发展,引起市区沿着建成区的边缘不断向外膨胀,不断地把原来的农村小镇包围进城市地区;另一方面市中心区越来越恶劣的环境不适合富裕阶层居住,因而在欧美各发达国家的城市出现了在郊区建豪宅的潮流。汽车进入家庭,更加速了城市郊区化的倾向。不论是何种原因,城市中心区这块"大饼"越摊越大,不断吞食周围绿色空间。例如:伦敦最早的市中心区,不过只有在泰晤士河北的 26.9km^2,从 1880～1910 年,城市得到巨大发展,形成了内伦敦,建成区的面积扩大到 303km^2;在两次大战期间(1918～1939 年),伦敦市区又从内伦敦蔓延到外伦敦,形成 1580km^2 的城市地区,虽然嗣后,规划部门于 1939 年在外伦敦外围划定了绿带圈,以限制城市蔓延,并在 20 年内始终坚持这个原则,但是,绿带仍然遭到不断蚕食。巴黎也在 19 世纪末至 20 世纪 60 年代,城市从只有 2.7km^2 的古城,逐步发展到 105km^2 的巴黎市区,进而发展成方圆 11914km^2 的巴黎城市集聚区域。纽约是在 60km^2 的曼哈顿岛的基础上发展起来的,到 19 世纪 60 年代建设区已蔓延到 6086km^2 的广大区域,预计到 20 世纪末城市建设区域将扩大到 14504km^2 的广大区域,城市建设用地将占到纽约大城市区域(33483km^2)的 44%。东京的城市地区是在古城和其外围 23 个区的基础上发展起来的,市区用地为 602km^2,1923 年地震和火灾使市区遭到惨重破坏,嗣后,工业向南部横滨、川崎、

川口一带发展，形成 959km^2 的内城区，为了防止城市无节制的蔓延到内城区以外，1956 年《国家首都区域发展法》在其外围划定了绿化隔离带，禁止城市向外延伸，建议新的建设到卫星城去，但这个规定被巨大的人口增长冲破。即使原来是多中心的城市区域，例如荷兰兰斯塔德、德国的莱因——鲁尔地区，也存在着城市之间绿化隔离地带、河谷绿地和保留乡村自然状态的"绿心"不断被城市建设蚕食的问题。

三、污染造成城市生态环境的严重破坏

据有关专家分析，每开发 1m^2 城市建设用地，需要有 2m^2 的绿色空间来保持生态平衡。这虽然是一个较为模糊的概念，但在一些大城市规划的实践中的确提出了在市区外围设置两倍于城市用地的绿化圈的设想，例如伦敦与莫斯科都分别在其 1500km^2 和 1000km^2 的市区外围规划了 2000～2500km^2 的绿色空间地带，应该说这个措施是可取的，虽然要加以坚持也极为困难。但是，大多数城市难以做到这一点。一方面绿色空间不断减少，而另一方面工业的发展，汽车的普及，建筑容积率的提高，城市中的二氧化硫、氮氧化合物、一氧化碳、二氧化碳等废气不断增加，大量悬浮尘埃在空气中迷漫（内陆城市更甚），密集的建设发展在大城市上空形成了逆温层，尤如一条"大棉被"覆盖在城市上空，严重阻碍废气排除；大量污水未经处理向河流排放，严重污染水体，特别在重化工业发展阶段，矛盾尤为突出；此外，城市的工业生产噪声、建筑施工噪声和交通噪声严重干扰人们的工作和生活环境，城市垃圾和固体废弃物也越来越多，占用城市空间，污染土地、河流，恶化城市环境。电磁波的污染也越来越引起各方面的关注。

现据有关资料记载，把世界著名的城市环境污染事件列举如下：

1）伦敦烟雾事件。1952 年 12 月 4 日，泰晤士河流域被 60～150m 厚的凝滞的冷空气所盘踞，其上又笼罩着一层暖空气，加之燃煤废气排放增多，雾尘加速积累，难以向高空四周扩散。5 日开始，大气中 1m^3 的二氧化碳含量高达 1300mg，高出平时 6 倍，城市昏暗，烟雾弥漫，于 5～8 日全市死亡人数较常年同期多出 4000 人，患有冠心病和呼吸道疾病的死亡率大大增高，例如支气管炎的死亡率高出平时 8.3 倍。此外二氧化硫过高形成酸雨，严重腐蚀城市建筑和铁、石雕塑制品。

2）东京光化学烟雾事件。1970 年冬，东京市内氮氧化合物高度积聚，在日光紫外线的作用下形成光化学烟雾，引起 2 万人患眼痛病，交通警察被迫带防毒面具上岗，下岗后立即吸氧恢复元气。

3）日本水俣病事件。水俣是濒临九州水俣湾的海滨城市，自 1925 年开始先后建立化学工厂，1949 年在生产乙醛和氯乙烯的过程中，由于采用水银电解食盐的工艺，大量含甲基汞的废水排入水俣湾，严重污染水体，致使附近各村流行中枢神经性病，发病之初口齿不清、步态不稳、面部痴呆，进而耳聋眼瞎、四肢麻木、神经失常以至死亡。后经检测系甲基汞中毒所致，由于此病首发于水俣，故称"水俣病"，据日本官方确认患病者达 2000 多人，有 200 多人死亡。

环境污染已成为威胁人类生存的世界性问题，多数大城市，不同程度处于被污染的环境中，在 20 世纪 50 年代以后一些发达国家虽然付出很大代价使环境污染问题有所缓解，但是，至今没有根本解决。

四、城市交通问题直接影响社会经济发展和居民的正常生活

虽然就近工作与居住是城市最理想的布局模式，但是，各大城市几乎无例外地在城市中心区集中了过量的金融、商业、仓储、运输以及科技、教育、文化等第三产业和制造业，70％～80％的产业集中在仅占城市辖区百分之几的地段内，就业岗位集中，必然引起上、下班通勤交通集中，像东京、纽约、伦敦、巴黎每天都有上百万通勤人口，其中数十万人甚至远距离上下班，在路上要花费几个小时，如此集中的交通高峰，城市道路自然难以承受，城市越大，矛盾越突出。

汽车的发展更加剧了大城市交通的矛盾，目前，发达国家各大城市拥有的汽车少则200万～300万辆，多的已高达400万～800万辆，道路建设的速度无论如何赶不上流水线上生产汽车的速度，因而“路上车挤车，车上人挤人”几乎是所有大城市交通的真实写照，在交通堵塞的路段，汽车的速度赶不上马车、人力车以至步行速度的现象也是屡见不鲜。

城市交通另一个大问题是交通事故频繁。据不完全统计，目前世界上平均每年死于交通事故的人数逾50万人，伤残者千余万人，即每天有1300多人死于交通事故，几乎每分钟死亡1人。

五、住宅质量低下，居住紧张，环境恶劣，豪宅与贫民窟并存，是所有大城市都遇到的难题

居住是城市的主要功能之一，城市建筑量的一半是住宅。如何改善城市的居住条件，实现居者有其屋，是世界上所有城市面临的严峻问题。对大城市来说矛盾尤为突出，住宅问题是在城市发展的历史过程逐步积累起来的问题，因此，解决起来非常困难。

在工业化初期，大量农村人口拥向城市，引起移民潮，由于经济力量所限，移民只能在工厂附近搭建简易棚屋栖身，以求生存，这就是城市贫民窟的由来，这些住房几乎没有现代化设备，人口密度大，生活服务设施简陋，居民的文化层次低，例如：内伦敦的东区1880～1910年间，许多东欧犹太侨民迁居于此，是伦敦穷苦人民的居住场所。巴黎市东部第11、12、19、20区是传统的贫民区，密集拥挤的小工业、商业企业和职工住房紧紧地挤在一起，彼此干扰不安。直到20世纪60年代初，巴黎尚有近半数左右住宅没有室内厕所或浴室，近1/5的住宅没有自来水。纽约在19世纪末大量东欧、南欧移民进入，在曼哈顿、布鲁克林、布朗克斯建起粗劣的高密度住房，随后几经变化成为黑人和来自加勒比海的波多黎各人的聚居区，大多数人居住在极为拥挤的旧房子里，当铺和药店充斥街头。东京在二战以后，有半数居民无家可归，在废船、旧火车和废弃的工厂中栖身，在1955～1967年虽建了大量住宅，但仍供不应求，直到1968年仍有近半数家庭住在合用厕所和厨房、每户仅有10m^{2}居室、木结构的经济公寓中，并面临供水不足，夏季高峰用水期只能每天保证两小时供水；半数住宅没有下水道，依靠人工收集粪便……。

随着经济发展，富裕阶层不堪忍受恶劣的居住环境，纷纷到郊区建设花园住宅，一方面促使城市向郊区蔓延，另一方面使市中心区出现“空心化”现象，大量废弃的住宅被穷人占领，环境恶化，市面萧条，犯罪增多，引起一系列社会问题。

因而，如何满足日益增长的住宅需求，改善贫民窟的居住状况，避免市中心区衰落，已经不仅是住宅建设问题，而是关系到大城市经济、社会健康发展的紧迫问题。

六、随着城市不断扩展，某些城市综合抗灾能力逐渐减弱

城市灾害包括自然灾害和社会灾害两方面。自然灾害有地震、洪水、泥石流、台风、干旱、流行病等；社会灾害有战争、火灾、危险品灾害、放射性灾害、交通灾害、利用高科技发生事故等。

据不完全统计，20 世纪以来，全世界死于各种灾害的人数近 500 万，有 20 座城市毁于地震。近 20 年来，灾害越来越频繁，损失愈来愈大，1971～1985 年的 15 年间全世界有 150 万人在 2305 起较大自然灾害中丧生，经济损失 16350 亿美元；1986～1990 年的 5 年间，全世界发生重大突发性自然灾害 444 次；1991 年 434 次，损失 440 亿美元；1992 年 509 次，损失 602 亿美元；1993 年约 600 次，损失约 500 亿美元。一般讲，灾害对大城市造成的危害大于其他城市。

本世纪中叶以来，随着城市化步伐加快，地面下沉速度增加，成为当今突出的世界性地质灾害。墨西哥城 1952 年土地沉降范围扩展到全市，最严重地区在 50 年内下沉了 9m；威尼斯城由于地面下沉，许多房屋浸在水中，著名的罗内丹宫已下沉 3.81m；曼谷每年地面下沉 100～140mm，到 20 世纪末将成为名符其实的“海城”，直接威胁居民生存；日本 29 个都、道、府沉降面积达 $92520km^2$，其中 $1128km^2$ 已降至海平面以下，东京地面 20 世纪 60 年代最大下沉累计 4.6m，大阪地面 20 世纪 70 年代最大下沉累计 2.68m。

火灾成为大城市安全的严重威胁，它也常是地震、空袭引起的严重的次生灾害。芝加哥、旧金山、东京大火都对城市起了极大的摧毁作用。由于公共场所失火造成人员伤亡的报导也屡见不鲜。随着高层建筑大量建设，高层建筑火灾，也引起人们高度重视，据有记载的从 1987～2000 年各国高层建筑火灾发生 18 起，伤亡百余人。至今尚无较为有效的高层，特别是超高层建筑消防的手段。

虽然现在世界已进入和平发展时期，但是局部地区战乱不断，现代化战争对大城市的破坏力更加强大，因而城市越大，对国民经济发展的作用越大，越要加以设防，丝毫不能松懈。建立城市综合防灾消灾体系，已成为各大城市必须关注而又十分困难的任务。

第三节　大城市问题的探索与城市规划学科的发展

一、城市规划学科发展的回顾与展望

几乎与现代大城市发生、发展的同时，“大城市病”随之产生与发展。鉴于城市是一个国家政治、经济、社会、文化的综合体现，因而城市问题也引起了政治、经济、社会、地理、建筑以及生态等各学科专家的关注，大家不断地探索解决“大城市病”的途径，推动了城市规划学科的发展。从“理想城市”、“田园城市”的理念和“有机分散”理论的出台，《雅典宪章》、《马丘比丘宪章》的相继推出，直至《里约环境与发展宣言》、《21 世纪行动议程》的发表，百余年来国际上产生过无数个宣言和宪章，无不涉及如何克服大城市病，探索城市合理发展的途径。

面临新的世纪，随着科学技术的发展，大城市的功能越来越复杂，人们对经济、社会、文化、环境的需求在不断提高，认识在不断深化，总结过去，展望将来，城市发展应该更增加一些理性的思考，减少盲目性与自发性。以什么样的思想观念来规划大城市的未来，概括起来

首先要树立三个观念：

1. 加强以人为本的人文主义思想

现代技术造就了现代城市，但也带来了对传统城市的冲击，人们经过多年的建设，不知不觉地被装进一架复杂运转的"机器"中：林立的高楼，高架快速路切割着城市；使人眼花缭乱，精神紧张，冷漠的城市环境缺乏宁静的、具有人情味的生活气息；社会分配不公，造成贫富差别，也反映在城市建设中成为社会不稳定因素。因而人们更加向往原有的社区结构，怀念传统的邻里关系、民风、民俗，"田园式"的生活。如何为各阶层人民提供合理的，保持一定质量的生存空间，缩小贫富差别；如何延续历史文脉，提高城市的文化品位，继承和发扬城市的传统风格，做到民族风格、地方特色和时代精神的统一；如何避免现代大城市缺乏"人情味"的弊病，已成为城市建设必须加以重视的问题。

2. 加强保护生态环境，坚持可持续发展的思想

经济的过热增长，城市的快速发展，对城市土地的超强度开发，过多地索取了自然资源，已造成对环境生态的严重破坏。如何把发展与环境保护结合起来，充分和合理地使用有限的空间，使经济发展不仅满足当代人的需要，而且也为后辈子孙留下足够的生存发展余地，已成为世界关注的热点。规模巨大的现代城市必须要用新的理念加以整治和规划才能持续发展。

3. 加强积极创新，是保持大城市持久繁荣的重要条件

随着世界经济全球化的发展，信息技术的发达，知识经济的增长，国际间经济发展的竞争更加激烈。科学技术的进步、经营管理体制的创新已成为大城市繁荣发展的重要条件。如何因地制宜发挥大城市的优势，为科技发展、文化建设创造条件，制定正确的经济发展战略，努力创新，逐步使科学技术和经济在某些领域里取得世界领先地位，已成为城市政府要下大力量研究的课题。大城市的持久繁荣要依靠这些条件的实现。

二、大城市空间发展规划实例

大城市的空间发展规划总是和大城市经济社会发展的趋势、需要解决的问题和未来的目标相联系和相结合。自20世纪以来，从若干发达国家大城市空间发展规划的实践看，大体有两种空间发展模式，一种是单中心发展模式，即围绕一个城市中心不断向外扩展，例如：伦敦、巴黎、纽约、东京；另一种是多中心发展模式，即有多个规模较小的城市同时发展形成一个大的城市集聚区，例如：荷兰的兰斯塔德，德国的莱因—鲁尔。现在看多中心发展模式，城市空间与绿色空间交错分布，"大城市病"的影响较小，矛盾较易解决；而单中心发展的城市则反之。但是，随着人口增长都存在着城市和绿化争夺空间的问题，单中心的城市难以制止城市的蔓延，而多中心的城市则要防止城市之间连成一片。因而近一、二十年各发达国家大城市发展战略的重点都是研究如何在更大区域的范围内使产业和人口合理分布，既保持城市的持久繁荣，又能最大限度地保持良好环境，缓解"大城市病"。下面介绍几个大城市规划的实例。

1. 大伦敦规划和英格兰东南部战略规划

伦敦是在公元200年罗马人建设的伦敦城的基础上发展起来的。在工业革命前，伦敦已是英国的首都，政治文化中心，又是进出口货物的主要口岸，国际转运贸易中心，已出现股票交易，航运保险和金融业务。工业革命后，伦敦城市规模迅速扩大，从19世纪末至20世

纪初,围绕伦敦城中心 8km 的范围内形成了用地面积为 303km^2 的城市建成区,人口 200 多万,称为“内伦敦”,1914 年以后,随着电气铁路向外蔓延,至 1939 年伦敦的城市建设区扩大到距市中心 20～24km 左右的范围,形成了用地面积为 1580km^2 的“大伦敦”,人口达 850 万。为防止周围乡村进一步被侵蚀,英国议会制定了“绿带法”,有效地制止了城市用地继续蔓延。1944 年,由艾伯克龙比主持编制《大伦敦规划》(参见图 3-12),目的是为伦敦在二战以后的复兴做好准备。其编制规划的前提是预测伦敦的人口基本稳定,就业岗位不会增加。《大伦敦规划》把城市规划的范围扩大到伦敦区域,方圆 11427km^2,人口 1000 多万。规划把伦敦区域分成内圈(内伦敦)、近郊圈(外伦敦)、绿化圈、外圈四个层次。内圈要控制工业、改造旧街坊、降低人口密度、恢复地区功能;近郊圈创造良好的居住环境,健全社区建设;绿化圈宽度约 16km 左右,以农田与绿地为主,严格控制建设;外圈计划建 8 个具有工作场所和居住区的新城,规模为 6 万～10 万人,计划从内圈和近效圈疏散 100 余万人到外圈规划的新城和原有城镇。这个规划的布局思想汲取了“田园城市”和格迪斯把城市周围地域作为城市规划考虑范围的思想。这个规划有效地控制了绿化圈以内市区的发展,绿化圈的严格控制,对维持城市生态,改善城市环境起了积极作用。但是,新城的建设对疏散市区人口的作用没有预想的大,却吸引了大量外地人口到伦敦区域来,使外圈的人口大大突破原有 422 万人的规模,到 1975 年已达 528 万人。

20 世纪 60 年代以后,伦敦市区人口和就业岗位外流的趋势日益明显,随着英格兰东南部产业发展,人口将持续增加。因而城市空间发展规划的范围从伦敦区域又扩大到 27000km^2,1700 万人口的英格兰东南部区域。根据经政府批准的 1970 年英格兰《东南部战略规划》设想(图 12-1),今后伦敦市区人口将继续下降,保持在 700 万人左右,在距伦敦市中心 64～128km左右的地方建设五个 50 万～150 万人口规模的城市发展中心,形成强大的磁

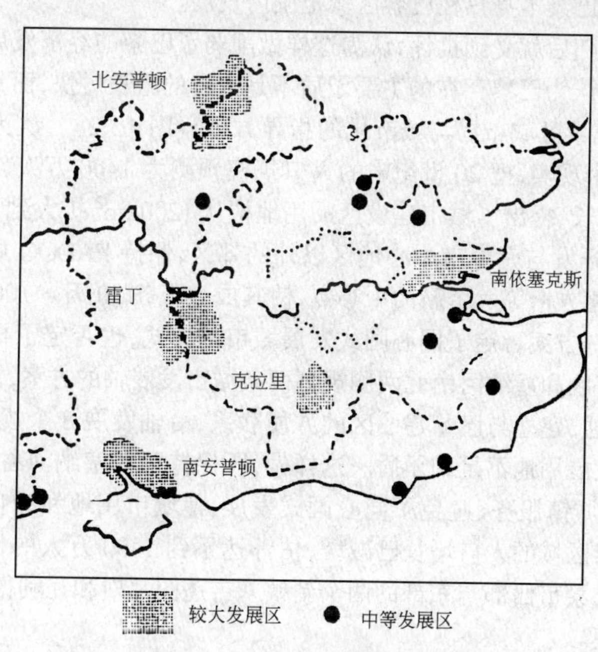

图 12-1 英格兰《东南部战略规划》(1970 年)

力,令其与伦敦外圈已有城镇一起,吸纳至20世纪末可能增长的450万人。

2. 大巴黎规划

巴黎市的面积为105km^2,人口约250万。巴黎区域的面积的11914km^2,70年代人口近1000万。大巴黎规划是指对巴黎区域的规划,自1960年至今大约有三次变动,反映了城市规划工作者对大城市发展问题认识的变化。

大巴黎规划编制的背景,主要表现在两个方面:

一是二次大战以后,从20世纪50年代中期至70年代中期,由于自然增长率高和首都的吸引力使大量移民迁入,20年内人口持续以每年9万~13.5万人的速度增长,使巴黎的人口占全国人口近1/5,如何改变人口发展不平衡的状况,减轻巴黎人口增长的压力,成为巴黎规划的一个重要问题。

二是在巨大人口压力下,巴黎区域原有的城市设施已越来越不适应需要,19世纪中叶修建的林荫道和圆形交叉口广场不能适应现代交通的需要;住房紧缺,设备简陋,普遍缺少绿地、文化和卫生设施;市政设施欠账过多,自来水压力不够;半数污水排入塞纳河。

为了缓解巴黎城市过分扩大的矛盾,1955年开始政府采取限制在巴黎新建工厂的政策,并设想在全国选定马赛、里昂等8个城市加快发展,形成"反磁力",以平衡巴黎的过快发展。但是这些措施仍然未能有效制止巴黎的增长。

1960年编制的《巴黎区域的布局与总体规划结构》(简称PADOG),就是在这个背景下编制的,其前提是能有效地控制进入巴黎的移民,加上自然增长每年巴黎的人口增长不超过10万人,到20世纪末人口为1200万左右。该规划吸取了《大伦敦规划》在市区外围建设小城镇不仅未能控制人口增长,反而吸引外来人口的教训,而不采取发展"英国式"新镇的政策,主张在距巴黎百公里外的四周城市(如鲁昂、亚眠、兰斯、特鲁瓦、奥尔良内、勒芒等)大量吸纳增长的人口,而巴黎本身只在巴黎区域范围内发展。

但是,这个规划随后就受到批评,认为这样做削弱了巴黎的经济发展,否定法国成为"欧洲首府"的可能性。认为巴黎存在的主要矛盾不是人口的增长过快,而是未能建设好。为此1965年又编制了《巴黎区域布局与城市化的指导方针》(图12-2)。认为应该承认巴黎的城市规模必将扩大这个现实,把20世纪末的人口规模预测为1400万人,据此估算就业人口、住房、与交通量的增长,提出了城市建设区的用地拟从1200km^{2}扩大到2300km^2。在城市布局上主张首先充分开发与完善市中心地区以外的郊区,保持PADOG规划拟发展的环绕市中心地区的拉——德方斯等六个新的中心点,使其成为服务30万~100万人的新的经济增长点和综合服务点。方案否定了同心圆式发展城市的模式,也否定了再建一个"第二巴黎"的主张,提出了在市区和塞纳河南北两侧规划两条城市发展轴的方案,沿城市发展轴优先建设快速路和轨道交通,建立与巴黎建成区的方便联系,沿轴发展8个规模在50万人左右的新城,以解决巴黎发展用地不足的矛盾。这样做,既保持了使塞纳河谷两侧绿地的完整性,又可就近为两侧新城镇服务,避免了同心圆式发展,使城市用地和绿化用地互相切割的弊病。目前,虽然巴黎区域的人口增长已减缓,估计达不到1400万人的目标,但是,这个方案仍在实施中,位于巴黎市西部与东部的两个新镇塞吉蓬图瓦斯和瓦利德拉麦尔纳,已率先按规划建设,初具规模。

3. 东京都规划

1868年日本明治维新后,正式迁都东京。1889年开始了现代化的城市建设,拓宽道路,

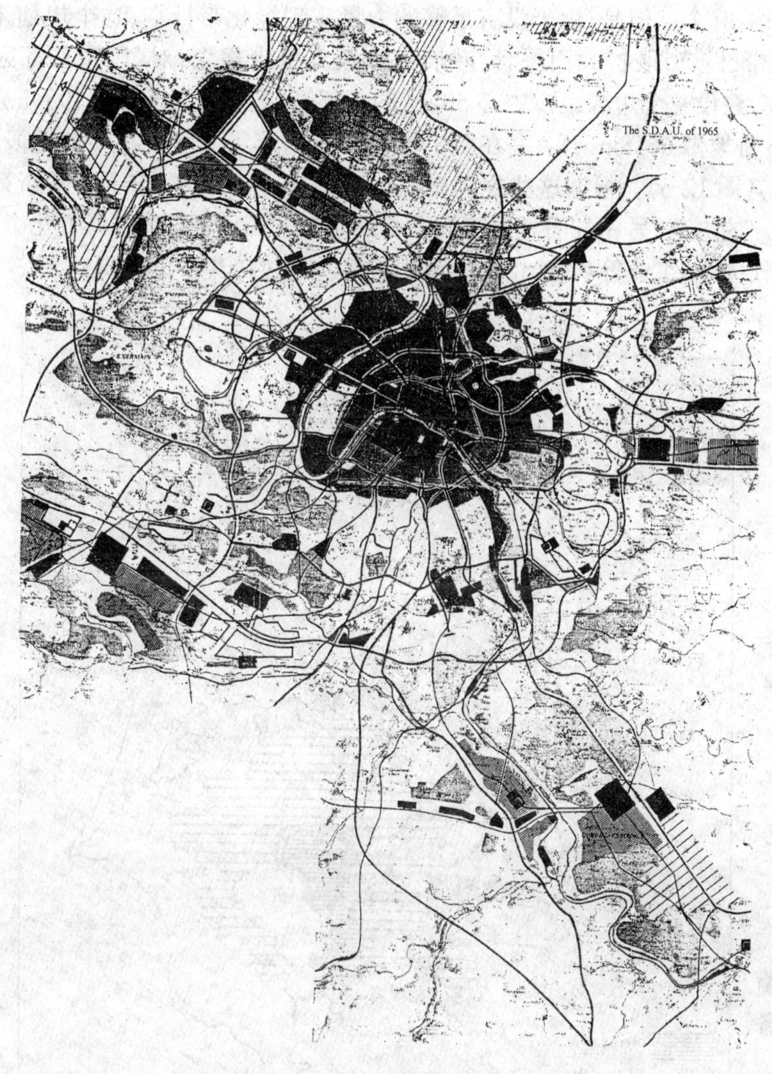

图 12-2 巴黎区域:1965 年指导方案

疏浚河川,建设上下水道,设置公园等,颇具成效。20 世纪初,近代产业发展,东京已是 360 多万人口的大城市。1923 年的关东大地震,1945 年的东京大空袭,使东京两次受到天灾人祸的破坏,损失惨重,但也对城市的改造提供了机会。战后四十多年,东京经济经过 10 年恢复,从 1965 年开始进入高速发展时期。东京的产业大体上经过重化工业发展阶段逐步过渡到技术密集型的工业为主,第三产业发达的阶段,使东京从国家的政治、经济、文化中心发展成为具有国际金融管理中心职能的国际性经济中心城市。

随着经济的发展,东京人口不断增加,1953 年东京都政府辖区的人口已达到 745 万。面对日益增长的城市规模,1958 年编制了《国家首都区域城市发展法》,一方面把市区从 602km^2(23 区范围)扩展到 959km^2,在市区外围划定 11 公里宽的绿带区,拟在距市中心区 27～72km 的边缘地带建卫星城以容纳增长的人口。当时预计包括都政府辖区和边缘地区组成的东京区域的人口规模从 1955～1975 年将从 1980 多万人增加到 2660 万,之后又修改为 2820 万(市区容纳 1225 万人,边缘地区 1595 万人),据此,规划了 15 个卫星城,并预计卫星城最终将达 30 个。但是,由于没有足够的力量实现绿化带计划,这个规划未能实施。到 1965 年绿化带已被市区扩大而蚕食,政府被迫放弃绿带规划,对《国家首都区域城市发展法》加以修改,建设一个边缘距市中心 50km 的新郊区,把城市分为市区($959km^2$)、郊外发展区(即近郊整备地带 $6618km^2$)。并在此范围以外还划定了开发卫星城的地段,即都市开发区($5379km^2$)(图 12-3)。根据这些规划东京一方面于 1958 年作出了开发新宿、池袋、涩谷三个"副都心"的决策;另一方面先后建设了多摩、筑波、八王子、鹿岛等十几个新城,分别具有居住、科研、大学、工业等功能,以分散市中心区功能过分集中的状况。

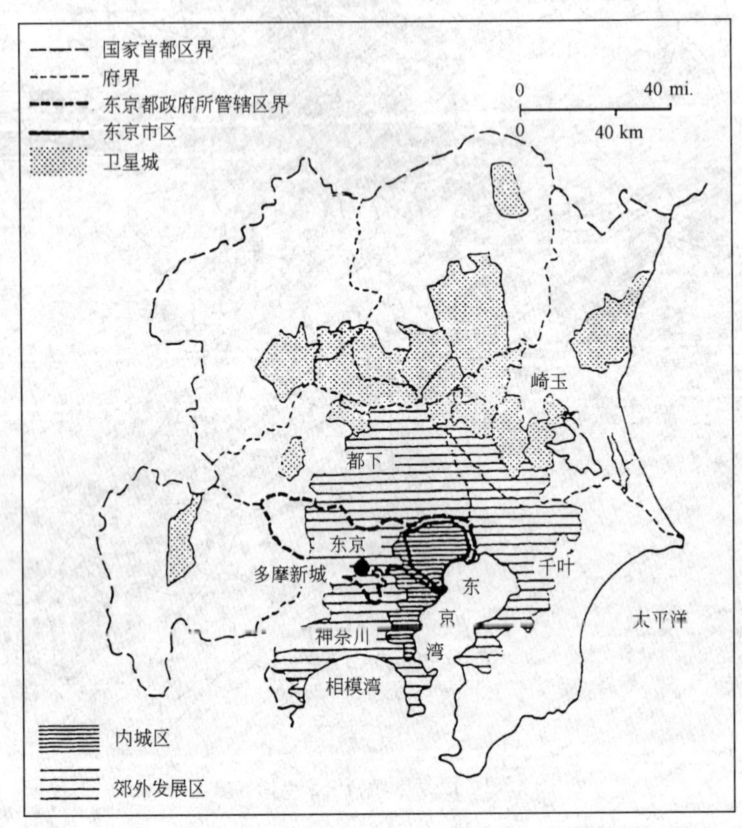

图 12-3　东京区域:1965 年方案

1986 年在编制《东京都第二次长期规划》中,提出了发展充满个性色彩的副都心的宏伟计划,进一步规划了东京各地区的功能,以适应城市持续发展和建设国际性中心城市的需要。这个规划提出的 8 个不同地区的建设方向(图 12-4)如下:

1) 都心、副都心地区(包括 3 个都心区和文京、丰岛、新宿、涩谷区)。都心地区要进行职能更新,使金融、信息等功能向高层次发展,建立与世界大城市有密切联系,能昼夜不停开展国际规模各种活动的场所,进一步繁荣银座等商业中心,外迁工厂,建造民宅,修建具有历史、文化气息的步行街,建立良好的地区社会生活圈,使都心地区继续保持高品位和繁荣。副都心则要因地制宜接受都心地区分散出来的部分功能。

2) 川手地区(东京东北部地区),充分利用河川地形与历史特点,建设独具风采的"水都"和以江户、东京博物馆为中心的具有个性的文化地带。

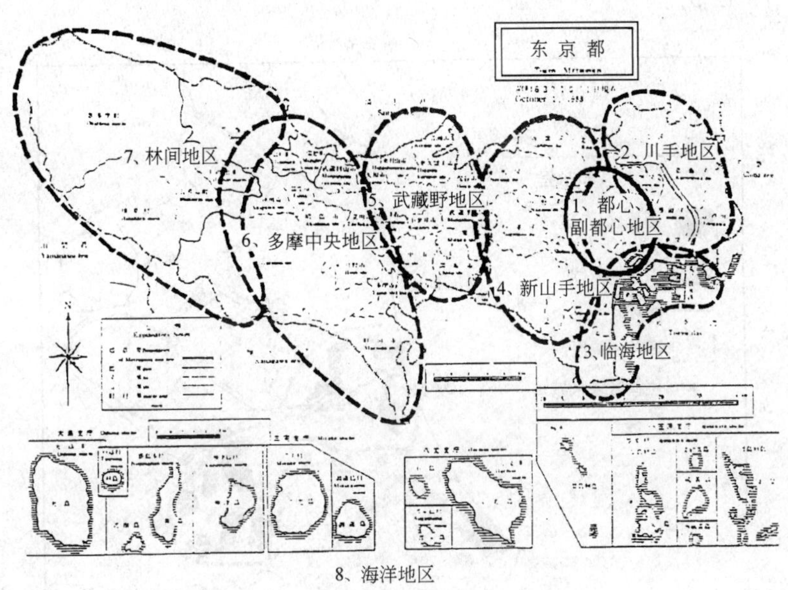

图 12-4　东京都第二次长期规划(1986 年)

3) 临海地区(东京湾沿岸地区)。充分利用接近都心和港口的特点,建设具有高度信息装备的"临海副都心"。

4) 新山手地区(东京市区西半部和武藏野台地的一部分)。利用其靠近都心和副都心的条件建设复合型副都心,既要发展业务职能,又要发展购物、文化、娱乐功能完善的具有强大吸引力的居住区。

5) 武藏野地区(东京市西部山手地区一部分)。该地有大片森林与水面,拟建设具有田园风光和现代生活兼备的生活区。

6) 多摩中央地区(包括多摩新城、立川、町田、青梅、八王子等城市)。继续发扬商业、生产、科研、教育等各种职能特点,建立各具特色、互补并存的综合型地域。

7) 林间地区。位于东京都西端山林,是游览休养和娱乐区。

8) 海洋地区。包括伊豆群岛、小笠原群岛在内的广大海域,将大力开发海洋资源与旅游资源。

这个规划虽因近年来经济萧条而难以实施,但其因地制宜、合理布局,建设具有吸引力的现代城市的设想具有创新意义。

4. 兰斯塔德地区的规划对策

荷兰兰斯塔德地区,地处马斯河和莱茵河的汇流出海口,随着 19 世纪造船业发展和铁路修建,该处成为西欧商业大动脉,使荷兰成为商业大国,鹿特丹首先成为世界第一大港。工业革命后,产业的发展使兰斯塔德地区的人口骤增,形成了以鹿特丹、海牙、阿姆斯特丹为主体的城市群,在荷兰 5%的土地上集中了全国 1/3 的人口。独特的地理环境形成了该地区的多中心带状城市结构,400 多万人口分散在大、小不等的城镇中,中心城市人口在 50 万～100 万之间,其他城市仅有 10 万～25 万人左右,港口、商业、金融、政府机构都集中在中心城市,而工业分散在与中心城市接近的小城市中,因而布局比单中心发展的城市优越。整个城市带呈马蹄形,全长 176km,各城市间都有绿带隔离,中间围合了一大块空旷的乡村地区,称为“绿心”(图 12-5)。

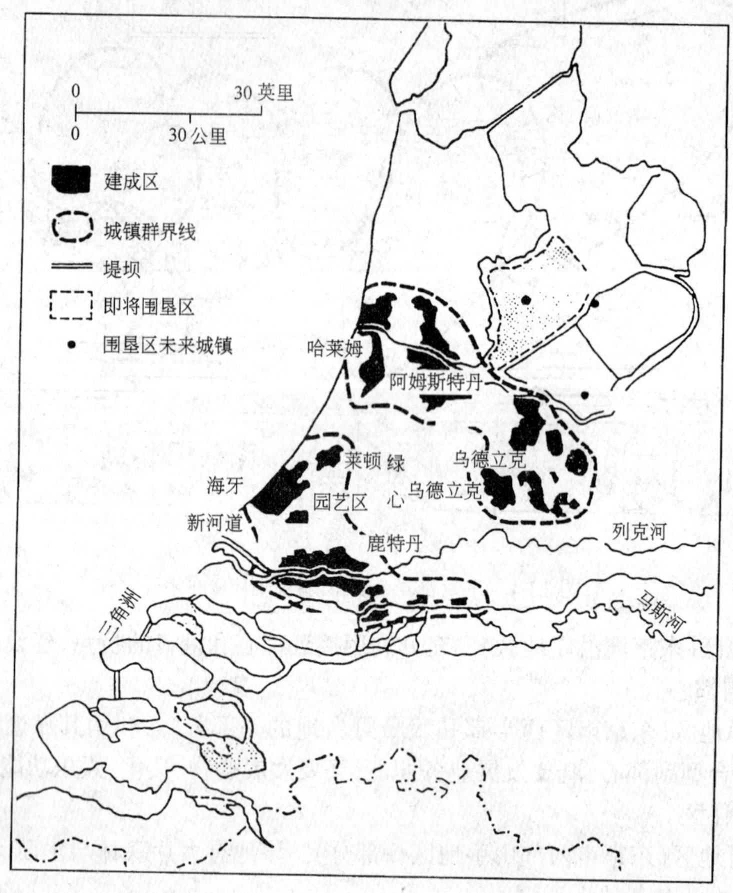

图 12-5　荷兰兰斯塔德城市群

其突出的问题是二战以后,20 世纪五、六十年代出现了人口增长高峰,随着经济发展、农业、重工业、港口、住宅以及游憩都需要扩展用地,使矛盾日益尖锐,存在着城市间绿带消失,“绿心”被大量侵占的危险,如果照此发展下去,兰斯塔德的多中心布局就会变成美国洛杉矶这样的庞大的城市蔓延区。为此,荷兰政府对此进行了研究,从 1956～1976 年,对荷兰西部地区,提出了五个报告,系统研究城市发展对策,提出的主要措施是:

1) 保持城市分散集团式格局,“绿心”发展高品位的园艺,严禁建设侵占,城市间要保持 4km 的缓冲带(即绿化间隔带)。

2) 城市主要应向马蹄形外侧发展,不得向内侧,也不得向相邻城市边缘发展。

3) 适应荷兰人喜欢分散居住的生活方式,逐步建立 5000 人、1.5 万～6 万人、25 万人以上三级城镇体系,以便合理分布产业,就近工作、居住。

4) 既要保持城市的繁荣,对老城市加以更新改造,又要通过总体规划在城市的南北两翼发展若干个城市中心,继续保持分散的多中心布局。

第四节 中国大城市发展现状和城市规划的任务

一、经济发展推动城市化的进程，加速大城市的发展

1978年党的十一届三中全会以来，改革开放不断深化，中国经济进入持续高速发展的新时期。经过20年的改革，中国的经济体制格局和运行机制已经发生了深刻的变化，经济运行的方式正在加快与国际接轨。对外开放的起点也日益提高，一大批著名的跨国公司纷纷来华投资，规模日益扩大；世界上排名前50位的著名大金融机构大都已在中国落户，金融活动国际化程度逐步提高。以上海为例，1993年就有128家跨国公司在沪投资，开办的外资金融机构和代表处已达110多家。中国经济的国际化进程已有了实质性的开端。体制改革释放出巨大的经济发展潜能，经济的高速发展又极大地推动了我国城市化的进程，加速了大城市的发展。

1．大城市数量增加

建国50年来，100万人口以上的大城市数量随着经济增长而增加。1949年，我国共有城市120个，百万人口以上（以市区非农业人口计，下同）的城市只有5个，其中只有上海人口超过400万。1957年，第一个五年计划完成时，城市总数为170个，百万人口以上的城市增加到10个。1978年，党的十一届三中全会召开前夕，城市总数增加到195个，比1957年仅增加0.15倍，百万人口以上的城市为13个。1991年党的十四大召开前，城市总数增加到479个，百万人口以上的城市增加到31个，比1978年增加1.38倍，全国3/4的省会城市均进入百万人口以上城市的行列。1992～1999年，全国经济进入快速发展时期，截止1999年底，城市总数高达667个，百万人口以上的城市增加到37个，比1978年增加1.85倍，上海市人口高达923.19万。

2．以大城市为核心的城市群加速形成，日趋成熟

随着经济能量在一定地域相对集聚，城市数量迅速增加，加快了城市群的形成与发展，沿海、沿江经济发达地区城市群迅速崛起，从中正在崛起国际性经济中心城市。

珠江三角洲经济区包括以广州、深圳、珠海为中心的28个市、县组成的广大区域。总土地面积79325km^2，1996年人口3442万（城镇人口1385万），国内生产总值6074亿元（占全国国内生产总值的比重为8.86%）。该地区开放最早，毗邻港、澳，城镇数量多，经济实力强，城市化程度高，基础设施条件比较完善，具有滨海优势，随着港、澳回归，将形成中部以广州为核心，东部以深圳、香港为核心，西部以珠海、澳门为核心的三大都市区，香港是该地区已形成的国际性经济中心城市。

长江三角洲经济区包括以上海、南京、杭州、宁波为中心的14个直辖及地级以上城市及所辖地区。总土地面积128417km^2，1996年人口6908万（城镇人口2639万），国内生产总值9446亿元（占全国国内生产总值的比重为13.77%）。该地区城市群发展比较成熟，各类城市规模级配和空间布局合理，经济实力雄厚，生产力水平高，经济内在素质好，且有长江流域广阔腹地，是我国发展潜力大，最具后发性潜力，前景最广阔的经济发展带。上海位处长江流域的出海口，是我国东部沿海和长江流域两大经济发展带的交汇点，对全国最具集聚与扩散效应，是我国继香港之后最有条件发展成为国际性经济中心的城市。

环渤海经济区包括了辽中南、京津冀和山东半岛三个城市群，共有23个直辖及地级以上城市。总土地面积236841km^2，1996年人口8952万（城镇人口4300万），国内生产总值10551亿元（占全国国内生产总值的比重为15.38%）。其中：

辽中南城市群包括沈阳、大连、鞍山、抚顺等10个地级以上城市，总土地面积98956km^2，1996年人口3069万（城镇人口1498万），国内生产总值2926亿元。

京津冀城市群包括北京、天津、唐山等6个直辖及地级以上城市，总土地面积70205km^2，1996年人口2955万（城镇人口1601万），国内生产总值4088亿元。

山东半岛城市群包括济南、青岛等7个地级以上城市，总土地面积67680km^2，1996年人口2928万（城镇人口1195万），国内生产总值3537亿元。

环渤海地区与日本群岛、朝鲜半岛和俄罗斯相邻，有传统的贸易关系，在5800km长的海岸线上可通过40多个港口对外联系，且有方便的交通网络深入东北、华北、华东以及中原广阔的腹地；海洋资源、矿产资源、旅游资源丰富；科技发达，有雄厚的科技实力。但是，三个城市群之间联系较弱，地域过于分散。北京是我国的首都，是政治、文化中心，在国际政治、经济、文化交往方面有诸多优势，且信息集中，交通方便，科技、教育、文化、艺术发展都优于其他城市，客观上以高速公路串连起来的地区已成为华北地区最发达的经济发展带。京、津、唐三市合起来的人口规模、经济能量均超过上海，如逐步打破地区分割的制约，进行合理的资源配置，进一步加强京津冀地区的经济分工与协作，京津唐地区的首都圈，将成为东北亚地区具有强大实力的一个大城市地区。

二、大城市建设发展中存在的问题

综上所述，世界经济重心向亚太地区转移，我国改革开放不断深入，给大城市的发展提供了极为良好的外部环境，但是，目前尚存在着以下问题，制约着大城市的发展。

1．体制改革尚不完善，传统的体制仍然不同程度地制约着城市的发展

虽然改革开放在一些重要领域和关键环节有了很大突破。但是，在计划经济体制下长期形成的生产力布局不合理的状况，不是短期能够改变的，产业结构调整还面临很大困难。金融体制国际化的进程缓慢，全国统一的市场体系发育不成熟，“条块”分割，地区壁垒没有从根本上打破，区域经济一体化的进程迟缓，严重影响资源合理配置，难以实现规模效应；地区之间互相牵制，抵消力量不利于参与国际竞争，这些都减弱了大城市的辐射作用，难以发挥其在区域经济中的核心作用。

2．大城市的经济发展水平还不够高

根据1996年的统计，我国34个百万人口以上的城市，以地区论人均国内生产总值突破2000美元的只有上海、广州两个，突破1000美元的有20个，还有11个城市人均国内生产总值均处于500～1000美元（不含1000美元）之间，齐齐哈尔市人均国内生产总值还不足500美元，也就是说大部分城市还处于工业化的发展阶段，经济发展的主要任务还是大力发展第二产业，适度发展第三产业，通过不同层次地引进外资和技术，努力增强经济实力。要达到初步现代化的目标（人均4000美元），少则需要5～10年，多则需要15～20年，要进入工业化的成熟期时间则更长。要达到能充分接纳国内外资金流、技术流、人才流和信息流的目标，加快大城市的经济集聚，尚需等待时日。

3．基础设施严重滞后，环境质量亟待改善

在计划经济体制下，各大城市基础设施投资普遍不足，长期欠账，城市普遍出现住宅短缺、交通紧张、环境恶化、水源不足、通信不畅等问题。改革开放以后，上海、北京、天津、广州等各大城市虽然对城市基础设施采取了高强度的投入，但毕竟历史欠账过多，积重难返，特别是1992年以后经济进入高速发展时期，房地产开发存在着较大的盲目性，使矛盾更加突出，世界各大城市曾经出现过的"大城市病"，几乎无例外地在中国各大城市出现，严重影响城市经济的健康发展，成为大城市现代化建设的严重制约因素。

三、新时期大城市规划的任务

自从党的十四大提出确立社会主义市场经济体制以来，我国各大城市进入了新一轮城市总体规划的修订，探索在市场经济条件下城市发展的方向，大体有以下几个规划问题：

1．关于经济发展的合理定位

目前，我国经济进入持续快速发展的新时期，如何实现建设现代城市的目标，是各大城市首先关注的问题。但是，这个问题影响因素十分复杂，难以准确定论，参照东亚各国发展的历程，实现初步现代化大体需要20年左右，进入经济发达城市的行列，大体需要40年左右。从目前大城市地区发展的水平看，到2010年前后，上海、广州大体上可能达人均国内生产总值10000美元，即进入工业化的成熟期，开始向后工业化过渡；北京、天津、南京、济南等13个城市可实现国内生产总值4000美元的目标，达到初步现代化的标准；还有22个城市将在2015～2020年前后才能初步实现现代化。根据这个经济发展目标来确定城市用地规模和各项设施的标准，可能比较切合实际。

以三次产业占国内生产总值的比重看，有26个城市目前仍是二产比重大，一般在50%左右，少数工业城市高达60%，有8个城市三产比重超过二产或大体持平。这个产业结构充分反映了中国大城市的特点，说明目前大城市还处于工业化发展阶段，二产的发展仍是当前的主要任务。在确立市场经济体制以后，三产的发展速度肯定会加快，但在发展三产的同时，切不可忽视一产和二产的发展，必须充分认识一产和二产是三产发展的基础。即使像上海这样中国经济最发达、实力最强的城市，第三产业虽有很大的增长，但目前还是以二产为主体。其中不少省会城市，虽然三产比重超过二产，主要是省会城市的综合服务功能比较强，并不意味着工业发展已进入成熟阶段，实现工业化和农业现代化的任务还远未完成，经济实力还有待增强。这一点在总体规划编制过程中必须有清醒的认识，切不可盲目追求三产的增长而忽视了一产、二产的发展。预计到2010年大部分大城市的三产比重将接近50%，少数经济发达的城市可望达到60%左右。

从工业发展的水平看，目前大多数城市还是以劳务密集型的传统工业为主，每平方米的工业用地年创产值大约只有400～700元(人民币)左右。上海、广州等经济发展比较快的城市，资本密集型和技术密集型的工业比重较大，每平方米的工业用地年创产值大约在1500～2000元左右。我国各大城市2010年的工业发展任务是用高新技术改造传统产业，不断增加工业产品的技术含量，力争把工业用地年创产值从每平方米400～700元提高到1500元左右，用这个指标来规划工业用地可能比较符合实际，过与不及都会影响经济发展，造成城市用地的浪费或不足。经济发展是城市发展的动力和基础，城市总体规划必须以此为依据进行编制，才能推动城市健康、有序、持久地发展。

2．关于城市规模的合理界定

在计划经济时代，长期采取严格控制大城市规模的方针，并出于备战考虑，在京汉铁路以东沿海地区工业发展长期受到限制，把工业布置在京汉路以西的“大三线”地区，再加上受到“山、散、洞”的影响，许多工厂放到交通不便，区位条件较差的地段，难以发挥规模效应，虽然这种战略决策是在当时国际形势的大背景下作出的，但是，还是不同程度地违背了经济发展的规律，因而投入很大而效益则较差，应该说几十年的经济发展是比较缓慢的，城市化的水平也长期处于较低的状态。但是，即或在这种政策影响下，首都和各省会城市由于比其他城市有诸多优越条件，城市人口还是难以控制，屡屡突破总体规划确定的人口规模，多数率先进入百万人口以上城市的行列，这种现象和前苏联莫斯科等城市的发展状况极为相似。

自改革开放以来，严格控制大城市规模的作用正在减弱，不少城市提前10年左右突破了原定总体规划确定的20世纪末的目标，大量流动人口进入沿海、沿江经济较发达的城市，形成势不可挡的移民潮，这种现象与欧、美在工业化初期的状态极为相似，现在暂住人口客观上已成为城市规模的一个组成部分，成为城市建设、经济发展不可缺少的因素。从城市发展的需要分析，户口管理过严，影响人才流动，客观上各大城市人口的迁移增长年年突破规划控制指标；计划生育的政策已坚持20多年，使家庭结构发生了变化，加速了城市老龄化的进程，目前不少城市60岁以上的老年人已超过10%，预计到2010年老年人比重将超过15%，城市人口老化过快会影响城市活力，增加城市负担，在社会保障体系尚不完善的状况下会带来诸多社会问题。

从城市就业结构状况分析，目前约2/3的大城市(23个)仍然是二产的职工比重大，约占三次产业就业人口的45%～50%，一产的就业人口约占7%～15%不等，随着产业结构的调整，农业现代化进程的加速，城市化水平的提高，工业从劳务密集型向技术密集型方向转化，必然会有大量一、二产的就业人口转向三产，参照国外的经验，在2010年前后三产职工将增至55%以上。

因而，总体规划在城市规模的界定上应该实事求是，人口的增长要与经济发展需要相适应，与城市建设的能力和可提供资源的容量相协调，适当扩大城市规模，把暂住人口纳入城市规模之中，更多地为城市发展留有余地。历史教训证明，不考虑实际可能，一味压缩城市规模，把城市各项基础设施容量定得过小，一旦规模突破即造成布局混乱、基础设施欠账的被动局面。城市规模留有余地，并不意味着浪费土地，并不排斥近期建设必须紧凑发展的原则。从人口与产业布局上则应采取有控制有引导的发展方针，对市中心区的人口规模还是要从严控制，逐步疏散产业，改变过分集中在市中心区的状况，以利于通过土地置换调整产业结构，推动郊区发展，实现人口与产业的合理布局。

3. 关于城市结构的改造与布局调整

计划经济体制下的城市结构，不同程度地反映计划分配、自给自足的城市结构特点，带有一定的封闭性，国内城市间的经济交往也不多，更谈不上国际交往。城市用地仅是一个静态的平衡结构，用地分区过分单一，只有办公、科研、大学、工厂四种基本因素，再配上相应的居住区和生活服务设施组成城市。城市中没有独立的商务中心和充足的商贸用地。土地为单位所有，规划部门只有一次拨地权，用地难以置换，城市由大大小小成千上万个单位“大院”、“小院”组成，每个单位除了其主要职能外，还要承担繁重的“办社会”的任务，解决职工住房以及诸多生活福利问题。单位办“小而全”的生活设施，不仅服务水平不高，而且重复建设造成浪费。单位的“小而全”造成城市的“大而不全”。改革开放，确立社会主义市场经济体制，实行土地有偿使用政策以来，出现了对城市结构模式的强大冲击，金融、贸易、信息、投资等商贸企业需要在市中心区觅得一席之地，实行土地批租和房地产开发推动了土地置换，不少城市提出"优二兴三"、"腾笼换鸟"的战略，把市中心区的工厂疏散到郊区，腾出土地发展三产，国家机关分化出公司来，工厂的厂前区建起了写字楼和旅馆……单一的土地性质开始模糊，城市社会化的服务水平正在不断提高，虽然看起来似乎有点混乱，但是，不能不说这是城市进步的表现，规划的任务只能是承认它，引导它更健康有序的发展，而不是消极地加以限制。因此，今后大城市规划的重要任务之一是适应社会主义市场经济发展需要，对城市结构加以改造，适当增加土地的兼容性，通过土地置换，优化城市功能布局，改善城市环境，增加商务中心区和高新技术开发区等第三产业的发展空间，提高城市服务设施社会化的水平，提高城市整体素质，进一步发挥土地的经济价值。在市区实现从外延扩展向内涵发展方向转移，城市建设重点从市区逐步向郊区作战略转移，适当扩大市区外围新城的规模，形成对市中心区的反磁力，努力把城市建成布局合理的开放型城市。

4．关于历史城市的保护与改造

中国是有几千年历史的文明古国，几乎绝大部分大城市都有悠久的历史文化沉积，在建设现代化城市的过程中，如何保护好城市的历史风貌，继承与发扬传统的城市格局，正确处理保护和改造的关系，几乎是每个城市都遇到的问题。正确处理两者的关系，既是城市规划与建设工作者的重要责任，也是城市精神文明建设的一项重要内容。一个具有深厚历史文化渊源的古城，是建设高度文明的现代化城市的极为宝贵的物质和精神财富。

对历史城市进行现代化的改造必须正确处理好古城保护与经济发展的关系、与改善人民生活的关系、与城市基础设施现代化的关系，以及新建筑与旧建筑的关系。

在建设过程中不仅要保护好国家已公布的文物保护单位，整治好历史文化保护区，而且要规范新的建设，对古城的传统城市格局实施整体保护，例如：继承和发展城市历史上形成的中轴线，保持独特的城郭形象，维系城市原有的街巷、水系，吸取传统城市色彩的特点，适当控制建筑高度，维护城市传统的空间格局，注意保护古树名木，开辟城市广场，保护城市景观视廊和街道对景等。应该在城市总体规划和详细规划阶段把对古城实施整体保护的原则作为城市设计的一项重要内容加以贯彻。

城市是社会生产发展的产物，是人对自然改造的结果，是政治、经济、文化的集中表现，城市面貌是上述诸因素综合作用的形象表达。不同时代，不同地理条件，不同的经济水平，不同的政治制度，不同的文化传统，不同的生活习俗造就了五彩缤纷的世界，形成形态各异的城市。随着社会发展，科学进步，后一代人总是要在继承前人留下的历史遗产的基础上，根据自身的需要进行取舍，加以改造与创新，形成适合时代特点的新面貌。城市就是在这种新陈代谢的过程中不断发展的。在历史发展的长河中，常常可以明显地看到不同时代在城市留下的痕迹，历史越悠久，文物古迹积累越多，对城市面貌的影响就越大。物质文明和精神文明发展程度越高，对文化遗产越珍惜，对传统风貌的保护就越重视，从世界城市的发展和中国城市建设的实践都说明了这一点。因此，对历史城市的保护与改造政策的制定，必须从综合的角度来分析权衡，寻找合适的"门槛"，因地制宜地作出相对合理的选择。鉴于当前我国各大城市正处于经济起飞阶段，建设速度较快，各建设单位比较容易注重短期效益，忽视对历史城市的保护。当前是实施历史城市保护最困难的时期，从保护与改造的关系处理上，主要矛盾是保护，更加强调保护是当务之急。城市的更新是一项长期任务，与其降低标准急于求成，不如从长计议逐步推进，城市规划不应勉强去做当前政治、经济、文化条件所难以做到的事，但是应尽量减少建设性的破坏，为后代子孙留下更多的余地，不把文章做死，应该是我们这一代人不可讳避的历史责任，这也是保证城市可持续发展的一项必不可少的内容。

5. 近几年国内大城市规划的新特点

我国现有 37 个百万人口以上的大城市（1999 年），20 世纪 90 年代以来普遍修编了城市总体规划。在规划中的主要新特点有：

(1) 根据对 21 世纪全球、全国社会经济、科学技术等发展趋势的预测，结合大城市在未来国家和省域城镇体系中的地位和作用，重新研究城市发展的战略，包括社会、经济发展和空间发展两个方面，而且将它们密切结合。实事求是地确定大城市进一步发展的可能和在环境、资源等方面的制约。以正确的发展战略来指导城市的发展。

(2) 规划的发展领域比过去扩展。已经普遍认识到大城市的形态趋向地区化。北京、上海等大城市都从整个市域（北京 1.6hkm^2，上海 0.64hkm^2）来分布人口，中心市区和各级城镇，实质上是一种大城市地区的规划（图 12-6、12-7）。

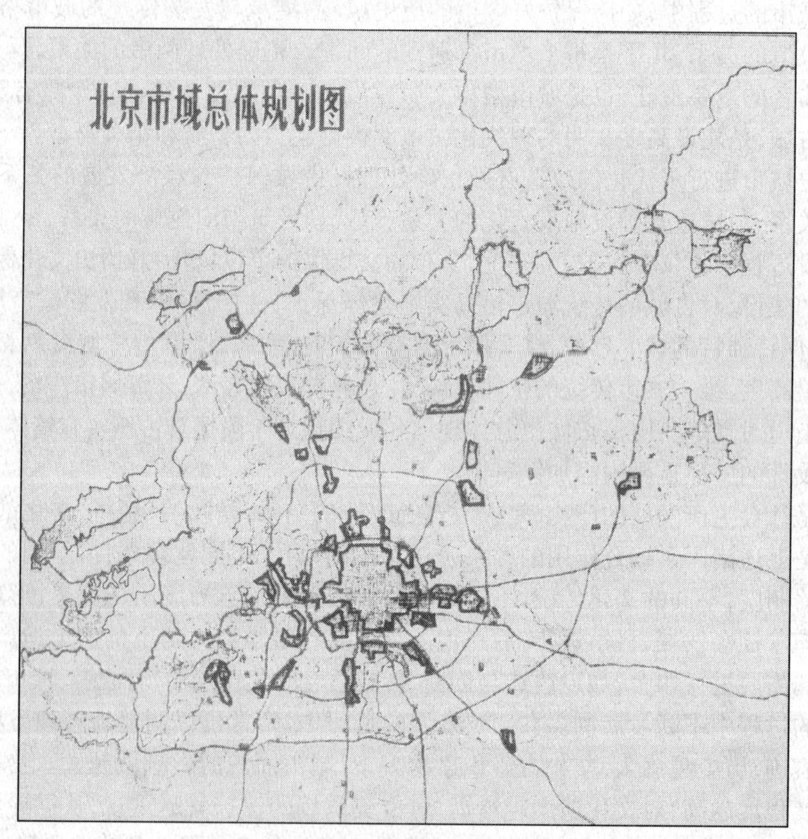

图 12-6 北京市域总体规划

(3) 规划十分重视生态环境和交通问题的解决。在城市中心布置大片绿地（如上海）；城市江边、山林和中心市区外围设置大片发挥生态作用的绿地、绿带（以林为主）。大城市普遍规划了综合交通运输网络，推进大容量轨道交通的建设。有的大城市已开始形成立体式

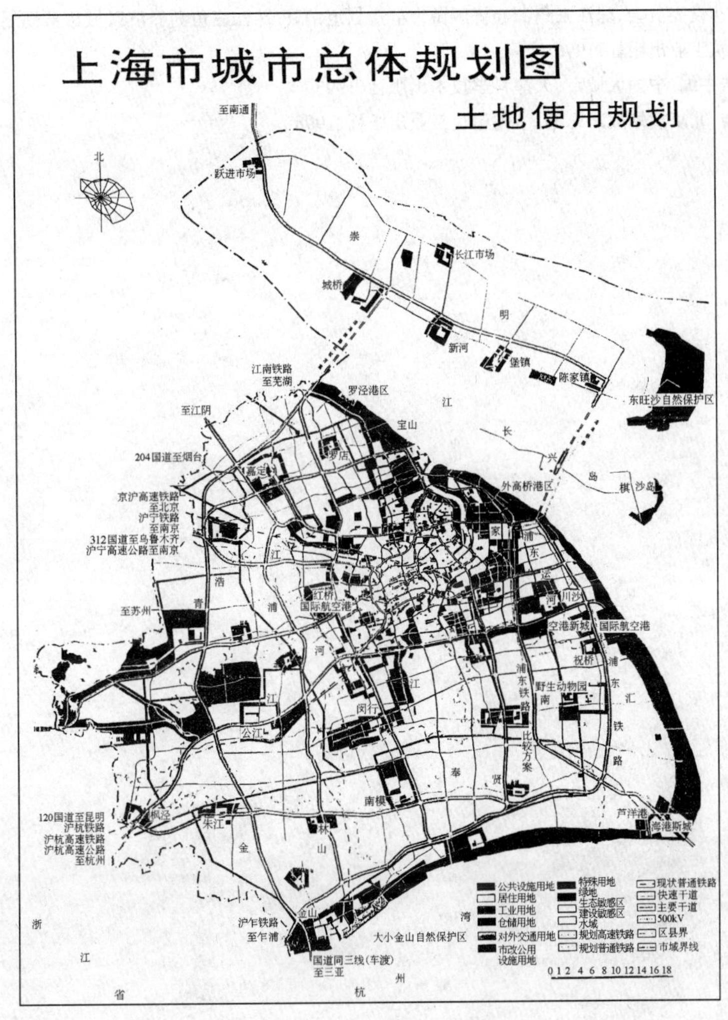

图 12-7　上海城市总体规划

的道路交通系统(如上海、广州),以快速路为主干提高交通效率。交通将是大城市规划中最难解决的问题之一(参阅本书第十章)。

(董光器)

主要参考文献:

[1]　蔡来兴主编.国际经济中心城市的崛起.上海人民出版社,1995

[2]　中国大百科全书出版社编辑部编.中国大百科全书——建筑、园林、城市规划卷.中国大百科全书出版社,1988

[3]　[英]P.霍尔著.中国科学院地理研究所译.世界大城市.中国建筑工业出版社,1982

[4]　[美]肯尼思·哈尔彭著.上海市城市规划设计院科研情报室译.美国九个城市中心区的规划设计,1982

[5]　社会、文教版.世界近年高层建筑火灾简录.参考消息,2000

[6]　东京都都市计画局编.东京都市计划,1988

[7]　国家统计局社会经济调查总队编.中国城市四十年.中国统计信息咨询服务中心、国际科技和信息促进中心有限公司联合出版,1990

[8]　国家统计局社会经济调查总队编.中国城市统计年鉴.中国统计出版社,1992、1997

[9] 广东省建设委员会、珠江三角洲经济区城市群规划组编著.珠江三角洲经济区城市群规划—协调与持续发展.中国建筑工业出版社,1996
[10] 王明浩主编.中国大城市.天津科学技术出版社,1993
[11] 董光器.北京规划战略思考.中国建筑工业出版社,1998

第十三章　小城镇规划问题

人类按照生产和生活需要而形成的集聚定居地点称为居民点❶。虽然居民点按照性质和规模的不同分为城市和乡村两大类，但实际上从特大城市到小村庄之间并无明显的界限。人们为了统计和管理的便利，根据不同时间和地区的情况，制定出不同的标准，划出特大城市、大城市、中等城市、小城市以及不同规模的集镇和村庄。

小城镇的提法具有明显的中国特色，对小城镇的界定目前仍有争议。但是，在一定的地区和时间，小城镇区别于大中城市和村庄则是无疑的。随着经济、社会的发展，小城镇规划的内涵和外延也在不断变化。然而，它作为城乡规划的一个重要方面，其目的是为生活在小城镇及其周围村庄上人们的各项活动提供适当的空间这一基本特性也是显而易见的。

本章从界定小城镇规划的基本概念入手，讨论小城镇规划产生的背景，介绍小城镇规划的理论基础和实践历程，归纳小城镇规划的主要内容，并初步展望小城镇规划的发展前景。

第一节　小城镇规划的基本概念

一、小城镇的基本概念

(一) 小城镇的性质

小城镇在中国已成为一个通用的名词，而且正在逐步被国际上接受。但其性质的界定尚有争议。费孝通先生从社会学的角度下的结论是：小城镇指的是“一种正在从乡村性的社区变成多种产业并存的向着现代化城市转变中的过渡性社区”❷。

然而，这一性质的定义显然是“中国特色”的，从国际上看，欠发达国家的情况与我国类同，发达国家则因城市化水平较高，小城镇往往指较小规模的城市性质的居民点，可是具体规模因人口密度和经济结构而大不相同。更重要的是，其他国家很少有专门把小城镇作为一个独立的问题来讨论的，而把小城镇作为农村经济和社会发展的大战略则可以看作是中国农民的一个创举。

如同其他国家一样，我国的居民点(Human Settlements)分为城乡两大类：一类是城市居民点，指的是“以非农产业和非农业人口聚集为主要特征的居民点”❸。根据《中华人民共和国城市规划法》的规定，城市指的是“国家按行政建制设立的直辖市、市、镇”❸。然而，法律并没有明确，城市究竟是指直辖市、市、镇的全部行政辖区范围，还是指其中的一个局部，更不可能明确如何界定该局部。正如周一星所指出的：“要找到一个与当代世界相符合的令人

---

❶ 《城市规划基本术语标准》(GB/T 50280—98)第 2.0.1 条

❷ 费孝通，论中国小城镇的发展，《中国农村经济》，1996 年第 3 期

❸ 《中华人民共和国城市规划法》(1989)第 3 条

信服的城市或城镇的定义是不容易的,更难找到一个可应用于不同时代的解释……”[4]。为了讨论方便,人们常粗略地将人口与建筑密度较高的市区和镇区称为“城镇居民点”。

另一类是乡村居民点。市区和镇区以外的地区一般称为乡村,设立乡和村的建制。乡村的居民点又有集镇和村庄之分。集镇通常是乡人民政府所在地或一定范围的农村商业贸易、行政服务中心。村庄又有自然村和行政村两个不同的概念,自然村由若干农户聚居一地组成,为行政便利,把一、两个较大的自然村或几个较小的自然村划作一个管理单元,称为行政村。行政村又被分为村民小组,村民小组与自然村有密切关系,但也不是完全对应。一般北方平原地区村庄规模较大,南方丘陵地区村庄规模较小。

小城镇,作为城乡过渡性社区所依附的居民点也同时具有城市和村庄的特点,值得注意的是,它们正在逐步失去其乡村的特点,而向城市过渡。

(二) 小城镇的定义

从实体形态的角度看,我国的小城镇可泛指较小的城市、建制镇(县人民政府驻地镇或简称县城关镇和实行镇管村体制的建制镇)以及集镇,但仍有一些不同的看法。

1. 认为小城镇属城市性质,指小城市和建制镇。虽然小城市规模从多少万人以下算起仍有争议,但主张小城镇不应包括集镇,因为集镇是农村性质的。这一观点强调了小城镇的发展方向,即逐步成为城市居民点,而轻视了我国小城镇的现状特点和发展过程特征,因此带有明显的理想主义倾向。

2. 认为小城镇即为设立行政建制的镇,是建制镇的代名词。主张小城镇不包括设市城市和集镇。因为设市城市已经成为城市,而集镇如果有条件城市化,则首先必须设立镇的建制。这一观点强调的是行政建制的意义和城乡的不同性质归属,轻视了小城镇的经济功能和社会功能。

3. 认为小城镇指建制镇和集镇。因为建制镇的主体是实行镇管村体制的,它们基本上是由传统的乡集镇发展而来,因此与乡集镇之间并无明显的界限,所不同的仅仅是名称、发展阶段和城乡性质的归属,更何况我国的地区差别很大,所以小城镇理应包括集镇。又由于小城市多由县城发展而来,因此县城与小城市之间无明显界线。县城虽然也是建制镇,但与县城以下的建制镇,其影响范围、功能性质、行政级别都有较大差异,因而小城镇不应包括设市城市和县城。这一观点较之前两种强调了动态的发展过程,但仍未充分考虑小城镇在城乡居民点体系中的地位及其经济和社会作用。

4. 认为小城镇指居民点体系的中间部分,是一种区别于大中城市和村庄的早已客观存在的聚落。对小城镇的定义不应拘泥于城乡的划分、行政的层次,而应突出它的经济、社会和环境的功能。这些功能要求小城镇不仅仅是作为城市化和城市发展战略的一部分,同时也是农村的中心,是农村发展战略的一部分。更重要的是小城镇发展要促进城乡的共同繁荣。因此,小城镇的定义不是最重要的,无须作人为划分,关键是如何在不同的阶段与地区选取不同的发展重点。

本章中小城镇定义为广义,但一般指建制镇和集镇的镇区。按城乡二元的划分,前者属城市范畴,后者为乡村范畴。客观上它处于城乡过渡的中介状态。因为小城镇与周围的村庄关系密切,所以人们常把小城镇与村庄放在一起讨论,简称村镇。这一定义主要考虑了中国的特殊情况,也兼顾了国际的可比性。

---

[4] 周一星,《城市地理学》第二章,商务印书馆,1995

（三）小城镇的数量[5]

根据上述定义，我国共有小城镇约50000个。至1999年底，全国共有建制镇19000多个，其中县城关镇1682个，县城关镇以外的建制镇17341个。有县级市427个，乡集镇近30000个。由于小城市多数由原来的县改市而设立，数量有限，县城以下的建制镇多数由原来的乡改镇而设立，基数较大，因此小城镇的主体是县城以外的建制镇和集镇。

小城镇的总量虽然没有大的变化，但小城镇的行政建制却有相当大的发展。建制镇数量从1983年的2786个发展到1990年的11733个和1999年的19344个。其中，由于一些县城发展为城市建制，县城数量从1983年的2080个减少为1990年的1903个和1999年的1682个。而乡集镇的数量则由于镇建制的增加逐步减少，从1983年的41273个减少到1990年的36537个和1999年的不到30000个。乡镇的设镇比率也分别从1.7%增长到21.2%和38.5%。随着各地推行的撤乡并镇工作，乡镇的数量正在大幅度减少，单个乡镇管辖范围有较大扩展，但这并不意味着作为居民点的小城镇数量短期内有大的变化。全世界范围小城镇的数量因国情差别太大，难以给出精确的估计。

二、小城镇规划的基本概念

（一）小城镇规划作为一种政府行为

所谓规划，指的是在开始做某事之前仔细考虑如何去做，与计划、打算、谋略近意。规划是一种工具，可以被不同的人和组织所使用，从个人、企业、社区至各级政府、国际组织均可使用规划这一工具。规划的目的，是为规划对象谋取可能条件下的最大利益。因此，选取对象和衡量利益是规划的两个关键。但是，小城镇规划不是指对所有发生在小城镇上的各种事项的规划，也不是指个人、企业等各类人与组织所作的与小城镇有关的全部规划，也不大可能为小城镇上所有人和所有组织谋取各种利益的最大化。本章所谓的小城镇规划，首先必须理解为一种政府规划，是一种政府行为[6]。

所谓政府规划，指的是由各级政府组织编制和实施的规划。它与其他规划的不同点，是只关心公众利益。所谓公众利益，是规划范围内大多数人的利益。公众利益是有层次的，如何衡量公众利益是个难题，局部范围的公众利益可能与更大范围的公众利益发生矛盾，因而从更大范围讲，它不再是公众利益而是少数人的利益。一般来讲，中央政府维护全国的公众利益，各级地方政府在服从高一层次利益的前提下，维护政府管辖范围的公众利益，否则就难以长期安定。政府自身利益与公众利益的关系，在不同的社会制度下是不同的。我国是社会主义国家，政府利益与人民利益理论上讲应该是一致的，政府没有公众利益以外的自身利益。

政府规划的名目繁多，但大体上可分为三类，即经济发展规划、社会发展规划、环境建设规划。经济发展规划帮助实现政府的经济目标，规划内容主要是分析并提出规划期限内经济发展所要达到的目标和实现目标所要采取的政策措施。这些目标往往表现为各种指标，如GDP、产业结构、人均收入等。政策措施则用于规范和引导人们的经济行为。同理，社会发展规划主要用于维护社会安定，提高精神文明水平，如提出教育发展目标和措施，丰富人

---

[5] 文中数据除另注有出处外均源于建设部的《村镇建设统计年报》、《县城建设统计年报》和《城市建设统计年报》。

[6] 有关城市规划作为政府行为的论述，参阅郭彦弘著，陈浩光译，《城市规划概论》第一章，中国建筑工业出版社，1992年。

们的文化生活,改进社会治安,保护弱小群体的权益不受侵害等。

(二) 小城镇规划的核心是环境建设规划

环境建设规划的同义或近义词是地域空间规划(Spatial Planning)、物质形体规划(Physical Planning)、城乡规划(Town & Country Planning,City & Country Planning)、城市与区域规划(Urban & Regional Planning)[7]。尽管在不同地点和不同发展阶段上述各词的意思不完全相同,但其共同点都是为人们的各种活动提供合适的空间"场所"或"地方"。

编制物质环境规划,首先要确定规划多大范围、多长时间,前者称为规划区,后者称为规划期限。环境建设规划古已有之,可以说它的实践伴随着整个人类文明的进程。从农业文明的定居点,到工业文明的大城市,其形成过程都少不了环境建设规划工具的运用。现代的环境建设规划起源于西方工业化国家城市化引起的城市问题,所以又被简称为"城市规划"。小城镇规划,在本文中主要指小城镇的环境建设规划,有时也泛指小城镇的经济发展规划和社会发展规划中相关的部分。即使把小城镇规划作广义的理解,也不能忘记它的核心仍是环境建设规划。

第二节　小城镇规划产生的背景

一、二元经济和社会政策

在国际背景下,小城镇规划可分为两条主线来认识。一是较发达的工业化国家的小城镇规划,大多是作为大城市问题的一种解决方案而提出的,有时称为卫星镇,有时称为新镇或卧城等。在这种情况下,小城镇作为城市性质的居民点是没有争议的,但不同的人对这种开发建设是否有利于城市和国家的经济社会长远发展却有不同的看法。二是在发展中国家,小城镇规划往往是作为农村中心规划而提出来的。它的目的,更多的是为了解决农村发展的问题,是农村城市化道路选择的问题。尽管事实上两种情况只是同一问题的两个不同角度,但其作为政策的目标和措施却是有差别的。这种差别,是因为它们的服务对象不尽相同而造成的。

在我国,小城镇规划问题的提出与长期实行的二元经济和社会政策密切相关。理解这一点,需要简单提一下经济学家刘易斯(W. Lewis)于 1954 年提出的二元经济结构理论[8]。他在研究了许多发展中国家的经济问题后,发现以传统村落为居住环境所容纳的农业经济部门中,存在着大量隐蔽性失业,即使其中的很大一部分被转移至其他部门,农业生产非但不会受影响,反而还会有所发展。因此,发展只有通过现代工业部门的资金积累和扩大再生产,从而吸收传统农业部门中的剩余劳动力才能得以实现。在他的理论的影响下,许多发展中国家在 20 世纪 60 年代选择了以牺牲农业为代价、大力发展工业的道路。

然而,用这一理论对我国的情况进行观察可以发现一个有趣的现象。表现在工业已经有了很大的发展,而传统农业部门的过剩劳动力却没有得到吸收,从而使农业地区仍在寻找于自身内部安排剩余劳动力的出路。不少人认为这与我国特有的二元社会结构有关[9]。

---

[7] 参阅 P. Hall 著,邹德慈、金经元译,《城市和区域规划》第一章,中国建筑工业出版社,1985 年;吴良镛,关于物质规划的讨论,《城市研究论文集》,中国建筑工业出版社,1996 年

[8] W. Lewis,Economic Development with Unlimited Supplies of Labourer,Manchester School,22,1954

[9] 郭书田、刘纯彬等,《失衡的中国》第一章,河北人民出版社,1990 年

所谓二元社会结构，是一整套社会政策构成的具体社会制度，包括户口登记、粮食购销、住宅、副食品、燃料、生产资料的供给，教育、医疗、保险、劳动保障、婚姻政策等。二元经济和社会政策的核心是严格的户口管理制度，这一制度将全社会公民分为城市户口拥有者和农村户口拥有者两个部分，并对两者之间的转换和流动采取严格的控制。

二元政策的历史作用主要是在社会稳定、没有外援的前提下建立了完整的国家工业体系。新中国成立之初，长期战争创伤使许多人吃不饱肚子，传统农业非常落后，工业基础十分薄弱，劳动力整体素质低下，资金技术严重不足。国际政治敌对势力试图通过经济封锁和政治孤立搞垮新中国政权。中国政府采取了以保障人民生活基本需要、实现社会均等为主要内容的社会稳定政策和优先发展重工业的发展战略[10]。以户口制度为核心的二元政策，正是为工业发展资金的积累、劳动力的安排服务的。户口政策把农民固定在土地上，对农产品实行计划收购，对城市居民和农村缺粮者实行计划供应。通过低价收购和低价分配维持了工人的低工资和原料的低成本，使城市工业产生超额利润，再由税收转为财政收入，成为国家工业发展的资金来源。

二元政策的消极作用正在显现，主要是阻碍了进一步的工业化、城市化和农业与农村的现代化。二元经济和社会政策把一个国家的人口和居民点分为两个部分，切断了它们之间的客观联系。在城市地区工业化的同时，农村地区仍在发展乡镇企业，设法实现农村工业化。乡镇企业的就地消化劳动力、就地取材和它的农民集体组织方式比较容易引起分散布局、重复建设和污染扩散。农村户口的人不论是在城市从事第三产业，还是在乡镇企业中从事工人一样的劳动，都不能视同城市人口，不能切断与土地的关系，也就不能实现真正意义上的城市化。与此同时，农村滞留的劳动力太多，人均耕地太少，农业现代化也不大可能实现。通过规划，发展一批小城镇就是在这样的背景下提出来的，这是中国特色乡村城市化道路的一个尝试。

在二元经济和社会政策的影响下，我国的人居环境领域也实行二元的政策，分别为城市户口和乡村户口拥有者提供不同的居住环境[11]。随着我国农村改革的不断深化，二元的人居环境政策也面临着巨大压力。1978 年中国共产党十一届三中全会后，农村经济开始了深刻的改革。家庭联产承包责任制的实行打破了人民公社制度，广大农民的生产积极性大大提高，收入有了较大增长，改善居住环境的迫切愿望化作建设实践。农村住宅建设量逐年增加，1984 年后一直维持在每年 6 亿 m^2 左右。乡镇企业的兴起标志着农村工业化的开始，大量生产建筑和基础设施需要建设。据统计，1984 年后，平均每年都有约 1 亿 m^2 的生产建筑和 1 亿 m^2 的公共建筑建成投入使用。大量的建设，改善了传统农民的生活条件，但也带来了大量的问题。这些问题的解决，如果没有规划引导是难以想象的。小城镇与村庄规划的任务，就是在这样的背景下由中央政府提出的。

二、小城镇规划需要处理的问题[12]

(一) 物质环境外观

---

[10] 国务院发展研究中心，《中国：世纪之交的城市发展》，辽宁人民出版社，1992。

[11] 何兴华，中国人居环境的二元特性，《城市规划》1998 年第 2 期。

[12] 看问题的角度试用鲁汶大学人居研究中心提出的方法，该方法源于居住哲学家 J. Turner 的 Forms, Resource, Institutions 三分法。

1. 小城镇区域布局的问题。主要表现为过于分散、重复建设十分严重。不仅工业建筑、住宅遍地开花,公共建筑与基础设施也大多是小而全。据调查,1995 年我国的乡镇企业的分布状况是:80%分布在村庄,12%分布在集镇,只有 7%分布在建制镇,1%在县城以上居民点。乡镇企业的分散布局导致我国小城镇的平均规模很难扩大。1997 年我国建制镇镇区的平均人口规模只有约 6300 人,集镇镇区的平均人口规模不到 2000 人。规模小、布局散不仅影响第三产业的发展,不利于城市化,而且浪费资源、扩散污染,也使得公共建筑与基础设施的配置很不经济,例如,有的地方每个镇都搞影剧院,利用率很低。

2. 小城镇内部布局的问题。主要是混乱松散、项目不够配套。不少小城镇沿公路建设,拉得很长,影响交通;还有的内部道路不畅,或大拆大建,修大马路;也有的是光建住宅,不注意公共建筑的配套建设,或者光修建筑,不注意基础设施如上下水的配套建设,使得整个环境质量难以提高,缺乏吸引力。

3. 小城镇建设项目的问题。总的来讲品位不高、缺乏特色。有的过于高大、尺度不当,有的功能不全、使用不便,有的质量不好、存在隐患。

(二) 资源投入方式

1. 建设用地问题

这个问题与分散布局密不可分,互为因果。分散布局最直接的后果就是土地资源的低效配置与浪费使用,而土地政策又使得分散布局的现状很难改变。据统计,小城镇的人均建设用地比城市高出约 1/3。如果把小城镇所辖的村庄一并考虑,其用地总量无疑是居民点建设用地的"大头"。只有通过规划,集中建设一批中心镇和中心村,才能实现节约用地的目标。但是,在建设用地安排上又有几个问题:一是在迁并过渡期,可能出现新建村镇与原有村庄两头重复占地的现象;二是实际用地需要与政府确定的计划用地指标不一定吻合;三是与我国实行的 30 年不变的农民承包地政策也有些矛盾;四是土地置换、整理比较困难。

2 资金问题

小城镇建设普遍缺乏相对稳定的投资渠道。小城镇的基础设施和公共服务设施的建设主要靠乡镇政府自筹或向企业和农民集资解决,这不仅容易导致运作不规范,引起企业与群众的不满,还很可能导致建设的重复、分散和更新周期缩短等问题,而且也不利于乡镇企业的转制和政府减轻农民负担规定的实施。随着小城镇的不断发展,水、电、路等项目建设的资金需要量加大,日常管理和维护的经常性经费需求量也在增加,而乡镇政府筹措基础设施建设资金的能力正在减弱,因此,基础设施建设资金短缺的矛盾越来越突出。这个问题已成为制约小城镇进一步发展的关键因素之一。

3. 专业人才问题

相对于大中城市,从事小城镇规划建设管理的专业人才严重不足。据 1997 年统计,平均每个建制镇只有 1.66 个建设助理员,每个集镇平均只有 0.72 个,县级管理机构共配备工作人员 12818 名,其中,工程师以上专业人员不到 16%。乡镇一级的小城镇建设基层管理机构不健全和人员缺乏的问题仍十分突出,难以承担越来越繁重的小城镇规划建设管理工作任务。由于行政编制的限制,约三分之一的乡镇未设立建设管理机构,许多乡镇没有专门负责建设管理工作的人员。加上缺乏稳定的行政经费来源,人员更换频繁,队伍不够稳定,严重影响了小城镇建设管理工作,不利于管理素质和水平的提高。

4. 技术问题

普遍缺乏适合小城镇使用的实用技术，应用大、中城市的有关技术又不经济。例如污水处理、燃料供应等。

(三) 行政管理体制

1. 部门分割问题

与小城镇发展相关的部门有许多个，合作过于松散，具体操作也缺乏规范，这导致各部门政策目标之间产生矛盾。这个问题，在国际上也有代表性。如耕地保护政策，有些地方单纯要求建设用地在现有城镇内部挖潜，不利于集中建设和村庄的退宅还田；户籍管理制度改革，对于打破城乡二元分割的体制必将产生深远影响。有些经济发达、产业结构已非农化的沿海地区，本应加快人口集中的步伐；可由于政策不配套，农民对转户口不感兴趣。一些地方反而出现了要求转为农村户口的城里人。这主要是为了分享区域基础设施改善后的农村环境和宅基地利益。而经济欠发达地区的小城镇，又因基础设施不足而缺乏吸引力，而且进镇农民仍旧拥有宅基地，并未改变建设方式，使小城镇不能摆脱村庄建设的模式。如果要求农民承担基础设施建设费用，则进镇"门槛"太高。另外，没有必要的社会保障制度，使进镇农民很难与承包土地脱钩，也不可能实现真正意义上的城市化。还有当前我国农村推行的社会保障制度，主要还是救济性质的，其他方面要靠农民自己解决。一方面是因为农民的认识局限和经济条件的限制，另一方面是因为保险服务的信誉和水平还不高，推广难度较大。

2. 地域分割问题

即使两个小城镇关系十分密切，由于行政区划的原因而不愿意一同进行规划建设，导致两套设施互相不协调并且造成浪费。合理发展小城镇必然涉及到行政区划的适当调整。现有的乡镇行政辖区内的平均人口规模只有约 2 万，大城市郊区则更少。即使一半的人口集中到乡镇驻地的小城镇上，作为一个城市的规模仍嫌太小，配置各项基础设施仍不经济。因此，适当扩大中心小城镇的辖区范围，有利于小城镇的健康发展和推进乡村城镇化的进程。近年来一些地方并乡建镇的经验也证明了这一点。但是，由于涉及人事的安排、利益的调整和乡土观念的改变，实际操作中有一定困难。

3. 城乡分割问题

建制镇属于城市范畴，集镇属于农村范畴，但在市场经济条件下，两者之间并无绝对界线。受城乡二元分割的影响，我国现有的法律、法规和技术标准对大中城市的问题考虑较多，而对与农村密切相关的小城镇的情况兼顾不够。这一现实，尚未在立法和国家标准制定工作中引起足够的重视，导致产生城市规划的有关法规和行业标准不太适用于小城镇，而小城镇单独立法和制定标准又十分困难的局面。

物质环境外观的问题，往往是由于资源投入的方式引起的，而资源投入的方式受到行政管理体制的左右。如何打破行政分割，建立合作关系，是我国小城镇规划的实践与理论探索的重要任务。

第三节 小城镇规划的理论与实践

一、小城镇规划的理论基础

(一) 相关领域的研究

根据Paris的观点，规划理论可以分为两类：一是规划所用的理论(Theories in planning)，即把社会学、经济学、政治学、地理学、心理学等学科中有关的理论"拿来"用于规划领域。二是关于规划本身的理论(Planning Theories)，研究规划的方法和技巧。区别在于前者往往用于理解规划发生的背景，称为"本质的知识"(Substantial knowledge)，后者论述规划如何进行，视作"操作的知识"(Procedural knowledge)。因为前者从逻辑上包括了后者，规划本身的理论，事实上建筑在社会经济理论的基础之上⑬。因此，讨论小城镇规划的理论必须先简要介绍相关领域的研究。

1. 关于乡村问题的研究

这方面的理论与实践探索都相当丰富，其核心内容是强调乡村在整个国家发展中的重要性，强调重视城市与乡村的相互关系，重视小城镇作为乡村中心各项功能的发挥。如梁漱溟先生在20世纪30年代倡导的乡村建设运动⑭，试图用改良主义的方法发展农村，进而推动整个中国社会政治、经济与文化的进步。虽然因为脱离当时我国的实际而未能达到初始的目的，但其重视农村和农民问题对全国的影响、以县为范围进行规划和改革的实验，至今仍有现实意义。乡村研究在国外也有许多实践。如始于二战后的日本的农村整备事业，从一开始的增加粮食产量，争取经济自立，发展到综合改善农村的物质和精神生活条件，试图阻止农村人口的外流⑮。类似例子，还有英国的乡村保护运动，苏联的集体农庄建设等。

2. 关于城市问题的研究

关于这方面的研究，是城市规划的理论基础之一。在我国，城市研究对小城镇规划的影响集中表现在与城市化有关的研究。1990年实施的《城市规划法》，确定了"严格控制大城市，合理发展中等城市，积极发展小城镇"的城市发展方针，但由于城市规划师对经济社会发展政策的参与不多，这一方针事实上的作用十分有限。小城镇问题在20世纪末的重提，主要是经济政策上扩大内需的原因和社会政策上稳定农村的体现，而不是环境建设的原因⑯。关于城市化道路是以发展小城镇为主还是以发展大城市为主的争论由来已久，且仍在继续。这些争论虽然不够全面，但加深了人们对小城镇问题的认识。在国际上，与小城镇密切有关的城市研究，主要是大城市集聚问题以及随之产生的有机分散论，尤其是对卫星城镇的建设实践和新镇运动影响最大⑰。内城(Inner City)问题研究和贫民区改造的实践，虽然从城乡关系研究来讲也对小城镇规划有影响，但不是主流。

3. 关于发展的研究

对经济社会发展规律的研究，也影响了小城镇规划的理论和实践。前面已提到的二元结构论就是一例。在此基础上演化出的三元结构论以及罗斯托的五阶段论，还有所谓依赖模式、生态模式和基本需求分析的理论以及对乡村工业化的研究，都对小城镇规划产生了一定的影响⑱。

---

⑬ C. Psris(ed), Critical Reading inPlanning Theory, Pergaman, 1982

⑭ 郑大华，《民国乡村建设运动》，社会科学文献出版社，2000年

⑮ 何兴华，日本农村整备事业考察报告，建设部出国团组考察报告，1998年

⑯ 参阅中国共产党第十五届三中全会决议和中发[2000]11号文《中共中央、国务院关于促进小城镇健康发展的意见》。

⑰ P. Hall著，邹德慈、金经元译，《城市和区域规划》第四章，中国建筑工业出版社，1985年

⑱ ESCAP, Guidelines for Rural centre planning, 3. UN: New York, 1979; ESCAP, Guidelines for Rural Centre Planning: Rural Industrization & Organizational Framework for RCP, UN: New York, 1990

4．关于规划的研究

这个方面的研究，对整个城乡规划包括小城镇规划理论的影响无需作更多的解释。实证分析、规范理论，决策模型、自下而上方法以及传统城市规划理论、乡村中心规划理论，都不同程度地在小城镇规划中得到了应用。

（二）不同学科的方法[19]

小城镇规划的理论，从不同学科的方法中汲取了营养。

从经济学的角度，研究资源在小城镇上的配置问题，通过空间的合理布局，以较少的投入获取较大的收益。与小城镇规划相关的产业政策、土地制度、财政税收、金融等。

从社会学的角度，研究人在小城镇上的相互关系，通过创造适当的空间避免社会冲突，促进精神文明建设。与小城镇规划相关的社会结构、社区分析、制度关系、人口研究等。

从行政学的角度，研究权力在小城镇上的分配问题，通过政府的有效控制，使各种势力形成合力，维护公众利益。与小城镇的规划管理相关的领导理论、政府研究、立法执法、人事管理等。

从地理学的角度，研究各相关要素在小城镇上的空间分布规律，通过改进小城镇的体系布局和内部结构，提高小城镇的综合效益。与小城镇规划相关的区位理论、人地关系研究、地理信息系统、数理分析等。

从建筑学的角度，研究小城镇设计和建筑设计，通过创造实用经济美观的空间环境，保护地方风貌和民族特色。与小城镇规划相关的乡土建筑研究、城市设计、通用建筑等。

从生态学的角度，研究小城镇污染的防治，促进可持续发展。与小城镇规划相关的乡镇企业污染治理、乡村自然环境的保护等。

（三）影响小城镇规划的核心理论和研究方法

小城镇规划是环境建设规划的一个分支，环境建设规划又可看作政府规划的一个重要方面，政府规划是规划学研究的重点，其中，对小城镇规划影响比较大的有以下几种理论：

1．区域整合思想(Regional Integration)[20]

这一思想是从环境建设规划角度提出的。它可以上溯到霍华德(E. Howard)的田园城市理论，他试图结合城市与乡村居住环境的优点解决城市及整个社会问题。盖迪斯(P. Geddes)进一步看到城市与城市、以及城市与区域之间的相互关系，提出了区域学说和区域规划的思想。芒福德(L. Mumford)继承和发展了他的学说，提出了区域整合理论。后来，著名规划师艾伯克龙比(P. Abercrombie)在伦敦规划中提出，把大约40万人安置在8个新建设的小城镇中，平均每个5万人，建在离伦敦20～35英里的地方；把另外60万人迁移至离伦敦30～50英里的现有小城镇和村庄上，成为这一思想的实践家。可以说，区域整合思想几乎是与城市规划同时发展起来的。但是，在我国认识到区域问题，可以说比认识到城市问题更加艰难。直到现在仍有许多人不能摆脱以城市论城市的老框框，看不到小城镇与村庄建设中存在问题的起因，是长期以来规划师对城-镇-村互相关系的忽视。

2．中心地理论(Central Place Theory)[21]

---

[19] 孙施文，《城市规划哲学》，第四章，中国建筑工业出版社，1997年

[20] 吴良镛，从城市概念到区域概念，《城市研究论文集》，中国建筑工业出版社，1996

[21] W. Christaller, Central Places in Southern Germany, Englewoods N. J., 1933

这一理论由地理学家克里斯塔勒(W. Christaller)于1933年提出的,它的核心内容是假设市场是均匀分布的,那么每个商品交换中心都有一定的影响范围。中心级别越大则影响范围越大,由低级的中心地系统相联系组成了更高一级的中心地系统。根据这个理论,每个城市、小城镇、中心村都应看作是一定地域的中心,而不应有城乡的分割。这个理论对城镇体系规划,特别是作为农村中心的小城镇规划影响很大。1979年联合国亚太经济合作组织出版了《乡村中心规划指南》,把中心地理论作为乡村中心规划的重要的基本的理论依据。

3. 城乡融合论

这个方面的内容比较广泛,但此处特指社会学家费孝通先生的乡村与小城镇研究[22]。他早在20世纪30年代就以对苏南农村的研究在伦敦政治经济学院(LSE)获得博士学位。20世纪80年代初,他的著作《小城镇,大问题》受到当时党的领导人的推荐,影响更为显著。城乡融合论中的发展乡村工业思想和城里人、镇上人、村上人的三分法,对小城镇的发展和规划产生了重大的影响。

4. 可持续发展论

这一概念是于1980年由自然保护国际联盟(IUCN)首次提出的。1987年,在挪威女首相布隆特兰(G. H. Brundland)带领的研究组出版的报告《我们共同的未来》大力宣传下,传播到世界各地的几乎各个领域[23]。它对小城镇规划的影响主要体现在对分散状态下污染治理的关注和对土地等不可再生资源的利用,是促进乡村建设集中进行和小城镇规模扩大的重要理论依据。

5. 融贯综合方法(Trans-disciplinnarity)[24]

吴良镛先生于他的著作《广义建筑学》的方法论一章,对这个方法进行了系统的论述。它应该被看作是整个人居环境领域研究的共同的方法。有趣的是,由于大中城市规模大,各行各业分工细,学科也相对分得细。在大中城市的研究中,规划学、建筑学、房地产以及相关的社会学、经济学、政治和管理科学等大都自成一家;虽然有多学科参与,交叉学科也不断出现,但推进它们互相融合的难度却很大。

小城镇因规模小而功能综合,细分反而不便于研究和实践操作,加上小城镇政府所能依靠的技术力量十分有限,表现在规划上非常需要一个以解决实际建设问题为核心,又同时能论及其他相关内容的规划方法,这就为使用融贯综合的研究方法提供了客观条件。这样就能以规划学和建筑学为主线,根据实际问题的复杂程度,吸收相关学科的参与。正如《乡村中心规划指南》的作者于1979年所指出的那样:开始想写成一本规划学方面的指南,后来发现问题必然涉及到经济学、社会学、地理学和管理学,而这本书的核心又应该是规划建设问题[25],这道出了小城镇作为农村中心进行规划的困难和机会。尽管目前关于小城镇研究的理论水平还不高,但其方法却自觉或不自觉地受到融贯综合研究方法的影响。可以认为,这种方向是正确的。

---

[22] 费孝通,《小城镇四记》,新华出版社,1984年

[23] 张坤民等,《可持续发展论》,中国环境科学出版社,1997年

[24] 吴良镛,《广义建筑学》第9章,清华大学出版社,1989年

[25] ESCAP, Guidelines for Rural Centre Planning, Part, UN, 1979

二、小城镇规划的实践历程

(一) 改革开放前的经验教训[26]

从新中国成立到党的十一届三中全会召开的28年中,我国的小城镇发展与社会主义建设事业一样经历了曲折的历程。小城镇的规划基本上只为个别具有政治意义的项目服务,全国大部分的小城镇和村庄的建设,基本上处于自发状态。

1. 1949～1952年。由于土地改革取得巨大成功,农村生产力大解放,乡村手工业也随之获得较快的恢复和发展,广大农村的小城镇逐步从战争创伤中复苏并呈现初步繁荣。

2. 1953～1957年。粮食统购统销政策开始实行后,小城镇上的米市、粮行立即衰落。私营工商业改造过程中,小城镇上的行业合作化,店组集体化,少数个体手工业因原料和市场的缺乏而被迫停产,小城镇日趋冷落。

3. 1958～1965年。随着人民公社化运动的开展,撤区并乡、政社合一,在大部分地区形成了一个公社一个集镇的体制。公社所在地的集镇有所发展,个别的有规划;但是大批小城镇衰落。1962年后,又将集镇上的手工业者和商人下放务农,一切以粮为纲,小城镇建设进展缓慢。

4. 1966～1978年十一届三中全会召开。由于文化大革命中推行的极“左”政策,农村供销合作社也被迫与国营商业合并,城乡形成国营商业独家经营的单一流通体制,集市禁止,镇上居民被赶下乡,名胜古迹当作“四旧”进行破坏,集镇进一步衰落。但20世纪70年代中期开始,一些公社重新兴办社队办企业,开展农、副、工综合经营,给小城镇发展带来新的机会。

(二) 小城镇与村庄的初步规划

随着农村经济体制改革的推行,农民收入迅速提高,建设量也随之猛增。大量农村住宅的建设改善了广大农民的居住条件,也引发了乱占耕地等问题。1979年,全国第一次农村房屋建设工作会议在青岛召开,提出政府要对农村房屋建设进行规划。并在当时的国家基本建设委员会设立专门机构农村房屋建设办公室负责此项政府规划的管理工作。

为了及时总结实践经验,解决不断出现的新问题,1981年,又在北京召开了第二次全国农村房屋建设工作会议。会议提出,农村房屋建设不可能孤立地抓好,而要扩大到村镇建设范畴,对山、水、田、林、路、村进行综合的规划。会议要求地方政府用2～3年时间把辖区范围的村镇规划搞起来。国务院批转了这次会议的纪要。1982年国家建委与国家农委联合发布了《村镇规划原则》,用以指导村庄和小城镇规划的编制工作,首次提出了把公社范围的村镇作为居民点体系编制总体规划,在这个总体规划的指导下编制单个小城镇和村庄的建设规划。

至1986年底,全国3.3万个小城镇和280万个村庄编制了初步规划,结束了村镇自发建设的历史,扼制了乱占耕地的势头,培养了一批基层规划队伍。但是,由于严重缺乏技术力量、基础资料和适合农村的规划编制办法,加上时间紧、任务重,初步规划还存在着一些问题:一是依据不足,绝大多数地方没有编制县域范围的规划,普遍缺乏社会、经济和环境发展战略作为依据,预测带有盲目性;二是“以点论点”,一般均未编制公社范围的村镇体系总体

---

[26] 袁镜身、冯华、张修志,《当代中国的乡村建设》第2编第4章,中国社会科学出版社,1987年

规划，忽视了居民点之间的相互联系；三是“喜新厌旧”，大量村镇开辟新区或大拆大建，不注意原有设施与建筑物的合理利用；四是过于粗略，套用城市总体规划的编制办法，只划用地块块，项目安排不够细致，指导建设误差较大；五是没有特色，结合自然环境和地方风貌不够，建筑布局过于呆板。

(三) 小城镇与村庄规划的调整完善

在规划实践中，人们普遍认识到“以点论点”的局限性。由于农村商品经济的发展和乡镇企业的崛起，小城镇与村庄的相关性较之农业文明的条件下大为增加。单个村庄的规模太小，不能适应现代农村生产生活的要求，对小城镇形成了依赖。一个中小城市所发挥的居住、劳作、娱乐、买卖等功能，只有在村庄与小城镇的群体网络中才能体现。由小城镇带动周围村庄共同发展成为推动农村经济社会进步的基本条件之一。

1987 年，建设部提出以集镇建设为重点，从乡镇域村镇体系布局入手，分期分批对村镇的初步规划进行调整完善的要求。为了给各地提供示范，建设部还组织了三批规划试点共 76 个小城镇。在此基础上，于 1990 年起草了《村镇规划编制要点》，提出小城镇规划分乡镇行政辖区、小城镇镇区、镇重点地段三个层次的要求。1993 年，建设部与国家技术监督局一起发布了第一个关于小城镇和村庄规划的国家标准《村镇规划标准》。同时加强了与相关政府规划的协调。例如，建设部与原国家土地管理局共同发文，提出了村镇建设规划的调整完善与基本农田保护区划定必须同时进行的工作要求。为了吸引和稳定技术力量下乡从事小城镇和村庄规划设计工作，建设部在等级证书以外，专门开设了村镇规划设计专项证书。调整完善规划普遍强调了村镇体系的观点，逐步更新的观点和村镇规划应与相关规划协调的观点。

但是，乡镇域村镇体系规划仍未打破以乡镇论乡镇的局限。如前所述，现行乡镇的平均人口规模只有约 2～3 万人，作为小城镇的成长腹地仍然太小。

(四) 走向城乡协调发展的小城镇规划

根据《城市规划法》的原则要求和《城镇体系规划编制办法》的具体做法，建设部开始探索县(市)范围的城镇体系规划，选取了一些经济条件较好的县市作为乡村城市化的试点单位，研究在城镇体系规划指导下有重点发展小城镇的做法。同时，起草《村镇规划编制办法》，明确乡镇域村镇体系规划和小城镇镇区与村庄规划的具体要求。还根据不断出现的新情况和中央的政策要求，组织开展村镇建设用地调查，进行小城镇建设项目分散性和不定性对策的研究。

2000 年，国务院办公厅发出文件，要求加强和改进城乡规划工作，并在文件中明确提出要重点搞好县市域城镇体系规划，同时要求加强小城镇和村庄规划的编制工作[27]。传统的城市规划自上而下向区域城镇体系规划拓展，村镇规划则从下而上向同一个目标迈进。城乡规划融合，成为大势所趋。

第四节　小城镇规划的主要内容

一、小城镇规划的基本要求

(一) 规划目标：人本的观点

---

[27] 国办发[2000]25 号关于加强和改进城乡规划工作的通知。

作为城乡规划的一个层面，小城镇规划与大中城市规划、村庄规划的原理应该是共同的。正如城市规划目标是要为居住在规划范围内的人们提供合适的活动空间，小城镇的规划必须为居住在小城镇上的人们提供合适的空间，并通过这种空间规划，促进规划区域内经济、社会、环境的协调、健康与持续发展。值得强调的是小城镇和村庄规划不可分割的特点。由于村庄的规模太小，难以单独满足村庄居民的需要，必须依赖邻近的小城镇。因此，小城镇规划除了满足小城镇上本身居民活动所需要的环境条件外，还必须考虑为周围村庄居民服务的问题。

小城镇规划同样面临着多目标带来的困惑。它除了实现基本的环境目标外，还要服务于经济增长和社会稳定的目标，这些目标之间，往往存在着相互矛盾。在规划历史上，曾有相当长的一段时间存在着"重物轻人"的思想，过多地考虑社会和政治目标而忽视经济目标，或只考虑经济目标的某个方面，而忽视环境目标，"先生产、后生活、先治坡、后治窝"的政策性口号就是一个例子。所以，当今我国强调以人为本、关心大众的规划目标，以真正体现为人民服务的宗旨。

（二）规划任务：长远的观点

我国最早的村镇规划普及读物中，提出的村镇规划的任务是"根据乡村经济发展的要求，适应农业现代化建设和广大农民生活水平逐步提高的需要，结合当地自然条件和经济水平，对村镇中各项建设进行统一部署和周密安排，做到布局紧凑合理，建设协调配套，达到科学地有计划地进行村镇建设的目的"[28]。近二十年来，农村经济、社会和环境不断发展，形势发生了很大变化，村镇规划的基本任务也从单纯安排一个村庄、一个集镇的建设，发展为从更大的区域角度统筹部署环境建设。小城镇规划的任务归纳为五个方面：

1. 评价规划对象的发展条件，即它有哪些优势、哪些局限，适合做什么，不宜做什么等。

2. 预测其发展方向，提出规划对象的基本性质，即规划期限内它将起到什么样的功能作用。

3. 确定人口和用地的规模和结构，即到规划期末要容纳多少人口，建设将使用多少土地，主要部分如居住、公共建筑、工业、道路广场等用地的比重多大。

4. 布置各项用地、基础设施与社会服务设施，包括道路、给排水、电力、通讯等以及商店、学校、医院、文化站等的配备和布局。

5. 安排各项建设的时间顺序。

传统的环境建设规划，一般不注意安排实施的时间顺序，单纯描写终极状态的理想蓝图，因此可能"纸上画画、墙上挂挂"，难以指导近期建设。

（三）规划原则：综合的观点

1. 上承下达。根据高一层次的环境建设规划、国民经济与社会发展计划，结合当地的实际情况，统筹兼顾，综合部署村镇建设。

2. 远近结合。处理好近期建设与长远发展的关系，改造与新建的关系，使村镇性质、规模、速度、标准同经济发展和居民生活水平相适应。

3. 节省资源。合理用地、节约用地，各项建设相对集中，充分利用原有建设用地，新建和扩建尽量利用非耕地。

㉘ 中国建筑科学研究院农村建筑研究所，《村镇规划讲义》，1982 年。

4. 合理布局。有利生产、方便生活,安排住宅、乡镇企业、基础设施和公用服务设施的建设。适当留有发展余地。

5. 保护环境。改善生态、防治污染和其他公害,加强绿化建设,搞好村容镇貌。

(四) 规划层次:区域的观点

小城镇与村庄的规划可分为三个相关层次:县市域范围、乡镇域范围、镇区和村庄范围。

1. 县市域范围的规划主要是为了确定发展重点,协调乡镇关系,明确职能分工,避免遍地开花和重复建设的危害。由于乡镇企业与村庄分散布局的原因十分复杂,不通过更大范围的区域规划难以解决。

2. 乡镇域范围的规划要贯彻落实县市域范围规划的意图,指导镇区和村庄规划的编制。选择乡镇域作为规划的一个层次,是因为:村庄规模太小且依赖于邻近的小城镇,目前乡村居民仍主要在本乡从业,建设投资主要靠集体积累,便于一般基础设施的配置,便于设置管理机构,乡民们仍有乡土观念。

3. 镇区和村庄作为一个规划层次是因为乡镇域还不利于安排具体建设。镇区要划出规划区编制详细规划,村庄一般以行政辖区为范围编制建设规划,村民小组可不单独编制规划[29]。

区域观念的建立是非常重要的,它是打破以村论村和就镇论镇的基础。但是较大范围的区域规划限于规划能力、基础资料和管理水平,编制和实施都有一定困难。

(五) 规划期限:动态的观点

规划不能一劳永逸,必须不断更新发展。任何居民点都没有建设完了之时,只能是某项任务的完成。但是规划又是严肃的,不能随意更改,所以有规划期限。

总体的、高层次的规划期限宜长些,具体的、局部的规划期限宜短些。建议县市域范围规划 20 年,乡镇域范围规划 10~20 年,镇区和村庄规划 10 年,近期 3~5 年,与乡镇长的任期相一致,规划到期前一年应组织续编。

二、小城镇规划的运作程序

(一) 编制:科学性

因为城乡规划的运作程序往往都是通过一定的行政立法程序确定的,所以在不同的时间和地方是不尽相同的。在我国,小城镇受城乡二元经济社会和环境结构的影响,其规划立法尚不完整。设立行政建制的镇,按照《城市规划法》和《城市规划编制办法》进行规划,其他集镇和村庄的规划,按照《村庄和集镇规划建设管理条例》进行。然而,这两者更多的是内容深度的不同,并无原则的相悖[30]。

编制规划首先要收集基础资料,进行调查研究。一般包括自然条件、经济与人口情况、用地与设施的现状、生态环境、历史沿革等。要注意资料是否全面、准确、实用。与大中城市相比,小城镇规划基础资料的收集工作难在缺乏系统,历史积累不多,由于技术力量的问题,往往准确程度也要差一些。这就要求规划师学会去粗取精、去伪存真的功夫,找出可用的部分,服务于规划编制。

---

[29] 参阅建设部《县域城镇体系规划编制要点》(试行)

[30] 参阅国务院《村庄和集镇规划建设管理条例》,建设部《建制镇规划建设管理办法》、《城市规划编制办法》和《城镇体系规划编制办法》。

在调查研究的基础上，对规划对象的问题、优势、局限性进行全面系统的分析，并用图示的方式表达，称为现状分析图。县市域和乡镇域范围的现状分析图至少应包括行政辖区内的区划、土地利用(农林业、居民点、工矿、仓储、水系、绿化等)、主要基础设施与大型公共建筑的分布等情况。镇区和村庄范围的现状分析图还应包括各类建设用地的规模、布局，各种基础设施和各类建筑的分布与存在问题的分析等内容。

在正式开始编制具体规划方案之前，要先提出规划纲要，对规划中所涉及的重要问题提出解决的初步意见，供人民代表大会和相关部门、专家讨论。这样可以避免重复劳动，提高工作效率。这些问题一般包括：根据上一层次规划的要求，分析规划对象的性质和发展方向，明确在区域中的地位和职能；根据自身的优势、局限，评价其发展条件，明确长远目标；预测人口规模和结构的变化以及城市化水平；提出大的布局调整建议、基础设施和大型建筑的配置方案；确定建设用地标准和指标等。

在规划纲要取得共识后，进行具体的规划编制，要多方案比较，不断征求各方面意见，进行调整和取舍平衡。

(二) 审批：严肃性

我国的小城镇规划审批制度，是最近 10 年才建立起来的，正在不断完善。审批根据小城镇的行政级别分权进行：县和县级市域城镇体系规划以及小城市、县城镇以及一些特别重要的建制镇的总体规划，由省(自治区)人民政府审批，乡镇域村镇体系规划以及县城以外建制镇、集镇和村庄的规划，由县(市)人民政府审批。审批通常由各方代表参加的部门联席会议和专家组进行审议，充分发表意见，进行规划评估。再由规划建设行政主管部门综合大家的意见，反馈给规划编制单位，对上报规划进行修改完善。正式的审批意见，由相应级别的人民政府根据法律规定的权限行文。

(三) 执行：权威性

根据《中华人民共和国城市规划法》的规定，建制镇属于城市范畴，镇规划区的规划管理与设市城市一样，实行"两证一书"制度，即各建设项目都要在开工前办理建设用地规划许可证、建设工程规划许可证、选址意见书。村庄和集镇要有选址意见书、开工许可证。在执行规划的过程中，要准确及时地反馈意见，但不得随意更改规划。如果确实需要修改，需按规定的程序、权限进行。规划到期前，应组织继续编制。

三、小城镇规划的技术标准[31]

(一) 村镇规模分级

小城镇规划的实践与理论都表明，每个居民点均不是孤立存在的，特别是由于小城镇与村庄的规模比较小，单独一个居民点难以适应现代社会人们生产生活的基本需要。因此，小城镇规划的基础理论就是区域整合，通过培育乡村中心，完善城镇和村镇体系，以城带镇、以镇带村，促进城乡共同发展。按照各居民点在居民点体系中的地位与职能，《村镇规划标准》将其分为基层村、中心村、一般镇、中心镇四个层次。按规划范围的常驻人口，又分为大中小三级，所以在我国小城镇与村庄规划中，居民点共分为 12 级。

(二) 人口预测

---

[31] 参阅《村镇规划标准》(GB 50188—93)

把人口预测作为城乡规划技术标准的主要内容，虽然有不少困难和方法上的争议，但仍普遍应用。与大中城市比较，小城镇与村庄上居民离开本居民点的比例和频率更高，也更难预测。目前，国家标准提倡使用的方法是综合分析法，此外还有劳动平衡法和产值推算法等。

综合分析法把规划范围的人口分为常住人口、通勤人口和流动人口。常住人口又分为村民、居民和集体三类。村民是规划范围内的农业户人口，居民则是非农业户人口，集体指单身职工和寄宿学生等；通勤人口是劳动、学习在规划范围而居住不在规划范围的人口；流动人口是出差、探亲、旅游、赶集等临时在规划范围活动的人口。然后，分别采取按自然增长和机械增长的方法进行计算。

（三）用地控制

小城镇与村庄建设用地的控制，采取分类和设定标准的办法。村镇建设用地分为居住建筑、公共建筑、生产建筑、仓储、对外交通、道路广场、公用工程设施、绿化、水域及其他十大类别。再在此基础上细分为28小类，例如：公共建筑用地又分为行政管理、教育机构、文体科技、医疗保健、商业金融、集贸设施等六小类。

人均建设用地分为五级进行控制，最低不少于人均50m^2，最高不高于人均150m^2。各项建设用地的比例构成，也在《村镇规划标准》中作了规定。以中心镇为例，居住占30%～50%，公建占12%～20%、道路广场占11%～19%，绿化占2%～6%。由于我国各地村镇的用地条件很不相同，特别是随着市场经济体制的逐步建立，流动人口增加较快，计算时要十分注意分母（人口）的构成和多重占地的问题。

我国耕地总量和人均数都十分有限，因此国家采取了最严格的耕地保护政策。这项政策要求，全国耕地要做到动态平衡，建设用地要基本在“内涵发展”。由于耕地总量的动态平衡难以在一个很小的范围内实现，建设用地内涵发展不是指所有现状居民点都保持原样。小城镇和村庄规划，要在各个层次严格遵守国家有关政策，使耕地总量动态平衡和建设用地内涵发展的政策落到实处。

四、不同类型小城镇规划的特点

小城镇量大面广，可以根据不同的需要用不同的分类方法进行分类。例如，从功能的角度，可以分为乡镇企业型、农业服务型、交通枢纽型等。考虑到小城镇规模小，受周围环境影响大，从讨论规划问题的需要出发，本章主要从空间层次的角度将小城镇作如下分类[32]：

（一）位于大中城市辐射范围之内的小城镇

1. 大中城市都市圈内的小城镇

这类小城镇因就近接受大中城市的经济辐射，在资金、技术、信息等方面有独特的优势。其中有的小城镇，在未来可能成为大城市的一个组团。这类小城镇的规划，必须在大城市的总体规划中共同考虑，关键是当前的建设不能给将来的发展制造障碍，形成二次改造。该类小城镇特别有必要作控制性详细规划，以利于规划管理。

2. 可作为大中城市卫星城的小城镇

这类小城镇规模往往较大，基础条件较好，距离大中城市比前者略远（一般30～50km）。但是它们与大中城市有较为便捷的交通联系，接受大中城市产业扩散和人口分流的任务。

---

[32] 张军，小城镇规划的区域观点与动态观点，《城市发展研究》，1998年第1期

该类小城镇一般会有较大的发展潜力，其城市规模、性质、职能都应结合大中城市的规划进行统一考虑。

3．位于大中城市卫星城圈内的小城镇

这类小城镇位于前两类小城镇之间，接受中心城市和卫星城的双重辐射，其本身对镇域范围的辐射较弱。由于中心城市和卫星城二、三产业的发展需要大量的劳动力，小城镇的人口将大量向卫星城和中心城市迁移，本身的人口规模反而较小，农业劳动力的非农化也将大量出现在这些地区。镇域的发展主要是为中心城市和卫星城服务的第一产业（如蔬菜、水果、养殖业等）和为城市工业配套的第二产业。城镇的功能除重点为农业生产服务外，可发展一些小型的加工工业，其他较大型的产业应集中到卫星城去发展。城镇的公共设施也应尽量利用中心城市和卫星城，不宜搞小而全的重复建设。

（二）位于大中城市辐射范围之外的小城镇

这类小城镇因其处于大中城市辐射范围之外，相对比较独立，因此其发展可以放在相对封闭的县城范围内考虑。根据其在县域范围内的地位，这类小城镇又可分为三种：

1．县城镇，是全县的政治、经济和文化中心，交通便捷，其服务范围可覆盖整个县行政辖区。

2．县城镇以外的中心镇，是县域范围内的次级中心，常位于位置适中、交通条件较好的地方，尽管在行政级别上与其周围乡（镇）并无区别，但实际上担负着为周围几个乡（镇）服务的职能。

3．一般镇，是一个乡（镇）的中心，其职能是为本乡（镇）服务，人口规模和经济规模一般要小于中心镇。

（三）有特殊区位条件的小城镇

1．作为传统物资集散地的小城镇：在长期的历史发展过程中逐步成为特定区域的流通中心，其辐射影响范围，具有相对稳定性，不受行政区界线的限制。

2．位于重要交通干线沿线或其交叉点的小城镇：包括铁路、国道、重要航道沿线和交汇口的小城镇。由于优越的交通、信息、市场等条件，是发展工业和第三产业的理想场所。

3．位于边境线附近的小城镇：包括国境线和国内省、市界线等。由于边境地区分属不同的行政区范围，存在关税差别（不同国别之间）、经济政策差别（不同地区之间），因而边境贸易的活跃和发展，必将促进作为其依托的边境线附近的小城镇的兴盛和发展。

因此，小城镇规划要在综合考虑社会、经济、生态等因素的前提下，注重分析小城镇的空间层次特点和区位条件对小城镇土地利用和开发潜力的影响，以便确定土地开发和建设的重点，并在用地规模上予以保证。

第五节　小城镇规划的发展前景

一、推进城乡规划体系的建立

研究小城镇的规划问题，不应以城乡划分为障碍。它与大城市规划问题相对应，实际上是规划学必须面对的另一个课题。环境建设规划，作为政府干预社会发展的重要手段，自从开始实践的最初阶段起就是同时考虑城市与乡村的。但是由于时代与社会制度等方面的局限，城市与乡村规划关系的改善还没有达到既定的目标，但它作为理想主义的规划思想，至今仍有深刻影响。因此，城市规划在国际上已经广泛称作"城乡规划"、"城市和区域规划"。

村镇规划的一些提法，尽管具有明显的中国特色，却无疑是国际城乡规划理论和实践的重要组成部分。我国村镇居住的人口有世界人口的六分之一，正在经历深刻的社会变革，经济全球化、社会城市化的冲击，使得城市规划工作者必须面对快速变迁中的村镇，特别是作为农村中心的小城镇。从我国自身的实践看，村镇规划也已经从农村房屋的建设规划，发展到了一定区域范围内的城镇体系规划，城乡融合规划的条件基本具备。

二、促进人居环境科学的研究

研究人类聚居发生、发展的一般规律，不可能不包括小城镇和村庄[33]。聚落从大到小，中间并无界限。人们为了统计、研究和行政管理的方便才设立了划分的标准。可是，聚落规模的变化确实有个从量变到质变的问题。聚落小到一定程度便不能满足居民的日常生活要求，必须向上一级聚落寻求服务。实际上对于每个人，都有一个生存所需的基本环境单元。这个单元因人因时因地而异，或大或小、或集中或分散，只有利用统计方法才可以发现其一般规律。

三、参与相关政策的协调

按照特纳(J. Turner)的理论，任何一个人居环境的变化至少要有组织、投资、用地、规划、技术、建造、维护七个步骤，每个阶段都有许多相关的人们参与决策[34]。此外，还有相关的户口政策、财税政策、产业政策、土地政策、环保政策、区划政策和社会保障政策等，都与小城镇规划密切相关。小城镇规划工作者要学会协调各方面的意见，才能发挥更好的作用。城乡规划的理论也要不断发展，与决策科学接轨，才能让更多的人理解和尊重。

四、重视地区文化的保护与精神文明建设

传统村镇和地方建筑是我国历史文化遗产的重要组成部分，保护好传统村镇和地方建筑，对于继承悠久的历史文化遗产，进行爱国主义教育，促进社会主义精神文明建设都具有重要的意义。在快速发展的过程中，这一点显得更加重要。历史的经验显示，现代化的人居环境，除了能方便地满足人们衣、食、住、行等多方面的要求外，还应满足人们精神上高品质的追求。国内外许多著名城镇之所以至今仍散发着无穷魅力，正是由于仍保存着完好的地方特色和历史风貌。许多国家在经济高速发展的初期阶段，急于改变物质生活条件，往往忽视历史文化遗产的保护工作。待经济发展到一定水平，重新追求高质量精神生活，重视社会的文化渊源时，优秀的历史文化遗产已大量遭到破坏，造成无法挽回的遗憾。我们要吸取国外的深刻教训，在保护历史文化遗产的危机时期，切不可重复这种历史性的错误。

五、更好地发挥群众自治组织的作用

公众参与是改进城乡规划编制与实施管理的重要手段。小城镇的规划要提高科学性，

---

[33] 吴良镛，关于人居环境科学，《城市研究论文集》，中国建筑工业出版社，1996

[34] J. Turner, Channels and Community Control, in D. Cadman & G. Payne(ed), The Living City, Routledge, 1990

并能真正落到实处,必须要有广泛的群众基础。因为小城镇建设投资主要依靠市场机制和群众集体的积累,只有让群众了解规划、理解规划,才能让他们支持规划和遵守规划。村民委员会是我国社会主义条件下群众自治组织的一种形式,作为联系政府和农村广大群众的桥梁,对于执行政府规划具有十分重要的作用。可以通过培训、教育和宣传,提高村民委员会领导对规划的认识,增强他们执行小城镇和村庄规划的自觉性。

(何兴华)

主要参考文献:

[1] 费孝通.论中国小城镇发展.中国农村经济,1996 年第三期

[2] 周一星.城市地理学.商务印书馆,1995

[3] 郭彦弘著.陈浩光译.城市规划概论.中国建筑工业出版社,1992

[4] P. Hall 著.邹德慈、金经元译.城市和区域规划.中国建筑工业出版社,1985

[5] 吴良镛.关于物质规划的讨论.城市研究论文集.中国建筑工业出版社,1996

[6] W. Lewis. Economic Development with Unlimited Supplies of Labourer. Manchester School,22,1954

[7] 郭书田、刘纯彬等.失衡的中国.河北人民出版社,1990

[8] 国务院发展研究中心.中国:世纪之交的城市发展.辽宁人民出版社,1992

[9] 何兴华.中国人居环境的二元特性.城市规划,1998 年第 2 期

[10] 袁镜身、冯华、张修志.当代中国的乡村建设.中国社会科学出版社,1987

[11] C. Paris(ed). Critical Reading in Planning Theory. Pergaman,1982

[12] 郑大华.民国乡村建设运动.社会科学文献出版社,2000

[13] ESCAP. Guidelines for Rural Centre Planning. 3. UN: New York,1979

[14] ESCAP. Guidelines for Rural Centre Planning: Rural Industrization & Organizational Framework for RCP. UN: New York,1990

[15] 孙施文.城市规划哲学.中国建筑工业出版社,1997

[16] 吴良镛.从城市概念到区域概念.城市研究论文集.中国建筑工业出版社,1996

[17] W. Christaller. Central Places in Southern Germany. Englewoods N. J. ,1933

[18] 费孝通.小城镇四记.新华出版社,1985 年

[19] 张坤民等.可持续发展论.中国环境科学出版社,1997

[20] 吴良墉.广义建筑学.清华大学出版社,1989

[21] 中国建筑科学研究院农村建筑研究所.村镇规划讲义,1982

[22] 张军.小城镇规划的区域观点与动态观点.城市发展研究,1998 年第 1 期

[23] 吴良墉.关于人居环境科学.城市研究论文集.中国建筑工业出版社,1996

[24] J. Turner. Channels and Community Control. in D. Cadman & G. Payne(ed). The Living City. Routledge,1990

第十四章　城市规划的新技术运用

随着经济、社会、科学技术(特别信息技术)的迅速发展,近20年来,我国城市规划工作,无论从学科的内涵到所采用的技术手段,都发生了深刻的变化。有关各章对其内涵的演变已有详尽的论述,本章着重就采用技术手段方面,取得的成绩和进展,加以阐述。

城市规划研究内容涉及到城市的经济、社会、环境的诸多方面;不仅要了解它的过去、分析现在,还要预测未来。它已吸收了几十个学科的知识,成为一门跨学科的综合科学。面对浩瀚的数据,如何快速收集?如何综合分析?又如何将规划方案和成果,生动、艺术、而科学地加以显示?始终是城市规划工作者苦苦探索的难题。近20年,由于党和政府的领导与支持,城市规划工作者积极探索,我国城市规划领域在采用新技术方面,已取得了长足的进展。

第一节　遥感技术的应用

一、遥感技术的发展趋势

"遥感"这个术语是20世纪60年代初期,由美国海军研究部门的地理学家提出的。美国摄影测量协会出版的《遥感手册》(第二版)对遥感作了通俗而简练的概括:"遥感就是不直接接触某个物体,而能获得该物体的有关信息。""最简单的例子,人类的眼睛就可以被看作是一个遥感的传感器,因为它可以通过视觉感知周围世界的信息。可是一般用遥感这个名词,是指通过飞机或卫星获得的照片或其他的数据,来收集和处理有关地球环境的信息,特别是它的自然和文化信息"❶。

但遥感技术可以追溯到18世纪的中叶。因为遥感技术和摄影有密切的关系。据报道:1859年,达格雷(Gaspard F. Tournachon,以后又称"Nadar")用气球拍摄了第一张著名的气球相片,所拍摄的地区是靠近巴黎附近的村庄,叫 Petit Becetre。此后,于1860年,金(Samuel A. King),布莱克(James W. Black),利用离地1200英尺高的系留气球,拍摄下了马萨诸塞州波士顿的相片❷。

随着运载工具(飞机、卫星等)和遥感仪器的迅速发展,遥感技术也日益完善。1959年8月美国探索者-6(Explorer-6)传回来第一张地球的卫星照片。1972年7月23日,美国又发射了第一颗专门为收集地球表面和资源数据的卫星,称为地球资源技术卫星-1(Earth Resource Technology Satellite,简称ERTS-1)❸。所以,从20世纪60年代开始,遥感技术已

---

❶ Editor: David S. Simonett, Manual of Remote Sensing (second edition), American Society of Photogrammetry, 1983, Volume 1, p.1

❷ 同上 p.2

❸ Editor: David S. Simonett, Manual of Remote Sensing (second edition), American Society of Photogrammetry, 1983, Volume 1, p.7

不仅限于航空遥感技术，还产生了卫星遥感技术。遥感仪器也不限于航空相机，还出现了可见光、非可见光的多波段扫描仪、测视雷达(全天候工作仪器)等多种设备。

卫星遥感有获取信息快、费用较低等优点。但对于城市来说，长期以来，卫星图像的分辨率(注：指一个象素的大小)较低，美国地球资源卫星的分辨率为20m(全色)，法国斯波特(SPOT)为10m(全色)，印度卫星为5.8m(全色)。可以编制影像图的比例尺分别为：1/100000、1/50000、1/25000。因此，作为城市的背景分析或宏观的区域调查分析，比较实用。而作为城市内部的微观或工程性的调查研究，如编制1/500～1/10000的影像图，还是要依靠航空遥感技术。所以，长期以来，城市规划主要依靠航空遥感技术。直到1999年9月，美国1m分辨率的埃科洛斯(IKONOS)卫星发射成功，形势才发生了变化，利用它可以编制1/10000的影像图(黑白)。总体规划的编制，就可以依靠卫星遥感技术来获取信息；还可以用于分区规划的宏观调查。目前，它的费用还较高，但随着多家公司要发射1m分辨率卫星计划的实现，价格将会降低。于是，卫星遥感和航空遥感平分城市规划应用领域的局面，将会出现。

二、我国城市规划利用遥感技术的发展趋势和特点

改革开放后，我国城市建设的规模和速度加快，城市面临的问题和矛盾日益增多，原有的规划已不适应新的经济社会发展的需求，要求修改和编制新的规划，已成为紧迫的任务。而原有的地图、资料也已陈旧，无法满足规划需求。城市迫切需要新的技术和方法，来改变我国城市规划界感到最棘手的问题-现状调查和地图更新问题。

1978年，在中国科学院主持下，与云南省、国家有关部门(地质矿产部、国家测绘局、林业部等)，联合开展了云南腾冲遥感试验，作了大量的区域遥感基础试验和应用的研究工作，遥感技术的威力开始引起广泛的关注。接着，1980年中国科学院和天津市又选择天津-渤海湾作环境遥感试验，遥感技术开始以城市和周围环境作为对象加以研究，其目的是“探索在大范围内进行环境监测、环境质量评价和城市规划的新技术和新方法，并为防止污染、保护生态环境、城市建设提供重要的科学依据”[4]，为城市遥感指明了发展方向。他们成功的探索和研究，引起了更多的国家主管部门和地方政府的重视。

1983年，地质矿产部、城乡建设环境保护部、北京市人民政府共同签订了“北京航空遥感综合调查协议书”，协议书规定：

1. 北京航空遥感综合调查为三方联合进行的多学科综合调查重点项目，它的性质为工程性兼科研性。

2. 调查的宗旨是，利用航空遥感技术、辅以航天遥感资料、广泛深入地为首都城乡建设及城市科学搜集基础资料；解决一些城乡建设中急需而又可能解决的实际问题，同时探索城市现状实时综合调查的最经济合理的现代化方法技术。[5]

历时4年，33个中央和北京市的单位联合攻关，240余名科研人员刻苦钻研、奋力拚搏，完成了41个课题，涉及14个部门的业务(注：23项填补了北京资料的空白)。成果在政府决策、管理方面发挥了十分突出的作用，大多数的成果也在城乡规划、建设、管理中得到广泛

---

[4] 中国科学院环境科学委员会、天津市环境保护局编，陈述彭“城市环境遥感的开端”(代序)，科学出版社，1985年，p.1-6

[5] 地质矿产部、建设部、北京市人民政府，“北京航空遥感综合调查协议书”，1983年

地应用,取得显著效益。[6]终于圆满地完成了规定的任务,并于1987年,获得国家科技进步一等奖、北京市科技进步特等奖。

天津、北京的成果,都生动、深刻地显示了遥感技术是城乡规划、建设、管理的强有力的现代化调查、分析工具。与此同时,广州(1984.6～1987)、太原(1987～1989)、呼和浩特(1987～1991)、上海(1988～1991)等城市都先后开展了航空遥感综合调查。

1987年7月,城乡建设环境保护部城市规划局、科技局、中国建筑学会城市规划学术委员会在昆明,联合主持召开"遥感、计算机技术在城市规划中应用交流会"(简称:昆明会议)。在会议上广泛的交流了应用新技术的经验。建设部副部长周干峙同志给予充分肯定,明确指出:"这两项技术(注:指遥感、计算机技术)不是一般的技术问题,是关系到城市规划、城市建设发展的带有革命性的技术问题,对城市规划具有重大的战略意义。"[7]这次会议,在中国城市规划领域,是具有历史意义的重要会议,把新技术推向了应用的新阶段。会议肯定了北京的经验,并要求"凡已有航片的城市,要努力开发,积极应用这些资料,为城市规划设计和管理提供科学的依据。"[8]随后,一些中等城市也利用已有的航片,开展了规模不等的航空遥感调查,遥感技术就逐渐地推广开来。

20世纪80年代初,我国遥感技术尚处于起步阶段,由于国家科委、中央有关部门的倡导与支持,同时遥感又是可以广泛应用于各个行业的现代化调查工具,因此大家也热心学习与探索。当时,遥感综合调查多采取统一领导、跨部门、多学科的方式进行组织和工作。建设和城市规划部门往往是积极的组织者,如北京、广州、上海等。国土资源,在地方一般是由计划部门主管,有些地区是由计划部门出面组织,城市规划部门同样也是热心的参与者。通过遥感调查,城市规划部门成为最大的受益者,无论从宏观或微观上,都加深了对本地区的综合认识和了解,有的甚至从根本上改变对原有一些问题的看法。同时也使城市规划工作者熟悉了新的、现代化的调查手段,提高了规划的效率和质量。随着遥感技术的推广和普及,有些中小城市也根据自已的需要、财力和条件,因地制宜,开展了一些专项的遥感调查,也收到明显的效果。

从总的发展进程看,中国的城市遥感从20世纪80年代的后期已经由试验探索阶段,转向实用、深化的阶段。仅根据公开报道、不完全的统计,先后进行过遥感调查(包括单项调查)的城市已达30余个。计有:4个直辖市;9个省会城市:长春、广州、南京、武汉、杭州、沈阳、呼和浩特、合肥、南宁;还有其他一些城市:襄樊市、宜昌市、沙市(湖北),青岛市、威海市、青州市(山东),延吉市、佳木斯市、公主岭市(吉林),绍兴市、宁波市(浙江),无锡市、盐城市(江苏),唐山市、秦皇岛市(河北),佛山市(广东),白银市(甘肃),晋城市(山西),岳阳市(湖南)、铜川市(陕西)等城市。实际上还不止上述数字,因为不少单位都默默无闻地作了大量工作,而自已很少宣传报道。还有一些城市仅利用航空照片制作地图,未提取其他信息的,也未统计在内。

从六个大城市的综合调查应用领域的分析,可以清楚了解到我国城市遥感应用的广度与深度。各城市的热点首先集中在影像图,比重达到16%,因为这是遥感调查的基础,也是

[6] 朱光亚、周光召主编,中国科学技术文库环境科学综合卷,"北京航空遥感综合调查"条目,1998年,p.862

[7] 建设部城市规划局编,《遥感、计算机在规划工作中的应用》,东北城市规划中心,1988,p.8

[8] 同上,p.4

城市规划工作者最希望解决的问题-地图如何保持现势性；其次是地质环境、灾害；再次是土地问题，水资源与水环境，绿化与林业，建筑等。有些项目虽然所占比重不大，但是，几乎每个城市都作了调查，如对固体垃圾。北京在国内首次利用遥感技术，把一个省市范围内长城现存状况（完好或破损），科学地调查清楚。北京市市域内长城实际长度为629km（沿地形的实际长度）。成果图见（图14-1）。

图14-1　万里长城北京段分布图

六个大城市的综合调查应用领域分析表（课题数目）　　**表14-1**

应用领域	北京（1983～1986）	广州（1984.12～1987.6）	太原（1987.6～1989）	上海（1988～1991）	呼和浩特（1987～1991）	重庆（1992.9～1995）	总　计
1. 影像图	5	7	6	4	4	1	27
2. 地质、灾害、建筑材料矿产	5	8	6	2	3	2	26
3. 地貌、土壤	1	2		1			4
4. 林业、植被、城市绿化	3	3	2	3	2	2	15
5. 水资源、污染、给排水、水土调查	4	2	3	7	1	3	20
6. 大气环境（包括污染源调查）	2	1			1		4

续表

应用领域	北京(1983～1986)	广州(1984.12～1987.6)	太原(1987.6～1989)	上海(1988～1991)	呼和浩特(1987～1991)	重庆(1992.9～1995)	总计
7. 固体废弃物及填埋场等	1	1	2	2	1		7
8. 城市热场及热岛	1		1	1			3
9. 易燃易爆源	1		1				2
10. 农业(估产、保护地、农业区划、农业地质)	4		1				5
11. 土地(多时相城市用地的扩展、体育设施等专项调查)	5	3	1	9	5	1	24
12. 文物(包括多时相文物变化)	2						2
13. 建筑(建筑密度、高度、危旧程度、工地)	3	2	2	2	1		10
14. 交通(包括陆上、水上交通)	1	1		2			4
15. 基础研究(光谱特征研究)及其他	3	1	3	2			9
小计	41	31	28	35	18	9	162

资料来源：根据各城市的综合调查报告。

从实践来看，城市规划应用遥感技术，在以下几个方面起着关键性的作用：

(一) 拓宽了城市规划研究的内涵，开阔了规划师的视野

长期以来，规划师对物质规划比较熟悉，关心的数据主要是人口、土地、房屋等，但是社会经济的发展提出来的，如：环境，生态，可持续发展等新课题，就不是很熟悉，搜集这方面的数据也遇到困难。而从上述分析表中，却可以清楚地看到，很多领域的数据都可以利用遥感技术获得。从某种意义上讲，这为我国城市规划的改革，拓宽规划研究的内涵，创造了十分有利的条件。

(二) 引入了最经济、合理的综合调查手段

一次遥感图像的获取，多个行业都可以利用，所以是最经济的。遥感图像记录的信息是地物的光谱特性，它又是综合性的，也可以说是包罗万象。从六个城市调查的结果看，数据是如此丰富，也充分说明了这一点。不同专业的遥感专家之所以能够提取他们需要的信息，关键是他们把自己的业务知识和遥感影像特征结合起来了。目前我们规划师能够自己提取的信息还有限，潜力尚未充分发挥。虽然规划领域也培养出一些既懂规划又懂遥感的人才，但人数还太少。只有大力培养规划师，使之掌握遥感技术，城市规划界才能充分掌握这门最

经济的、合理的综合调查手段。

(三) 为能采用最新影像地图，探索出经济实用的方法

地形图是城市规划最基础的资料，但普通地形图(也称线划图)，一般生产周期都很长，为了解决这个难点，发达国家都采取既生产普通地形图，又编制影像图(称为姊妹图)，互为补充。影像图就是利用航空摄影的照片(也包括卫星照片)，经过测绘仪器，改正了飞机姿态和相机带来的误差，编制而成。目前已经发展到，利用计算机和数字摄影测量技术来纠正，进行大批量地生产。影像图生产周期短，费用低。世界公认的方法，就是把两种图结合使用。

影像图在我国，是经历了比较曲折的发展，才真正为城市规划界所认同。早在 20 世纪 70 年代末，沈阳市城市规划设计院就曾试验生产过 1/1000 的影像图，并受到好评。[9]但这项成果未得到推广应用，原因是多方面的，如，技术设备当时多是依靠进口，难于推广；再者，当时城市规划师很不习惯使用影像图。

到 20 世纪 80 年代中，城乡建设的规模空前扩大。像北京，1984 年竣工建筑面积就达 818 万 m^2，相当于解放时北京旧城总建筑面积的 46%。地物变化如此巨大，不研究制作影像图，是完全没有出路的。所以北京航空遥感调查时，就编制了系列影像图，1/100000 的市域卫星影像图，1/25000 规划市区航空彩色红外影像图，1/5000 规划市区黑白影像图和与之相配合的土地利用详查影像图(上述图均经过纠正，符合定位精度要求)。从此开始，就在规划师中推广影像图，在编制分区规划时，取得了很好的效果，使规划的基础数据扎实，分析问题的深度加深，得到赞许。

一般的影像图是中心投影，不适用于对丘陵和山区，而北京 2/3 面积是山区。因此北京市第二次航空遥感调查，在 1989～1992 年，又研制了系列的正射影像图(1/25000，1/10000，1/5000，1/2000)，分别覆盖市域和规划市区，总图幅数达到 2075 幅。[10]这就为普及正射影像图的应用打下了更好的基础。北京市城市规划设计研究院，于 20 世纪 90 年代开始，从总体规划到详细规划，以及工程项目，都普遍利用了影像图，并把影像图和线划图结合起来应用，并探索出一套经济实用制作影像图的方法。

广州市 1995 年进行航空摄影，制作了 1/2000 数字正射影像图和 1/5000 彩色数字正射影像图，覆盖市区范围 1440km^2。到 1999 年又进行航摄航空摄影，覆盖区域扩大到 2200km^2。随即建立多时相(1995 年、1999 年)的影像图数据库。图的比例尺为 1/5000，1/2000，影像有彩色和全色两种。数据量达到几十个 GB(千兆字节)，技术上也有所创新。虽然投入的人力、物力不少，但效果突出，不仅使规划部门和城市规划师能够及时获得直观、丰富的信息，提高了工作效率，也使各级领导更容易了解城市规划，指导规划，反映极好。

我国几个大城市上海、北京、天津等都制定和拟订了定期利用遥感技术，及时更新基础数据的计划。随着我国测绘科学家的努力，在全数字摄影测量技术方面，也获得了新的成功。目前，已经有我国自主版权的商品化软件销售，并进入了国际市场，获得好评。我们完全可以应用这类国产软件，来制作影像地图，加快推广的进程，提高制作效率和质量。

国外高分辨率的卫星出现，使及时更新影像图也变成了现实。长期困扰城市规划师，地

---

[9] 沈阳市城市规划设计院，城市航摄千分之一影像图试验情况介绍，《城市规划》1978 年 1 期，p. 30

[10] 张其锟，北京遥感进展，全国地方遥感应用协会第一次代表会议经验交流材料，1993 年 10 月

图不能及时更新的问题,从技术上讲,已经解决了。

(四) 为研究和制定城市规划,提高了科学性

遥感信息,除了具有信息的综合性以外,还有几个特性,非常切合城市规划的要求。

1. 具有可动态分析的特性

国际上已经有学者主张作动态的城市规划。实际上事物的发展就是动态的。所以城市规划经常需要从历史的发展,展望长远,以掌握事物发展的规律。一旦有了不同时期的遥感资料,规划师就可以动态地研究城市。六个城市在航空遥感调查中,作了很多动态研究项目。北京利用四个时期(1875,1951,1959,1983)的历史资料和多时相航空照片,对古建筑的分布状况作了系统分析,结论是在十年动乱中损失最为严重,同时还发现一些值得保护的古建筑。上海在20世纪80年代的遥感中,为了浦东的开发,利用三个时期的航空照片(1981,1984,1987),作了土地利用综合调查及用地结构的变迁,并编制了专题系列图件,为浦东新区的总体规划构思及重点开发区的确定,做出了重要贡献。[11] 多时相的动态分析与研究,揭示了城市在发展过程中的一些规律性的问题,提高了应用研究水平。[12] 几乎六个城市,都对建成区和土地利用发展变化作了研究。

2. 具有可多层次分析的特性

遥感资料,由于有不同的分辨率和比例尺,因此,就可以既作宏观的、战略分析,又可以作微观的、战术的分析。只有在科学的宏观分析指导下,才能做出微观的正确决定。在一般情况下,很容易"只见树木,不见森林"。1983年,北京利用遥感资料,编制了北京市建筑工地分布图,使领导一目了然:工地如此分散,犹如"天女散花"。这就促使领导下决心治理,提出了"治乱、治散、治软"的方针。这充分说明遥感在辅助战略决策上的重要作用。

3. 具有可重复处理的特性

在科学研究中,可重复性是一个重要的衡量标准。一般社会调查要重复进行调查,是十分困难的,有时几乎是不可能。但是,对遥感资料,完全可以做到。只要妥善保存遥感资料,可以要求不同的人员,对资料进行多次解译、分析,检查其分析结果的正确性。特别是目前,我国解译分类标准尚不够完善,一旦有了新的要求,就可以结合新标准或新要求,重新解译分析,这就便于进行历史的对比分析。

从上述的特点,可以明显地看出,遥感是和城市规划理论与方法紧密相连的,充分发挥这些特点,将会大大地提高城市规划的科学性。

第二节 计算机技术的应用

一、城市规划领域应用计算机技术的趋势

计算机是发展最为迅速的技术之一。美国城市应用计算机技术在世界上走在前列。从1974年开始,美国国家科学基金支持一个长期跟踪的研究项目,称为"城市信息系统"(Urban Information System),一直到1997年才结束。它的任务就是研究全美国城市政府应用

[11] 程之牧等,"上海市遥感应用研究现状与展望"《国土资源遥感》杂志,1996年1期 p.6

[12] 同上,p.5

计算机信息系统的状况和效果。作为政府部门的城市规划单位,当然也在此研究之列。因此对推动美国城市规划部门应用计算机技术,起着十分积极的作用。笔者于 20 世纪 80 年代末,曾根据美国书刊的报道,对 94 个城市作过不完全的分析,其中 60 个城市的规划部门都应用了地理信息系统。[13]这也可以说明,到 20 世纪 80 年代末,美国城市规划部门应用计算机已经比较普遍。

从计算机的发展历史来看,20 世纪 80 年代进入了一个新的阶段,那就是出现了个人计算机。在此之前,应用计算机,都是在大型机、小型机上,大大地限制了计算机的普及应用。从 1980 年开始,计算机技术进入普及的崭新阶段。

美国规划协会杂志是美国规划界的权威杂志。他们在引导美国城市规划界应用计算机方面,作了大量细致的工作。回顾一下他们发表的文章,可以从一个侧面,了解美国城市规划师应用计算机的进展和状况。

从 1985 年春,"规划师笔记"(Planner's Notebook)栏目的编辑塞威基(Sawicki),首先发表了一篇文章"微型计算机在规划中的应用",实际是相当于前言,表示要发表一系列的典型文章,来说明微机如何在规划中应用。在 1986 年,专门开辟一个栏目,称为"计算机报告"(Computer Report)来指导计算机应用。到 1998 年,这个栏目宣布结束。两个栏目,前后 13 年,共发表了 30 篇文章。一般每年发表一、两篇。1986~1992 年期间,发表 9 篇文章,内容偏重"新工具做老工作"(New Tools for Old Task),即:"美国传统的城市规划分析功能,现在用计算机来预测人口、分析经济发展趋势、画图、统计分析与预测、分析区域经济的影响,进行规划项目管理和城市交通规划等"。[14]从 1989 年以后,发表了 11 篇有关地理信息系统(简称:GIS)的文章。就在这些文章中,也提出了一些新的观点。认为仅依靠 GIS 不能满足城市规划的要求;必须以 GIS 为基础,结合其他软件工具,如区位与空间交互式模型等,形成真正的"规划支持系统"(Planning Support System,简称:PSS)才能适应城市规划的需求。[15]随着技术发展,也发表了与规划有关的超媒体(Hypermedia)、万维网、演示图形、专家系统、数据库等技术发展的新趋势文章。同时也提出在应用计算机技术时,应注意机制和机构管理问题。从发表文章的时间次序看,显然是先从简单入手的,按传统的工作方式,然后逐步计算机化。这点,与我国城市规划界应用计算机发展进程不谋而合。

二、我国城市规划领域应用计算机技术的趋势和进展

20 世纪 70 年代末,我国城市规划界就开始关注计算机的应用。20 世纪 80 年代还处在试验起步阶段,90 年代才逐渐普及,进入实际应用阶段。

我国城市规划应用计算机技术是从 70 年代末起步的。最初,只是在南京大学、同济大学等部分高等院校和科研机构进行研究和应用。后来,计算机技术应用工作引起一些规划设计和管理部门的重视,并取得一定成果。当时,我国城市规划应用计算机还只限于少数单位,而且侧重在城市交通、城市人口、土地利用等分析评价和模拟预测;城市规划信息系统;

---

[13] 科技部国家遥感中心编著,《地理信息系统与管理决策》,北京大学出版社,2000 年,p.264

[14] Klosterman, Richard E., Journal of American Planning Association, Farewell to the Computer Report, vol.64 no.3, Autumn 1998, p471.

[15] 同上,p472.

以及在规划管理和城市勘测方面。[16]

20世纪80年代，微机的出现，对我们推广计算机应用是一个极好的机遇。但同时，仍存在不少的难点，如西文环境的汉化问题；涉及规划的数据类型较多，有数字、文字，更主要的是图形、图像等数据量都很大，而微机的性能、处理能力还偏低等。所以在这个时期，还是偏重于城市规划工作中的简单数据处理、绘图。同时缺乏既懂计算机又懂规划业务的复合型人才，这些都影响了工作的开展。

1987年的昆明会议对于推动新技术在城市规划领域的应用，起了很大的作用。会后将会议精神和安排贯彻到各省、市规划部门，提高了大家的认识。当年出席会议的还有同济大学、武汉测绘学院、天津大学、重庆建筑工程学院昆明分院等，也加强了城市规划部门与大学的联系与合作。后来，武汉测绘学院和湖北的城市规划部门合作很密切，开展了不少项目。会后采取了不少切实可行措施：1. 在学会下成立遥感、计算机应用学组（后改为新技术学术委员会），协助政府主管部门，促进城市规划应用新技术的发展；2. 安排科研项目，抓典型来推动全面；3. 办培训班培养人才；4. 大学城市规划专业逐渐增设有关新技术课程；5. 对规划设计单位资格审查和年检时，要着重检查其新技术使用状况等等。在各种措施推动下，计算机应用逐步地开展起来。

与此同时，多数单位还是在力所能及的条件下，选择容易入手的领域开始。所以多数单位还是从计算机辅助设计或绘图（Computer Aided Design 或者 Computer Aided Draft，简称CAD）起步，很快得到了推广。到20世纪90年代中，全国城市规划部门计算机绘图技术已经基本得到了普及。在20世纪80年代后期，不少城市在修编城市总体规划时，应用计算机技术进行预测和综合，对辅助规划设计工作，进行了探索。有的则选择规划管理作为切入点，但仅仅是开始研究。从地域上看，不同地区应用计算机技术的力度，有很大的不均衡。经济发达地区，如广州、深圳、上海、江浙等地区，改革开放早，需求强烈，起步也快。北方相对来说，步子慢一些。20世纪90年代初，中央处理器（CPU）的性能大大提高，储存介质的容量不断扩大，设备价格不断下降。这为规划界应用计算机创造了非常有利的条件。

20世纪80年代后期，应用的领域逐步拓宽，设备和人才也都有所加强。1991年10月，新技术学术委员会在郑州召开年会。会议期间，对规划部门的计算机设备和技术人员，作过不完全的调查。被调查的10个规划局，都配备了不同档次的设备；被调查的15个省、市城市规划设计研究院，也都配置了相应的设备。从20世纪90年代开始，我国城市规划应用计算机就进入了实际应用的阶段。

三、计算机技术在城市规划领域的主要应用方面

随着计算机技术的迅速发展，层出不穷的新技术：多媒体、网络、虚拟现实、三维动画等等，不断地出现。对此城市规划界十分的关注，它们将极大地增强城市规划师表达规划思想和方案的能力，网络化的发展也拓宽了与公众联系交流的渠道。但多数单位，还是处在起步阶段。本文将着重围绕城市规划的主要任务，即城市规划管理；地下管网管理；辅助城市规划设计、基础地理数据等，加以阐述。

中国幅员辽阔，城市的经济社会、规模、机构设置等条件，都有极大的差别。不同大城市

---

[16] 建设部城市规划局编，《遥感、计算机在规划工作中的应用》，东北城市规划中心，1988，p.8

的规划部门，管理任务的差别很大。有的国土资源和城市规划都管，有的只管城市规划。有的中小城市的城市规划部门，从城市规划到所有市政设施都管。因此，经常会出现这样一种情况：同被称为城市规划管理信息系统，但其内容有极大的差异。

1. 城市规划管理方面的应用

从1990年，城市规划法实施以后，城市规划的业务管理逐步制度化、规范化。业务的内容集中到对工程的选址和建设项目进行审核，然后向用户颁发"建设项目选址意见书"，"建设用地规划许可证"，"建设工程规划许可证"(简称一书两证)。整个审核的业务流程，基本上在规划局内部运作，有时需要与外单位协商。在审核过程中，要调用文字档案和各类地形图和规划图纸，每个环节都有时间的要求，以进行督办。规划管理基本上不在图纸上修改，仅对方案提出审核意见。因此这个系统，实质上是一个图文结合的办公自动化系统。目前，有的是选用计算机辅助设计(CAD)或计算机辅助制图(CAM)系统，结合数据库管理系统，加以集成。也有的建立在GIS基础上，而形成的办公自动化信息系统。两者的区别在于后者具有空间分析的功能，而前者缺乏或者较弱。前者，当工作人员还不熟悉GIS技术时，使用方便，容易为大家所接受，缺乏空间分析能力。后者掌握起来稍难些，但有空间分析能力，功能扩展比较方便，不受限制。目前这两类系统都在运行。

由于规划管理比规划设计规范些，难度也较小，也是当前迫切要求解决的问题，因此大家很自然把城市规划管理，作为计算机应用的首选目标。郑州、南京、海口等城市，对这个领域的研究，起步较早。以后不少城市也开始研究与实施。据不完全统计，目前已有几十个城市建立了城市规划管理信息系统，是应用得最广泛的一个方面。但是各个系统的深度和广度有极大的不同。

郑州市城市规划局于1991年已经建立了"报建项目计算机审批管理系统"(仅限于文字型，缺乏图形和图形库管理功能)，并开始运行。由于提高了效率，管理更加科学，公开了政务，受到各方的欢迎与支持。1994年8月获得联合国技术信息促进系统颁发的"发明创新科技之星奖"。到1995年，增强了图形管理等功能，升级为第二版，系统名称改为"郑州城市规划管理信息系统—郑州城市规划实施管理软件"，1997年被评为建设部重点推广项目，同年获建设部科技进步奖二等奖。到2000年，由他们自行开发，升为第三版，功能更加完善。四台服务器操作系统改为Windows NT4，终端已达30台，终端用Windows 98。市区两千多幅的全要素数字化新地形图已入库。他们用计算机来管理规划业务已坚持了10年，这是十分难得可贵的。累计审批案件已达17460件。

北京、上海、天津、广州、深圳等大城市也都先后建立了自己的城市规划管理信息系统，都取得了很好的成效。而深圳市的规划管理系统尤为突出，所以"深圳市规划国土管理信息化工程"获得了2000年度国家科技进步二等奖。

深圳是我国改革开放的窗口，经济发展最快的新兴城市，也要求城市规划部门，具有一个高效率、科学管理的模式。深圳市的政府机构精简，但任务量大、业务复杂。该局的业务包括城市规划、土地、房产、测绘、建筑管理、矿产和市政工程等，必须借助现代技术来协调工作关系，优化业务流程，提高工作效率。从1993年，深圳市规划国土管理局正式成立"规划国土信息中心"，开始了管理信息化的探索，经过多年的研究与实践，终于在1998年，深圳市规划国土管理信息化系统全面投入运行。两年多来，取得的效益十分巨大。据统计，通过信息化后，文件审批时间平均缩短了9个工作日，至少相当于12个自然日，而该局一年审批的

12万余份文件涉及的投资，或资产运作均在1000亿元人民币以上。该系统所发挥的效益是相当可观的。

该系统的特点是：

(1) 技术先进、可靠、实用。根据管理职能、业务特点和行政架构，他们的系统集成了地理信息系统(Geographic Information System)、管理信息系统(Management Information System)和互联网技术(Internet)，建立在基于城域网的集成化、分布式、空间型、企业级管理信息系统——规划国土信息系统(英文缩写SUPLIS)，实现网上协同办公，信息共享。他们的部门分散在全市50处，涉及市、区、镇的1200余公务员，同时登录的用户就达800余人。整个系统的网络点近3000个，有CISCO路由器50多台，各类服务器70余台，微机达1500余台。不采取多种先进技术，显然是无法解决问题的。

(2) 信息向社会开放。目前国内一般城市规划管理信息系统都是供内部使用。房地产业与城市规划最为密切，也是社会注意的焦点，他们选准了房地产业进行开放，在网上开辟了深圳市房地产信息网(http://www.szhome.com)。目前登记的企业用户已达700余户，日访问量在3000人次左右。同时在国内也是首先在网上，进行土地批租。提高了效率、增加了办事的透明度，减少了决策失误，改善了政府形象，实际上逐步形成了一个电子政府的初步模式。

(3) 基础资料扎实、覆盖面积大，并具有相应的更新机制。目前已建成覆盖全市2020km^{2}的1:1000(或1:2000)、1:10000、1:50000地形图数据库，1:10000正射影像数据库，房地产权数据库，用地数据库，规划和市政数据库，文件审批数据库，总数据量达48GB(千兆字节)，涉及深圳市规划国土管理业务的全部内容，其规模在国内也是少有的。为了保证质量，拟定了一系列的制度：规范的制定、数据录入、质量控制、数据更新机制的建立等内容。系统中还有健全的数据更新与安全控制措施。

(4) 不断改进、规范办事规则、培训人员。有了先进的系统、高质量的数据，关键是要提高公务员的素质和办事的规范化，以保证系统有序地良性运转。他们分别举办了近100期全脱产的计算机基础知识培训班和应用系统培训班，培训达4000余人次，做到了全员培训。重新修订了深圳市规划国土局《依法行政手册》，同时将系统的操作手册作为《依法行政手册》的补充，既保证业务管理的规范化，又保证信息系统的可操作性和权威性。

(5) 具有良好体制与机制，是保证系统良性运转的关键。他们涉及业务虽然多，但是能集中管理，避免了"数出多门，彼此封锁"。有一支高素质的软件开发、维护、运转队伍，既保证正常运转，又为增强系统功能配备了开发人才，使系统功能逐步提高，以适应新的要求。数据向社会开放，也增加了经济效益，有利于事业的发展与队伍的相对稳定。

总之，目前在我国，"深圳市规划国土管理信息化工程"是一个技术先进、机制良好、运行有序、效果显著的成功典型。他们的经验十分可贵。

2. 地下管网管理方面的应用

城市地下管网是城市的生命工程，地下管线就是城市的动脉，不能发生任何问题。而且对于城市规划部门来说，管理建设用地和市政工程的审批，一定要有各类地形图、规划图和地下管网的现状资料作为基础。不少城市都建立了地下管网综合管理信息系统。

北京起步较早，先从地下管网综合管理信息系统入手，1990年正式批准立项，将过去积累多年的管线数据进入计算机系统，1995年第一期工程完成，并开始服务。但有相当一部分城市的地下管网的技术档案不全。不得不采用非开挖探测技术，即物理探测方法来探明管线的准确位置。广州、呼和浩特等城市均采用了这种技术，采集地下管线的数据。

呼和浩特市城乡建设局结合管网的探测，同时建立了地下管线综合管理信息系统。该局任务非常多，除城市规划以外，市政设施（水、燃气、供热、环境卫生等）都属他们管理。“呼和浩特市综合管线信息管理系统”，采用计算机广域网（初期 7 个子站，有扩充能力），以GIS、数据库、可视化技术为手段，对市政管网信息进行计算机综合管理。系统按坐标和空间位置的形式进行收集、输入、存储、处理和管理，以基于 GIS 的图形方式，为用户提供查询、检索、统计、分析、图形显示和输出等。其目的是为建设局及有关业务单位，如给水、排水（雨水，污水）、热力、煤气等，提供全面的管线管理信息服务与科学管理。从长远的观点看，它又是整个呼市地理信息系统的一部分。系统总体结构见（图 14-2）。

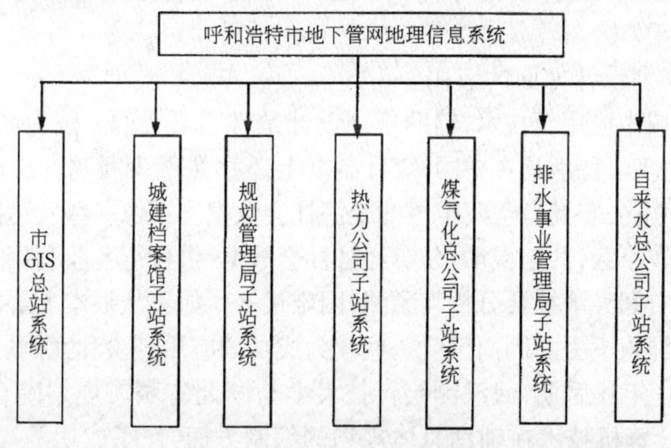

图 14-2　系统总体结构

系统的主要功能是：

(1) 对数据进行标准化处理和管理。系统采用图形分层技术对城市建设地理信息进行分层管理，以道路为载体，将给水、污水、雨水、热力、煤气、路灯、绿化区、重要建筑物等信息分层存储和管理。

(2) 按照标准规定，显示与处理各类管线图、管线叠加图、横断面图、纵剖面图、三维立体管线图等。

(3) 按用户需要，以图、表形式进行查询和显示、输出。

(4) 按用户需要进行统计和分析。

(5) 进行城建管线工程项目的管理。

(6) 多媒体功能，以多媒体形式进行查询，主要用于会议、工作汇报和演示。

他们以航空摄影测量编制的 1/500 地形图为基础，建立了系统。输入了 1329 幅地图，覆盖面积达 $83km^2$，地下管线资料覆盖面积为 $80km^2$。地物背景资料有 10 层：道路、建筑、植被、高程点、路灯、重要标志物等。地下管线有：煤气、热力、给水、污水、雨水、电力电缆、通讯电缆、广播电缆等 18 种，构成 18 层数据。每类地下管线数据还包括：管线层、附件层、测点层。从上可以看出，名义上称地下管网综合管理信息系统，实际上也包含了主要的基础地理信息。

该项目于 1996 年 11 月正式启动，1997 年 4 月 18 日通过专家组对“需求分析和概要设计”的方案评审，1997 年 7 月 18 日，值内蒙古自治区五十周年大庆之际，投入试运行。系统经过半年多的数据补充、运行测试，软件功能更加完善和可靠。到 1999 年，呼和浩特整个城市的各类地下管线已全部进入系统，并在实际应用中发挥了很好的作用，系统真正成为了城市地下管线管理的好帮手。该系统已由呼市地理信息管理中心负责维护，运行正常，为呼市各业务部门提供了全面的信息服务，效果也很显著。由于使用该系统，减少了事故的发生，每年可减少管线损坏的直接经济损失，在 100 万元。该系统获得呼和浩特市"市长特别奖"。同时经市政府和主管部门批准，统一由信息中心，按规定价格，有偿服务，向各部门提供数据。这样避免了重复劳动，保证数据质量，解决了数据共享的难题，系统维护的资金也得到补充。

地下管线的数据更新是个非常重要的问题。长沙市的基础地理信息系统(包括地下管线)，为了保证地下管线的及时更新，专门配备了测量队伍和交通工具，公开公布联系电话，建设单位在工程回填土之前，任何时候通知他们，他们都到现场去测量，以保证地下管线的现实性。

3. 辅助城市规划设计方面的应用

在城市规划领域中应用新技术，辅助规划设计是难度最大的。因为城市规划涉及的领域太宽，也就是变量太多。特别是在中国，统计制度上还存在不少问题。长期以来，统计只公布汇总的综合结果，而不公布具有空间定位的经济社会数据。不像一些发达国家如美国，定期按邮区或人口普查调查小区，甚至街坊，公布经济社会数据，供各行各业利用。在目前中国，规划师要作城市内部的空间经济社会分析与预测，困难很多。如不从根本上解决这些问题，辅助城市规划设计就无法深入下去。因而仅就一些较为成功的应用经验和案例加以介绍。

(1) 20 世纪 80 年代后期，武汉测绘科技大学与湖北省城市规划院合作，在十分困难的条件下，用遥感和计算机技术在辅助总体规划的编制方面，作了成功的探索。先后用新技术编制了随州、黄石、襄樊等城市的总体规划，取得了成功。现以襄樊为例：他们仅用了十个月时间，作了大量的定性与定量相结合的分析与预测，高质量完成了襄樊市的总体规划修编任务。

他们的具体做法是：

A. 以 1956、1978、1986 年航空照片为原始资料，用摄影测量技术编制不同时期的正射影像图。

B. 在正射影像图上，进行土地分类(分居住、工业、仓库、绿化等)，提取房屋层数、房屋建筑面积、房屋高度、房屋性质、房屋新旧程度等数据，根据典型抽样调查人口，结合居住建筑，计算人口。用计算机计算出一系列的按街坊的基本数据：建筑密度，建筑容积率、人口密度、绿化覆盖率等等。了解建成区的扩展和建成区内部结构(按五类土地利用类型)的变化。

C. 利用上述数据，结合大气质量(监测数据)，构成两大类，八项指标：SO_2，NO_x、总浮悬物、降尘、人口密度、建筑密度、建筑容积率、绿化覆盖率。同时由于监测点较少，依据工业、民用烟囱分布、排烟量，采用了数学模型，对全市大气环境进行模拟，计算城市大气污染浓度。然后对八项指标进行加权平均，进行城市环境综合评价分析。最后得到按街区、环境等级、面积等要素的现状城市环境质量综合评价明细表。

D. 根据经济社会数据 11 项指标，以及工业经济结构数据，人口百岁表等，用因数趋势分析预测方法，多因素相关预测方法、优化模拟分析预测方法，用计算机对宏观的经济社会、工业结构、人口等进行了分析预测，并最后确定不同时期的发展指标。

E. 在规划同时，还进行了居民出行和货运调查，用 VAX/11-750 计算机对调查数据进行处理。研究了城市内外交通变化规律，结合经济社会发展目标，预测远期交通量，进行交通网络的优化选择，为城市用地发展方向、布局和综合交通规划提供定量、定位的决策依据。

F. 用计算机绘制大量的现状图、分析图、规划图。有的数据还建立了相关的数据库。

利用遥感、计算机技术，如此综合、全面地辅助编制城市总体规划，得到了城市规划界的好评，成果获得湖北省优秀设计二等奖。他们也为规划界用计算机技术辅助规划设计创造了成功的经验。

(2) 广州市城市规划局，在辅助城市规划设计方面，进行了广泛的探索，并取得优异成绩。在全国，广州市城市规划局是开展新技术应用起步最早的单位之一，也是在城市规划界很有影响的单位。1987 年，正式成立了广州市城市规划自动化中心，专门从事新技术在城市规划领域的研究、应用和开发。经过十余年的努力和探索，解决了不少工程实践中的问题，攻克了不少技术上的难关，锻炼出一支素质很高的工程技术队伍。新技术的应用几乎涉及到城市规划的方方面面：现状调查、规划管理、总体规划、分区规划、详细规划、城市设计等等。

他们运用新技术辅助规划，完成了大量的任务：1∶500，1∶2000 基础地图库的建立（1994 年）；总体规划信息系统（1994 年）；规划现状调查信息系统（1997 年）；分区规划信息系统（1997 年）；广州市地下管线信息系统（1997 年）；广州市城市规划办公自动化系统（1997 年）等。他们还系统地总结了研究成果和实践经验。出版了著作：《迈向新世纪-广州市城市规划信息系统的理论与实践》(1999 年)。把城市规划与信息技术的整合，概括为三个层次：①宏观整合：区域可持续发展；②中观整合：总体（分区）规划与管理；③微观整合：详细规划与事务管理，提出要优先建立分区规划信息系统[17]。对于提高城市规划信息系统的智能水平，也概括为三个层次：①低层次：存储与检索为基础；②中层次：辅助规划设计、办公自动化与动态管理；③高层次：辅助决策支持系统（即，Planning Support System）。并强调要“认清信息技术的阶段增长，培育良好的管理环境”，“城市规划信息系统的建设是一项长期运作的系统工程，既是一个技术过程，也是一个管理过程”，“必须强化城市规划本身的体系建设，强化法制地位与科学管理。建立城市规划信息系统要分阶段、有限目标推进，规划办公自动化系统必须同机构改革相结合，讲求实效，以‘滚雪球’方式发展”。[18]这些经验都十分可贵，很值得借鉴。

辅助决策的难度是比较大的。但是，广州已经建立起了初步具有空间决策支持系统和专家系统雏形的地下管网信息系统，取得了可喜的成绩。

2000 年，他们已经建立了局域网上的综合的城市规划信息系统，并正在建设广域网。进入数据库的各类地形图、影像图等数据，已达 40GB(千兆字节)。拥有 20 台服务器，终端达 300 余台，已做到每个办事人员一台。他们在发展自身的信息化时，也注意到为全国城市规划界服务，建立了城市规划信息产业。目前已推出多种规划管理与规划设计的商品化软件，其中，城市规划 CARDS 软件（为编制修建性详细规划软件），已经推出 7 年，并升级到 V.5.0，社会上使用的达到 700 余套。

---

[17] 戴蓬主编，《迈向新世纪——广州市城市规划信息系统的理论与实践》，戴蓬、陈顺清、姜崇洲、丁建伟，“城市规划与信息技术”，华南理工大学出版社，1999 年，p.9

[18] 同上，p.12

由于他们的成绩优异，广州城市规划自动化中心曾多次获得省、部、市级奖励，并于1997年被建设部科技司、规划司评为全国城市规划行业新技术应用优秀单位。

4．在建立基础地理信息系统方面取得了进展。

城市测绘是城市规划系统的一个部门。过去他们的任务就是测绘基础地图或为建设工程服务，进行测图，生产的产品就是纸介质的地形图。计算机化后，必须把纸介质的地形图经过矢量化或扫描，转化为计算机能识别的、记录在磁介质上的数字产品，这就是数字化的过程。这一过程，不仅要花费大量的人力物力和时间，还要精心组织，严格控制质量。

在20世纪90年代中以前，我国的矢量化软件还不成熟。摄影测量的设备基本靠进口，大量数字化工作还难于进行。20世纪90年代后期，国产全数字摄影测量设备和软件，已研制成功，并投入了市场，性能良好，而价格仅为国外售价的1/6～1/7。商品化的矢量化软件也研制成功，价格适度，性能很好。这两个技术难点的克服，就为大批量生产数字地图，创造了十分有利的条件。越来越多的人士也认识到，硬件贬值很快，软件也要升级，而最宝贵、最值钱的还是数据。数据又是我国信息化的瓶颈问题。因此各个城市都把基础数据的生产作为首要问题来抓。这项基础工作已经取得一定成效。据了解北京、天津、上海、重庆、广州、深圳等城市都取得了较好的进展，数据量的规模都在几十个GB(千兆字节)。在市区范围，北京、上海分别建立了(1/500，1/2000)数字地图库，天津则为1/2000。在郊区，北京、上海、天津都是建1/10000数字地图库。重庆是个山城，测量工作难度大，也在1000km^2范围，建立了多种比例尺数字地图库。数据要保持现实性，必须定期更新，上海就首先在国内提出定时更新的制度。这些都是至为重要的，也为建立数字化城市创造了有利条件。

第三节　回顾与展望

面向21世纪是一个信息化、数字化的时代，城市数字化也是必然趋势。信息产业的飞速发展，新技术也会层出不穷，这将为城市规划提供越来越多的新手段、新思路。但城市规划所面临的生态、环境、社会等问题，也将更复杂。机遇与挑战并存，城市规划工作者只有奋起迎战，不断扩大视野、努力吸取相关学科的营养，才能胜任历史赋予我们的神圣职责。

一、正确的指导思想至关重要

建设部在昆明会议上提出的指导方针是："按照'因地制宜，讲求实效，积极探索，稳步前进'的原则，结合实际情况，制定出本地区、本单位在城市规划中应用遥感技术、计算机技术的发展计划和措施，以提高城市规划工作的科学性和效率，在城市规划工作领域开创一个新局面。"回顾过去，大家就是在这个正确方针指导下进行工作的，总的趋势是比较健康的。今后在新的形势下，仍然要不断地探索信息化发展的客观规律，如何健康、扎实地发展信息化？仍然是摆在我们面前的首要问题。只有不断地研究、不断地改进，才能使我们顺利达到目的。

二、继续加强标准化、规范化

据不完全统计，截止到1999年，新颁布与城市规划直接有关的标准和法规达20种，这对推动新技术的应用，起着十分积极的作用。但这方面需要做的工作太多，尚需继续加强。

特别是经济社会数据与空间定位相结合的编码技术(即地理编码),急需向主管部门大声疾呼,加以解决。否则城市规划将无法进行经济、社会的空间分析,甚至整个信息化工作在辅助决策方面,也将难以发挥作用。

三、继续解决非技术因素的障碍

在20世纪90年代,不少同志经过一段探索、实践后,深切感到在普及新技术过程中,有大量的非技术因素。也就是说,新技术不仅仅是一个技术问题,大量的是社会问题、机制问题、文化背景问题、决策习惯和方法等等非技术问题。越来越多的学者、专家呼吁大家要注意,并提出:"不少国家的城市规划部门已开始使用GIS,但失败的例子也不少。因为GIS的建立不仅包括技术问题,而且也涉及大量的经济、社会条件、管理机构的运行机制等问题。有时后者甚至会成为成败的关键。"[19]

四、加强国产GIS软件的应用与推广

1995年起,国家科委把开发扶持国产GIS软件作为重点领域。每年均组织一批国内外GIS专家,对国产GIS进行测评,推动了我国GIS产品质量的提高,稳定性也得以加强,商品化和售后服务水平有了改进。已经在有关行业的应用方面取得了突破性的进展。中地公司和襄樊市城市规划局合作,利用MAPGIS软件开发了城市规划管理信息系统,解决规划局的办公自动化和一书两证的管理与审批,经过一年的运行,已取得了预期效果。国产软件的优势是价格优惠;与软件公司联系方便,技术问题便于解决;手册、界面均是中文,没有语言障碍,培训容易;图式图例符合中国规范等。用户在同等的价格性能比的条件下,应积极采用国产软件,并应与软件公司合作开发,共同提高质量,以促进国产软件的发展。

(上海、天津、郑州、襄樊、海口、洛阳、常州等城市规划局、深圳市规划国土管理局、广州市自动化研究中心、呼和浩特市城市建设局、北京市、重庆市测绘科学研究院等单位,为本章提供了宝贵的资料,特在此表示谢意)

(张其锟)

主要参考文献:

[1] Melville C. Branch. City Planning and Aerial Information. Harvard University Press. Cambridge Massachusetts, 1971

[2] Melville C. Branch. Continuous Planning-Integrating Municipal Management and City Planning. Wiley, 1981

[3] Volume I Editor: David S. Simonett; Manual of Remote Sensing(second edition); American Society of Photogram-metry; 1983

[4] Foresman Timothy W. The History of Geographic Information System. Prentice-Hall, 1998

[5] Journal of American Planning Association. computer report, 1995~1998

[6] 《城市规划》杂志．从1977年第1期(总1期)-2000年第6期(总149期)

[7] 《城市规划汇刊》杂志．从1983年1期(总第24期)-2000年6期(总第127期)

[8] 《遥感信息》杂志．从1986年第1期(总第1期)-1999年第4期(总第56期)

[9] 《国土资源遥感》杂志．从1989年第1期(总第1期)-1999年第4期(总第42期)

---

[19] 张其琨:"关于建立地理信息系统的条件和运行机制的探讨",《城市规划》杂志,1994年4期 p.5

第十五章　城市规划的实施管理

第一节　城市规划工作概述

城市政府的主要职责，是把城市规划好、建设好、管理好。要把城市发展建设好、管理好，首先必须把城市规划做好。城市规划工作，是指在城市化进程中，城市政府为了实现一定时期内城市的经济和社会发展目标，适应城市现代化建设的需要，确定城市性质、规模和发展方向，合理利用城市土地，协调城市空间布局和各项建设的综合部署和具体安排。

一、城市规划的实质

1．城市规划是一项政府职能

城市规划是城市政府在一定时期内关于城市发展建设的目标和蓝图，是城市政府维护公众利益的体现，是城市政府的奋斗目标和管理手段。从城市规划行政主管部门的职能来看，它是《城市规划法》规定的城市政府的行政职能管理部门，代表政府来行使权力。无疑，城市规划工作是一项政府职能。

2．城市规划是具有法律效力的管理手段

城市规划是建设城市和管理城市的基本依据，是保证城市土地合理利用和开发经营活动协调进行的前提和基础，是国家指导和管理城市实现城市经济和社会发展目标并保证可持续发展的重要手段。国务院在《关于加强城市建设工作的通知》中指出："经过批准的城市规划具有法律效力，要严格实施。"《城市规划法》规定："城市规划区内的土地利用和各项建设必须符合城市规划，服从规划管理。"可见，城市规划具有法律性质和法律效力，是一项具有法律效力的管理手段。

3．城市规划是量大面广的社会实践活动

城市规划涉及城市建设和发展全局，涉及政治、经济、文化、社会的广泛领域，关系各行各业，影响千家万户，具有很强的综合性、社会性、实践性。制定城市规划，从调查研究、搜集基础资料，到反复研究规划方案、审查论证等，都要广泛深入地征求各方面的意见，协调各行各业各部门的要求。实施城市规划，又要广泛接触各种建设单位和个人，按照城市规划要求，合理安排各项当前建设，并按照法定程序，进行一系列的规划管理工作，办理各种必要的手续。实践说明，城市规划是一项量大面广的社会实践活动，是城市中一项业务性很强的经常性工作。

4．城市规划是一门科学

城市规划要涉及自然科学、社会科学的方方面面，既包括城市规划设计，又包括城市规划的实施管理。城市规划的实施管理，不是一项单纯的行政管理工作，也包含着综合的科学技术内容，因而也是一项科学性的工作。

5．城市规划是一门空间艺术

城市规划是一门城市经济、社会、文化、科技发展在城市空间上协调和谐的“美的秩序”和空间艺术。既有平面布局的艺术，又有立体的空间组合艺术；既反映社会经济发展，又反映历史文化、环境美学、地方特点、民族传统和城市特色，是塑造城市形象、文化、色彩和市容市貌的重要艺术手段。

二、城市规划的基本任务

国务院《关于加强城市规划工作的通知》指出：“城市规划工作的基本任务，是统筹安排城市各类用地及空间资源，综合部署各项建设，实现经济和社会的可持续发展。”也就是说，主要是对城市的发展目标、土地利用、空间布局和各项建设作出具体安排，其核心是城市的土地利用，即合理用地、节约用地。

1．发展目标

根据城市经济、社会发展目标，确定城市发展目标，即确定城市性质、规模和发展方向，确定城市规划区范围和城市发展的重大工程建设项目。

2．土地利用

确定城市各项用地种类、使用性质、功能分区、数量比例、使用强度等，为城市国有土地使用权出让转让和开发，以及房地产开发等提供规划依据，为城市土地的合理利用、充分利用提供科学依据。

3．空间布局

确定城市各项建设和设施的空间构成、空间组合、空间形象，包括地上空间、地下空间资源的开发利用和城市形态、城市景观、城市轮廓线、城市风貌特色的塑造等。

4．建设部署

确定中长期发展建设目标、近期建设目标和当前建设安排，综合考虑，统一规划，分期实施，实现近远期相结合，有计划地合理部署各项城市建设活动。

三、城市规划工作的特点

1．战略性

城市规划关系着城市发展方向、经济结构、社会结构和空间布局结构，是一项城市空间形态方面的发展战略，对国家、地区和城市本身的社会经济发展具有长远的影响，必须体现战略眼光，面向未来，面对现实，从全局出发，综合考虑，统筹解决好各种矛盾问题，正确处理好近期建设和远期发展的关系。

2．政策性

城市规划涉及到城市经济和社会发展的各个方面，必须贯彻执行国家和地方的各项有关方针政策，要体现国家政策法令对城市发展建设的指导和干预，因此，城市规划管理具有很强的政策性。

3．超前性

城市规划是一项继承过去、创造今天、预测未来的具有实践意义的筹划工作，对城市今后的各项建设发展和管理负有先导、控制和促进作用，被称为城市建设、管理以及城市发展的“龙头”。预见性、超前性成为城市规划的显著特征。

4. 综合性

城市规划必须理论联系实际,综合考虑区域与城市、近期与远期、需要与可能、地上与地下、全局与局部、发展与保护、生产与生活、条条与块块、共性与个性等各种关系,协调各行各业各部门的发展需要,错综复杂,千头万绪,是一项综合性很强的专业工作。

5. 地方性

不同城市具有不同的城市性质、规模、形态、各有自己的自然地理条件和历史文化背景以及民族传统等,表现出各自城市的地方特性。因此,城市规划必须从实际出发,对不同城市的条件和特点进行具体分析研究,因地制宜,反映出城市的地方性特征。

四、城市规划的作用

1. 指导作用

城市规划是城市政府根据城市经济、社会发展目标和客观规律,对城市发展建设高瞻远瞩所作出的综合部署和统筹安排,是关于城市发展建设最直观的蓝图和指南,是城市各项土地利用和建设必须遵循的指导性文件。在市场经济条件下进行城市现代化建设,它的指导作用就显得更加重要和突出。

2. 统领作用

城市规划是城市发展建设和管理的依据和纲,纲举目张。实践证明没有或偏离规划进行建设和管理,必然会急功近利,各行其是,杂乱无章和后患无穷。因此,城市规划对城市发展建设和管理十分关键,具有统领作用。

3. 调控作用

在市场经济条件下,由于建设项目投资的多元化、多样化,单靠计划来进行宏观调控的办法已经不能适应。因此,城市政府对于各项发展建设实行宏观调控的任务主要就落在了城市规划的审批管理上,通过对各项建设用地和建设工程的规划审批,掌握宏观调控的主动权,起到引导、制约、调节和协调的作用,克服建设的盲目性、利己性以及单纯追求经济效益与眼前利益的倾向和行为。

4. 优化作用

在城市规划指导下进行的各项建设是综合考虑各种因素,各方面的关系和经济、社会、环境的综合效益,进行多方案比较论证后筛选出来的优化选择,因此,城市规划具有优化建设的作用。

5. 能动作用

按照城市规划进行各方面建设可以减少不必要的浪费和失误,获得较大的经济效益。可见城市规划对各项用地、建设具有引导投资、指点开发和充分利用空间资源,促进发展的能动作用。

6. 保护作用

在市场经济条件下,由于开发商和投资行为的经济利益驱动,追求高经济效益、利己性和商业化倾向,不仅难以为社会提供公益设施,甚至还容易挤占历史遗产、风景名胜、文物古迹、园林绿化、市政道路、文体用地等。通过城市规划的规范性、强制性和约束力来规定开发商和投资者的行为规则,就可以起到保护城市的历史文化、自然环境和社会公益事业的作用,保证城市的各项建设事业全面、合理、有序地健康发展,提高城市的整体素质,完善城市的整体功能。

第二节　城市规划法制

加强城市规划法制的根本目的,在于依靠法律的权威,运用法律手段,保证科学、合理地制定和实施城市规划,实现城市的经济和社会发展目标,建设具有中国特色的现代化城市,推动我国整个经济和社会的协调发展。

一、世界各国重视城市规划立法

20世纪,世界各国越来越重视城市规划立法,目前世界上许多国家都制定了有关城市规划的法律,在实施中取得了显著成效,并在长期实践中不断地加以修改、补充、完善,使城市规划法制日益加强,从而保证了城市规划的顺利实施,促进了城市各项建设协调地健康发展。现举几例:

1. 英国《城乡规划法》

英国在1909年开创了世界上规划立法的先例,颁布了《住房和城市规划法》。1947年通过了《城乡规划法》,在法律之下又发布了几套法律文件、通告、备忘录等,补充现行法律中未能详细处理的条文规定。当时城市规划主要是城市土地使用规划(Land Use Plan),又称为总体规划(Master Plan),这种总体规划的内容、模式和中国现行的城市规划十分相似。由于感到总体规划不能适应城市的发展需要,缺乏应变能力,1954年对《城乡规划法》又进行了修正,修正后的《城乡规划法》对城乡规划的立法目的、规划机构、规划手段、执行手段、城市改建、管理程序、赔偿等作了明确的法律规定,对促进英国的城市规划建设和管理发挥了重要作用。从1965年开始,逐步酝酿形成了战略规划,又称结构规划。1971年新的《城乡规划法》确立了新的城市规划体系,包括两个层次,一是结构规划(Structure Plan),二是地方规划(Local Plan)。近年来,英国在城市发展已相当成熟的地区,则将结构规划和地方规划合二为一,称之为一体化发展规划(Unitary Development Plan)。

2. 日本《都市计画法》

日本在1919年就制定了《都市计画法》,随后,根据客观情况变化有所修改,至1968年进行了重新制定,于1968年6月15日公布施行。之后又经过了18次修改,于1976年11月15日再次修订。修订后的《都市计画法》共七章97条,具体规定了城市规划的立法目的、方针、选用范围、内容、审批、变更、对开发建设行为的限制、各种管理制度、措施、权限和手续,以及其他城市规划方面各种必需规定的事项,对日本的城市规划、建设和规划管理进行了法律性规范。在《都市计画法》的指导下,日本的城市规划与管理,基本上建立了自己的城市规划体系和比较完善的城市规划管理制度,包括城市规划用地范围控制、土地使用、旧城改造、市区开发、城市活动公用设施保障、基础设施、工业用地、居住用地、预留开发用地以及对建筑物的要求等,同时规定了相应的管理程序,强化了城市规划管理。

3. 美国的城市规划法令

美国没有全国统一的城市规划法。美国是由50个州组成的联邦国家,其城市规划与许多国家有所不同。联邦政府既不制定全国统一的城市规划法规,也不审批各州与地方政府编制的城市规划，但授权各州根据各自的城市规划法令来实现城市规划。有46个州通过法令建立了州规划和发展机构，其中21个州建立区域规划局，其他州将规划工作授予其他类型的规划机构，还有27个州授权成立县规划局。州的城市规划法令适用于州内各类城市，对总体规划、区划、规划手段、城市改造、执行手段、管理程序和赔偿等都有明确规定。一般说来，美国各州的城市规划体系，主要由总体规划、区划、土地细分规划、法定规划图和合同等5个层次构成，形成各州自治的城市规划体制和严格的城市规划管理制度，对促进城市依法按照城市规划进行建设起到了很大的作用。

4．波兰《城乡规划法》

波兰于1984年颁布了《城乡规划法》，目的在于统筹安排国家、区域、城镇及乡村的空间发展，为改进社会生活，保护自然界的平衡，保护文化，提高经济发展效益和加强国防创造条件。该法共六章45条，具体对规划的编制与审批、国土规划、区域规划、地方性规划、建设项目选址等作了明确的法律性规定，保证了规划的顺利实施，促进了区域和城乡建设的协调发展。

5．新加坡城市规划法令

新加坡政府1985年颁布规划法令，确立了城市规划体系，即由概念规划图、发展指导图，总体规划图和修建规划图4个层次组成。规划法令规定：规划批准是其他准申请的先决条件，这就确立了城市规划的先决地位。按照法律规定，新加坡城市规划管理是非常严格的，称之为发展管制。由于新加坡城市规划、发展管制、建筑管制和土地售卖等方面的审批管理政策、内容、程序和结果都有很高的透明度，完全置于全社会的监督之下，因此在新加坡的城市规划、建设、管理过程中，没有违法用地和违法建设现象出现。

此外，我国台湾省沿用前国民党政府1939年制定的《都市计画法》，1964年、1973年经过修正，于1973年9月6日重新公布实施。该法共九章87条。香港也公布了《城市规划条例》(香港法例第131章)，目的在于通过对建成区和有发展潜力地区将来发展的规划的编制、审批以及对其建筑物的合理建设作出规定，以促进社会的健康、安全、便利和社会福利事业的发展。

二、我国城市规划法制建设历程

我国十分重视城市规划的立法工作。1980年10月国家建委召开了全国城市规划工作会议，12月，国务院批转全国城市规划工作会议的《纪要》指出："为了彻底改变多年来形成的只有人治，没有法制的局面，国家有必要制定专门的法律，来保证城市规划稳定地、连续地、有效地实施。"与此同时，开始了《城市规划法》的起草工作。

1982年12月，经过多次征求意见、研究论证和修改补充的《城市规划法》(送审稿)，由城乡建设环境保护部报送国务院。1983年12月，国务院在讨论《城市规划法》(送审稿)时，鉴于当时城市各项改革工作刚刚起步，一些重要的经济关系和管理体制有待通过实践进一步理顺，决定先以行政法规的形式付诸实施。1984年元月5日，国务院颁布了《城市规划条例》。

《城市规划条例》颁布实施后，对促进我国城市规划的编制与审批，加强城市规划实施管理起到了很大推动作用。随着改革开放逐步深化，城市在国民经济和社会发展中的地位与作用日益加强，城市的结构和功能日趋多样化，建设活动呈现空前的活力，对于城市规划工作提出了一些新课题，而我国城市规划工作在改革实践中也积累了一系列适应形势发展的基本经验，同时，随着我国法制建设工作的发展，一些重要的管理体制也已经基本确定，这就在客观上要求《城市规划条例》进行修改和完善，再加上城市规划的综合性职能已显突出，迫切需要立法来提高城市规划工作的权威性和加强城市规划的法律约束力。1986 年 5 月，在第六届全国人民代表大会第 4 次会议上，30 多位代表提出了关于制定《城市规划法》的议案和建议，受到全国人大常务委员会和国务院的重视，并列入了立法计划。

1986 年 8 月，由建设部牵头组成《城市规划法》编制领导小组，开始起草《城市规划法》。经过反复讨论修改，召开了两次专家论证会慎重推敲，于 1987 年 9 月，建设部正式向国务院报送了《城市规划法》(送审稿)。

国务院法制局经过调查研究，反复听取意见，进行一系列综合协调工作，形成《城市规划法》(草案)。1989 年 10 月 13 日，在国务院召开的第 49 次常务会议上，讨论并通过了《城市规划法》(草案)，决定提请全国人大常委会审议。1989 年 12 月 26 日，修改后的《城市规划法》(草案)在第七届全国人民代表大会常务委员会第 11 次会议上获得通过。从此，我国第一部关于城市规划的国家法律《城市规划法》颁布，并决定从 1990 年 4 月 1 日起正式施行。

《城市规划法》是涉及城市建设和发展全局的一部基本法。《城市规划法》共六章 46 条，对城市发展方针、城市规模、制定和实施城市规划全过程的主要环节作出了基本的法律规定。国家通过法律的形式，把城市规划的目的、任务、方针、原则和各项工作的主要内容、方法、程序、要求加以规范化，使之成为具有高度权威性的国家法律。

《城市规划法》的调整对象，主要是通过法律调整，调整城市规划制定、城市规划与有关部门的分工协作和城市规划实施的社会关系。即调整城市规划编制的领导关系，协调关系，审批关系以及城市规划调整与修改的关系；调整城市规划与计划相结合，与国土规划、区域规划相协调，与环境保护相一致，以及规划管理与土地管理相衔接和城市规划对城市各项建设具有统领作用的关系；调整建设项目选址，建设用地、建设工程，临时用地与临时建设等的规划管理关系以及城市规划实施的监督关系。从而把人们在城市发展建设活动中的各种行为限制在符合国家和社会需要的秩序范围内。

《城市规划法》的法律作用，主要是对我国城市规划的科学制定、有效实施、统领地位和事业发展提供了强有力的保障。《城市规划法》明确规定了城市规划的编制原则、阶段，总体规划、分区规划、详细规划的内容、要求，城市规划分级审批制度等，这就为科学合理地制定城市规划和提高规划质量水平提供了保证；《城市规划法》明确规定了城市规划实施原则，"一书两证"制度，用地调整权限，监督检查制度，竣工验收和竣工资料报送制度，以及行政处罚类别和法律责任等，这就为有效实施城市规划和加强规划管理提供了法律保证；《城市规划法》明确规定了新区开发和旧区改建的原则，城市规划区内的土地利用和各项建设必须符合城市规划，服从规划管理的强制性要求等，这就为确立城市规划对城市建设和管理的统领地位与作用提供了法律保证；《城市规划法》明确规定了各级城市规划行政主管部门的职责，并赋予城市规划行政主管部门在城市规划编制、审批、实施管理中的各种权限等，这就为健全城市规划机构、充实人员、提高科学技术水平，推动城市规划事业发展提供了保证。

《城市规划法》科学地总结了我国建国 40 年来，特别是改革开放以来城市规划和建设正反两个方面的经验，并吸取借鉴了国外城市规划的先进经验和有益成果，是一部符合我国国情、比较完备的法律。它是我国城市规划工作走向一个新时期的重要标志。经过 10 年多来的执法实践，事实说明，《城市规划法》的颁布实施，彻底改变了我国在城市规划、建设、管理领域长期无法可依的局面，有力地推动了城市规划依法行政、科学管理和城市规划事业的发展，保证了城市规划的实施，适应了改革开放、市场经济的发展和城市现代化建设的迫切需要。当前，为了进一步总结《城市规划法》施行 10 年来我国经济社会长足发展在城市规划、建设、管理方面出现的新情况、新问题、新经验，提高《城市规划法》的实施水平和执法力度，适应 21 世纪现代化城市发展建设的客观需要，对《城市规划法》的修订，已经提上了议事日程。

三、城市规划法规体系

为保证《城市规划法》实施，必须建立健全以《城市规划法》为中心(母法)，包括法律、行政法规、部门规章、地方法规、地方规章和行政措施在内的城市规划法规体系。城市规划法规体系，是调整因城市规划和规划管理方面所产生的社会实践关系的法律、法规和各种规章的总和。城市规划法规体系由直接组成部分和相关组成部分构成。其直接组成部分的主要内容是：

1．法律

指由全国人民代表大会常务委员会制定的调整城市规划、建设、管理以及城市发展中各种社会关系的法律规范的总称，即《中华人民共和国城市规划法》。

2．行政法规

指由国务院根据《宪法》和法律制定的关于城市规划、建设、管理方面的法律性文件，如《城市规划法实施条例》等。

3．部门规章

指由国家部委根据法律和行政法规，在本部门的权限内制定的城市规划建设方面的法律性文件，如《建设项目选址规划管理办法》、《城市规划编制办法》、《城市国有土地使用权出让转让规划管理办法》、《开发区规划管理办法》等。

4．地方法规

指由省、自治区、直辖市人民代表大会及其常务委员会依据《宪法》、法律和行政法规制定的适用于本地区城市规划建设方面的法律性文件，如《江苏省实施〈中华人民共和国城市规划法〉办法》、《北京市〈城市规划法〉实施条例》等。

省、自治区的人民政府所在地的市和经国务院批准的较大的市(如唐山、大同、包头、大连、鞍山、抚顺、吉林、齐齐哈尔、青岛、无锡、淮南、洛阳以及宁波、深圳等)的人民代表大会常务委员会，可以拟定本市需要的地方性法规草案，提请省、自治区的人民代表大会常务委员会审议制定，成为地方法规，如《吉林市城市规划管理条例》等。

5．地方规章

指由省、自治区、直辖市人民政府，以及省、自治区人民政府所在地的市和经国务院批准的较大的市的人民政府，根据法律和行政法规制定的适用于本地区城市规划建设方面的法律性文件，如《天津市城市建筑规划管理细则》、《深圳市城市建设管理暂行办法》等。

6．行政措施

指由直辖市，省、自治区人民政府所在地的市和经国务院批准的较大的市以外的建制市以及县人民政府，根据法律、行政法规、地方法规制定的适用于本地区城市规划建设方面的法律规范性文件,《地方组织法》中称之为行政措施。如《连云港市〈城市规划法〉实施细则》等。

自《城市规划法》颁布实施以来,国家计委和建设部相继颁布了10多项有关部门规章,各省、自治区、直辖市人大和各省、自治区、直辖市人民政府以及各省、自治区人民政府所在地的市、经国务院批准的较大的市的人民政府相继颁布了《城市规划法》实施条例或实施办法等地方法规和地方规章,各建制市和县人民政府颁布了《城市规划法》实施细则等行政措施,我国城市规划法规体系基本形成。但配套法规的覆盖面尚待提高,要实现城市规划的基本法与各个单项法规相配套,国家立法与地方立法相配套,各种行政管理法规与技术性法规相配套,还有不少工作要做。21世纪的一个重要任务就是健全我国城市规划法规体系。

第三节　城市规划的实施

编制城市规划和制定《城市规划法》的目的在于实施。常言道:"三分规划,七分管理",城市规划的实施与管理是城市规划工作极其重要的组成部分和关键环节,是一项政策性、综合性很强的依法行政工作。

一、城市规划区

城市规划的实施范围是城市规划区。1984年元月5日颁布的《城市规划条例》第29条首次规定了城市规划区作为实施城市规划的区域范围。1989年12月26日颁布的《城市规划法》第3条更加明确地规定了城市规划区的法律定义:"本法所称城市规划区,是指城市市区、近郊区以及城市行政区域内因城市建设和发展需要实行规划控制的区域。城市规划区的具体范围,由城市人民政府在编制的城市总体规划中划定。"

根据《城市规划法》规定,城市规划区由三部分组成,即市区、近郊区和规划控制区。市区,是指非农业人口占该地区总人口的比重大,城市建设基本连片,公用设施基本覆盖的行政区域。近郊区,是指紧靠市区的居民聚居区、蔬菜及主要副食品生产基地、近期城市建设用地等与市区关系密切的行政地区。规划控制区,是指因城市建设和发展需要实行规划控制的区域,它既包括市区、近郊区以外一定距离的外围地段,又包括一些独立地段,如水源及其保护地区、机场及控制区、无线电收发保护区、风景名胜区以及历史文化遗存地区、工矿区等。一般地讲,城市规划区范围不突破城市行政辖区的范围。具体的范围界限,应根据当地城市实际情况,在有利于加强城市规划实施与管理的前提下,经过研究论证,在编制城市总体规划中确定。

《城市规划法》规定:"制定和实施城市规划,在城市规划区内进行建设,必须遵守本法。"划定城市规划区,实质上就是依法界定了城市规划行政主管部门实施城市规划管理的职责范围,以便城市规划行政主管部门对城市规划区内的建设用地和各项建设活动进行有效的规划管理和控制,从而确保城市规划顺利实施。

二、城市规划实施管理

城市规划实施管理,就是按照法定程序编制和批准的城市规划,依据国家和各级政府颁布的城市规划管理有关法规和具体规定,采用法制的、社会的、经济的、行政的和科学的管理方法,对城市的各项用地和建设活动进行统一的安排和控制,引导和调节城市的各项建设事业有计划有秩序地协调发展,保证城市规划的目标得以实现。形象地讲,就是通过有效途径和手段安排各项当前建设活动,把城市规划的设想落实在土地上,使其成为现实,具体化。

在市场经济条件下,城市规划实施管理面对着市场经济的冲击和挑战,为保证城市规划顺利实施和城市建设健康发展,在城市规划实施管理中必须坚持以下几个要点:

1. 经过批准的城市规划必须执行,不能擅自改变。

经过批准的城市规划具有法律效力,各项建设用地和建设工程必须符合城市规划,服从规划管理,任何人无权擅自改变。坚持这一点,就可以依法保障政府意志和人民利益在市场经济的条件下,不因追求眼前的、局部的经济效益而受到动摇和冲击,从而有效地维护城市规划的严肃性、权威性。

2. 城市基础设施建设必须配套,不能欠缺。

城市基础设施建设是实施城市规划,促进合理布局,完善城市功能,推动城市发展的关键环节,是城市经济社会发展的重要条件。因此,城市基础设施建设一定要按照城市规划配套建设,不能顾此失彼。城市规划实施管理的一个重要任务就是保证城市基础设施的配套建设。

3. 历史文化名城、风景名胜、文物古迹必须保护,不能破坏。

世界遗产、历史文化名城、历史街区、风景名胜、文物古迹是城市的无价之宝,必须倍加珍惜,精心保护。城市规划实施管理的重要使命就是不允许为急功近利而使其遭到侵占、蚕食、破坏,避免为追求一时的利益"毁了古的变新的,拆了真的盖假的,损了美的搞丑的"现象发生。

4. 园林绿化、生态环境必须重视,不能掉以轻心。

园林绿化是城市极其重要的组成部分,是城市必不可少的生活和景观空间,是城市生命的象征,绝不能因为眼前的、局部的经济利益驱动而挤占规划的和现有的园林绿地,污染和破坏宜人的城市生态环境。城市规划实施管理,就要为实现城市园林化创造良好的条件。

5. 城市社会公益设施必须保障,不能削弱。

在市场经济条件下,由于开发商和投资行为的高经济利益追求和利己性,往往导致城市公园、停车场地、文化场所、体育场馆、幼托设施、敬老设施、住区绿地等社会公益设施的建设难以得到保障。城市规划实施管理的一个重要职责,就是通过有效手段,保障城市社会公益设施按照规划的要求来实现,增进城市综合功能,避免城市畸形发展。

6. 城市个性特色必须注意保持,不能忽视。

每一个城市,由于各自地理位置、自然环境、历史沿革、经济状态、民族传统、文化追求相异,其城市个性特色是不同的。因此,在城市规划建设中不能用一个模式和标准来套。城市要发展,特色不能丢。通过城市规划实施管理,要力戒城市面貌千篇一律,失掉自己的个性特点。

7. 违法用地和违法建设必须管住,不能放任。

违法用地和违法建设是我国城市规划建设和管理中的一个顽症。在市场经济条件下,为追求眼前的、局部的经济利益,一些单位、企业、开发商和个人往往不依法行事,使违法用地和违法建设屡禁不止。城市规划实施管理的责任就是依法行政，严格把关，及时制止和查处违法用地和违法建设。

三、城市规划实施管理方法

1. 行政管理方法

行政管理的方法，就是依靠行政组织，运用行政手段，按照行政方式来进行城市规划实施管理工作，即要充分发挥城市规划行政主管部门的职能作用，用必须履行的程序、手续、申报审批制度、行政命令和文件、制度来进行管理。它来自垂直的行政管理层次，具有一定的权威性和严肃性，是我国常规的规划管理方法，也是最基本的方法。比如，城市规划行政主管部门在城市规划实施管理中的领导审批制度和核发“一书两证”，即建设项目选址意见书、建设用地规划许可证、建设工程规划许可证等，就是行政管理行为。

2. 法制管理方法

法制管理的方法，就是通过强化法制手段，用法制来替代人治，调动法律这种社会规范来对城市规划建设活动进行管理。它是搞好城市规划实施管理极其重要的方法，也是根本方法。比如，城市各级建设用地和建设工程必须经过城市规划行政主管部门依法审批，城市规划行政主管部门有权对违法用地和违法建设依法进行处理等，就是依据法律、法规进行的法制管理行为。

3. 经济管理方法

经济管理的方法，就是运用经济手段，按照客观经济规律的要求来进行城市规划实施管理，这是对行政管理方法的补充。所谓经济手段，是指运用价格、税收、奖金、罚款等经济杠杆来进行管理。比如，征收城市土地使用费、对违法用地和违法建设的经济处罚等，就是经济管理行为。

4. 社会管理方法

社会管理的方法，就是按照“人民城市人民建、人民城市人民管”的原则，发动群众，依靠群众，与人民群众一起共同来搞好城市规划实施管理工作。群众参与管理，是城市规划实施管理中不可忽视的一项重要管理方式。比如，实行城市规划实施管理的公开化制度，即审批政策公开、规划要求公开、审批程序公开、审批权限公开、审批结果公开等，并设立群众举报制度，便于广大人民群众监督，就是社会管理行为。

5. 科学管理方法

为提高城市规划实施管理的效率和质量水平，还需要采用当代的先进科学方法、先进技术、先进设备等对城市规划的实施进行管理。比如，国家制定和颁布城市规划的技术标准和规范；学习运用国内外先进的城市科学管理理论、方法、经验；应用摇感技术、航测成果、建立地理信息系统等来进行城市规划实施管理，就是科学和技术管理的行为。

上述五种管理方法，在实践中，应当综合运用。因为单一的方法已经不能适应当今的需要，必须采用多种管理方法，多管齐下地对城市的各项建设活动进行综合性的管理。

四、城市规划实施程序

为保证城市规划实施，城市规划实施管理必须贯穿于城市建设活动的全过程，从建设项目立项、可行性研究报告到选址定点；从建设用地和建设工程报建审批，到发证、放线验线，进行规划建设的监督检查和竣工验收等,已经建立了一整套行之有效的城市规划实施管理程序制度。归纳起来,可分为三个步骤:一是建立依据,二是报建审批,三是批后管理。

1. 建立依据

建立科学的合法的依据是城市规划能够顺利实施的第一道程序。城市规划实施管理的依据,主要有四个方面:一是计划依据,包括建设项目可行性研究报告、批准的计划投资文件等;二是规划依据,包括经过批准的城市总体规划、近期建设规划、分区规划、控制性详细规划、修建性详细规划的文件与图纸,以及已经城市规划行政主管部门审核批准的用地红线图、总平面布置图、道路设计图、建筑设计图、工程管线设计图等;三是法规依据,包括有关法律、行政法规、部门规章、地方法规、地方规章、行政措施,以及城市规划部门依法制定的行政制度,工作程序的规定和核发的"一书两证"等;四是经济技术依据,包括国家和地区性的各项技术规范、经济技术指标,以及城市规划行政主管部门提出的经济技术要求。

2. 报建审批

报建审批是城市规划实施管理的关键程序。主要是对建设用地和建设工程的超前服务,受理审查,现场踏勘,征询环保、消防、文物、土地、防疫等有关部门的意见,上报市政府和有关领导审批,核发建设用地规划许可证和建设工程规划许可证等。例如,北京市明确规定建设用地和建设工程的报建审批按照下列程序办理:(1)确定建设地址,(2)核发建设用地规划许可证,(3)确定规划设计条件,(4)审定设计方案,(5)核发建设工程规划许可证。

3. 批后管理

签发建设用地规划许可证和建设工程规划许可证,绝非城市规划实施管理的终结。城市规划行政主管部门还必须负责对建设项目规划审批后的检验和监督检查工作,包括对建设用地的复核、建设工程的放线验线、竣工验收等,以及对违法用地和违法建设的查禁、行政处罚工作。加强批后管理是城市规划实施管理中不可忽视的重要环节。

五、城市规划管理权

城市规划管理权,主要是指依法对城市各项建设用地和建设工程行使审查、批准、核发"一书两证"、监督检查和行政处罚的行政管理权限,以保证城市规划实施的行政权力。在计划经济条件下,城市规划管理权主要是依靠有关政策、行政命令和管理经验以及长官意志来确定的。权限的界定往往不够明确,而且容易因城市的不同而异,垂直方向的长官意志也起很大的作用。在市场经济条件下,要求城市规划管理权要非常明确,必须经过法律授权,才能保障城市规划管理权的一致性、有效性、权威性,真正发挥其应有的作用。

1. 城市规划管理权的法律依据

《城市规划法》赋予城市规划行政主管部门的权限有:(1)规划编制权(第12条规定),(2)规划审批权(第21条规定),(3)规划调整权(第22条规定),(4)规划修改权(第22条规定),(5)建设项目立项参与权(第30条规定),(6)用地调整权(第34条规定),(7)建设用地审批权(第31条规定),(8) 建设工程审批权(第32条规定),(9)监督检查权(第35条至第38条规定),(10)行政处罚权(第40条规定),(11)复议裁定权(第42条规定)。城市规划的编制权、审批权、调整权、修改权,统称为城市规划权。建设项目立项参与权、用地调整权、建设用地审批权、建设工程审批权、监督检查权、行政处罚权、复议裁定权,统称为城市规划管理权。

根据城市规划管理权的构成，划分为两个方面：一是以核发“一书两证”为特征的规划管理审批权，包括建设项目立项参与权、用地调整权、建设用地审批权和建设工程审批权，重点是建设用地和建设工程审批权。二是主要针对违法用地和违法建设活动的监督、检查、处罚权，包括监督检查权、行政处罚权、复议裁定权，重点是监督检查权和行政处罚权。

2. 城市规划管理权要集中在城市政府

1987年国务院在《关于加强城市建设工作的通知》中就指出：“规划管理权必须集中在城市政府，不能下放。”1996年5月国务院《关于加强城市规划工作的通知》又一次强调：“城市规划应由城市人民政府集中统一管理，不得下放规划管理权。”

城市规划管理权，尤其是建设用地和建设工程审批权，是城市规划权的直接体现和延续，是城市规划实施的根本保证。城市规划是从全局利益、整体利益、长远利益出发的，在城市规划的直接指导下行使城市规划管理权，必然是强调一般情况下局部服从全局，个别服从整体，眼前利益服从长远利益。只有把城市规划管理权集中在市里，才能保证城市发展建设过程中全局利益、整体利益、长远利益不受干扰和侵害，从而保证城市规划顺利实施。因此，在一个城市规划区范围内，只能由一个政府及其城市规划行政主管部门来行使城市规划管理权，不应当出现多头管理。因此，城市规划管理必须集中在城市政府手中，不能下放。

第四节　建设用地规划管理

城市土地是城市经济、社会和城市规划建设的载体和基本要素，城市土地利用是城市规划的核心内容。对城市建设用地的合理利用与管理，是实施城市规划的基础。依法进行建设用地规划管理，就是要保证城市的土地利用严格按照城市规划的科学安排，充分利用，合理使用，做到珍惜用地、合理用地、节约用地。

一、建设项目选址意见书

根据《城市规划法》的规定，城市土地利用和建设工程的规划管理实行法定的许可证制度。为体现《城市规划法》规定的“一书两证”的法律严肃性，促进城市规划管理工作的规范化，建设部制定了全国统一的“一书两证”，即建设项目选址意见书、建设用地规划许可证和建设工程规划许可证。

建设项目选址意见书，是为了把建设项目的计划管理与规划管理有机地结合起来，保证城市的各项建设项目能够符合城市规划要求，使可行性研究报告编制得科学、合理，有利于促进城市健康发展，并取得良好的经济效益、社会效益和环境效益的法律凭证。建设项目可行性研究报告报批时，必须附有城市规划主管部门核发的建设项目选址意见书，否则就应当依法视为是不合法的。

建设项目选址意见书，主要有三部分内容：一是建设项目的基本情况，二是建设项目选址的主要依据，三是城市规划行政主管部门对建设项目选址提出的具体地址、用地范围和在此地进行建设时的具体规划要求，以及必要的调整意见等。

二、建设用地规划许可证

建设用地规划许可证，是建设单位或个人在向土地管理部门申请征用划拨土地前，经城市规划行政主管部门确认建设用地位置和范围符合城市规划要求的法律凭证。核发建设用地规划许可证的目的在于确保土地利用符合城市规划,维护建设单位或个人按照规划使用土地的合法权益,为土地管理部门在城市规划区范围内行使权属管理职能提供必要的法律依据。任何建设用地,如果没有城市规划行政主管部门核发的建设用地规划许可证,就依法视为是违法用地。

建设用地规划许可证还应当包括标有建设用地具体界限的附图和明确具体规划要求的附件。附图和附件是建设用地规划许可证的配套证件,具有同等的法律效力。

三、建设用地规划管理与土地管理的关系

1. 城市建设用地规划管理与土地权属管理的对象都是土地,规划管理是权属管理的前期工作。以批准的城市规划为依据,对城市各项建设项目的布局、选址、定点进行规划管理,是城市规划行政主管部门的职能。承办建设用地的征用手续,进行土地权属管理,是土地管理部门的职责。城市规划行政主管部门核发批准文件,即建设用地规划许可证,而土地管理部门则核发权属确认性文件,即土地使用权证。

2. 规划管理在前,土地管理在后,具有不应逆转的前后顺序。

从建设项目的立项论证到选址定点前,主要是以城市规划为依据的用地规划管理工作,还不涉及土地权属管理工作,它是征用土地的前提,是征地之前必须具备的先决条件。只有先确定建设项目建在何处和如何安排,才有可能履行征地手续。因此,建设用地单位或个人必须先向城市规划行政主管部门申请选址定点,然后持建设用地规划许可证办理征地手续。这是城市建设的客观需要和用地管理的客观规律所决定的。

3. 规划管理和土地管理工作还需要相互交叉进行,这也是客观工作过程的需要。一是城市规划行政主管部门在选址定点和建设用地审查过程中,需要事先征询土地管理部门的意见,避免征地时出现矛盾和不切合实际。二是为保证城市规划实施,建设单位或个人领取土地使用权证前,城市规划行政主管部门必要时可对征用的土地进行规划复核和验桩。三是建设单位或个人领取土地使用权证后使用土地进行建设时,还需要向城市规划行政主管部门办理建设申请,领取建设工程规划许可证后,方可施工。

第五节　建设工程规划管理

在城市规划区内新建、扩建和改建建筑物、构筑物、道路、管线和其他工程设施等各项建设,都必须符合城市规划,服从规划管理。对各项建设工程实施有效的规划管理,是保证城市规划顺利实施的关键和使各项建筑活动按照城市规划有秩序地进行的基本保证。因此,依法对建设工程实行统一的规划管理,是城市规划行政主管部门的重要行政职能,也是城市规划管理日常业务中最大量的和主要的工作。

一、建设工程规划管理内容

1. 建筑管理

建筑工程,包括工业建筑、金融建筑、商业建筑、仓储建筑、居住建筑、交通建筑、科研建筑、学校建筑、幼托建筑、医疗建筑、体育建筑、博览建筑、娱乐建筑、旅游建筑、图书馆建筑、

电视塔建筑、行政建筑、园林建筑、宗教建筑、纪念建筑和农业建筑等各类建筑工程,是构成城市的主要设施之一,也是最大量性的空间工程设施。建筑工程的规划管理,是建设工程管理中极其重要的内容和经常性的工作。建筑管理,重点是指城市规划对建筑设计和工程建设审批的管理,不包含房屋的内部维修和装饰、房屋产权等方面的管理。建筑设计管理,包括建筑性质、功能、建筑标准的审查,提出红线与间距要求,体量与层数的控制,设计图纸的审查,建筑造型、风格、色彩和建筑环境的审查等。建筑审批管理,包括建设申请,现场踏勘,征询有关部门的意见,规划审查,上报审批,核发建设工程规划许可证,放线验线,工程验收,竣工资料的报送和归档等项工作。

2. 工程管线管理

城市工程管线,包括对外交通的铁路、公路、桥梁、涵洞、机场、码头和城市道路,电力、电讯、供水、排水(污水排除和雨水排除)、煤气、热力、化工专用管道,以及人防坑道、堤防工程、电车线路、微波电路、无线电路等,是城市基础设施的主要组成部分,在城市建设的规划管理中占有十分重要的地位。由于它内容繁多,涉及面广,分布在天上、地面、地下,各有特殊要求,不能混合,有的又分不开,因此需要统筹安排,综合协调,合理并存。鉴于此,工程管线的新建、扩建、改建、翻建和拆除,都必须经过城市规划行政主管部门批准。工程管线管理中最常见的工作是道路管理、管线管理和堤防管理。道路管理,主要包括道路规划方案的地面定线,道路设计与施工的红线控制要求,道路标高、走向的核定,设计图纸审查,核发建设工程规划许可证,以及因管线工程需要对道路开挖的审批与管理。管线管理,包括对各种管线工程类别、截面、线型、坐标、标高、水平距离、架设高度、埋置深度、立体交叉关系的审查,避免与地面建筑物、构筑物、行道树以及地下空间、地铁、人防设施等的影响和各种管线之间的相互干扰,同时要符合国家和有关部门颁发的规范、标准、技术、卫生、安全等方面的要求。堤防管理,包括对于河岸、海岸、湖岸、江岸等城市堤防工程的规划管理,使堤防工程合理布局、高度适宜、抗洪能力达到规划要求,确保城市安全。

二、建设工程规划许可证

建设工程规划许可证,是《城市规划法》规定的经过城市规划行政主管部门审查确认的表明该建设工程符合城市规划要求的法律凭证。建设工程规划许可证的作用,一是确认有关建设活动的合法地位,保证有关建设单位或个人的合法权益;二是作为建设活动进行过程中接受监督检查时的法定依据,城市规划行政主管部门应根据建设工程规划许可证规定的建设内容和要求进行监督检查,并将其作为处罚违法建设活动的法律依据;三是作为城市规划行政主管部门有关城市建设活动的重要历史资料和城市建设档案的重要内容。任何建设工程,如果没有城市规划行政主管部门核发的建设工程规划许可证,就依法视为违法建设。

申请建设工程规划许可证应具备下列条件:一是必须具备建设工程计划投资批准文件,二是具有城市规划行政主管部门关于审定设计方案的通知书和主管部门审定初步设计方案的文件,三是规定报送的有关施工设计图纸和资料。

建设工程规划许可证所包括的附图和附件,按照建筑物、构筑物、道路、管线以及个人建房等不同要求,由城市规划行政主管部门根据法律法规和实际情况具体制定。附图和附件是建设工程规划许可证的配套证件,具有同等法律效力。

三、建设工程规划管理程序

1. 认定建设工程申请

建设单位或个人应持批准的计划投资文件、上级主管部门的批准文件和城市规划行政主管部门核发的建设用地规划许可证,以及建设工程申请书,向城市规划行政主管部门申请建设。必要时,城市规划行政主管部门会同有关部门现场踏勘,并征求环保、消防、文物、园林、防疫等部门的意见,确定建设工程地址。

2. 提出规划设计要求

认定建设工程申请后,城市规划行政主管部门可提供地形图,该地段规划道路红线图,并对该建设工程提出规划设计要求建议,征询有关部门意见后,确定规划设计要求,核发规划设计要求通知书。建设单位或个人按城市规划行政主管部门提出的规划设计要求,可委托设计部门进行建设工程方案设计工作。

3. 设计方案审查

建设单位或个人提出建设工程设计方案文件、图纸(包括模型)后,城市规划行政主管部门对多个方案进行审查比较,审查其总平面布置与交通组织情况、建设工程周围环境关系、个体设计体量、层次、造型、色彩等,进行方案选择和技术经济指标的分析,确定设计方案和提出规划设计修改意见,核发审定设计方案通知书。建设单位据此可委托设计部门进行施工图设计。

设计方案审查尤其是对建筑方案的审查,是城市建设工程规划管理中非常重要的一环。过去,不少城市建筑风格雷同,城市面貌千篇一律,与不重视设计方案审查或在设计方案审查中"长官意志"代替建筑师的建设创作,致使建筑个性不容突出是有很大关系的。改革开放以来,我国建筑创作与设计出现多样化趋势,建筑设计水平有了很大提高。城市规划行政主管部门在设计方案审查中,一定要坚持多方案比较,支持建筑师的创造,把握城市特有内涵,注意倾听专家的意见,把好设计方案审查关,为规划建设各具特色的城市做出应有的贡献。

4. 审查施工图,核发建设工程规划许可证。

建设单位或个人持注明勘察设计证号的总平面图,个体建筑设计平、立、剖面、基础图,地下室平、剖面图等施工图纸,提交城市规划行政主管部门进行审查。审查批准后,发给建设工程规划许可证。建设单位或个人取得建设工程规划许可证后,方可申请办理建设工程开工手续。

5. 批后管理

建设工程的批后管理,包括放线、验线和施工过程中的随时监督以及定期和不定期的检查,直到竣工验收和图纸资料的归档。建设单位或个人必须按照建设工程规划许可证的要求放线,并经城市规划行政主管部门现场验线后,方可施工。城市规划行政主管部门参加建设工程的竣工验收,主要检查该工程的平面布置、空间布局、立面造型、使用功能等是否符合规划设计要求。如果发现不符,就要视情况提出补救和修改措施以及给予必要的行政处罚。

第六节　违法用地与违法建设

城市规划实施的监督检查,是城市规划实施管理工作中一个不容忽视的重要组成部分,是保证城市规划行政主管部门正确执法和正常运转,保证城市规划顺利实施的一个重要环节。城市规划实施管理应覆盖整个城市规划区、覆盖一切单位和个人的建设活动、覆盖建设活动的全过程,因此,对城市规划实施的监督检查也应当相应到位。针对我国的具体情况来看,在城市规划建设中一直存在着比较严重的违法用地与违法建设现象,屡禁不止。于是,加强对违法用地与违法建设的及时制止和查处就成为城市规划实施的监督检查中一项十分重要的任务。

一、我国城市存在着违法用地与违法建设现象

长期以来,由于不少单位和个人缺乏城市规划意识,法制观念淡薄,不了解或不重视城市规划、建设、管理方面的法律法规、规章制度,一些单位和个人置法规政策和规划建设的行政管理于不顾,或为了眼前的利益,明知故犯,存在侥幸心理,结果形成了违法用地与违法建设禁而不止的局面。

二、违法用地与违法建设的判定

1. 关于违法用地

违反《城市规划法》的有关规定所占用的建设用地,称之为违法用地。凡属下列行为之一使用城市建设用地的,属违法用地。一是未领取城市规划行政主管部门核发的建设用地规划许可证或临时用地许可证使用城市土地的;二是不按建设用地规划许可证或临时用地许可证的要求使用城市土地的;三是擅自改变建设用地位置或扩大建设用地范围的;四是擅自改变建设用地使用性质的;五是擅自以物易地或私自协议使用城市建设用地的;六是持非城市规划行政主管部门的批准用地证件使用城市建设用地的;七是擅自出让、转让、买卖、交换、租赁城市建设用地的;八是临时用地逾期不交还的。

2. 关于违法建设

违反《城市规划法》的有关规定所进行的各项建设工程的,称之为违法建设。凡属下列行为之一所进行的建设行为,属违法建设。一是未领取城市规划行政主管部门核发的建设工程规划许可证或临时建设许可证就进行施工建设的建设工程;二是虽持有建设工程规划许可证,但尚未经过城市规划行政主管部门放线验线而擅自开工的建设工程;三是不按建设工程规划许可证的要求,擅自改变已经批准的设计施工图纸进行施工的建设工程;四是擅自改变建筑物或构筑物使用性质的;五是持临时建设许可证而进行永久性或半永久性建筑的建设工程;六是持非城市规划行政主管部门的批准建设证件进行施工建设的建设工程;七是临时性建筑物,构筑物逾期不拆除的;八是依法通知拆除的建筑物、构筑物而未拆除的。

(任致远)

主要参考文献:

[1] 吴郝、梅陈．城市管理初探．中国建筑工业出版社,1988
[2] 任致远．城市规划实施管理．中国城市规划设计研究院情报所,1990
[3] 赵士绮、任致远．城市规划管理．中国建筑工业出版社,1992
[4] 任致远．城市规划依法行政导论．中国城市规划设计研究院情报所,1992
[5] 建设部城市规划司．中华人民共和国城市规划法解说．群众出版社,1991

[6] 全国市长培训中心．社会主义市场经济条件下的城市管理．中国建筑工业出版社,1997
[7] 任致远．市场经济条件下须强化城市规划管理．城乡建设,1997年第1期
[8] 任致远．学习〈通知〉精神,明确十个问题—学习国务院〈关于加强城市规划工作通知〉的一些体会．规划与经济研究,1996年第1期
[9] 任致远.《略论21世纪我国城市规划走势》.规划师,1999年第2期
[10] 任致远.《市长与城市规划、建设、管理》.全国市长研究班讲义,1999
[11] 刘岐、金良浚主编.城市管理学.浙江教育出版社,1991
[12] 刘伯华、金敏求主编.建设法律知识读本.科学普及出版社,1992
[13] 任致远.21世纪城市规划管理.东南大学出版社,2000

第十六章　城市规划的发展趋势与展望

第一节　城市发展的趋势

一、全球和中国城市化的趋势

20世纪全球的城市化进程得到很大的发展。1900年全世界只有13%的人口住在城市,到2000年,住在城市的人口将近50%。城市数量很大增长,特别是100万人口以上的大城市,1950年全球只有64个,1993年已增加到316个❶。中国的城市化自1949年中华人民共和国成立后也得到很大发展。特别是20世纪80年代后发展更快,20年来,城镇人口占全国人口的比例从20%左右提高到30%左右。

21世纪即将来临,下一个100年,世界将发生很大的变化,人们在今天不可能准确地予以估计。1993年联合国在东京召开过一次"大城市管理"的国际研讨会。会议的总结报告中汇集各国专家学者的意见,提出21世纪将是一个"新的城市世纪"的推断。归纳其主要理由是:

(一)全球城市化的进程将继续得到推进。预计2006年世界城市化水平将达到50%,2030年左右将达到60%以上,意味着全球人口的2/3将住在城市。

(二)大城市的数量和规模将继续增长,特别在发展中国家。尤其是20世纪中期出现的,人口规模在800万以上的"巨型城市"(Mega-city),到20世纪末全球已有25个(中国3个),到21世纪,其数量还会增加。

(三)在21世纪,每个国家的经济将比现在更大程度上依赖于城市经济,主要表现在:各国大城市之间的经济和文化交流将会加强;各国大城市之间相互联系和相互依赖也将加强,特别需要共同逆转环境质量的下降。这些都来自于世界经济"全球化"的大趋势。

中国的情况也基本符合上述的推断。根据1998年的统计,我国有设市城市668个,建制镇18800个,城镇人口总量约3.6亿,城市化水平30%。根据建设部1996年预测,到20世纪末,全国城市化水平将达到35%,城镇总人口约4.5亿;2010年达到45%,城镇总人口6.3亿。如果按此推测,2030年左右的城市化水平有可能超过50%,就全国来说,将是一个"中等城市化的国家"。因此,中国在21世纪的城市化将是我国今后面临的一项非常艰巨而重大的任务。

二、影响城市发展的主要因素

城市的存在和发展已有几千年的历史。各个国家、地区在不同历史时期的城市发展虽

---

❶ Summary Report on the World Metropolitan Governance Conference. UN. Tokyo. 1993.

有其各自不同的情况和特点,但仍然存在着普遍性的因素。这些因素结合中国的情况,今后将会怎样影响中国城市的发展呢?

(一) 经济

自古以来,经济发展始终是推动城市发展最直接、最活跃的因素。经济总量的增长,经济结构的变化,技术和工艺的进步,生产类型、方式的变化,都影响着城市化数量的增减、居民素质的提高、人口结构的变化以及城市各种经济活动所需空间的容量和布局。目前,世界工业化国家已进入了所谓"后工业社会"(或"信息社会"),城市中服务业占全部产业的比重超过了制造业;大量"传统的"制造业得到更新、改造和重组。城市中新兴产业出现,如信息产业、电子产业、环保产业、旅游业以及休闲娱乐、科研教育等行业的发展,都要寻求新的空间,使城市发展呈现出新的面貌。

我国城市自20世纪80年代以来也出现了类似的情况。很多大中城市的第三产业增长较快,一些较大的中心城市已开始形成中心商务区;吸引外资带来新型的加工企业和改造一部分老企业,需要开拓新的产业区,因而在城市外围出现大量新开发区(虽然其中一部分具有规模过大的盲目性)。很多城市的港口、机场、公路、铁路得到了发展,极大地改善了城市的交通运输条件;高新技术的科研和开发相结合,并且和大学合作,组成新的产业和科学园区,已经在一些重要城市培育成长。据1992年的统计,全球有科学园区358个,其中我国大陆为52个[❷]。城市经济已经出现很多新的因素和特点。有学者认为,现代城市应该是知识创新、技术创新、知识传播和知识应用的中心,而不是过去那种单纯的工业生产中心。

(二) 社会

人是城市的核心。城市中的人群构成城市社会,而城市社会的性质、特点、结构、组织形式、管理模式等,都会影响城市物质与精神生活的品质和特征。

城市是人们工作和居住的场所。就业和住房是最基本的需要,此外还必须提供足够的生活服务、文化、娱乐、教育、卫生等设施,以及构成一定的社区组织形式。在经济继续增长,生活水平不断提高,各种文化交流日益增强的作用下,城市社会不断出现新的特点和变化,如人口结构、家庭结构的变化(包括家庭规模变小和在自然规律作用下的老龄人口增加等);人们购物方式、娱乐方式的变化;教育方式的变革以及居住形式、生活方式的某些变化等,都影响着城市发展的方式和形态。最近10多年出现的全球性信息网络化的发展,更会从长远方面给城市的社会生活带来深远的影响。美国W. 米切尔教授1996年所著《比特之城》对此作了详尽的预测和描述。他认为今后将会出现一个"虚拟的城市",也可理解为"网上城市"。例如,已经出现的网上大学、网上博物馆、网上购物,以及电子邮件、电子商务等都是互联网上"虚拟"的,它们与实体的城市同在。其实,这些在今天都已部分地实现。

(三) 环境

城市的环境是容纳城市各项活动的客体。20世纪以来,人类创造了巨量的城市物质环境来适应人口增长和各项活动发展的需要,但总的评价是成就巨大,破坏严重。主要的破坏表现在两方面:一是对自然的掠夺和破坏;二是对历史人文资源的破坏。今后的城市发展必须在这两方面吸取深刻的教训。城市环境质量的标准将是影响(包括某些情况下制约)今后城市经济发展的重要条件。而城市优化环境的创造,将会越来越明确地成为今后城市发展

---

❷ 顾朝林等著:《中国高技术产业与园区》,中信出版社,1998.

的基本目标。这里所指的城市环境,既包括与自然环境良好结合的人工环境,也包括社会环境,如文化、治安、教育及一切精神文明的内容。同时,还包括投资环境,如政策、法规、高效的管理、廉明的吏政等。

(四) 科技

每个时期人类科学技术的进步,都对城市的功能和空间结构产生不同程度的影响,就如同它对经济、文化、居住、生活、意识等各个方面的影响一样。例如,20 世纪对城市物质空间结构影响最大的因素,莫过于汽车的普遍使用所带来的城市交通运输条件的极大改变,深刻影响了城市道路交通网络及用地形态的变化。高层(包括超高层)建筑的出现,又极大地改变着传统城市的形象和面貌。今天的现代城市都逐步以先进的科学技术来装备自己的市政和公用设施,为人们提供舒适、安全、高效的生活服务。可以说,20 世纪几乎所有重大科学技术的发明都是在城市中产生的,而且大部分都会运用于城市自身。我们关心的是,今后先进的科学技术对城市物质空间结构影响最大的是什么? 又将会如何影响城市?

从今天可以预见的情况看,科技进步对城市空间结构的影响将体现在以下几个方面:

1. 信息网络化、智能化和高新工程技术可能是影响今后城市物质空间结构的主要科技因素。信息网络化的快速发展和普及到各个方面,将不可避免地影响和改变城市中人们的工作和生活方式,以及某些观念和价值观。伴随着城市交通条件的改善,它会潜移默化地改变人们对工作、居住、购物等区位及其他条件的期望和要求。

2. 我国从 20 世纪 80 年代开始兴起的智能技术在公共建筑、住房以及居住小区、城市交通管理等方面的运用,也得到了较快的发展。智能化不仅为人们提供方便、舒适、高效的生活和工作条件,而且有利于安全、管理和合理而节约地使用能源、水源等。智能化在城市中的普遍运用,也会一定程度上改变交通面貌并影响到土地利用的模式。

3. 工程技术的进步,已经使人们能够建造比现有超高层建筑更高的摩天大楼,开发更深层面的地下空间,围垦海洋,建造大型的人工岛等等。从前人们谈论的所谓"空中城市"、"海上城市"、"地下城市"等,今天都已不是幻想而成为现实。在一定条件下,这些依靠高新工程技术建造的"城市",今后可能会更多地出现。

此外,新的科技还会为城市提供新型、无污染的能源;容量大、效率高、成本低的运输工具;清洁的水源;无害化的废物处理方法;以及更多服务于城市居民生活的设施等。这些都会直接或间接地影响城市的发展和空间结构。

(五) 政策

城市发展是经济、社会、科学技术综合发展的产物,这是客观的规律。但是从另一方面说,城市发展又是一种政府(或行政)行为的结果。因此,任何国家和地方政府所实行的政策,都会对城市发展产生重要的作用。例如,城市化政策及其相关的一系列政策、规定、制度、办法等都会对国家或一定地域的城市化进程产生促进、控制或抑制等不同的作用。国家和地方的区域经济政策、城市财政政策、税收政策、产业政策、投资政策等,都会对城市的发展建设、维护管理、更新改造等方面发生影响和作用。例如,在中国的特定条件下,国家的土地管理法规和政策,就直接影响着城市用地的扩展和用地形态的特点。中国是世界上少数几个全面实行土地公有制的国家,同时又具有人口多、耕地少的"国情"。当前和今后相当时期国家所采取的严格管制土地使用的政策(尤其是农用耕地),将使中国城市的用地一般只能采取紧凑发展的空间模式。

三、城市分布、形态、结构的可能发展图景

随着国家经济、社会和科学技术的发展，根据中国城市化今后将进入快速发展时期，各级城市的数量和规模都将继续有所增长。从全国现有城市的分布、形态结构等实际情况出发来预测，今后可能的发展图景将是：

（一）我国现在已有4个大城市密集地带，即以上海—南京—杭州为主轴的长江三角洲地带；以广州—深圳—珠海（包含香港、澳门）为主轴的珠江三角洲地带；以北京—天津—唐山为主轴的京津地带；以沈阳—大连为主轴的辽宁中南部地带等。此外，在胶东半岛、武汉、重庆、西安等大城市周围地带也已出现了这种密集的趋向。这种密集带内，大中城市连绵分布，城市之间的距离少至几十公里，相互之间有密切联系，共同使用某些大型基础设施。随着密集带内各个城市的进一步发展和人口规模的增加，协调区域经济发展和城镇系统的空间规划将显得越来越重要。

（二）大城市"地区化"的趋势还会发展。伴随着大城市人口和用地规模的扩展以及空间布局形态从"单中心"集中板块型向多中心、分散组团型的变化，大城市的空间形态必然会走向板块内部紧凑布局，而在市域内适当分散的形式。特别是利用市域内的小城市（镇）发展新兴产业，借助快速化道路所带来的"时空距离"的缩短，构成主城与外围副城、城市与乡村的协调发展，形成大城市地区或城镇集聚区的形态。正如我国许多大城市现在已经出现的那样。这种大城市地区化的现象，是与世界很多国家城市发展情况相似的。例如德国1996年统计，全国53.3%的人口住在占国土面积16.7%的14个城镇集聚区内[3]，但是具体的形态各不相同。

（三）小城镇的发展和分布形态，很大程度上取决于国家所采取的城市发展战略。中国目前的小城镇（包括县城、建制镇、乡镇）共有5万个左右，其中建制镇和县城18800个（1998年）。小城镇点多面广，是联系城市与乡村的纽带。根据国家的城市发展战略，将重点发展一批小城镇，使其起到吸纳农村人口转化为城镇人口并带动区域和城镇经济发展的作用。这批重点发展的小城镇必然会纳入县域或大中城市的市域规划的构架之中，与各级中心城市构成城镇体系的网络。

（四）城市本身的空间结构形式，将随着城市经济社会的发展、功能和环境目标的要求以及交通条件的改变而产生互动。概括而言，城市只要有发展，功能要加强，环境质量要改善，一般都需要有新的空间。空间的获得主要来自两个方面：开拓新区和改建旧城。在城市高速发展阶段，往往以开拓新区为主。反之，在相对稳定或常速发展阶段，旧城改建就会摆上日程。城市新、旧两部分在空间结构上的结合将是今后我国城市规划要着重研究的课题。一般说，对旧的城市空间结构不宜、也不可能彻底"改造"。它只能逐步地、谨慎地予以调整和改善，以渐进的方式适应新的功能需要。

第二节　城市规划发展的展望

城市规划是一门古老的学科。但是，现代城市规划的理论方法却是在近百年逐步发展

---

[3] Spatial Monitoring of the Federal Research Institute for Regional Geography and Regional Planning(BFLR),1996.

形成的。由于学科本身的综合性和复杂性,因而至今仍存在许多不成熟的成分,这就为展望城市规划今后的发展趋势带来了困难的因素。不过,从宏观的角度来研究,我们仍然可能就现代城市规划的理论、目标、方法、管理四个方面展望其发展的趋势。

一、规划理论

现代城市规划的理论主要基于三个来源,并在100多年来经历了各自的发展历程。

(一) 理想主义思潮

自古以来,不同历史时期人们对城市的发展建设有着不同的规划理想。15世纪欧洲文艺复兴时期出现了关于"理想国"、"理想城市"的规划思想,是当时人们对城市设防以及市民生活等功能要求的反映。17～18世纪由于资本主义工业城市存在的大量问题和丑陋现象而出现了空想社会主义思想。它主张城市规模不要过大,重视城市的公共生活,认为城乡应该结合,最终达到消灭城乡差别。这种思潮影响到19世纪末英国人霍华德提出的"田园城市"理念。他系统地分析了当时城市和乡村各自的优缺点,主张发展一种集两者优点而摒弃两者缺点的新型的"田园城市"(又称"社会城市")。这种规划理想曾经付诸于实践进行了试验。虽然近百年来现实的各种矛盾和障碍使得"田园城市"的理想未能全部实现,但它对现代城市规划理论的形成和发展却起着十分深远的影响。

近百年来人们对理想城市的认识也在不断地发展和深化。长期以来,理想主义城市规划思潮的核心,是通过对人造环境与自然环境这对矛盾越来越深刻的认识,从而提倡城市与农村结合表现出来的。20世纪初期,或许可以追溯到19世纪后半期,为解决城市人口、建筑过度密集这种脱离自然的倾向,开始了在城区中建设"人造自然"(公园、绿地)和进行美化市区的运动,后来发展到城市绿地系统的整体规划。生态学引入城市研究领域和工业化过程中对城市环境日益加剧的污染,进一步使人们认识到城市与自然环境和谐共生的重要性,以致提出建设"生态城市"的理想和目标。20世纪80年代后逐步发展为世界各国普遍接受的"可持续发展"战略,即有关城市、地区、国家、世界人口、经济、资源、能源、环境必须实施可永续利用的协调发展理论,对城市规划理想主义思潮又是一个新的发展,丰富了新的内容。

中国现代的城市规划是深受国外现代城市规划理想主义思潮影响的。我国在20世纪前半期就引入了西方"田园城市"、"有机疏散"、"卫星城镇"等理论。新中国成立后,根据中国的实际情况,一贯提倡严格控制大城市规模,积极发展中小城市;20世纪60年代倡导过"工农结合、城乡结合、有利生产、方便生活"的城市建设指导方针;20世纪80年代初期提出"农村城市化"、"离土不离乡",以后又开始探讨"城乡一体化",直到20世纪90年代中期部分城市提出建设"园林城市"、"生态城市"目标等,某种程度上都是理想主义思潮在中国城市规划建设领域的反映。实际上,城市规划的理想主义不仅主要表现在制约城市发展的政治和经济领域,还表现在对城市生活环境、物质形体、美学要求、文化内涵等各个方面的影响上。随着国家综合实力和人民生活水平的日益提高,人民对城市规划的要求会越来越高;而理想主义思潮的发展趋势,将会越来越集中到"城市人居环境"这个中心问题上来。

(二) 现代主义思潮

与现代建筑运动同步兴起的现代主义思潮,是现代城市规划理论的另一个重要来源。随着19世纪后半期至20世纪初科学技术的重要进步,从少数西方国家兴起而后发展到世界范围的现代建筑运动,使过去的建筑从内容到形式发生了根本的变化,展现出崭新的面貌。这种否定传统、追求现代形式的潮流,同样影响着现代城市规划。比较有代表性的如法国建筑师勒·柯布西耶的“现代城市”设想(1922 年)。建筑是城市最重要的物质要素之一。建筑形式的变化极大地影响着城市的面貌。特别是 20 世纪初期开始在少数国家出现的高层建筑,既适应了现代城市新的功能需要,也改变了传统城市的尺度和空间轮廓。同时,大量出现的为解决大规模人口居住和工作需要的“工业化”建筑,也成了城市建筑的主流。现代城市的经济和交通运输功能的极大发展,特别是现代化交通工具的大量使用(例如汽车、火车等),要求城市建设现代化的道路交通网络。这些新型的构筑物系统,往往需要在空间上是多层次、立体化,出现了大型的车站、港口、机场以及交通枢纽等。而所有这一切,又需要有现代化的市政基础设施予以支撑。因此,以巨大的尺度(包括高度)、现代的工程技术、多层次的空间结构、现代风格的艺术形式等为主要特征的现代主义思潮,在 20 世纪风靡了全球很多国家,中国也不例外。特别是我国自 20 世纪 80 年代以来随着改革开放的深入和经济的高速增长,表现在城市规划上,主要是以实现国家的工业化、建设现代化城市为奋斗目标。因此,现代主义思潮不可避免地占据着主流的地位。

现代主义思潮在国家工业化和处在工业社会时期的城市,有其“天然”的合理性。但是,随着社会经济的发展,也日益显出其局限性。主要是:现代主义重功能、重技术,忽视人文、忽视历史与传统;工业化时期城市的单调、枯燥、形式趋同、缺乏特色;过度依赖汽车交通所造成的资源浪费和土地使用的不合理等,也都是现代主义所造成的直接和间接的后果。

(三)人文主义思潮

西方城市规划历史上,曾发生过两次重要的人文主义思潮。第一次是在否定中世纪神权主义的文艺复兴时期,提倡人文主义的建筑和城市设计艺术。第二次是在 20 世纪 60 年代,当工业化国家开始发生新的社会经济变化,进入所谓“后工业”社会,后现代主义思潮开始出现的背景下,少数学者开始对工业化时期的现代城市进行反思。较有代表性的,如美国简·雅可布 1961 年所著《美国大城市的生与死》和其他人的一些著述。这些学者提出在城市规划中要重视人的心理、行为特点,重视人的需要和交往,强调大城市的多样性、功能的混合,重新唤起人们对传统城市、街道、街坊邻里的怀念,包括城市设计中对人的尺度、人情味的注意。其实,这与从 20 世纪 50 年代欧洲城市大规模恢复重建中即已开始的对城市的历史保护和旧城区原貌恢复的重视,对大规模旧城改建计划的反对,限制旧城中心区的汽车交通以及实施“步行化”等都是一脉相承的。这股思潮在我国尚未成为主流,但其影响已在城市规划工作中越来越被重视。

理想主义、现代主义、人文主义这三种思潮将会长期影响现代城市规划的理念,成为现代城市规划理论的基础。但是,当代越来越一致的共识是:城市规划的核心问题是“人”。城市的发展建设最终是为了“人”。人的工作(或就业)—城市的“产出性”和人的生活居住—城市的“宜居性”,是城市规划要解决的两个最基本的问题;规划的战略和策略思想应是“可持续发展”。由于城市规划的工作性质仍然主要是空间地域的规划,因此不论社会、经济如何发展,科学技术如何进步,城市规划仍然是城市政府在一定地域内统筹安排和布置各项物质要素,协调解决在空间发展上当前与长远,局部与整体利益矛盾的有力行政工具。

现代城市规划的三个重要“支柱”是城市研究、城市设计和城市管理。这是城市规划不同于其他工程设计的特点。充分和深入地城市研究,既是不断探索城市发展中各种带有普遍意义的新问题的客观需要,也是制定城市发展战略和具体城市规划方案的重要前提和基础;城市管理,是实施城市规划的重要手段;城市设计,则是体现城市规划发展方向、意图和措施的一种具体的、综合性的三维空间环境设计。三者不可或缺,必须紧密结合,互相联系和补充,才能使城市规划起到实际有效的作用。

二、规划目标

规划目标是对城市发展的科学预测和预期,是现代城市规划制定方案的依据。

城市规划的目标基本上可分为两类:一类是体现国家或地区的城市发展方针和政策,包括国土规划或区域规划的要求;国家或地区制定的,与城市有关的大型建设计划;国家或地区制定的各项标准(包括建设标准、环境保护标准等)。另一类是所规划城市本身须在规划期内解决的问题和期望达到的目的。这两类目标,往往都是通过调查研究而确定。规划方案是实现目标的途径、方法、措施,也是体现和描绘目标的"蓝图"。

按照可持续发展的战略思想,结合国情考虑,我国城市发展的主要规划目标一般可概述如下:

(一) 适当的人口规模和增长速度

中国城市无论在数量或规模上,在21世纪(特别是前半期)仍将处于增长的态势中,这是指的宏观方面。但是,每个城市的适当人口规模则要根据具体的情况和条件来拟定。主要是:

1. 城市没有绝对的合理规模。适当的城市人口规模,首先要考虑城市自身发展的潜力和区域发展对城市的客观要求,正确评估城市在区域中的地位;

2. 城市环境的合理容量和建设条件(如可供建设的土地、水资源等),是制约城市人口发展的重要因素。城市人口膨胀的教训,多数情况下都是由于规模超过了合理的环境容量;

3. 城市人口膨胀的另一重要原因,是人口规模超过了经济规模(具体化为就业岗位)的需要,或超过了经济增长的速度,形成人口空间集聚的"泡沫现象"。这对城市的现实建设和可持续发展都是不利的;

4. 国内外经验说明,大城市(包括巨型城市)人口和用地规模的扩展往往是不以人的主观意志为转移的,但也不是没有个"尽头"。正确的策略应是利用各种手段,引导它们向城市外围地区发展,形成"区域性"的大城市(或城镇集聚区),避免城市成为过分集中的大"板块"。

(二) 合理的土地利用

根据我国的国情,集约化地利用城市土地是符合国策的,也有利于持续发展。城市对于乡村而言,本身就是一种集约型的生产和生活方式。全国城镇建设总用地只占全部国土面积的0.44%,却居住着30%的全国人口,而且城市规模越大,人均用地越少。从这个意义上讲,城市化有利于节约土地资源。

合理利用城市土地,首先要依靠合理的城市规划,而不是依靠土地的级差地租。"合理"的标准应该是社会、经济、环境三个效益的统一。就城市的土地利用而言,最高目的是创造优化的生活和工作环境。20世纪某些西方国家城市的"郊区化"和"立体化",都是不适宜我国的发展模式。合理利用土地的正确方法,是进行土地适用性的全面分析(包括土地的自然属性、环境属性、经济属性等),以代替当前主要以地租的经济效益来评价土地利用的做法。为了有利于可持续发展,每个城市都应该"留有余地",不宜把可建设的用地在近一、两代人手里开发完。

(三) 高效的经济发展

经济是城市发展和维护的物质基础,城市经济也是国家和地区经济的重要组成部分。每个城市如何选择符合自己特点的经济发展模式、结构和途径,如何取得最好的效益,并且与社会、环境的发展相协调,这是摆在各级城市政府面前的难题。

通过"适当的人口规模"分析,可以看出:城市经济发展的结构和规模要和人口发展的数量、结构、素质相适应。城市应追求人均效益(包括人均国内生产总值和地方财政收入)的提高,而不应是人口规模扩展而人均效益反而降低。

当今世界已进入了"经济全球化"的时代,后工业社会、知识经济、信息网络等特征不断涌现。20 世纪前半期的"工业"城市和后半期出现的"企业"城市,说明了以制造业为主的城市经济,已经历了很大的发展变化。这对于我国在计划经济时期建设起来的,传统的工业城市如何调整经济结构、创造新的增长点以重振城市经济有很多的启发。城市新的经济发展中必然会把重点导向高新技术产业、信息产业、环保产业、休闲旅游产业等新兴产业,并着力发展信息网络化以及文化、科技、教育等行业,更加重视资源的节约和循环利用,降低能源的消耗。

(四) 健康的社会结构

可持续发展城市的社会发展应该是稳定的、公平的、和谐的,总起来说是健康的。如果没有一个健康的、可持续发展的城市社会,也就谈不上城市物质基础的可持续发展。

健康的社会发展,牵涉到治安、就业、文化、教育等许多方面,也涉及到城市文化、教育等设施的建设,如博物馆、图书馆、展览馆、文艺、美术、音乐等场馆设施。在这方面,我国城市与发达国家城市相比,是十分落后的。此外,也包括对残疾人群、老龄人群和儿童的关心,为这部分人提供足够的设施和服务。

健康的社会发展,要特别重视教育,即对全市居民各种类型和形式的教育,以提高全民的文化素质。城市建筑艺术、园林艺术、雕塑艺术的品格高下,也是城市文化素质的体现。可以说,可持续发展的城市,必然是市民素质普遍较高的、具有高度精神文明的城市。

(五) 宜人的居住环境

城市的"宜居性"与城市的"产出性",是处于同样重要地位的两项基本条件。"安居乐业"是我国人民自古以来所追求的生活目标。

1996 年联合国"人居Ⅱ"大会,提出的两大目标之一就是"人人有适当的住房"。满足住房需求,是城市发展最基本的目标。但是,"适当的住房"指的是完整的居住环境。它不仅包括住房本身,还包括居住的安全,舒适(有足够的各种公共的市政服务设施),方便(便利的公共交通,主要包括上下班、教育、购物等需要),卫生(洁净的供水和污水、污物的处理等),美观(赏心悦目的景观环境)和管理(维护及可承受的价格等)。

可持续发展城市的居住环境,还应该体现园林绿化的重要地位。城市绿地的合理分布、优美形态与足够的数量同等重要,特别是住区外围的环境绿地(包括林地、水域、湿地、农地等)应得到规划师的高度重视,并且形成完整的城市绿地系统。"绿色住区"不单指绿化水平高,还包括节能、废水废物处理、资源循环利用、生活智能化等新内容。

(六) 便捷的通讯交通

通讯和交通,是城市有机体的流通动脉,是保持和增强城市动力的基本保证。建立高效率的交通和通讯网络是城市持续发展的重要条件。

城市的交通发展战略,应以发展便捷通达的公共交通为主,百万人口以上的大城市,要发展大容量快速轨道交通系统。在大城市的中心市区,应该控制私人机动交通,避免走西方城市“郊区化”和在城市中形成“汽车王国”的老路。可持续发展城市应该具有完善的城市路网结构与合理的用地布局,以减少居民不必要的远距离出行,增大使用非机动交通及步行的比重。推行“绿色交通”战略的主要内容,一是燃料“清洁化”,即以各种清洁燃料(如电、天然气、太阳能等)作为机动车燃料;二是非机动化,其中包括推行短距离出行以自行车交通为主的方针。

先进高效的通讯网络包括电话网、卫星通信网、有线电视网和移动通信网等。这些都是现代城市的重要信息传媒。特别是近一、二十年得到迅速发展的电脑网络化,网络宽带化,非但是高效的通讯工具,而且对未来城市的工作、学习、休闲等各个方面都会产生深远的影响。

(七) 节俭的资源消耗

就中国城市而言,主要的城市资源是土地、水源和能源。

中国由于土地资源的紧缺,在城市用地发展形态上只能走“紧凑型”城市的路子。但同时应该注意有别于西方发达国家的“立体化”城市,更应该避免走向极端的“高层高密度”。

就水源、能源而言,我国城市应该选择节水型产业和提倡开发使用可再生能源(包括“清洁能源”)和回水再用,应建设节水型城市和节能型城市。同时,还应注意所有资源的综合利用、再生重用。国外建设“生态工业园区”的经验值得借鉴。

(八) 清洁的空气水体

由于空气污染的主要原因来自煤的直接燃烧、汽车废气以及地面扬尘。因此,使用高效“清洁”能源,实行正确的交通战略和加强地面绿化等都是重要的对策。废水、废物的处理和回用是长远的、具有战略性的措施,是可持续发展城市必须实现的目标。

(九) 完善的历史保护

城市是一本“石头的历史书”。任何城市都有自己的过去、现在和未来。人类历史的记载,除了文字、文物等资料外,城市是最重要的物质见证之一。

可持续发展的城市,除了人口、经济、资源等要素外,环境要素应该包括自然环境和人文历史环境两大部分。人文历史环境很大程度上体现在城市现存的物质实体上。因此,必须十分重视保护好城市的历史文物、场所、遗存、历史性建筑和街区、地段,以至特定条件下的整个古城。

对于旧城更新改建,要有正确的价值观。要注意保持城市本身的历史连贯性(或称文脉),既重视古代文物,也要重视近现代的“文脉”。城市更新改建是一个渐进的过程,切忌简单化的大拆大迁。

(十) 安全的防卫体系

安全是可持续发展城市的首位目标,安居方能乐业。城市防卫主要指两个方面:一是指防止或减少社会公害(如犯罪、吸毒、色情等);二是指防止或减少自然灾害(如洪涝、地震、台风、泥石流等)。城市防火,则是人为与自然因素俱有。

不同的灾害要用相应的对策和方法来“防减”。有效的做法,是建立城市综合性的城市防灾减灾体系。要采取合理的“防卫标准”和提高“生命线工程”的保证度。

（十一）协调的城乡发展

城市和农村自来就构成相互联系、相互依存的整体。它们的各自发展（尤其与城市相邻的农业地区）必须相互协调。尤其是现代大城市的发展，已经很大程度上走向大城市地区、城镇集聚区的形态。有些农村被"吞进"市区，城镇与农村和农田"犬牙交错"。大型基础设施的分布与城镇网络相结合。20 世纪"区域城市"的思想，在 21 世纪将有更大的发展。城乡协调发展，是这种"城市化区域"或"区域化城市"的重要规划原则。

归纳起来，21 世纪理想的中国城市应该是：

——经济、社会、环境协调发展的，可持续发展的城市；

——以高新技术为基础的高效能、高效率的现代化城市；

——具有宜人居住环境的绿色城市；

——具有高度文化素质的文明城市。

因此，可持续发展的现代化城市，应该是 21 世纪中国城市规划目标的基本选择。

三、规划方法

城市规划的方法，随着规划任务的扩展和科学的思维与认识方法的发展而变化。19 世纪末到 20 世纪初，城市规划往往只是一幅描绘城市未来景象的、静态的图画，采取的是"扩大的建筑设计"（或"建筑群设计"）的方法。规划者多数是建筑师、景观设计师或工程师。20 世纪初期，多学科的学者开始渗入城市规划领域，对城市的人口、经济、环境、卫生、住房、道路交通、排污以及生态等问题进行了大量的研究。城市规划在方法上也随之突破了"扩大的建筑设计"，形成了 20 世纪中期通行的"现状调查—问题分析—规划方案"的做法。这种三段式的规划模式，在研究城市问题的范围与规划的视野等方面，比过去有了很大的扩展。在分析问题和提出规划对策上，往往采取多学科交叉的思维方法，协调各种矛盾。由于方法上的进步，使这个时期的城市规划比"静态图景"时期的规划有了很大提高，甚至是"质"的飞跃。例如，对城市的未来发展开始采取各种分析和预测的方法；认识到了人口规模的预测（或推算）是城市规划中一个重要的中心问题。因为人口的数量决定着城市的住房、公共设施、交通设施以及各类用地的需要数量。城市的用地结构不只是一个"构图形式"的问题，而是关系到城市各种功能区的有机联系，关系到合理的道路系统、开敞空间的分布以及城市与自然环境的结合等诸多方面。这种规划方法上的进步，可以看成是现代城市规划区别于古代或近现代（如 19 世纪末～20 世纪初期）城市规划的一个重要标志。

我国自 20 世纪 50 年代起，城市规划基本上是学习前苏联的方法。主要原因是：当时我国的城市规划缺乏经验，而实行的经济体制和前苏联相同，第一个五年计划期间发展重点工业城市的情况也与前苏联建国初期相似。前苏联由于实行集中的计划经济体制，大量进行新工业城市的建设，在城市规划方法上，强调依据国民经济计划，把城市规划看作是国民经济计划的继续和具体化。所以，长期以来我国的城市规划采取的基本也是"设计"的方法。即：依据（或套用）国家规定的定额指标，分成各项专业进行设计，最后由总体规划来综合。其主要缺点是：①缺乏"独立的"城市社会、经济等方面的研究；②机械地、被动地依据计划和套用指标；③统一的方法和模式，不能主动地适应城市发展变化的情况和不同的问题。20 世纪 80 年代后，随着改革开放的深入和向市场经济体制的转变，这种规划方法已经历了很大的改革。

20世纪后半期,西方国家的城市规划在方法论上也发生着变化。主要原因是:这些国家的城市社会经济情况在60年代后发生了很大变化。表现在经济上,主要是结构性的变革。第三产业在城市中发展很快;表现在社会上,一是城市化的增长率相对缓慢,原有大城市中心区日益衰退;二是公众参与意识的增强;表现在认识论、方法论上,特别是二次世界大战后,系统论、控制论的出现,系统方法开始运用到城市规划领域;信息技术结合计算机技术的快速进步,又为城市规划信息的采集、分析提供了有力的武器。近20年,随着信息网络化和计算机有关软件、硬件的大量开发和升级,对城市规划的信息收集、分析、建模、模拟、制图、传播等几乎全面地实现了飞跃。城市规划的方法(包括技术和手段)已“面目一新”。但是,“传统的”调查研究、定性分析、构思、构图等方法并未“过时”,而且仍然显得非常重要。如何把新、旧方法结合起来运用,是一个需要不断研究考虑的新课题。

展望今后,城市规划在方法上的发展,将会继续朝着以下五个方向:

(一) 城市规划向地区规划拓展

这是由城市空间形态的发展趋势和特点所决定的。许多专家预言,21世纪世界城市规划的重要课题,是大城市密集地区的规划问题。这同样符合中国的实际情况。因为我国既有的和正在逐渐形成的城镇密集地区和大城市地区,其数量在世界上是占前列的。进行这类地区规划的方法,在很多方面不同于单个城市的规划。可以预期,由于规划方法的变化甚至会带动整个城市规划体系(包括程序、层次、目标、管理、审批等)进行相应的调整和变革。

(二) 系统方法的应用

城市及城市化地区是一种复杂的系统。从19世纪到20世纪,人们对城市各个专门领域的研究都达到相当的深度,取得很大的成就,但对各个领域之间相互联系的研究,则往往被人忽视,基本上没有进取。城市规划属于后一种情况。因而世界各国(包括中国在内)在规划方案的制定和评价,从宏观决策到建设项目的确定,主要方法仍偏重于凭藉专业领域的知识、经验的判断,定性的分析以至直观的感觉。这方面所造成的规划失误,包括直接的和潜在的损失,数量是十分巨大的。用系统方法来分析诸如城市发展要素之间的联系,城市发展的区位决策,城市交通与用地布局的关系,规划方案的评定选择以及规划控制系统的建立等,都是可以应用的领域。系统方法的应用虽已有30年以上的历史,但人们对其认识是有反复的。系统方法是一种科学的方法,它对加强规划的综合分析评价、量化分析和科学论证有着重要的作用。当然,作为一种方法,它自身也必将不断发展。

(三) 多学科交叉融贯研究的方法

现代城市规划已经有多学科的渗入,但在方法上仍存在很多“平行作业”的特点,因而不能充分发挥“融贯集成”的作用。“传统的”经济学、地理学、社会学、生态学、环境科学、交通学、土地学,新兴的信息网络学、遥感科学、计算机科学、控制科学,加上城市规划起源于的建筑学、园林学、市政工程学等,城市规划的科技人员都应将其融贯到规划这个“中心”里来。不是把各个学科的方法简单相加,而是要创造一种新的、综合的、协调各个方面的方法,目的是为了解决规划的问题。今后,新的科学知识会层出不穷,城市规划学科融贯研究的内容也永无止境。

(四) 公众参与的方法

在绝大多数国家,城市规划是一种“政府行为”,也是与公众利益直接相关的行为。在政治民主化潮流日益发展的趋势下,公众参与城市规划的论证、咨询和决策,已经越来越普遍和深入。“公众参与”已成为城市规划的一种重要方法。有的国家已出现一种“自下而上”，即由社区公众经过一定方式和程序提出，然后由政府批准和支持的城市局部地区的规划。这种与“政府型”、“专家型”规划不同的城市规划，在方法论上也是一种“创新”。

（五）技术与手段创新的方法

城市规划是以人的智力为主所进行的活动。技术与工具（手段）都是为辅助信息采集、储存、分析决策和辅助规划设计服务的。这方面的内容在第十四章“城市规划的新技术运用”中已有具体论述。今后在这些方面的技术进步将进一步走向高速化、智能化、设备机具小型化，更有利于普及和广泛使用。更多、更新、更好的计算机软件会被开发出来，以适应城市规划设计与管理工作的需要。

四、管理

现代城市规划的管理，是实现规划目标的关键手段。虽然世界各国的城市规划管理体制不尽相同，但无一例外地都有自己的规划管理机制和体系。规划管理工作的中心内容，是规范城市的全部建设活动和实现城市土地的合理利用。

20世纪50年代后，世界各国政府都致力于建立和完善城市规划的管理机制。管理的目标可以集中概括为两个方面：引导和控制。引导，主要是通过法规、政策、措施等各种手段，指引城市经济、社会、土地利用、空间形体等各个方面的合理发展；控制，也是通过各种规划手段，保护自然资源和历史人文遗产，制止城市的不合理开发，或有条件地限制开发。经过一定法定程序得到批准或认可的城市规划方案，是城市规划管理的依据。

城市规划管理有一定的相对独立性。成熟的规划管理机制往往形成完整的体系，依靠体系的整体运作才能使管理奏效。有的国家，在缺少或没有总体规划的条件下，也能通过制定城市土地利用、开发和建筑管理的条例，包括地块区划等手段来进行管理。一切文明国家都要规范城市开发建设的秩序，达到有利于国家、有利于城市和有利于民众的目的。

中国的城市规划管理和世界各主要国家一样，正朝着建立完善体系的方向前进。依据国情，我国城市规划管理机制主要体现在以下几个方面：

（一）法制手段

20世纪90年代初，中国制定并颁布施行了新中国第一部《城市规划法》，作为规范城市规划管理的一项基本法规。它的实施细则以及各个地方（省、自治区和城市）依法颁布的细则、条例、法规等，都是具有法令性质的规章，是城市规划依法管理的主要根据。国家的“城市规划法”经过一段时期的施行，根据实际情况的变化，将进行修订。城市规划加强管理的首要方向是加强法制。用法制手段来限制各种不恰当的权力干预；

（二）行政手段

在中国的现实国情下，行政机制是城市规划管理十分重要和有效的手段。中国的城市规划行政机制主要表现在：

1．从国家到地方建立了各级城市规划行政管理机构；

2．各级城市规划行政管理机构发布的命令、规定及其他行政性规章具有一定的行政约束力；

3．规划行政管理机构有权组织城市规划的制定，并按《城市规划法》的规定，分别具有各层次城市规划方案的批准权；

4．依法管理城市建设项目选址、用地及建筑许可证的发放；

5．具有检查处理城市违法、违章建设的职权；

6．协调城市建设中各种不同部门和利益集团之间的矛盾等。

今后的发展是要加强和完善这种机制，并予以一定的监督和检查，避免不正当地利用这种机制。

(三) 经济手段

城市规划管理中利用经济手段，是在市场经济条件下城市开发建设利用各种资金渠道所带来的新问题。中国的城市规划管理在这方面的经验还不多。但是利用经济作为"杠杆"，通过不同的规划政策(往往集中在用地的区位、开发条件，包括开发强度等方面)来达到引导或控制的目的，是有效的方法。经济手段还可以在一定程度上协调政府与开发者之间或不同开发者之间的利益冲突。今后的发展是需要更多地总结经验，把经济手段与法制、行政手段结合起来，使之趋于成熟。

(四) 技术手段

城市规划管理上的技术手段依靠两项重要因素：技术标准、法规和高素质的人才。我国城市规划的技术标准正处在逐步建立和完备的过程中，按照有关部门关于编制城市规划技术标准的总计划，目前已编制完成和颁布实施的只有1/4左右。今后将任重而道远。完备的技术标准是规划设计和规划管理科学化的一项重要条件和保证。规划管理正确运用技术手段的核心问题是高素质的人才。有的国家实行城市总建筑师(或总规划师)制度；有的国家依靠高素质、有权威人才掌握城市规划管理上的技术把关，甚至于有时放在某些"死的"规章条例之上。较多国家在城市中设立有权威的、吸纳各种专业人才的专家委员会，作为规划决策时技术上的"最高参谋部"。高素质规划人才的培养，还需要高等院校城市规划专业教育的不断进行改革和创新。

(五) 社会手段

这主要指城市规划管理上的"民主决策"与"公众参与"两个方面。城市规划的重要决策，除了依靠专家外，还必须向社会民众公开征询意见，以保证决策的民主性，使规划符合广大民众的意愿，获得民众的支持。另一方面，也要利用社会的力量(即公众的力量)加强对城市规划实施的监督。

城市规划的理论、目标、方法和管理，在近几十年来已经获得很大发展，中国的情况亦然。但是，由于世界范围的变化很快，中国的发展也很快。人口城市化、经济全球化、信息网络化起码在21世纪前半期将是世界各国所共同面临的重大问题。城市规划本身，由于城市系统的复杂性，仍然存在大量需要研究的问题。老问题尚未解决，新问题又涌现出来。因此，作为一门学科而言，现代城市规划仍然是不够成熟的。

城市规划，如同城市自身，将永远处在发展之中。

(邹德慈)

主要参考文献：

[1] 联合国人居中心(生境)编著．沈建国等译．城市化的世界．中国建筑工业出版社，1999

[2] 吴良镛．世纪之交论中国城市规划发展．城市规划，1998年1期

[3] 邹德慈．迈向21世纪的城市．城市规划,1998年1期
[4] 顾朝林等著．中国高技术产业与园区．中信出版社,1998
[5] 林炳耀．知识经济与城市要素新特点．城市规划汇刊,1999年2期
[6] 上海市《迈向21世纪的上海》课题领导小组编．迈向21世纪的上海．上海人民出版社,1995
[7] 中国城市规划设计研究院专题组．城市地下空间规划研究．专题报告,1998
[8] (英)J. B. 麦克劳林著．王凤武译．系统方法在城市和区域规划中的应用,中国建筑工业出版社,1998
[9] J. Jacobs. The Death and Life of Great American Cities. Random House,1961
[10] W. J. Mitchell. City of Bits:space. Place. and the infobahn. MIT press,1996
[11] P. Hall. Cities of Tomorrow. Basil Blackwell Ltd,1998
[12] P. Hall. The Global City. International Social Science. Journal. 147 march,1996
[13] K. P. Kunzmann. The Future of the City Region in Europe. Mastering the City. NAI publishers,1997
[14] Summary Report on the World Metropolitan Governance Conference. UN. Tokyo,1993

后　记

这本书是我国城市规划界老、中、青三代专家学者集体智慧的结晶。全书各章节是统一拟定的,各章内容由本书编委会成员分别撰写,前后历时两年半。

本书不是城市规划的教科书,也不是城市规划的论文集,更不是“工具性”的资料书。我们试图把它写成一本适合于广大读者阅读的知识书,通读全卷可以对城市规划学科的主要内容有一个概略的了解。各章内容“自成一体”,因此,它便于读者有目的地选读。现代城市规划已经发展成一门多学科交叉、综合性很强的学科,本卷的内容将只起抛砖引玉的作用,还难以概全,希望读者谅解。

本书的编写得到建设部城乡规划司的大力支持,同时也得到了中国城市规划学会和中国城市规划设计研究院的热情帮助。危素真、刘萍、张瑞凌等同志在编务方面做了协助工作,在此一并表示感谢。

邹德慈

2001年11月